Der die Pferde kennt

Der die Pferde kennt

Wahrnehmen, leiten, vertrauen – wie ein Horseman zum Schüler seines Pferdes wird

MARK RASHID

KOSMOS

Inhalt

TEIL I –
Der von den Pferden lernt

Danke fürs Denken

Vor ein paar Tagen habe ich mich mit Mark Rashid unterhalten, und inmitten einer Vielzahl von Geschichten kam heraus, dass er gerade an einem neuen Buch schreibt. Nun hätte das, was wir an Wertvollem zu sagen haben, bei den meisten von uns auf der Spitze des Bleistifts Platz, mit dem ich dies schreibe. Was also könnte Mark Rashid, nach drei Büchern, noch zu sagen haben?

Ich lernte Mark kennen durch seine Bücher. Ein gemeinsamer Freund hatte *Der auf die Pferde hört* gelesen und sagte, das müsse ich auch lesen. Ich las es und fand den Mann, den ich durch diese Geschichten hindurch sah, auf Anhieb sympathisch. Einem guten Geschichtenerzähler kann ich einfach nicht widerstehen.

Dann kam Buch Nummer Zwei, *Ein gutes Pferd hat niemals die falsche Farbe*, mit noch mehr guten Geschichten. Es steckte aber vielleicht auch mehr darin als nur ein paar gut erzählte Geschichten, denn jede enthielt eine Botschaft über Pferde und Menschen und ihr Zusammenleben in einer gemeinsamen Welt. Jetzt war er nicht nur ein Geschichtenerzähler, sondern auch eine Art Freund. Noch bevor ich ihm begegnete, betrachtete ich Mark als einen Freund, dem so viel an seinen Mitmenschen liegt, dass er Geschichten erzählt, aus denen wir etwas lernen können.

Dann traf ich meinen »Freund« persönlich und sah ihn mit Schülern und ihren Pferden arbeiten. Ich sah zu und merkte, dass dieser Geschichtenerzähler ein wunderbarer Lehrer war, der sich Zeit nahm, damit die Menschen lernten, ihre Pferde zu verstehen und den »Versuch« herauszuspüren. So begegnete ich dem Pferdemann in Mark. Ich sah, wie er bei seinen Kursen und seinem Unterricht diesen kleinen Schritt auf Seiten des Pferdes herausfühlte – diese Reaktion, die bewirkt, dass das Pferd nicht den Mut verliert, sondern weiter zu verstehen versucht, was Mark will, und vielleicht sogar mit ihm zusammen sein möchte.

Dann kam noch ein Buch, *Denn Pferde lügen nicht*. Diesmal konnte ich den Schriftsteller in Mark erkennen. Geschichten drucken zu lassen, ist eine Sache, aber Situationen aus dem wirklichen Leben auf einen gemeinsamen Nenner zu bringen, damit wir erkennen, um was es geht – dazu muss man ein guter Schriftsteller sein.

Hier kommt nun also sein neuestes Werk. Und dieses Mal habe ich noch eine Seite von Mark kennen gelernt. Oder doch nicht? Vielleicht ist es nur das, was all die anderen Seiten von Mark durchschimmern lässt. Denn in diesem Buch sehe ich, was für ein Denker Mark ist. Er schreibt Geschichten über seinen Freund, das Ranchpferd Buck, und wie viel besser er als Mensch und Pferdemann ist dank Buck. Nun könnten sicher viele von uns das Gleiche erleben und keinen weiteren Gedanken daran verschwenden, aber nicht so Mark.

Wenn Sie dieses Buch lesen, denken Sie daran, wie viele Gedanken sich Mark über diese Dinge gemacht hat. Vielleicht ist das der Grund, warum Buck es nicht aufgegeben hat, Mark etwas beibringen zu wollen. Er wusste, dass Mark nachdachte und einfach Zeit brauchte.

Aber nehmen auch wir uns die Zeit, über ähnliche Dinge nachzudenken? Mit seinem Buch möchte Mark, glaube ich, nicht nur die Lektionen, die er gelernt hat, mit uns teilen, sondern er versucht auch unseren Blick dafür zu schärfen, wie viel wir von einem Pferd lernen können. Versucht er vielleicht auch, uns zum Nachdenken zu bringen? Nachzudenken darüber, was wir von unseren Pferden lernen könnten. Darüber, wie viele Gedanken eine wichtige Lektion erfordern kann. Und nachzudenken darüber, wie viel unsere Pferde vielleicht selbst denken. Mir scheint, alle großen Pferdeleute, mit denen ich zu tun hatte, sind auch wirkliche Denker.

Deshalb, Mark, danke fürs Denken. Darüber, wie sich eine Geschichte am besten erzählen lässt. Ganz viel darüber, wie du die Geschichte auf den Punkt bringen kannst, damit wir daraus lernen. Darüber, wie du das, was du von Pferden gelernt hast, so vermitteln kannst, dass wir alle bessere Pferdemenschen werden. Darüber, wie man auf andere zugeht und mit ihnen umgeht, damit sie nicht nur Schüler sind, sondern sich als Freunde fühlen. Darüber, weitere Bücher zu schreiben, denn sie werden immer besser, und wir brauchen sie.

Damit zurück zu meiner Frage: Was könnte Mark noch zu sagen haben? Sehr viel, wie dieses Buch beweist. Ich hoffe, dass es Sie mitnimmt auf eine Denkreise. Lesen Sie, genießen Sie, DENKEN SIE!

Harry Whitney

Harry Whitney

Harry Whitney nennt sich selbst nicht gern *horse trainer* – Pferdeausbilder. Er ist lieber einer, der einfach die Dinge vom Standpunkt des Pferdes aus sieht, jemand, der fließend »pferdisch« spricht. Seine Kurse werden von Profis aus den verschiedensten Bereichen der Pferdeszene empfohlen. Als aufmerksamer, freundlicher und klarer Lehrer ist Whitney in der Lage, Menschen dabei zu helfen, ihre Pferde zu verstehen – nicht nur zu ihren Gunsten, sondern zu Gunsten ihrer Pferde.

Man lernt nie aus

Vor vielen Jahren hatte ich die Gelegenheit, einen großen Sänger und Songwriter aus West Virginia zu treffen. Vielen ist Larry Groce vielleicht noch aus den 1970er Jahren ein Begriff, als er einen Hit namens »Junk Food Junkie« aus dem gleichnamigen Album (können Sie sich noch erinnern, was ein Album war?) herausbrachte. Damals spielte ich Gitarre in einer Bluegrass-Band, und zufällig gehörten einige Nummern aus Larrys Album damals zu unserem Repertoire.

Ein paar Monate später rief ich Larry an und fragte ihn, ob er Lust hätte, zu uns zu kommen und eine Show zu machen, und er sagte, mit Vergnügen. Ich erwähnte, dass unsere Band beinahe jeden Song aus diesem Album kannte und dass wir sie Note für Note so spielten, wie er sie aufgezeichnet hatte. Er ging damals immer ohne Band auf Tournee, und ich sagte, wir wären nur zu glücklich, bei der Show für ihn spielen zu können. Am anderen Ende der Leitung trat eine kurze Stille ein.

Dann sagte er fast entschuldigend: »Weißt du, Mark – eigentlich spiele ich diese Songs kaum noch.«

»Nicht?«, fragte ich voller Überraschung.

»Nein«, sagte er. »Diese Platte ist über zehn Jahre alt, und mir geht es jetzt irgendwie um andere Dinge.«

»Aber es sind so tolle Songs«, erwiderte ich.

»Sind sie«, stimmte er zu. »Aber es gibt da draußen noch andere tolle Songs.«

Mit dem Hörer in der Hand saß ich einigermaßen entgeistert da. Was meinte er mit den »anderen Dingen«? Was sollte das heißen, es gäbe noch andere tolle Songs? Unsere Band hatte seine Musik gerade erst entdeckt, und nun stellte sich heraus, dass er sie nicht mehr spielte. Was für ein Schock! Ich konnte nicht verstehen, warum jemand auf etwas so Wunderbares verzichten, es hinter sich lassen und weitergehen sollte.

Am Abend der Show verstand ich warum. Larry hatte ein paar Tage später zurückgerufen und gesagt, er würde doch ganz gern ein paar der alten Songs mit unserer Band spielen. Die Show begann also mit fünf oder sechs Songs aus dem Album, und wir spielten sie wie versprochen Note für Note so, dass sie klangen wie auf der Platte. Dann gingen wir ab, und Larry spielte und sang allein weiter. Mit nichts als seiner neuen Musik und seiner Gitarre brachte Larry das Haus zum Kochen. Nun war mir klar, warum er sich fortbewegt hatte – er wollte, dass seine Musik besser wurde. Und das war ihm auch gelungen. Die alten Songs waren großartig, und er brachte sie großartig, aber die neuen Sachen waren besser und er auch.

Larry hatte seine alte Musik nicht aufgegeben oder hinter sich gelassen. Er hatte sie einfach mitgenommen, als er weiterging. Es zeigte, dass hier jemand nicht zufrieden war mit dem Status quo, auch wenn er ihn weit gebracht hatte. Es zeigte, dass hier jemand auf der Suche nach Meisterschaft war.

Das Problem, wenn jemand sich auf die Suche nach Meisterschaft begibt, besteht darin, dass sich die Menschen um ihn herum plötzlich allein gelassen vorkommen können. So war es mir ergangen, als Larry mir zum ersten Mal gesagt hatte, seine Musik hätte sich weiterentwickelt. Am liebsten hätte ich ihn gepackt und geschrieen: »Halt, warte! Ich habe doch deine *alte* Musik gerade erst entdeckt! Ich fange gerade an, damit klarzukommen! Lass mich jetzt nicht im Stich! Die neuen Sachen gefallen mir vielleicht gar nicht. Oder noch schlimmer: Vielleicht gefallen sie mir besser! Dann muss ich mich selbst auch verändern! Wenn du dich nicht veränderst, brauche ich es auch nicht zu tun, und das wäre für mich viel leichter.«

Nun, seltsamerweise finde ich mich heute in einer ganz ähnlichen Situation wieder wie damals Larry. Im September 1992 begann ich, mein erstes Buch, *Der auf die Pferde hört – Erfahrungen eines Horseman aus Colorado*, zu schreiben. Es war ein Erlebnis, denn der Schreibprozess löste Hunderte wunderbarer Kindheitserinnerungen aus, die, weggepackt in einem muffigen Koffer, irgendwo im Hinterstübchen meines Unterbewusstseins geruht hatten. Es war mein erster Versuch als Buchautor und eine wunderbare Gelegenheit, einige meiner Erfahrungen mit Pferden – gute wie schlimme – mitzuteilen.

Hauptsächlich wollte ich über das Training von Pferden schreiben, ohne aber in ein allzu sachliches »How-to« zu verfallen. Schließlich fällt es mir selbst ausgesprochen schwer, Sachbücher mit Schritt-für-Schritt-Anleitungen zu lesen, ich würde also sicher kein solches Buch schreiben können. Statt dieser typischen Form entschied ich mich für eine anekdotische Erzählweise. Zur allgemeinen Überraschung (nicht zuletzt meiner eigenen) schien ich bei meinen Lesern damit einen Nerv getroffen zu haben – das Buch wurde ein Erfolg.

Wir hatten so viele positive Rückmeldungen zu diesem Erstling, dass ich bald aufgefordert wurde, einen Nachfolger zu schreiben.

Ungefähr ein Jahr später kam *Ein gutes Pferd hat niemals die falsche Farbe* auf den Markt. Es war im gleichen Stil geschrieben, behandelte aber verschiedene Themen und wurde ebenfalls erstaunlich gut aufgenommen.

Sehr bald nach diesem zweiten Buch kehrte ich aber zurück zu meiner Rancharbeit, mit dem Gefühl, dass meine Tage als Buchautor hiermit beendet waren. Erstens hatte ich mich eigentlich nie als Schriftsteller gesehen, und außerdem dachte ich, ich hätte sowieso nichts Weiteres mehr zu sagen.

Ein paar Jahre vergingen, und langsam war ich von der Rancharbeit immer mehr zu Kursen für Reiter und Pferde übergegangen. In manchen fing ich an, über eine Trainingsidee zu sprechen, die mir jahrelang am Herzen gelegen hatte: den *passive leader*, den »gewählten Führer«. Einfach gesagt, geht es darum, mit einem Pferd umzugehen und es auszubilden als »gewählter Führer«, dem das Pferd vertraut und dem es aus freiem Willen folgt, im Gegensatz zu einem »Alpha-Führer«, der normalerweise den anderen Pferden seine Führerschaft mehr oder minder gewaltsam aufzwingt.

Anscheinend brachte der Gedanke manche Kreise der Pferdewelt in einige Unruhe. Er wurde auch sehr oft missverstanden, weil ich die beiden Begriffe *passive* und *leadership* zusammen gebrauchte. Wie kann man passiv und trotzdem ein Führer sein? Wie auch immer, bald darauf schrieb ich mein letztes Buch, wie ich damals ehrlich glaubte: *Denn Pferde lügen nicht – Neue Wege zur vertrauten Mensch-Pferd-Beziehung.*

In diesem Buch bemühe ich mich bewusst, aus dem Schatten meiner ersten beiden Bücher herauszutreten. Sie waren mehr oder weniger Schnappschüsse gewesen, Momentaufnahmen dessen, wo ich bei meiner Arbeit mit Pferden stand. Die meisten waren in der Vergangenheitsform geschrieben und handelten von Umständen und Ideen, die mich dahin gebracht hatten, wo ich mich jetzt befand. Nicht unbedingt davon, wohin ich mich bewegte. Als ich *Denn Pferde lügen nicht* schrieb, war ich tatsächlich schon dabei, einige der Methoden, über die ich in meinem ersten Buch gesprochen hatte, zu verfeinern und in manchen Fällen sogar zu ändern.

Wenn Sie so wollen, bedeutet *Denn Pferde lügen nicht* sogar eine Veränderung in meinem Schreibstil. Das Buch enthält zwar immer noch sehr viele Anekdoten, aber es kam mir doch vermehrt darauf an, meine Ideen an den Leser zu bringen. Da ich damals noch dachte, dies sei mein letztes Buch, legte ich großen Wert darauf darzulegen, was genau der Sinn und Zweck des Buches war. Ich schrieb nicht mehr so viel in der Vergangenheit und mehr über die Gegenwart. Ich denke, *Denn Pferde lügen nicht* brachte, kurz gesagt, meine Leser auf den Stand, auf dem ich mich mit meiner Horsemanship damals befand.

Auf den Monat genau vor zehn Jahren habe ich begonnen, *Der auf die Pferde hört* zu schreiben. In dieser Zeit sind allmählich Veränderungen in meinem Leben eingetreten, besonders was den Umgang mit Pferden, aber auch was den Umgang mit Menschen anbetrifft. Vermutlich könnte man sagen, dass ich daran gearbeitet habe, es in meinem Beruf zur Meisterschaft zu bringen, ein Ziel, das ich wahrscheinlich nie erreichen werde. Ich habe gemerkt, dass ich, wenn ich weiter nach Meisterschaft streben will, einiges, was ich früher getan habe, verbessern muss. Einiges muss gleich bleiben, und einiges muss ich aufgeben.

Mein neues Buch, *Der von den Pferden lernt*, sehe ich als nächsten Schritt in diesem Prozess. Es ist so etwas wie eine Dokumentation der fünfzehn Jahre, die ich mit Buck, meinem alten Pferd, erlebte, der mich in dieser Zeit sanft auf einen besseren Lebensweg gebracht hat. Ich bin mir ehrlich nicht sicher, ob es Zufall war oder Absicht, aber eines weiß ich: Er war ganz sicher der Auslöser für meine Suche nach Wachstum, sowohl beruflich wie privat. Er machte mir klar, dass meine Arbeit mit Pferden nicht besser werden konnte, wenn ich nicht zuvor andere Dinge in meinem Leben verbesserte.

Ich hoffe, Ihnen macht das Lesen so viel Spaß wie mir das Schreiben. Auf der einen Seite bedeutet das Buch das Ende einer großartigen Partnerschaft zwischen Buck und mir, es bedeutet aber auch einen ganz neuen Anfang für uns beide. Für ihn ist es das Rentnerdasein und die wohl verdiente Freizeit. Ich fange in verschiedenen Bereichen meines Lebens gerade wieder neu an. Hoffentlich bin ich diesmal – dank der Lektionen, die ich von Buck gelernt habe – etwas besser auf das vorbereitet, was das Leben für mich bereit hält, auch wenn ich im Augenblick noch keine Ahnung habe, was das sein wird.

M. R.

Von Tieren lernen

Vor einiger Zeit hörte ich durch eine Freundin von einer interessanten Idee. »Der Mythos von Er«, wie sie es nannte, soll sehr alt sein und auf die Zeiten Platons oder sogar noch weiter zurückgehen.

Interessiert forschte ich nach und fand heraus, dass die Idee tatsächlich seit Jahrhunderten in verschiedenen Kulturen herumgeistert. Je nach Kultur hat der Mythos von Er verschiedene Namen, aber mit Ausnahme einiger unbedeutender Einzelheiten wird die Geschichte immer ziemlich ähnlich erzählt.

Der Mythos besagt, dass wir alle, bevor wir auf die Erde kommen, eine Seele erhalten. Bevor wir zum ersten Mal geboren werden, wird uns das ultimative Ziel für diese Seele eröffnet – ein weiser und freundlicher Geist zu werden, voller Leben und Wissen, was in jedem weiteren Leben weitergegeben und verbessert werden kann. Dann sollen wir uns ein Werk aussuchen, dem wir uns in dem Leben, in das wir nun hineingeboren werden, widmen sollen. Die Aufgabe, die wir wählen, hilft uns, den ultimativen Zweck unserer Seele zu erfüllen.

Wenn wir uns entschieden haben, sollen wir alle Aspekte unseres Lebens auswählen, einschließlich der Familie, in die wir hineingeboren werden, der Freunde und Bekannten, mit denen wir in unserem Leben in Kontakt kommen wollen, der Wege, die wir finden, und sogar der Tiere, mit denen wir leben und arbeiten wollen. Wenn all dies entschieden ist, und nur dann, werden wir in diese Welt geboren und beginnen unsere Reise. Der Haken dabei ist, dass wir, in dem Moment, wo wir geboren werden, den ganzen Prozess vergessen, den wir gerade durchlaufen haben.

Im Laufe unseres Lebens werden wir mit den Ergebnissen all der Entscheidungen konfrontiert, die wir vor der Geburt getroffen haben. Manche sind schwer zu ertragen, andere nicht. Aber alle sind dazu bestimmt, uns beim Erreichen des Ziels zu helfen, das wir uns für dieses spezielle Leben vorgenommen haben. Wir durchlaufen dieses Leben, und schließlich sterben wir. Nach dem Tod kehrt unsere Seele zum Ausgangspunkt zurück.

Dort haben wir wieder Zugang zu unserem Gedächtnis und sind gehalten, das Leben, das wir gerade geführt haben, einzuschätzen. Haben wir unsere Aufgabe vollendet? Wenn nicht, können wir uns dafür entscheiden, in einem neuen Leben einen weiteren Versuch zu machen, wenn Sie wollen, nach denselben Regeln. Haben wir die Aufgabe ausgeführt, wählen wir ein anderes Leben und nehmen uns eine neue Aufgabe vor. Aber bei jeder Geburt vergessen wir, was wir in unseren vorherigen Leben erlebt haben und welche Entscheidungen wir für unsere Seele getroffen haben.

Um vollkommen zu werden, sind – dem Mythos zufolge – Tausende von Lebensspannen nötig. Und hier wird der Mythos ein wenig nebulös. Je nach Kultur geht es unterschiedlich weiter, wenn die Seele die Vollkommenheit erreicht hat. Manche asiatische Kulturen schicken die Seele beispielsweise immer wieder in dieselbe Familie zurück, auch wenn sie bereits vollkommen ist. Deshalb werden in diesem Kulturbereich die Kinder so gut behandelt – den Eltern ist bewusst, dass sie als Kinder ihrer Kinder wiedergeboren werden könnten!

Ich habe eine eigene kleine Theorie entwickelt, was mit einer Seele passiert, wenn sie die Vollkommenheit erreicht hat. Ich glaube, die vollkommene Seele erhält die Gelegenheit, als Lehrer zurückzukehren für all die Menschen, die noch mit der Erfüllung ihrer Aufgabe kämpfen. Das Besondere an meiner Theorie ist, dass sie diesmal in Gestalt eines Tieres, auch eines Insekts, wiedergeboren werden.

Natürlich habe ich keinerlei Beweis für die Richtigkeit dieser Theorie, aber wenn Sie darüber nachdenken, können Sie es sich vielleicht ebenfalls vorstellen. Katzen sind vielleicht dazu da, damit wir lernen, das Leben weniger ernst zu nehmen. Von den Hausfliegen sollen wir womöglich Geduld lernen und von Ameisen, was mit Zusammenarbeit zu erreichen ist. Es könnte sein, dass wir von unseren Hunden lernen sollten, wie viel Spaß es macht, dem eigenen Schwanz hinterherzujagen. Ich wette, wenn wir genau genug hinschauen, können wir so ziemlich von jedem Lebewesen auf dem Planeten etwas Positives lernen.

Und damit komme ich zu Buck, dem Pferd, um das es in diesem Buch geht. Buck habe ich 1986 als Siebenjährigen von einem Freund bekommen. Er war damals kaum geritten. Ehrlich gesagt, war ich nicht allzu erpicht darauf, ein so altes Pferd anzureiten, aber ich dachte: Was soll's, einem geschenkten Gaul – Sie wissen schon. 1986 war ich zwar immer noch mit Rancharbeiten verschiedenster Art beschäftigt, fing aber gerade an, mir einen Ruf als Pferdetrainer aufzubauen, der hauptsächlich mit Problempferden arbeitet. Ein großes, kräftiges Pferd wie Buck würde, wenn es sich bewährte, höchstwahrscheinlich bestens in mein Programm passen. Also war ich bereit, es mit ihm zu versuchen.

Am besten lesen Sie den letzten Satz noch einmal, denn er gibt Ihnen eine ziemlich gute Vorstellung von meinen Gedanken, als Buck und ich anfingen, zusammen zu arbeiten. Wie die meisten Pferdeleute nahm ich einfach an, dass ich derjenige sein würde, der lehrt, und Buck derjenige, der lernt.

Eine Zeitlang stimmte das auch. Aber nicht sehr lange. Mir ging schon ziemlich schnell auf, dass die Dinge diesmal anders laufen würden – weil Buck anders war.

Sie werden sehen, dass ich eine Weile brauchte, um die gewohnte Schiene zu verlassen. Aber dann merkte ich, dass ich es war, der zu lernen hatte, nicht er. Als die Jahre vergingen und sich meine Einstellung bezüglich meiner eigenen Rolle zu ändern begann, verstand ich allmählich, dass ich einem wirklich großen Lehrmeister gegenüberstand, einem, der über das Wissen vom Anbeginn der Zeiten an verfügte. Er war ein Lehrmeister, der schließlich mein bester Freund und Partner wurde. Vielleicht gehörte es alles zu einem großen Plan. Vielleicht war es nichts als Zufall. Auf jeden Fall bin ich sicher, dass ich es durch ihn viel weiter gebracht habe, als es mir ohne ihn je möglich gewesen wäre.

Dies ist nun also unsere Geschichte. Wenn Sie sie lesen, verstehen Sie vielleicht, warum ich das Gefühl habe, dass Buck das Wissen aller Zeiten mit in unsere Beziehung gebracht hat … dass er eine vollkommene Seele war, die sich dafür entschieden hatte, bei mir zu sein und mir beim Lernen zu helfen.

Vergessen Sie aber nicht: Es ist nur eine Theorie. Sie könnte auch falsch sein.

Lektionen

Die Schule beginnt

Ich hatte gerade unsere vier Pferde gefüttert, drei im Auslauf und eines im Stall, aber das im Stall fraß nicht. Ein Pferd, das zur Futterzeit nicht frisst, gibt immer Anlass zur Besorgnis, und bei jedem anderen außer diesem einen Pferd hätte ich mir auch wirklich Sorgen gemacht.

Die anderen drei Pferde legten schon die Ohren an, quietschten und jagten sich gegenseitig von den drei Heuhaufen weg, einen für jedes Pferd. Ihrem Ritual gemäß würden sie die nächsten fünf Minuten eine Art Reise nach Jerusalem spielen und sich weiterbewegen, sobald der Kleinste von ihnen – ein knapp 1,45 m großer Falbe mit Aalstrich namens Tuff – beschloss, das Heu vom nächsten Haufen zu versuchen. Dann ging er mit angelegten Ohren zum nächsten Haufen und verjagte Red, einen Fuchswallach von 1,62 m Stockmaß, gegen den Tuff aussah wie ein Zwerg. Red wiederum drohte mit angelegten Ohren Quincy, einem Wallach von 1,52 m Stockmaß, der friedlich vom dritten

Haufen fraß und nun zu dem Haufen ging, den Tuff gerade liegen gelassen hatte. Dann kehrte wieder Ruhe ein, bis Tuff sich wieder für den nächsten Haufen interessierte und das Spiel von Neuem begann.

Es war zwar lustig, den Dreien dabei zuzusehen, wie sie sich die Abendmahlzeit arrangierten, aber meine Aufmerksamkeit galt dem Wallach im Stall, meinem alten Pferd Buck. Mit dreiundzwanzig zeigte er allmählich Alterserscheinungen. Vor ein paar Monaten hatte ich ihn als Ranchpferd in Pension geschickt und meinem jüngsten Sohn Aaron geschenkt.

Vor kurzem hatte ich ihn von der Winterweide geholt, weil sie ihm nicht so gut zu bekommen schien. Er war zwar nicht ausgesprochen dünn, aber es ging ihm ganz offensichtlich nicht so gut wie den anderen. Er war schon immer ein schlechter Futterverwerter gewesen, und es war für mich seit jeher ein Alarmzeichen gewesen, wenn er anfing, Gewicht zu verlieren. Ich holte Buck also von der Weide nach Hause, damit er mit etwas Zusatzfutter vielleicht wieder ein paar Pfund zulegen konnte.

Buck stand in seinem Auslauf vor der Box und sah mich nur an. Gelegentlich verlagerte er das Gewicht von einem Hinterfuß auf den anderen, aber ohne mich aus den Augen zu verlieren. Ich hatte ihm gerade seine Abendration Pellets in die Krippe geschüttet, die er aber vollständig ignorierte, ein Verhalten, das die meisten Leute irritiert hätte. Ein Pferd, das nicht frisst, nicht einmal sein Zusatzfutter, bedeutet normalerweise nichts Gutes, möglicherweise eine Kolik. Aber ich konnte deutlich sehen, dass Buck nicht krank war. Er versuchte mir nur etwas mitzuteilen.

Ich war gerade ziemlich beschäftigt und versuchte, ihn zu ignorieren, während ich meiner Arbeit nachging. Aber nach all den gemeinsamen Jahren wusste ich, dass ich ihn nicht lange würde ignorieren können, wenn er sich so benahm. Ich drehte mich um und sah ihn an.

»Was ist?«, fragte ich.

Wie zur Antwort wandte er nonchalant den Kopf und sah in seine Box. Ich ging hinüber zum Auslauf, streckte die Hand durch den Zaun und streichelte ihm den Hals. Sein Kopf blieb aber abgewendet, und obwohl ich sein linkes Auge – das mir am nächsten war – kaum sehen konnte, bemerkte ich, dass er mich ansah.

Prima. Wenigstens war klar, dass, was immer er auch wollte, sich in seiner Box befand. Vermutlich irgendetwas mit seinen Pellets, dachte ich. Ich stellte den Rechen ab, ging um die Ecke und in den Stall, öffnete die Schiebetür zu seiner Box und ging hinein. Buck kam mir in der Box entgegen. Ich untersuchte die Pellets auf Fremdobjekte – keine da. Ich nahm ein paar auf, roch daran, probierte sie sogar, ob sie in Ordnung waren – alles okay. Ich sah nach, ob er genügend frisches Wasser hatte – hatte er.

Er stand da und sah mich an. Ich schaute mich um, konnte aber nichts Außergewöhnliches entdecken. Also klopfte ich ihm den Hals und ging hinaus. Er schnarchte laut und schüttelte den Kopf. Ich kehrte um und sah ihn durch die Gitterstäbe an. Er drehte sich ruhig um und sah hinaus zu den Pferden, die im Korral Reise nach Jerusalem um die Heuhaufen spielten. Wieder konnte ich erkennen, dass er mich, trotz seines abgewendeten Kopfes, ansah.

Okay, nun wusste ich, dass er etwas wollte, das er nicht hatte, die anderen aber hatten, und dass es etwas mit seiner Box zu tun hatte. Was es auch war, es war ihm wichtiger als zwei Schaufeln Pellets in seiner Krippe. Das war mir klar, weil Buck im Verlauf unserer gemeinsamen Jahre, bei tausend Gelegenheiten, viel Zeit darauf verwendet hatte, mir beizubringen zuzuhören, was er zu sagen hatte. Mit Engelsgeduld hatte er mir Gedanken präsentiert, die ich von keinem Lebewesen außer dem Menschen für möglich gehalten hätte.

Das erste Mal, als Buck versuchte, mich zum Zuhören zu bringen, ging es darum zu verstehen, wie Pferde Dinge erledigen. Das war ungefähr ein Jahr, nachdem wir angefangen hatten, zusammen zu arbeiten. Sieben war er damals.

Wir halfen bei einem Roundup, einem Zusammentrieb, wie ich es schon seit Jahren getan hatte. Für einen Freund sollten wir etwa 120 Pferde aus einem Areal von über zehn Quadratkilometern zusammentreiben. Buck und ich waren allein, als wir oben in den Felsen über einem schmalen Tal auf eine ca. dreißigköpfige Herde trafen. Wir trieben sie mit Erfolg hinunter ins Tal und mussten sie nun durch einen Engpass über eine ca. 1,5 km lange Wiese, durch einen Tunnel unter dem Highway und schließlich zum Sammelpunkt bringen.

Das einzige Problem war, dass Buck und ich uns plötzlich zwischen den Pferden und dem Engpass am südlichen Ende des Tals befanden. Wir würden um sie herum nach Norden reiten müssen, um sie durch den Engpass treiben zu können. Es war eine gefährliche Situation, denn eine einzige falsche Bewegung meinerseits konnte die Herde in alle Richtungen auseinanderjagen. Zu allem Übel stand, gerade außer Sichtweite in den Bäumen am Nordende des Tals, ein Tor offen, das auf weitere fünf Quadratkilometer Weidefläche führte – und da wollte ich sie ganz bestimmt nicht haben.

Langsam fingen Buck und ich an, die Herde in einem weiten Bogen zu umrunden, um sie auf keinen Fall in Aufregung zu versetzen. Wir hatten es fast geschafft, als ich bemerkte, dass die Pferde uns sehr aufmerksam mit den Augen zu verfolgen begannen. Obwohl wir uns so langsam bewegten, begannen sie, im Kreis zu laufen. Ein paar wendeten ab und bewegten sich auf die Bäume im Norden zu, genau in Richtung auf das offene Tor. Sie waren gar nicht so schnell, aber in meiner Vorstellung konnte ich sie angaloppieren und den Rest der Herde mitreißen sehen.

Da ich sie überholen und vor ihnen bleiben wollte, trieb ich Buck zu einem kleinen Jogtrab an. Sehr zu meiner Überraschung nahm er die Hilfe nicht an. So weit ich mich erinnern konnte, war dies das erste Mal, dass er sich weigerte, ein Kommando von mir auszuführen. Ich versuchte noch einmal anzutraben, und wieder verweigerte er mir den Gehorsam und blieb bei seinem langsamen, beständigen Schritt.

Ein kurzer Blick auf die Herde zeigte mir, dass sich noch ein paar mehr Pferde auf die Wanderschaft begeben hatten. Schnell versuchte ich dahinterzukommen, warum Buck nicht reagierte. Wir waren noch nicht lange unterwegs, nicht länger als eine Stunde, und die meiste Zeit war er Schritt gegangen, er konnte also noch nicht müde sein. Ich drehte mich im Sattel um und betrachtete seinen Schweif, ob er vielleicht – wie soll ich mich ausdrücken – eine Ruhepause brauchte, aber das war es auch nicht.

Nein, aus irgendeinem seltsamen Grund tat er einfach nicht, was ich von ihm wollte, und das gefiel mir gar nicht. Ich drückte ihm kräftiger die Absätze in die Seite, und er schlug trotzig mit dem Schweif. Der Rest der Herde hatte sich den anderen nun auf ihrem Zug nach Norden angeschlossen, wenn auch in lässigem Schritt. Ich knuffte ihn noch einmal, und als Antwort schlug er mit dem Schweif und schüttelte den Kopf.

Wir ritten noch eine kurze Strecke weiter, als ich sah, dass die Herde praktisch zum Stehen gekommen war. Die Pferde hatten sogar den Kopf gesenkt und fingen an zu grasen. Anstatt mich zu entspannen, sah ich dies als unsere Chance, eine größere Entfernung zwischen uns und die Herde zu bringen und den nördlichen Ausgang zu versperren. Wieder drückte ich Buck die Absätze in die Seite, und wieder weigerte er sich anzutraben, diesmal mit einem lauten Schnarchen durch die Nase.

Offensichtlich konnte er die Dringlichkeit der Situation nicht erkennen, und seine Widersetzlichkeit fing an mich zu ärgern.

Inzwischen hatten die Pferde wieder die Köpfe gehoben und begonnen, sich langsam wieder nach Norden in Bewegung zu setzen. In einem Wutanfall, anders kann ich es nicht nennen, holte ich schließlich mit beiden Beinen aus und ließ sie gegen seine Rippen krachen. Er war mittlerweile so böse mit mir wie ich mit ihm, und sein Zorn äußerte sich in einem Satz, gefolgt von einem schnellen Galopp.

Na endlich, dachte ich. Endlich tut er, was er soll. Und gerade noch rechtzeitig, denn als er in Galopp fiel, wachte die Herde auf, zögerte noch einen Augenblick und setzte sich dann so schnell sie konnte zum nördlichen Ausgang in Bewegung. Plötzlich und vermutlich nicht gerade überraschend befanden wir uns in einem größeren Rennen – wir gegen dreißig gut ausgeruhte Weidepferde, und alle auf ein einziges Ziel zu galoppierend. Buck und ich übersprangen Felsen und Buschwerk, wichen den Löchern aus, die Taschenratten gebuddelt hatten, und setzten über die Pfützen vom letzten Regen. Die Herde, Schweife hoch und Mähnen im Wind flatternd, lief mit Höchstgeschwindigkeit, wobei einige laut wieherten.

Buck lief, so schnell er überhaupt konnte, und trotzdem waren wir, als wir den Wald erreichten, nur etwa fünfzig Meter vor der Herde. Ein schneller Blick über die Schulter zeigte mir, dass die Pferde schnell aufholten. Am schlimmsten aber war, dass wir Bäumen ausweichen und uns unter niedrigen Ästen ducken mussten, während sie einen schmalen Pfad ohne alle Hindernisse entlangliefen, der genau durch das Tor und auf die nun nur noch 120 Meter entfernten fünf weiteren Quadratkilometer führte.

Sie flogen nur so den Weg hinunter, und ich wusste, es würde eng werden, vielleicht zu eng. Ich trieb Buck noch mehr an, aber statt schneller zu werden, wurde er ein kleines bisschen langsamer. Die eine kleine Verzögerung genügte, damit die Herde an uns vorbei und durch das Tor schoss. Buck schaltete weiter zurück vom Renngalopp zu einem langsamen Lope, zum Trab und schließlich zum Schritt. Hilflos sah ich zu, wie die Herde in den Bäumen und Felsen auf der anderen Seite verschwand, so schnell sie die Füße trugen.

Ich erinnere mich an einen Cartoon: Zwei Pferde, beide gesattelt, stehen nebeneinander. Das eine schaut schlecht gelaunt das andere an und sagt: »Wenn mein Cowboy nicht bald anfängt, auf mich zu hören, bekomme ich einen schlechten Ruf.«

Ich bin mir hundertprozentig sicher, dass Buck genau dies dachte, als wir da standen und hörten, wie das Hufgeklapper in der Ferne verhallte. Ich meinerseits konnte damals nur daran denken, wie viel Arbeit mir mein Pferd gerade verursacht hatte. Wäre er nur schneller geworden, als ich ihn zum ersten Mal dazu aufgefordert hatte, wäre die Herde jetzt schon im großen Pferch gewesen. Stattdessen würden wir nun die nächsten zweieinhalb Stunden damit beschäftigt sein, die Herde zu suchen, sie zusammenzutreiben und dann durch das Tor und in das schmale Tal zu bringen, aus dem wir gerade kamen.

Das Gute daran, so viel Zeit zu haben, ist, dass Sie Gelegenheit haben zu denken. Wie ich schon sagte, dachte ich anfangs hauptsächlich, wie wütend ich darüber war, dass Buck nicht gleich reagiert hatte.

Und für mein Gefühl war dies der Grund, warum wir uns jetzt in diesem Schlamassel befanden. Ich muss zugeben, dass sich meine Gedanken die nächste halbe Stunde oder so weiter um dieses Thema drehten. Wenn es bei diesem Erlebnis geblieben wäre, hätte ich wahrscheinlich weiter so gedacht. Aus heutiger Sicht klingt es wohl nach nicht sehr viel, aber damals empfand ich dieses Vorkommnis als sehr demütigend.

Während ich auf Bucks Rücken saß und ihn im Geiste dafür verprügelte, dass er nicht getan hatte, was er sollte, als er es sollte, ging mir auf, dass er einfach seiner Arbeit nachging, wie vor dem Rennen. Und er ging nicht nur seiner Arbeit nach, er ging auch sehr sorgsam vor. Vorsichtig stieg er über Felsen und niedergebrochene Äste und Stämme. Langsam passierte er den Engpass und suchte den sichersten Weg zum Talgrund. Wenn ihm etwas nicht geheuer war, hielt er an, wendete dann ab und wählte eine andere, klügere Richtung. Ab und zu spitzte er in eine bestimmte Richtung die Ohren und sagte mir auf diese Weise, wo die Herde sich befand.

Kurz gesagt, während ich mir leid tat und mein Pferd verfluchte, war er wieder an die Arbeit gegangen, so ziemlich ohne mich und eigentlich sogar gegen mich. Und nicht nur das, er passte dabei auch noch auf mich auf!

Wie gesagt, als ich wieder zu mir kam und merkte, was passierte, fand ich das Ganze wirklich sehr demütigend. Er hatte mir, glaube ich, an diesem Tag aber auch noch eine andere Lektion erteilen wollen, die mir total entgangen war. Leider ging mir diese Lektion erst einige Zeit später auf.

Nach dem Zwischenfall im Tal schien Bucks offensichtliche Widersetzlichkeit einfach zu verschwinden. Eigentlich verhielt er sich schon den Rest des Tages damals so gehorsam wie gewohnt. Das gute Benehmen hielt drei Monate lang an, bis ein Pferd zur Korrektur zu uns gebracht wurde, das Probleme mit dem Führen hatte. Wie sich herausstellte, ließ es sich überhaupt nicht führen.

Ich hatte mit dem jungen Wallach schon einige Zeit Bodenarbeit im Round Pen gemacht, und das machte er sehr schön. Er ließ sich dort sogar ganz gut führen. Wenn ich aber versuchte, ihn außerhalb zu führen, blockierte er nach ein paar Schritten total. Nachdem ich ihn einige Zeit mit mäßigem Erfolg zu Fuß gearbeitet hatte, beschloss ich, das junge Pferd als Handpferd mitzunehmen. Das gab mir mehr Möglichkeiten, mit ihm zu arbeiten, und außerdem konnte ich, falls er sich gegen den Strick stemmte, einfach ruhig zusehen und ihn gegen Buck arbeiten lassen statt gegen mich.

Am nächsten Tag nahm ich Buck und den Youngster mit auf den großen Platz. Ich setzte mich auf Buck und gab ihm, mit dem Führstrick in der Hand, die Hilfe zum Antreten. Der junge Wallach ging am durchhängenden Strick neben Buck her, als hätte er zeit seines Lebens nichts anderes getan. Er machte überhaupt keine Schwierigkeiten. Ohne Zwischenfälle umrundeten wir ein Mal den Platz, und alles ging so gut, dass ich dachte, vielleicht hätte die viele Bodenarbeit in den letzten Tagen doch etwas bewirkt. Gerade als ich mir auf die Schulter klopfen wollte, kamen wir wieder am Eingang vorbei, durch den wir Minuten zuvor hereingekommen waren, und ich stellte fest, dass ich doch nicht so gut zu ihm durchgekommen war, wie ich gehofft hatte.

Wir waren vielleicht zwei Meter am Tor vorbei, als der Wallach die Beine in den Boden stemmte und keinen Schritt mehr weiterging. Buck ging weiter, und sehr schnell straffte sich das Seil. Bevor es sich wirklich anspannte, wickelte ich es schnell um das Sattelhorn, damit der Zug das Sattelhorn traf und nicht mich. Als es sich spannte, konnte ich spüren, wie Buck sich in den Zug hineinlehnte. Es war, als versuchten wir, einen Panzer aus dem Schlamm zu ziehen. Ich drehte mich im Sattel um und sah, dass der Youngster sich mit aller Kraft nach hinten legte, der Führstrick zum Zerreißen gespannt und das Stallhalfter so weit gezogen, wie es nur ging. Seine Augen zeigten das Weiße, die Nüstern waren gebläht und die Lippen fest zusammengepresst.

Ich gab Buck ein Zeichen anzuhalten, was er auch tat, ohne den Zug am Seil zu verringern. Mir war ziemlich klar, dass es an diesem Punkt wenig bringen würde, weiter auf »vorwärts« zu bestehen. Selbst wenn das junge Pferd nachgab und nach vorn ging, würde es dies wahrscheinlich mit einem gigantischen Satz tun, der uns alle drei in Gefahr bringen konnte. Ich musste es anders versuchen, die Starre aufzubrechen. Also wendete ich Buck nach rechts und ging, ohne die Spannung im Seil ganz aufzugeben, auf der rechten Seite nach hinten, bis beide Pferde Seite an Seite standen, Buck mit dem Kopf nach Norden und der Youngster mit dem Kopf nach Süden. Ich ließ Buck weiter vorwärts gehen, bis er den Kopf des jungen Pferdes so weit herumgezogen hatte, dass er in dieselbe Richtung sah wie Buck und ich, ohne dass sich sein Körper allerdings bewegt hatte.

Das Prinzip war, den Wallach so weit aus dem Gleichgewicht zu bringen, dass er einfach die Füße bewegen musste, um nicht umzufallen. Wenn er sich erst einmal bewegte, konnten wir ihn dirigieren und, so hofften wir, wieder mitführen.

Das Problem war, dass Buck, sobald wir den Wallach in diese Position manövriert hatten, einfach stehen blieb. Ich trieb ihn mit den Absätzen vorwärts, aber er tat, als ob er nichts merken würde. Ich trieb noch einmal, aber Buck reagierte nicht. Der junge Wallach schien leicht zu schwanken, bereit für den nächsten Schritt, und ich dachte, er bräuchte nur noch einen kleinen ermutigenden Schubs, um sich endgültig zu bewegen. Ich versuchte wieder, Buck anzutreiben, aber er tat, als sei ich überhaupt nicht vorhanden.

Schließlich hieb ich ihm die Absätze in die Seite, und seine Reaktion bestand in einer kaum wahrnehmbaren Vorwärtsbewegung. Sehr zu meiner Überraschung war dieser winzige zusätzliche Druck, als er sich leicht nach vorn lehnte, alles, was noch gefehlt hatte, damit das junge Pferd völlig den Kopf verlor. Es verlor auch das Gleichgewicht und bewegte die Füße – wie ich ursprünglich gehofft hatte –, aber leider nicht so, wie ich es erwartet hatte. Plötzlich hing am Ende eines drei Meter langen Führstricks ein höchst explosives Energiebündel an meinem Sattelhorn fest. Es fühlte sich an, als hätten wir einen neunhundert Pfund schweren Merlin an der Angel, der von seiner Situation nicht gerade begeistert war.

Sie können sich vorstellen, dass es ein paar Minuten ziemlich rodeomäßig zuging, und als sich der Staub endlich gelegt hatte, war ich froh, dass wir drei alle noch okay waren. Es dauerte weitere Minuten, bis wir uns wieder sortiert hatten und weitermachen konnten, wenn auch ein bisschen langsamer und sehr viel vorsichtiger. Der junge Wallach überwand seine Schwierigkeiten mit dem Führen in verhältnismäßig kurzer Zeit, und von da an entwickelten sich die Dinge ohne weitere Probleme.

Obwohl alles gut ausgegangen war, hatte ich in den folgenden Tagen und Wochen Mühe, das Vorkommnis aus dem Kopf zu bekommen. Ich hatte das überwältigende Gefühl, irgendetwas verpasst zu haben. Was es auch war, ich wusste, es war wichtig.

Der Lehrer spricht

Bei der AQHA ist Buck unter dem Namen Alms Setter Bar registriert, wobei das »Bar« von seinem Urgroßvater herstammt, dem berühmten Vollblüter Three Bars. Er ist also ein eingetragenes Quarter Horse und hat auch den typischen Quarter-Horse-Kopf, ist aber für diese Rasse verhältnismäßig groß und kalibrig, mit guter Schulter und dem für Vollblüter charakteristischen hohen Widerrist. In seiner Jugend war er auch so schnell wie ein Vollblüter. Er war tatsächlich eines der schnellsten Pferde – wenn nicht das schnellste überhaupt –, das ich je geritten habe.

Als Buck mit sieben Jahren zu mir kam, war er, was die meisten Menschen als unauffällig bezeichnen würden: ein Dunkelfuchs mit einem Stern auf der Stirn und hinten links weiß gestiefelt. Vorn stand er etwas zehenweit, und seine Trachten waren niedriger, als sie sein sollten – ein Problem, das ihm in späteren Jahren noch zu schaffen machen sollte. Abgesehen von einem leichten flachsfarbenen Schimmer in Mähne und Schweif, wenn sie im Sommer von der Sonne ausgebleicht waren, unterschied ihn äußerlich nichts von einer ganzen Herde fuchsfarbener Quarter Horses.

Sein unscheinbares Äußeres erschwerte mir die Erkenntnis, dass er mir mit seinem ungewöhnlichen Verhalten etwas sagen, etwas beibringen wollte. Ich meine, wäre er ein großes, auffallendes Filmross gewesen, mit jeder Menge Talent und Können und jahrelanger Erfahrung in der Arbeit mit und für Menschen, hätte ich es verstanden. Buck besaß jedoch nichts dergleichen. Er war einfach ein Pferd, das wenig geritten worden war, ja sogar wenig Umgang mit Menschen gehabt hatte, bevor es zu mir kam.

Komisch, aber vermutlich war das eine weitere Lektion, die ich von Buck gelernt habe – man kann einfach nie vorher wissen, in welcher Art Verpackung ein Lehrer aufkreuzt.

Buck hatte mit dem Unterricht begonnen, als er mir bei zwei verschiedenen, dem Anschein nach nicht miteinander zusammenhängenden Gelegenheiten den Gehorsam verweigerte. In den Monaten danach kam es immer wieder und immer öfter vor, und immer in Situationen, in denen wir mit einem anderen Pferd oder einer Gruppe von Pferden arbeiteten. Und er weigerte sich grundsätzlich in dem Moment, in dem ich das Gefühl hatte, er müsse jetzt SOFORT reagieren.

Wenn er auf meine Aufforderungen nicht reagierte, musste ich sehr viel mehr Druck auf ihn ausüben, als ich eigentlich wollte. Die Folge davon war, dass seine Reaktion, wenn sie endlich erfolgte, meist sehr viel heftiger ausfiel, als sie hätte sein sollen. Dies aber führte wiederum dazu, dass die jeweilige Situation derartig eskalierte, dass wir wieder von vorn anfangen mussten.

Sie können sich vorstellen, dass seine Widerspenstigkeit mir ziemlichen Kummer machte. Wir mussten nicht nur sehr oft unsere Arbeit zwei Mal, manchmal sogar drei Mal machen, er hatte auch das ganze vorherige Jahr niemals eine Widersetzlichkeit gezeigt. Nicht um alles in der Welt konnte ich mir einen Grund für sein Verhalten vorstellen.

In solchen Fällen ist es für Menschen nur zu natürlich, sie unter einem negativen Aspekt zu betrachten. Ich jedenfalls tat es mit Sicherheit. Welcher positive Effekt hätte auch daraus entstehen können?

Schließlich waren wir so weit, dass ich jedes Mal, wenn er mir etwas verweigerte, automatisch ihm die Schuld gab und nie mir selbst. Ich ärgerte mich über seine Weigerungen, und ich ärgerte mich noch mehr, wenn er letztendlich zu heftig reagierte und uns dadurch zwang, von vorne anzufangen, was uns Stunden zusätzlicher Arbeit kostete. Damals dämmerte mir noch nicht, dass ich jedes Mal, wenn wir eine Arbeit von vorn beginnen mussten, einen sanfteren und besseren Weg fand, sie auszuführen. Ebenso wenig war mir klar, dass Buck und ich jedes Mal dazulernten, was unsere gemeinsame Arbeit betraf. Nein, noch war ich Monate entfernt davon, diese kleinen Perlen zu erkennen. Ich konnte nur daran denken, wie ärgerlich und unangenehm es war, dass Buck mir bei den unpassendsten Gelegenheiten den Gehorsam verweigerte.

Erst fast ein Jahr nach seiner ersten Weigerung fiel mir an Buck etwas auf, das ein wenig Licht ins Dunkel brachte. Erstaunlicherweise kam die Erkenntnis nicht während unserer gemeinsamen Arbeit, sondern an einem warmen Frühlingstag, als ich ihn und die übrige Herde beobachtete. Ich war ungefähr hundert Meter vom Wassertank entfernt damit beschäftigt, Zaunpfähle zu ersetzen. Den Wassertank hatte ich vorher erst geleert, dann gesäubert und neu gefüllt.

Wie gewöhnlich ging Pete, das Alphapferd der Herde, sofort hinüber zu dem frisch gefüllten Tank, trank sich satt und bewachte ihn dann, während er in der Nähe graste. So war es so ziemlich jedes Mal, wenn ich den Tank säuberte und frisches Wasser nachfüllte. Ungefähr eine Stunde lang ließ Pete kein anderes Pferd in die Nähe. Irgendwann wanderte er dann weiter, und erst jetzt kam die übrige Herde zur Tränke und konnte trinken. Aus irgendeinem Grund war es für Pete schrecklich wichtig, dass kein anderes Pferd sich aus der frisch gefüllten Tränke bediente.

Versuchte ein Herdenmitglied, sich der Tränke zu nähern, legte Pete die Ohren an und warf ihm einen giftigen Blick zu. Keines hatte Lust, Petes Zorn am eigenen Leib zu verspüren; also drehte es schnell um und machte, dass es weg kam. Meistens brauchte Pete nicht einmal die Füße zu bewegen. Kam das durstige Pferd zu nahe – was ab ungefähr zehn Metern der Fall war –, machte Pete ein paar schnelle Schritte in seine Richtung, und das Pferd rannte auf und davon.

Bis ich den zweiten Pfosten ersetzt hatte, hatte Pete schon fünf oder sechs Pferde mit Leichtigkeit von der Tränke verscheucht. Ich ging gerade zum dritten verrotteten Pfosten hinüber, als ich sah, wie Buck auf die Tränke zuwanderte. Anfangs dachte ich gar nicht weiter darüber nach. Ich dachte, Pete würde ihn ebenso wegjagen wie alle anderen.

Ich schlug die Latten vom Pfosten ab, der daraufhin abbrach. Während ich mich daran machte, den Stumpf auszugraben, fiel mir auf, dass ich das vielsagende Geräusch hügelan galoppierender Hufe schon einige Minuten nicht vernommen hatte. Ich fragte mich in Gedanken, wieso ich Buck nicht hatte wegrennen hören, und drehte mich um, um nach dem Rechten zu sehen.

Etwa zwölf Meter entfernt stand Buck ganz ruhig da, den Kopf gesenkt und einen Hinterhuf entspannt eingeknickt. Pete graste, mit einem Ohr in Richtung Buck und einem leicht verstörten Gesichtsausdruck. Ich war wie gebannt von den beiden, und auch wenn ich noch so gern Pfähle setze – ich konnte mich nicht losreißen von dem Geschehen dort drüben.

Immer einmal wieder hob Pete den Kopf und legte die Ohren an, aber Buck zeigte keine Reaktion. Gelegentlich zuckte ein Ohr in Petes Richtung, das war alles. Das schien Pete auf die Nerven zu gehen, und nach vier oder fünf Minuten startete er eine Attacke auf Buck.

Mit angelegten Ohren und gefletschten Zähnen galoppierte er hügelan auf Buck zu. Buck hielt die Stellung bis zur wirklich allerletzten Sekunde. Dann, als Pete im vollen Galopp nur noch etwa zwei Meter entfernt war, trat er schnell, aber ruhig einen Schritt nach links und ließ Pete an sich vorbeischießen wie der Matador den Stier unter seiner Capa. Während Pete nach der misslungenen Attacke noch mit seinem Gleichgewicht kämpfte, trottete Buck in aller Gemütsruhe zum Tank hinunter, senkte den Kopf und fing an zu trinken.

Pete war weit über die Stelle hinausgeschossen, an der Buck gestanden hatte, und war nun gute zwanzig Meter entfernt. Er stand auf dem Hügel und sah zu, wie Buck trank. Ich vermute, es war ihm zu mühsam, wieder hinunterzulaufen, vielleicht dachte er auch, er brauche den Tank nicht länger zu bewachen. Jedenfalls drehte Pete um und gesellte sich zum Rest der Herde.

Langsam zog Buck den Kopf aus der Tränke, streckte den Hals, machte das Maul auf und verschob den Unterkiefer, bis etwas Wasser herauslief und ein paar unzerkaute Grasbüschel in die Tränke fielen. Ein paar Sekunden lang stand er da und verrenkte sich den Unterkiefer; dann drehte er sich langsam um und sah mich an.

Solange ich bei der Arbeit war, hatte er mich kaum beachtet. Jetzt, nach all der Aufregung, schien er mich plötzlich wahrzunehmen. Ein paar Sekunden lang sah er mich nur an. Ich schwöre, wäre er ein Mensch gewesen, ich hätte gedacht, dass er mir etwas zu sagen versuchte.

Inzwischen ist mir klar geworden, dass Buck mir jedes Mal, wenn er mich so ansieht, tatsächlich etwas zu sagen versucht. Beziehungsweise, um genauer zu sein: Er *sagt* etwas zu mir. Manchmal ist das, was er sagt, schwer zu verstehen. Manchmal – wie damals, als er in seinem Auslauf stand und mich anstarrte, anstatt seine Pellets zu fressen – ist es aber auch ziemlich leicht.

Damals brauchte ich nur auszusortieren. Als ich zu ihm an den Auslauf ging, schaute er in seine Box. Als ich in die Box ging und das Futter und die Tränke überprüfte, kam er ebenfalls in die Box und bestätigte mir damit, dass es nun »wärmer« wurde. Als ich wieder hinausging, schüttelte er den Kopf und prustete, um mir mitzuteilen, dass es wieder »kälter« wurde. Dann sah er nach draußen, wo die anderen Pferde fraßen.

Ein Blick nach draußen zeigte mir unmissverständlich, was Buck wollte. Die anderen Pferde hatten Heu, Buck noch nicht. Ich hatte es ihm absichtlich noch nicht vorgelegt, weil er zuerst seine Pellets auffressen sollte. Das gefiel ihm wohl nicht. Also warf ich ihm ein paar Lagen Heu in die Box, und er machte sich unverzüglich darüber her. So einfach war die Lösung für ein Problem zwischen Pferd und Mensch.

Natürlich war dieses Problem nur deshalb so leicht zu lösen, weil ihm viele Jahre vorausgingen, in denen Buck mir beigebracht hatte, auf das zu hören, was er mir zu »sagen« versuchte. Herauszufinden, was er mir beim ersten Mal, als er am Wassertank stand und mich ansah, sagen wollte, war nicht ganz so einfach, denn bei diesem Stand unserer Beziehung hatte ich noch nicht gelernt, ihm zuzuhören.

Wenn ich ihnen erzähle, dass mein Pferd mit mir zu sprechen versuchte, werden manche Leute sicherlich sagen, dass ich total übergeschnappt bin, oder aber sie werden die Augen verdrehen und finden, dass ich vermenschliche. Dass ich Gefühle, Gedanken und bestimmte Verhaltensweisen, die Menschen eigen sind, auf ein Tier, in diesem Fall ein Pferd, übertrage. Vielleicht haben sie Recht – ich weiß es nicht.

Ich finde es einfach nur schwierig zu glauben, dass einzig die menschliche Spezies den Markt für Gefühle, Gedanken und bestimmte Verhaltensweisen, zum Beispiel Kommunikation, beherrscht. Das ist besonders schwer zu glauben, wenn man bedenkt, dass die Menschen noch gar nicht so lange auf unserem Planeten sind. Andererseits glaube ich aber auch nicht, dass alle Tiere auf unserem Planeten gleich sind.

Was ich glaube, ist, dass den meisten lebenden, atmenden Geschöpfen bestimmte Wesenszüge und Gemeinsamkeiten eigen sind. An der Spitze der Gemeinsamkeiten steht der Wunsch, so lange wie möglich am Leben zu bleiben. Dadurch, dass wir am Leben bleiben, leisten wir unseren kleinen Beitrag zum Erhalt unserer Spezies.

Nirgends offenbart sich dieser Wunsch, am Leben zu bleiben, sichtbarer als im Flucht-oder-Kampf-Instinkt. Alle Lebewesen einschließlich des Menschen laufen vor Dingen davon, die ihre Fähigkeit, am Leben zu bleiben, bedrohen. Können sie nicht weg, bleiben sie stehen und kämpfen mit allen Mitteln um ihr Leben. So stark ist dieser Instinkt, und Sie dürfen sicher sein, dass wir uns in dieser Hinsicht nicht von Pferden oder irgendeinem anderen Tier auf unserem Planeten unterscheiden.

Bei uns Menschen ist dieser Instinkt sogar erhalten geblieben, obwohl wir im Laufe der Zeit hart daran gearbeitet haben, ihn zu verlieren. Wir tun Dinge, die unsere Vorfahren mit Entsetzen erfüllt hätten: Wir rasen, eingeschlossen in ein »Tier« aus Metall, mit hundert Stundenkilometern die Autobahn entlang oder setzen uns in einen großen, glänzenden »Vogel«, der uns hoch hinauf in den Himmel trägt. Wenn aber, während wir in unserem Metalltier die Straße entlangsausen, ein anderes Metalltier vor uns auftaucht oder wenn der große Vogel, in dem wir fliegen, aufgrund von Turbulenzen plötzlich ein paar hundert Meter absackt, kommt unser Urinstinkt, der Überlebenswille, in Sekundenschnelle wieder hervor.

Um noch einen Schritt weiterzugehen: Wir haben uns diesen Instinkt bewahrt, obwohl wir eine ganze Reihe von Religionen entwickelt haben, die uns nach dem Tod die wundervollsten Belohnungen versprechen. Trotz dieser »Karotte«, die verführerisch vor unserer Nase baumelt, tun wir immer noch alles, um am Leben zu bleiben, genau wie alle anderen Lebewesen, die diese Erde bevölkern – vielleicht mit Ausnahme der Lemminge.

Mir erscheint es nur logisch, dass wir, wenn wir einen Urinstinkt gemeinsam haben, auch noch andere Dinge teilen. So gibt es zum Beispiel in der Tierwelt (Menschen eingeschlossen) allgemein gesprochen eine Haltung des »Leben-und-leben-lassens«. Natürlich gibt es Raubtiere und Beutetiere. Aber nur sehr wenige Tiere, auch unter den Raubtieren, töten um des Tötens willen. Auf irgendeiner Ebene wissen wir alle instinktiv, dass wir nur überleben können, wenn wir auch andere Spezies überleben lassen. Auch Raubtier und Beute haben gelernt, zu überleben und auf irgendeine Art und Weise auf einer erträglichen Basis zusammenzuleben.

Ich glaube, der Grund, warum wir alle zusammen überleben können, besteht in einem grundsätzlichen Verständnis untereinander. So wird ein Tier, das einmal Angst gehabt hat, Angst bei einem anderen Tier erkennen können, auch wenn dieses einer anderen Spezies angehört. Jedes Tier, das einmal wütend war, wird Wut bei einem anderen Tier erkennen. Und gleichermaßen wird jedes Tier, das einmal mit einem anderen auszukommen versucht hat, erkennen, wenn ein anderes Tier mit ihm auszukommen versucht.

Das lässt sich noch vertiefen: Wenn ein Tier sich einem anderen Tier gegenüber nicht bedrohlich verhält, fällt es dem anderen Tier leichter, statt einer defensiven oder aggressiven Reaktion sein wahres Ich, seine wahre Persönlichkeit zu zeigen. Das Tier kann so sein, wie es wirklich ist.

Wenn dies geschieht, scheint sich eine Tür zu öffnen, die eine Kommunikation unter Tieren verschiedener Spezies ermöglicht, manchmal sogar unter erklärten Feinden. Ein schneller Blick auf die Tierwelt genügt, um zu verstehen, was ich sagen will. In manchen Teilen der Welt ist es nicht unüblich, dass kleine Vögel im offenen Rachen von Krokodilen sitzen und ihnen Parasiten herauspicken. Das Krokodil bräuchte nur die Kiefer zuzuklappen, um das Vögelchen zu töten, aber irgendwann einmal hat es dem Vogel klar gemacht, dass es dies nicht zu tun gedenkt, und der Vogel hat verstanden, dass keine Gefahr droht.

In Afrika dösen Löwen, die sich gerade satt gefressen haben, im Schatten, während gleich daneben Beutetiere in aller Ruhe grasen. Auch hier »wissen« die Beutetiere durch Tausende Jahre der Kommunikation, dass sie nicht in Gefahr sind. Sie wissen, dass Löwen, die gerade gefressen haben, eine Zeitlang nicht mehr jagen. Sie sind also sicher, jedenfalls eine Weile.

Sicher gibt es noch unzählige weitere Beispiele für diese Art von Kommunikation, aber die Idee ist immer die Gleiche. Es kommt in der Tierwelt gar nicht selten vor, dass unterschiedliche Spezies sich gegenseitig beeinflussen und sogar voneinander lernen – besonders wenn auf lange Sicht beide Spezies davon profitieren.

Was uns zurückbringt zu Buck. Ich kann denjenigen, die meinen, ich vermenschlichte Buck, wenn ich glaube, dass er mir durch sein Verhalten etwas zu zeigen versuchte, nicht Recht geben. Ich setze Bucks Handlungen nicht mit denen von Menschen gleich. Seine Gedanken,

Gefühle und Instinkte sind die eines Pferdes. Stattdessen versuche ich, das, was zwischen uns geschieht, in etwas zu übersetzen, das ich, als Mensch, verstehen kann und das für uns beide von Nutzen ist. Kurz gesagt, wenn Buck versucht, mit mir zu »sprechen«, muss ich versuchen, ihm zuzuhören.

Leider erwies sich der Teil des Zuhörens für mich als der schwierigste. Sehen Sie, als Buck und ich miteinander zu arbeiten begannen, hielt ich mich für einen ziemlich guten Pferdetrainer. Schließlich hatte ich erfolgreich mit einer großen Anzahl von Problempferden gearbeitet. Ich hatte wer weiß wie viele Pferde angeritten oder korrigiert, mich vom Mustang bis zum Kaltblüter mit allem nur Möglichen beschäftigt und war stolz darauf, so ziemlich jedem Pferd über seine jeweiligen Schwierigkeiten hinweggeholfen zu haben.

Um die Wahrheit zu sagen: Ich muss zugeben, dass ich das Gefühl hatte, schon ziemlich gut auf meine Pferde zu hören. Meine Einstellung war: *Was könnte ein relativ »grünes« Pferd mir beibringen, das ich nicht schon wüsste?* Mir schien, Buck hatte vergessen, dass ich der Lehrer war, nicht er. Und das sollte sich als mein größter Irrtum überhaupt herausstellen.

Das Problem wird erkannt

Von Anfang an hatte ich gelernt, Pferde zu respektieren, ihnen ihre Würde zu belassen und zu verstehen zu versuchen, was sie uns zu sagen hatten. Ich war eigentlich sogar immer ziemlich stolz auf mein Gefühl dafür gewesen, was Pferde mir während des Trainings mitzuteilen versuchten. Das war der Hauptgrund, warum es mir so schwer fiel zuzugeben, dass das, was sich zwischen Buck und mir abspielte, mein Problem war, nicht seines.

Erst nachdem ich miterlebt hatte, wie Buck die Situation mit Pete gelöst hatte, dämmerte mir, dass ich ihm vielleicht mehr Aufmerksamkeit schenken sollte. Selbst dann dauerte es noch Monate, bis die

Dinge für mich einen Sinn zu ergeben begannen. Zwei Ereignisse, die auf den ersten Blick nichts miteinander zu tun hatten, öffneten mir dann endlich die Augen.

Ich arbeitete tagsüber auf einer Gast-Ranch, trainierte ihre Pferde und ritt ein paar junge Pferde für sie ein. Head Wrangler, also »Chef-Cowboy«, war eine kleine Frau, äußerst erfahren, gut organisiert, effizient und mit einem Händchen für die Pferde und Menschen, mit denen sie zu tun hatte. Sie lebte mit ihrem Mann auf der Ranch, und wie sich herausstellte, hatten sie jahrelang versucht, eine Familie zu gründen, aber ohne Erfolg.

Dann kam sie eines Tages und erzählte jedem, dass sie ein Baby erwartete. Es sollte außerhalb der Saison auf die Welt kommen, wenn auf der Ranch am wenigsten Betrieb war. Alle auf der Ranch freuten sich für sie und ihren Mann, weil alle wussten, wie lange sie sich schon ein Kind gewünscht hatten und wie viel es ihnen bedeutete, Eltern zu werden. Alle freuten sich, bis auf die Besitzerin der Ranch.

Diese war um die fünfzig und hatte erst vor kurzem die Leitung der Ranch übernommen, nachdem ihre Eltern, die sie viele Jahre betrieben hatten, sich aufs Altenteil zurückgezogen hatten. Offenbar dachte sie, eine Frau mit einem Baby würde ihre Pflichten auf der Ranch nicht zufriedenstellend erfüllen können. Also kündigte sie ihrem Head Wrangler ein paar Tage, nachdem sie von der Schwangerschaft erfahren hatte. Sie und ihr Mann hatten die Ranch innerhalb von zwei Tagen mit all ihrer Habe zu verlassen.

Dies alles geschah in der betriebsamsten Zeit des Jahres. Viele Familien machten Ferien auf der Ranch, und die meisten wollten ausreiten. Sie können sich vorstellen, dass es bei den Cowboys drunter und drüber ging und die Stimmung gegenüber der Ranchbesitzerin nicht gerade freundlich war. Zwei Wrangler standen einfach auf und kündigten; von der ursprünglich siebenköpfigen, zufriedenen und effizienten Mannschaft blieben ganze vier übrig, und die waren total überfordert. Natürlich waren die Pferde oft nicht rechtzeitig fertig, wenn die Leute reiten wollten. Manche Ausritte fielen ganz aus, weil nicht genügend Begleitpersonal zur Verfügung stand. Die Gäste beklagten sich, manche regten sich so auf, dass sie abreisten und ihr Geld zurückverlangten.

Es dauerte nicht lang, und die Besitzerin lief herum und schob die ganze Schuld an den Problemen auf den Head Wrangler. Sie dachte folgendermaßen: Wäre ihr Chef-Cowboy nicht schwanger geworden, hätte sie ihr nicht zu kündigen brauchen, und das alles wäre nicht passiert. Die meisten Menschen würden erkennen, wie lächerlich dieser Gedankengang war. Schuld an den Problemen war nicht der Head Wrangler, sondern die Besitzerin.

Hätte die Besitzerin sich vorher mit anderen vom Ranchpersonal unterhalten, bevor sie dem Head Wrangler kündigte, hätte sie sicher die Tragweite ihres Entschlusses besser überblickt. Aber das tat sie nicht. Offenbar hatte sie nicht im Geringsten das Gesamtbild im Blick, bevor sie ihren Entschluss fasste. Sonst wäre sie mit der Situation sicher anders umgegangen.

Zufällig begann ich zur gleichen Zeit, mit einem Pferd zu arbeiten, das noch neu auf der Ranch war. Es war ein hübscher kleiner Wallach, der für Trail-Ritte eingesetzt werden sollte. Er hatte einer älteren Dame in einer nahe gelegenen Stadt gehört und war deren einziges Pferd gewesen. Sie hatte ihn fast jeden Tag im Gelände geritten, und tatsächlich erwies er sich auch als hervorragendes Geländepferd. Mit einer Ausnahme: Er geriet in Panik, wenn andere Pferde hinter ihm waren.

Vermutlich lag das daran, dass er immer allein geritten worden war. Da nie ein anderes Pferd hinter ihm her gegangen war, hatte er auch nicht gelernt, dass ihm keine Gefahr drohte, wenn ihm doch einmal eines auf den Fersen war. Wenn also im Gelände ein anderes Pferd hinter ihm auftauchte, schoss er im Trab oder sogar im Galopp vorwärts, um möglichst schnell davon wegzukommen.

Das war ein offensichtliches Sicherheitsrisiko, aber der Wallach war in jeder anderen Hinsicht ein so ausgezeichnetes Geländepferd, dass wir den Versuch machen wollten, ihm über seine Schwierigkeiten hinwegzuhelfen, anstatt ihn wieder zu verkaufen. Damit kam er zu Buck und mir.

Ich beschloss, ihn für den Anfang in den Round Pen zu nehmen und ihn von Bucks Rücken aus zu arbeiten. Ich wollte ihn an die Führleine nehmen und eine Zeitlang als Handpferd nebenher gehen lassen. Dann wollte ich Buck langsam hinter ihn zurücknehmen und ihm zeigen, dass er von dem Pferd hinter sich nichts zu befürchten hatte.

Zuerst ging alles glatt und wie geplant. Der kleine Wallach ließ sich ohne weiteres als Handpferd mitführen. Er schien nur allzu glücklich, Buck überall hin zu folgen. Aber als ich anhielt und anfing, Buck nach hinten zu manövrieren, war nicht zu übersehen, dass ihm dies nicht behagte.

Die gute Nachricht war bis jetzt gewesen, dass er nie nach einem Pferd geschlagen hatte, das hinter ihm auftauchte. Er war nur einfach vorwärts geschossen. Als Buck und ich nun begannen, uns an sein hinteres Ende heranzuarbeiten, dachte ich, er würde sich langsam von uns wegbewegen, sobald wir seiner Hinterhand zu nahe kamen und der Druck ihm zu viel wurde. Wir hatten uns noch kaum in Bewegung gesetzt, als ich auch schon entdeckte, wie falsch ich gedacht hatte.

Ich saß auf Buck und hielt die Führleine in der Hand. Der Wallach stand still, und Buck und ich hatten gerade angefangen, uns in Richtung Hinterhand zu bewegen, als Buck wie angewurzelt stehen blieb. Sein Kopf war nahe bei der Hinterhand des Wallachs und der Kopf des Wallachs nahe bei Bucks Hinterhand. Der Wallach schien nicht aufgeregt und hatte sich auch überhaupt nicht bewegt. Die Augen blickten sanft, die Körperhaltung war entspannt. Ein Hinterfuß ruhte. Da äußerlich nichts darauf hinwies, dass der Wallach beunruhigt sein könnte, konnte ich mir nicht vorstellen, warum Buck plötzlich angehalten hatte. Ich dachte allerdings auch nicht viel darüber nach, und das hätte ich besser getan, wie sich herausstellen sollte.

Nun, ich wollte wirklich hinter den Wallach kommen und trieb Buck deshalb vorwärts. Er blieb eisern stehen. Ich trieb wieder, und wieder bewegte er sich nicht. Ich forderte ihn ein drittes Mal auf, und ein drittes Mal verweigerte er den Gehorsam. Nach der vierten Aufforderung, die zugegebenermaßen etwas heftig ausfiel, bewegte sich Buck endlich auf die Hinterhand des Wallachs zu, aber auch dann nur sehr langsam und bedächtig. Zu unserem Pech reichte Bucks ganze Vorsicht jedoch nicht aus, um zu verhindern, was jetzt geschah.

Kaum hatte Buck einen Fuß gehoben und wieder abgesetzt, als das kleine Pferd ohne jede Vorwarnung auf eine Weise explodierte, wie ich sie selten erlebt hatte. Wir brauchten eine ganze Weile, um ihn wieder zu beruhigen. Niemand wurde verletzt, und schlussendlich schafften wir es auch, das Problem zu überwinden, aber glücklich war ich nicht damit.

Um ehrlich zu sein: Hätte die Ranchbesitzerin nicht eine Woche zuvor ihren Head Wrangler hinausgeworfen, hätte ich sicher keinen weiteren Gedanken an den kleinen Wallach verschwendet. Schließlich gingen ängstliche Pferde alle Augenblicke in die Luft. Es war sicher nichts Neues oder gar, wie ich dachte, etwas, das zur Beunruhigung Anlass gab. Aber nachdem ich miterlebt hatte, wie die Besitzerin ihre beste Kraft gefeuert und anschließend unter den Folgen gelitten hatte, drängten sich mir ein paar Parallelen zwischen dieser Situation und dem auf, was sich zwischen mir und Buck abspielte.

Seit dem Tag, an dem Buck mir erstmals den Gehorsam verweigert hatte, spukte mir etwas im Kopf herum, was ich nicht richtig greifen konnte. Das Gefühl der Unruhe wurde immer stärker, je öfter Buck sich weigerte, etwas zu tun, hauptsächlich weil es immer dann passierte, wenn wir mit anderen Pferden arbeiteten, und weil jedes Mal, wenn ich von ihm verlangte, dass er sich bewegen sollte, obwohl er nicht wollte, daraus eine Art größerer Schlamassel entstand, den wir erst nach Stunden, manchmal erst nach Tagen wieder beheben konnten.

Aber erst nachdem die Kündigung und die Arbeit mit dem kleinen Wallach zufällig zusammentrafen, gelang es mir allmählich, die Puzzlestücke zusammenzusetzen. Ich hatte die Ranchbesitzerin heftig kritisiert, weil sie nicht über die Situation nachgedacht hatte, bevor sie ihre beste Kraft offenbar auf einen reinen Impuls hin gefeuert hatte. Ihr hätten so viele andere Möglichkeiten offen gestanden, die für alle Beteiligten besser gewesen wären, wenn sie nur einen Moment innegehalten und einen Blick auf das Gesamtbild geworfen hätte. Das war glasklar zu sehen, jedenfalls von meinem Standpunkt aus.

Dann kam der Zwischenfall mit dem Wallach. Auf den ersten Blick war es ein Tag wie jeder andere gewesen. Eines der Pferde, die ich trainierte, war an diesem Tag explodiert – etwas, was mich normalerweise nicht allzu sehr beunruhigt hätte. Es macht mir nie Spaß, ein Pferd kämpfen zu sehen, aber es passiert nun einmal gelegentlich, besonders wenn das Pferd schon vorher Probleme hatte.

Aber diesmal war es anders. Es hatten sich im vergangenen Jahr nicht nur mehrere ähnliche Situationen zwischen Buck, mir und den Pferden, mit denen wir arbeiteten, ergeben, ich sah plötzlich auch ein paar ziemlich offensichtliche Ähnlichkeiten zwischen diesen Situationen und der Art, wie die Ranchbesitzerin für Aufregung gesorgt hatte. Ich muss zugeben, dass mir der Vergleich kein bisschen gefiel, und ich beschloss auf der Stelle, es sei an der Zeit, mir genauer anzusehen, was da zwischen Buck und mir ablief.

Die nächsten paar Wochen hielt ich mich ziemlich zurück und dachte eine Menge über Bucks Verhalten nach. Im Geiste ging ich das vergangene Jahr durch und all die Situationen, in denen er mir den Gehorsam verweigert hatte. Dann versuchte ich, Ähnlichkeiten zwischen den Situationen herauszufinden, und das war nicht allzu schwer.

Am offensichtlichsten war, dass er mir immer dann den Gehorsam verweigert hatte, wenn wir mit anderen Pferden gearbeitet hatten. Eine weitere Ähnlichkeit bestand darin, dass er sich meist geweigert hatte, ein bisschen schneller zu werden. Die dritte und am meisten beunruhigende war, dass es jedes Mal, wenn ich ihn aufgefordert hatte, schneller zu werden, als er selbst es für richtig hielt, in einer Katastrophe geendet hatte, und zwar postwendend.

Ich brauchte nicht lange, um herauszufinden, *was* geschah, aber es fiel mir schwer zu verstehen, *warum* es geschah. Um darauf eine Antwort zu finden, beschloss ich endlich, mich an die Quelle zu wenden – an Buck selbst.

Während dieser ganzen Zeit lebte Buck in einer Herde von zwischen fünfundvierzig und fünfundsiebzig Pferden, je nach Jahreszeit. Im Sommer war er in der großen Herde, im Winter in der kleineren. Mir fiel auf, dass er so gut wie nie Verletzungen aufwies, die von anderen Pferden stammten, ganz gleich, mit wie vielen Pferden er zusammen war. Irgendwie hielt er sich aus Kämpfen mit den anderen Pferden heraus. Auf der Ranch mussten wir praktisch andauernd irgendwelche kleineren Kratzer und Verletzungen verarzten. Besonders im Sommer, wenn sich die Anzahl der Pferde fast verdoppelte, war dies Alltag für uns. Aber Buck gehörte zu einer Handvoll Pferde, um die wir uns anscheinend nie Sorgen zu machen brauchten. Jeden Morgen kam er so unversehrt von der Koppel, wie er abends hineingegangen war.

Dies, so schien mir, war das Puzzlestück, das ich nicht gesehen hatte. Die Antwort hatte irgendwie mit der Tatsache zu tun, dass Buck immer einen Weg fand, seine tägliche Arbeit zu tun, ohne in Schwierigkeiten zu geraten oder andere in Schwierigkeiten zu bringen. Dann dämmerte mir etwas. Die ganze Zeit, in der ich mich als Pferdetrainer gesehen und angenommen hatte, ich würde Buck beibringen, mit anderen Pferden zu arbeiten, hatte ich vollständig vergessen, dass Buck ein Pferd *war* und mehr von dieser Sache verstand, als ich je verstehen würde! Plötzlich war ich sehr verlegen, dass ich so dumm und so eingebildet gewesen war.

Wahrscheinlich fiel mir auch damals wieder ein, wie ich Pete und Buck einmal beim Wassertank beobachtet hatte. Ich erinnerte mich, wie Buck geduldig darauf gewartet hatte, dass Pete seinen Zug machte, bevor er selbst reagierte. Und dann war seine Reaktion so ausgefallen, dass sich weder Pete noch er verletzen konnten und Buck mit dem kleinsten Energieaufwand sein Ziel erreichte.

Es begann Licht zu werden. Aber damals wusste ich noch nicht, wie hell dieses Licht einmal leuchten würde.

Lektion Eins: Keine Konfrontation

Buck war schon immer ein ziemlicher Gemütsathlet gewesen. Nichts schien ihn besonders zu beunruhigen, er war ein Meister darin, nicht anzuecken. Das ist eine wunderbare Eigenschaft für ein Pferd im Training, weil es die Ausbildung herrlich einfach macht, sowohl für das Pferd wie für den Trainer. Der Unterschied zwischen Buck und anderen Gemütsathleten unter den Pferden bestand allerdings darin, dass sich die anderen mit so gut wie jedem Trainingsprogramm abfinden, das man ihnen vorsetzt. Sie lassen den Reiter einfach machen und haben selbst eher wenig dazu anzubieten, wie das Training verlaufen sollte.

Buck dagegen war insofern anders, als er nicht nur den Reiter *nicht* einfach machen ließ, sondern offenbar sogar eine bewusste Anstrengung unternahm, mir zu zeigen, wie ich es besser machen konnte. Interessant dabei war, dass er nicht versuchte, vollständig die Kontrolle zu übernehmen, wie andere Pferde es vielleicht getan hätten. Er hatte seine ganz eigene Vorstellung davon, wofür sich der Einsatz lohnte.

Wenn es zum Beispiel um Dinge ging, die er nicht kannte – wie das erste Aufsatteln, sein Gleichgewicht unter dem Reiter zu finden oder auf Reiterhilfen richtig zu reagieren –, war er die Aufmerksamkeit in Person und sehr bemüht, alles richtig zu machen.

Wenn es sich allerdings um eine Aufgabe handelte, von der er etwas verstand – wie die Arbeit mit einem anderen Pferd (in der er übrigens Experte war) –, bestand er ziemlich dickköpfig auf seinem Mitspracherecht. Aber selbst dann, wenn ich ihn aufforderte, etwas »falsch« oder anders zu machen, wehrte er sich nicht etwa aktiv dagegen, sondern verweigerte schlicht und ergreifend den Gehorsam.

Und was noch interessanter war: Wenn ich ihn gezwungen hatte, etwas entgegen seinem besseren Wissen zu tun, und damit alles vermasselt hatte, ging er einfach ruhig zurück an seine Arbeit und half mir, die Sache wieder in Ordnung zu bringen. Es war ein sehr demütigender Beweis für seinen Mangel an Eitelkeit.

Als ich über all dies nachdachte, ging mir auf, dass alles, was Buck mir zu sagen versucht hatte, sich in dem Vorfall mit Pete zusammenfassen ließ. Mir ging außerdem auf, dass ich viel mehr als nur die Arbeit mit Pferden von ihm lernte. Im Rückblick erkenne ich, dass es hauptsächlich sechs Lektionen waren, die ich von Buck zu lernen hatte, und alle sechs waren in dem Vorfall mit Pete enthalten:

Lektion 1: Vermeide Konfrontationen.

Lektion 2: Plane voraus.

Lektion 3: Sei geduldig.

Lektion 4: Sei beharrlich.

Lektion 5: Sei beständig.

Lektion 6: Nach einem Fehlschlag beseitige die Folgen und mach weiter.

Die erste und wahrscheinlich wichtigste Lektion bestand darin, dass Buck jeden Anschein vermied, auf Konfrontationskurs zu gehen. Er war ein Meister darin, friedliche Lösungen für die Probleme zu finden, die er mit anderen hatte, sei es mit einem Pferd, einem Menschen oder einem Hund. Am Wassertank hatten vor Pete eine Reihe anderer Pferde versucht, ans Wasser zu kommen. Jedes Mal hatte Pete sie mit Erfolg verjagt. Diese Pferde hatten sich der Tränke mit dem einzigen Gedanken auf das Trinken genähert. Sie waren so fasziniert vom Wasser, dass sie auf Pete nicht besonders achteten. Wenn sie ihn dann endlich bemerkten, war die Konfrontation bereits da.

Buck dagegen näherte sich dem Tank sehr viel langsamer. Er wusste, was er wollte, hatte es aber nicht eilig. Er hielt gute zwölf Meter entfernt an, gerade ein wenig außerhalb der Distanz, die Pete glaubte bewachen zu müssen. Dann wartete er ab. Er wählte eine ihm genehme Stelle und schlug dort praktisch sein Lager auf. Er forderte Pete nicht heraus, indem er in seinen Raum eindrang, ließ ihn aber unterschwellig wissen, was er vorhatte. Alles andere überließ er Pete.

Es vergingen einige Minuten, bis Pete beschloss, ihn anzugreifen, und dann ging ihm Buck mit der geringsten möglichen Anstrengung aus dem Weg. Seine Antwort auf Kraft bestand nicht in Kraft, sondern in Umleitung. Am Ende der Konfrontation war niemand verletzt, weder körperlich noch seelisch, und Buck hatte sein Ziel erreicht. Es war für alle Beteiligten eine Sieg-/Sieg-Situation.

Selbst für die Konflikte, zu denen es in unserer Zusammenarbeit kam, war er in der Lage, friedliche Lösungen zu finden. Vom ersten Ungehorsam damals im Tal bis zu dem auf der Gast-Ranch war er mir niemals böse gewesen. Frustriert schon, da bin ich mir sicher, aber nie wirklich böse. Da er sich immer im Griff behielt, konnte auch ich die Selbstbeherrschung wahren.

Wäre er ausgeflippt und hätte Theater gemacht, hätte ich das Gefühl gehabt, in die Defensive gehen zu müssen, um wieder Herr der Lage zu sein. Und wäre dies öfter vorgekommen, hätte sich bei mir sicher auch Frustration angesammelt, die irgendwann in Zorn umgeschlagen wäre.

Dank Bucks Verhalten kam es nie so weit, selbst wenn ich etwas von ihm verlangte, von dem er wusste, dass es die Situation nur verschlimmern würde. Es blieb alles einigermaßen im Lot zwischen uns, und deshalb konnte ich anfangen, darüber nachzudenken, was eigentlich vorging. Im andern Fall hätte ich meine Energie vielleicht in Ärger über unseren Konflikt gesteckt, hätte die Situation persönlich genommen und mich auf eine Er-oder-ich-Haltung versteift. So weit kam es dank Bucks Antikonfrontations-Haltung aber nie. Was sich zwischen uns abspielte, irritierte mich genug, um nach einer Lösung zu suchen, aber nicht genug, um mich in die Defensive zu treiben.

Um ehrlich zu sein, glaube ich nicht, dass Buck sich absichtlich so benahm, damit ich mich nicht aufregte. Stattdessen bin ich inzwischen zu der Überzeugung gelangt, dass das einfach seine Art ist. Es scheint in seiner Natur zu liegen, dass er die Dinge um sich herum gern so ruhig wie möglich und etwaige Konflikte so gering wie möglich hält.

Das hat mir die Augen geöffnet. Von Jugend an hatte man mir gesagt, man könne mit Pferden so gut wie alles erreichen, wenn man ihr Vertrauen besitze. Vertrauen kann ein Pferd aber nur dem, der sich als vertrauenswürdiger Führer erwiesen hat, der vernünftige Entscheidungen im besten Interesse des Pferdes trifft. Gute Entscheidungen hängen zum großen Teil davon ab, dass man einen Konflikt erkennt und entschärft, bevor er zum Problem wird.

Noch wichtiger ist allerdings, dass wir aufpassen, nicht selbst den Konflikt zu verursachen. So ungern ich es zugebe, muss ich im Rückblick doch sagen, dass mir dieser Teil der Gleichung entgangen war, besonders was Buck und mich betraf. Ich darf ehrlich behaupten, dass ich Vertrauen zu Buck hatte, seit ich mich zum ersten Mal auf seinen Rücken schwang. Dass er zu dieser Zeit auch Vertrauen zu mir hatte, muss ich allerdings stark bezweifeln, und ich hätte es an der Art erkennen sollen, wie er mir den Gehorsam verweigerte, wenn ich bestimmte Dinge von ihm verlangte.

Das Interessante daran ist, dass er mir trotzdem eine Chance gab, obwohl er damals nicht sehr viel Vertrauen zu mir hatte. Er akzeptierte so ziemlich alles, was ich von ihm verlangte, solange es nicht etwas war, von dem er wusste, dass wir es besser machen konnten. An diesem Punkt hielt er einfach an und sagte mir auf seine Art »nein!«.

Ich begann einzusehen, wie wichtig es für einen Anführer ist, dieses Konzept zu verstehen. Man muss darauf vertrauen, dass der Partner versucht, es richtig zu machen, und ihn unterstützen, solange alles in Ordnung ist. Ist es das nicht, muss man einen Punkt machen. Damit ist es aber nicht genug. Man muss sich vielmehr bemühen, die Dinge wieder in positive Bahnen zu lenken, sodass die Arbeit getan wird und am Ende alle gewonnen haben.

Selbst bei den seltenen Anlässen, in denen er keine friedliche Lösung finden konnte, setzte Buck zusätzlichen Druck nur als letzten Ausweg ein, und meist so, dass er ihn kaum je wiederholen musste. Unter Druck verstehe ich in diesem Fall nicht physischen Krafteinsatz. Druck kann vieles bedeuten – einen Angestellten in strengem Ton maßregeln, ein Kind böse ansehen, ein Pferd grob mit dem Absatz in die Rippen knuffen, einem Angreifer die Faust ins Gesicht schlagen oder irgendetwas dazwischen.

Auf welcher Ebene der Druck sich auch bewegt, der Grund dafür ist fast immer der Gleiche: Wir versuchen, etwas klarzumachen, was wir auf andere Weise nicht durchsetzen konnten. Ich persönlich übe nicht gern Druck aus. Ich war nie gut darin. Ob bei meinen Pferden, meinen Kindern oder meinen Angestellten, ich merkte, dass ich entweder lieber von vornherein gar keinen Druck ausübte oder aber zu Zeiten weit über das Ziel hinausschoss. Es fiel mir schwer, einen Mittelweg zu finden.

Dieses Problem hatte Buck nie. Als ich erst einmal gelernt hatte zuzuhören, gelang es ihm immer, seinen Standpunkt ohne Kraftanwendung klarzumachen, weil seine Ziele immer sehr eindeutig waren. Auch dies war für mich eine sehr wichtige Lektion.

Bis ich über meine Situation mit Buck nachzudenken begann, hatte ich mich immer für einen sehr unaggressiven Menschen gehalten. Ich hielt nicht viel davon, Dinge durch die Ausübung von Druck zu erreichen. Nachdem ich aber Buck beobachtet hatte, merkte ich, dass ich keineswegs so aggressionslos war, wie ich gedacht hatte. Außerdem lernte ich, dass Druck nicht unbedingt abzulehnen war. Es kam darauf an, wie stark der Druck war und ob er zum richtigen Zeitpunkt angewendet wurde. Aber davon später.

Lektion Zwei: Vorausplanen

Sie hören den Satz die ganze Zeit. Andauernd sagt jemand, Sie sollen »vorausplanen«. Planen Sie voraus für die Zukunft Ihres Kindes. Planen Sie voraus fürs Alter. Planen Sie voraus fürs Abendessen, und sogar den Weg zur Arbeit müssen Sie vorausplanen, damit Sie nicht im Stau stecken bleiben.

Bevor ich mit Buck zu arbeiten begann, habe ich über diesen Satz nie groß nachgedacht. Vorauszuplanen schien ein Teil des Lebens zu sein, etwas, was jeder jeden Tag tut. Für die meisten von uns ist es so alltäglich wie das Essen oder der Besuch bei Freunden. Aber seit ich mit Buck zu arbeiten begann, wurde ich diesen Satz nicht mehr los, und ich kam zu der Überzeugung, dass wir die meiste Zeit, wenn wir davon reden, vorauszuplanen, in Wirklichkeit nur voraus*denken*. Es dauerte ein bisschen, bis mir der Unterschied zwischen beidem aufging.

Bevor Buck beschloss, aus der Tränke zu trinken, die Pete bewachte, hatten es sechs andere Pferde erfolglos versucht. Vielleicht *dachten* sie voraus, als sie sich dem Tank näherten, weil sie wussten, sie hatten Durst, und auch wussten, wie man zum Tank kommt, ohne über Bäume, Felsen oder andere Pferde zu stolpern. Sie gingen auch auf dem einfachsten Weg den Hügel hinunter. Aber obwohl sie vorausdachten, waren sie doch sehr im Hier und Jetzt verhaftet. Sich in der Gegenwart aufzuhalten, ist für die meisten Pferde nur natürlich, aber es bedeutet auch, dass sie manchmal das Gesamtbild nicht sehen, bis es zu spät ist. Und dieses Gesamtbild schloss in diesem Fall Pete mit ein.

Es war mir ein Rätsel, warum diese Pferde so begeistert in Richtung Tank wanderten. Zwei Jahre lang hatte Pete sich jedes Mal, wenn ich den Wassertank gesäubert und neu gefüllt hatte, satt getrunken und dann Wache gestanden. Jedes Pferd in der Herde hatte zu irgendeinem Zeitpunkt seinen Zorn zu spüren bekommen. Und trotzdem kamen sie angelaufen, als ob sie ihn nicht gesehen und nicht über die Konsequenzen ihrer Annäherung nachgedacht hätten.

Möglicherweise hatten diese Pferde so lange gewartet, dass sie sehr durstig waren und an nichts anderes mehr denken konnten als an das Trinken. Sie waren derartig fokussiert, dass sie einen Tunnelblick entwickelt hatten. Da sie nur an ihren Durst denken konnten, funktionierte ihr Gehirn nicht mehr richtig. Sie ließen sich von der Situation beherrschen, anstatt die Situation zu beherrschen. Sie hatten, kurz gesagt, nicht vorausgeplant.

Buck dagegen hatte sich dem Tank auf ganz andere Art genähert, nämlich langsam und überlegt. Er blieb außerhalb des Bereichs stehen, den Pete zu verteidigen gedachte, und hatte es absolut nicht eilig, noch näher zu kommen. Er knickte auf einem Hinterbein ein, senkte den Kopf und schien einzuschlafen. Es war offensichtlich, dass er ans Wasser wollte, aber anscheinend hatte er sich auf den Weg gemacht, bevor er zu durstig war, um das Ganze durchzuplanen.

Pete hatte immer noch das Bedürfnis, Buck zu verscheuchen, aber dazu musste er eine ziemliche Entfernung zurücklegen. Und dass er gezwungen war, den Hügel hinaufzulaufen, brachte Buck offenbar einige Vorteile. Erstens hatte er Zeit, sich darauf einzustellen. Außerdem geriet Pete damit außerhalb der Grenze, die er zu verteidigen versuchte.

Bucks Schritt zur Seite ließ Pete ins Leere laufen und brachte ihn noch weiter außerhalb der Zone, die er beschützen wollte. Plötzlich war da nichts mehr, was es zu beschützen galt, und so fing er wieder an zu grasen. Buck konnte ungestört zum Tank gehen und seinen Durst stillen. Es schien mir ein ziemlich guter Plan zu sein.

Ich kann richtig hören, wie Sie aufstöhnen und denken: *Und das ist dem alten Mark passiert? Er war doch immer so ein netter Bursche. All die Jahre in der Sonne müssen ihm das Hirn ausgedörrt haben. Weiß doch jeder, dass Tiere nicht klug genug sind, um vorauszuplanen! Andernfalls könnten sie auch Schlüsse ziehen und Vermutungen über die Zukunft anstellen. Und damit wären sie auf demselben Spielfeld wie Menschen. Und das kann doch nicht sein, oder?*

Okay, okay, einen Augenblick. Bevor Sie sich zu sehr aufregen, sollten wir mal kurz langsam machen und nachdenken. Noch einmal: Denken Sie daran, dass wir Menschen relativ neu auf unserem Planeten sind und es uns, wie anderen Arten auch, vorrangig ums Überleben geht.

Um zu überleben, müssen alle Spezies in der Lage sein, bis zu einem gewissen Grad vernünftige Annahmen über die Zukunft anzustellen. Wir brauchen nur hinauszugehen und Tiere in Freiheit oder auch unter domestizierten Verhältnissen zu beobachten, um dies zu verstehen.

Sehr erhellend ist zum Beispiel ein Blick auf eine Herde Wildpferde und die Art, wie sie sich einem Wasserloch nähern. Beim Grasen entfernen sich die Pferde weit vom Wasser, aber sie planen den Rückweg so ein, dass keines der Pferde vorher verdurstet. Die wenigsten Pferde kommen länger als drei Tage ohne Wasser aus, und unter diesem Aspekt wird der Zeitplan der Herde für den Rückweg plötzlich zu einer höchst erstaunlichen Tat. Ganz offensichtlich müssen sie sich auf den Rückweg machen, bevor sie Durst bekommen. Denn ein bereits dehydriertes Pferd, das noch 150 Kilometer durch eine trockene Gegend zurücklegen muss, würde es wahrscheinlich nicht mehr schaffen.

Obwohl sie zum Grasen weite Strecken zurücklegen müssen, haben Wildpferde keinerlei Probleme damit, nicht nur zu überleben, sondern sogar zu gedeihen. Die schlichte Tatsache, dass es den Pferden gelungen ist, ungefähr 55 Millionen Jahre in Freiheit zu überleben, scheint mir der Beweis dafür zu sein, dass sie zu gewissen Vermutungen über die Zukunft fähig sind.

Sicher werden jetzt einige einwenden, dass wir in dieser Situation nicht von Zukunftsplanung reden können. Sie würden sagen, dass es sich um instinktives Verhalten handelt, etwas, das von echter Vorausplanung sehr verschieden ist. Vielleicht haben sie Recht, aber Instinkt ist keine ausreichende Erklärung dafür, dass Pferde lernen, wie man Türen und Tore öffnet. Und dass sie, einmal draußen, die Türen zu allen anderen Boxen öffnen und die anderen Pferde herauslassen, damit sie alle zusammen spielen und Unfug treiben können. Instinkt oder Vorausplanung?

Instinkt erklärt nicht die Geschichten von Hunden, die mitten in der Nacht ins Schlafzimmer kommen und ihre Besitzer aufwecken, weil sie ausströmendes Gas oder Rauch gerochen oder gespürt haben, dass ein Tornado im Anzug war. Der Instinkt müsste den meisten Tieren in dieser Situation doch gebieten, sich selbst und nicht andere in Sicherheit zu bringen. Wecken sie ihre Besitzer auf, weil sie wissen, sie müssen sich in Sicherheit bringen, können aber die Tür nicht öffnen? Wie dem auch sei, mir scheint, dass sie ganz ohne Zweifel Vermutungen über die Zukunft anstellen, was bedeutet, dass sie auf irgendeine Art *vorausplanen*. Und wenn dies der Fall ist, bedeutet dies das Aus für die Theorie, dass der Mensch das einzige Lebewesen ist, das intelligent genug ist, vernünftig zu handeln.

Wie schon erwähnt, hatten alle Pferde, die in Richtung Wassertank gingen, keinen Blick für das Gesamtbild – alle außer Buck. Und das ist der Unterschied zwischen vorausdenken und vorausplanen. Wer voraus*denkt*, hat gewöhnlich nur ein bestimmtes Bild vor Augen, und wenn er handelt, werden die Probleme oft größer statt kleiner. Wer voraus*plant*, hat das Gesamtbild im Blick, einschließlich dem, was im Augenblick geschieht und was in Zukunft vielleicht passieren wird. Vorausplanung beinhaltet ein Handeln, das auf positive Weise dazu beiträgt, Probleme zu lösen, anstatt sie zu vergrößern. Das war es, was Buck mir, glaube ich, beizubringen versuchte.

Meine Unfähigkeit, das Gesamtbild zu verstehen, erkennen Sie schon an dem Vorfall damals im Tal, als Buck und ich versuchten, eine Herde Pferde einzusammeln. Nachdem wir sie gefunden und ins Tal hinuntergetrieben hatten, fanden wir uns zwischen der Herde und dem Engpass wieder, durch den sie abwärts gehen mussten. Das war die erste von mehreren Tunnelblick-Aktionen meinerseits, die zwar von Vorausdenken, aber nicht von Vorausplanen zeugten.

Im Rückblick hätte ich ganz leicht einen alten Wildpfad nehmen können, den ich kannte und der uns in eine bessere Position gebracht hätte. Wir wären – unentdeckt – weit im Norden der Herde gelandet und hätten sie ohne weiteres durch den Engpass und hinunter zum Sammelplatz manövrieren können. Weil ich so auf die Herde konzentriert war, hatte ich an den Wildpfad nicht einmal gedacht.

Der Gipfel meiner Planlosigkeit war erreicht, als wir um die Herde herumreiten mussten, um sie südwärts zum Engpass zu treiben. Die drei Pferde, die uns anscheinend nach Norden hatten folgen wollen, lösten bei mir wieder den nächsten Tunnelblick aus. Ich war so fasziniert von den drei Pferden, die sich bewegten, dass mir die 27, die sich nicht bewegten, überhaupt nicht auffielen! Und weil ich an nichts als diese drei Pferde denken konnte, malte ich mir das schlimmste mögliche Szenario aus – die drei im vollen Galopp, die Herde mit sich reißend, und alle stürmten sie auf das offene Gatter im Norden zu. (Hätte ich wirklich vorausgeplant, hätte ich zuallererst das Gatter geschlossen, bevor wir uns überhaupt ans Treiben der Herde gemacht hätten!)

Auch als die drei anhielten und wieder zu grasen begannen, konnte ich an nichts anderes denken als daran, so schnell wie möglich nördlich von ihnen zu kommen, um etwas zu stoppen, was noch gar nicht geschehen war! Hätte ich einen Augenblick innegehalten und mir das Gesamtbild betrachtet, wäre mir klar geworden, dass die Herde höchstwahrscheinlich sowieso nicht vorhatte, irgendwohin zu gehen, und also für mich keine Eile bestand, auf die andere Seite zu gelangen. Das war es, was Buck mir zu sagen versuchte, als er nicht schneller werden wollte.

Selbst wenn die Herde ausgebrochen und durch das offene Gatter gelaufen wäre – was hätte es für einen Unterschied gemacht? Ich war an diesem Tag da draußen, um Pferde einzusammeln, wo immer ich sie finden konnte, ihnen zu folgen, wohin sie auch gingen, und sie schließlich zum Sammelpunkt zu bringen. Das war meine Aufgabe an diesem Tag, und dafür hatte ich den ganzen Tag Zeit. Aber irgendwann hatte ich mir selbst ein Zeitlimit gesetzt und mich unter Druck gebracht, die Arbeit *jetzt* zu tun. Zu meinem Pech hatten mein Tunnelblick und meine Ungeduld bereits die Oberhand gewonnen.

Sogar als ich die Herde schon auseinandergesprengt hatte, wurde ich meinen Tunnelblick nicht los. Ich konnte nur daran denken, was mir an der Situation nicht gefiel – dass wir die Herde verloren hatten. Während ich mir noch leid tat und im Geiste meinem Pferd eine Tracht Prügel verabreichte, schaltete Buck bereits wieder auf »Reparatur« um, aber das ist etwas, auf das wir später wieder zurückkommen werden.

Zugegeben, im Rückblick steht es immer 20:20; die Situation ist leicht zu überblicken, samt allen Fehlern, die wir begangen haben. Ich frage mich jedoch – wenn ich ein bisschen langsamer reagiert, das Gesamtbild objektiv betrachtet und dann vorausgeplant hätte, bevor ich mich kopfüber hineinwarf – um wie viel einfacher wäre der Tag verlaufen? Anscheinend erlaubt uns das dringende Bedürfnis, Dinge *sofort* zu erledigen, unglücklicherweise oft nicht, uns die Zeit dafür zu nehmen, sie vor allem auch *richtig* zu machen. Komisch ist nur, dass wir fast immer Zeit zu haben scheinen, sie hinterher wieder in Ordnung zu bringen.

Lektion Drei: Geduld

Ich halte mich eigentlich für ziemlich geduldig. Klar, wie alle anderen auch habe ich Zeiten, in denen ich mit einer Situation oder einer Person die Geduld verliere, und dann sage oder tue ich Dinge, auf die ich nicht gerade stolz bin. Aber insgesamt finde ich, dass Geduld zu meinen Stärken gehört.

Allerdings muss ich zugeben, dass dies nicht immer so gewesen ist. Als ich noch jünger war und alles wusste, hatte ich es immer eilig. Das Gefühl, alles so rasch wie möglich erledigen zu müssen, war einfach überwältigend. Infolgedessen war ich äußerst frustriert, wenn irgendetwas oder irgendwer mich daran hinderte, eine Aufgabe schnell zu erledigen, und dann ging meine Selbstbeherrschung flöten. Nicht, dass ich dann handgreiflich geworden wäre, aber ich gefiel mir selbst dann auch nicht besonders. Ich wünschte mir oft, ich könnte das ändern, wusste aber nicht, wie.

Als ich zweiundzwanzig war, passierte etwas, das mir half, mich zu ändern. Ich machte mit ein paar Freunden eine Fahrt durch Colorado. Einer unserer Anlaufpunkte war das *Four Corner Monument*, die einzige Stelle, wo vier Staaten – New Mexico, Arizona, Utah und Colorado – zusammentreffen.

Ich habe schon immer ein Faible für geografische Merkwürdigkeiten gehabt, und dies war ein interessanter Ort. An der Stelle, wo sich die vier Staaten treffen, ist eine Bronzeplakette mit den Namen der vier Staaten in eine Betonplatte eingelassen. Man kann sich mitten hineinstellen, -legen, -setzen oder sonst was tun und sich fotografieren lassen, um zu zeigen, dass man in vier Staaten gleichzeitig war.

Ungefähr fünfzig Meter von der Plakette stand eine Reihe von selbst gezimmerten Verkaufsständen, dreiseitig geschlossen, mit einem schrägen Bretterdach. Die offene Seite ging jeweils auf das *Monument* hinaus, und in jeder der Buden stand ein Tisch mit dem schönsten handgearbeiteten Schmuck, der schönsten Keramik, die ich je gesehen hatte. Hinter jedem Tisch saß der Navajo oder die Navajo-Frau, die die Gegenstände hergestellt hatten. An einem dieser Tische lernte ich eine wertvolle Lektion in Geduld.

Die Navajos an den Tischen, die ich mir ansah, waren von stiller Höflichkeit und beantworteten lächelnd meine Fragen nach den Steinen, die sie in ihrem Schmuck verarbeitet hatten, oder dem Preis für ein bestimmtes Stück. Aber mir fiel auch auf, dass ihre Antworten nie eilig oder gezwungen erschienen, wie es bei einem Warenhaus-Verkäufer vielleicht der Fall gewesen wäre. Zuerst verblüffte mich diese »Art« etwas. An das schnelle Geplapper von Verkäufern gewöhnt, die ein Geschäft rasch zum Abschluss bringen wollen, damit sie sich dem nächsten Kunden zuwenden und auch hier einen Verkauf tätigen können, fand ich das offensichtliche Fehlen von Dringlichkeit bei den Navajos sehr seltsam.

Ich erinnere mich, dass ich den Navajo am ersten Tisch, den ich besucht hatte, schlicht für faul hielt. Schließlich schien die Aussicht auf einen Verkauf ihn nicht gerade zu begeistern, und seine Antworten auf meine Fragen kamen so schmerzhaft langsam, dass ich ihm am liebsten zu Hilfe gekommen wäre und die Antworten selbst gegeben hätte.

Ich ging zum nächsten Tisch, und zu meiner Überraschung verhielt sich die Indianerin dahinter sehr ähnlich. Sie beantwortete meine Fragen sehr langsam, und sie schien keinerlei Bedürfnis zu verspüren, etwas zu verkaufen. Am nächsten Tisch war es das Gleiche, und am übernächsten auch. Alle, deren Verkaufsstand ich besuchte, antworteten auf die gleiche Weise – langsam, bedächtig und präzise, ohne ein Wort zu viel.

Als ich zum letzten Tisch kam, sah ich, dass der schon etwas ältere Besitzer gerade zwei Freunde zu Besuch hatte, die ebenfalls nicht mehr die Jüngsten waren. Langsam ging ich an dem Tisch vorbei und bewunderte die feine Silberarbeit an den ausgestellten Schmuckstücken. Er musste sehr viel Zeit darauf verwendet haben, dachte ich. Während ich den Schmuck betrachtete, hörte ich zwangsläufig, über was die drei älteren Herren sprachen. Und da verstand ich, was ich gerade erlebt hatte. Es war Geduld gewesen.

Die drei waren in eine angenehme Konversation vertieft. Jeder wartete still und geduldig, bis der andere nachgedacht, seine Gedanken in Worte gefasst und sie den anderen in voller Länge mitgeteilt hatte, bevor der nächste an die Reihe kam. Keiner unterbrach je einen anderen. Keiner beendete einen Satz für einen anderen, wie wir es so oft im Gespräch mit Freunden tun. Am interessantesten war, dass sie sich jeweils gegenseitig alle Zeit ließen, den Gedanken zu Ende zu denken, den sie schließlich mit den anderen teilten.

Während ich ihnen zuhörte, spürte ich, wie sich mein ganzes Leben ein wenig verlangsamte, als ob innerlich ein Gang heruntergeschaltet würde. Der Mann hinter dem Tisch drehte sich lässig um und nickte mir leicht zu, als respektvolles Zeichen, dass er meine Anwesenheit bemerkt hatte. Langsam und respektvoll nickte ich zurück.

Er wartete, ob ich etwas von ihm wollte, und nach ein paar Sekunden wendete er sich ohne Eile wieder seinen Freunden zu und setzte das Gespräch fort. Ich wäre gern noch stehen geblieben. Ich hatte das Gefühl, wenn ich ihnen noch eine halbe Stunde zuhören könnte, könnte ich die Dinge auf die Reihe bringen, die mir auf der Seele lagen. Still drehte ich mich um und ging zurück zum *Monument*, wo meine Freunde standen. Sie waren mitten in einer Diskussion, wohin wir als Nächstes gehen sollten.

»Warum gehen wir nicht zu …?«, fragte einer.

»Zurück zu Mesa Verde, um …«, unterbrach ein Zweiter.

»Was ist mit Monument Valley?«, fragte ein anderer.

»Ich wollte vorschlagen, zu den *Arches* …«, fing einer an.

»Zu weit …«

»Auch nicht weiter als …«

»Jemand Hunger?«

Ich glaube, in diesem Augenblick begriff ich, wie weit wir uns selbst voraus waren. Wir sind immer so damit beschäftigt, was wir als Nächstes tun sollen, dass wir keine Zeit haben zu genießen, was hier und jetzt geschieht.

Ich erinnere mich, dass ich auf dem Weg zurück zu unserem Wagen dachte, wie schade es war, dass wir so viel von unserer Reise, sogar von unserem Leben, verpassten, weil wir es immer so eilig hatten.

Wir verpassten sogar mit die besten Teile voneinander, weil wir uns gegenseitig nicht erlaubten, einen vollständigen Gedanken zu fassen oder einen Satz zu beenden. Was können wir schließlich über jemanden lernen, wenn wir ihn nie ausreden lassen?

Von diesem Tag an unternahm ich eine bewusste Anstrengung, alles in meinem Leben langsamer zu machen. Und kaum hatte ich damit angefangen, als mir bewusst wurde, wie oft ich Leute unterbrach. Mir wurde auch bewusst, wie oft ich unterbrochen wurde, wenn ich etwas zu sagen versuchte. Es begann mich zu beunruhigen, wie unhöflich wir zueinander waren, ohne es auch nur zu bemerken. Ich gab mir noch mehr Mühe, mich zu bremsen, wenn ich den Wunsch verspürte, jemanden zu unterbrechen. Wenn mich jemand unterbrach, versuchte ich abzuwarten, bis derjenige alles gesagt hatte, was er sagen wollte, bevor ich weitersprach. Auch in anderen Lebensbereichen versuchte ich mich zu ändern, beispielsweise am Steuer meines Autos oder indem ich den Einkaufswagen im Supermarkt wieder an seinen Platz brachte, nachdem ich meine Einkäufe im Auto verstaut hatte.

Mit der Zeit hatte ich das Gefühl, dass ich in kleinen Dingen besser wurde. Ich ließ die Leute ausreden, hielt mich an die Höchstgeschwindigkeit und nahm mir beim Pferdetraining mehr Zeit. Aber irgendetwas fehlte noch. Dann kam Buck.

Wenn Sie das Wort »Geduld« im Wörterbuch nachschlagen, finden Sie gleich daneben ein Bild von Buck. Natürlich nicht wirklich, aber von allen Menschen, die ich kenne, und allen Tieren, mit denen ich je in Berührung gekommen bin, hat keiner mehr echte Geduld als Buck.

Bei uns Pferdetrainern gibt es ein Sprichwort, das besagt *»set it up and wait«*. Es bedeutet, dass wir, wenn wir einem Pferd eine neue Aufgabe oder Lektion beibringen wollen, ihm diese Aufgabe mit einem leichten Druck, den das Pferd verstehen kann, zeigen und dann abwarten, bis das Pferd *versucht*, die Aufgabe auszuführen. Sobald es diesen »Versuch« macht, wird der Druck beendet. Das Ende des Drucks hilft dem Pferd, die gewünschte Aufgabe oder Lektion zu lernen.

Zum Erfolg dieser Methode gehören zwei Bestandteile. Erstens muss man die Aufgabe so zeigen können, dass das Pferd die Chance hat zu erkennen, was von ihm verlangt wird. Am wichtigsten ist dabei, jegliche Konfrontation zu vermeiden. Kein Schüler kann lernen oder auch nur richtig denken, wenn er sich in die Defensive gedrängt fühlt. Der zweite Schlüssel zum Erfolg besteht darin zu warten, bis das Pferd einen Versuch macht. Dazu gehört eine gewisse Portion Geduld, und meistens haben wir umso mehr Erfolg, je mehr Geduld wir haben.

Dieser Gedanke von »zeigen und abwarten« gilt nicht nur beim Pferdetraining. Er gilt in dieser oder jener Form für fast alles, was wir tun, besonders aber, wenn unser Ziel von der Kooperation mit einem anderen abhängt. In solchen Fällen ist Geduld vielleicht nicht genug; wir müssen die Situation auch richtig darstellen. Buck war ein Meister darin, Dinge richtig aufzuzeigen und dann abzuwarten, und er half mir dabei, dies besser zu verstehen.

Wenn wir an die Situation am Wassertank zurückdenken, haben wir ein gutes Beispiel von »*set it up and wait*« in Aktion. Bucks Ziel war, am Wassertank, der aber von Pete bewacht wurde, zu trinken. Er hätte nun wie die anderen Pferde den Hügel zum Wassertank hinunterlaufen können. Am anderen Ende des Spektrums hätte er das Ganze auch viel passiver angehen und einfach so lange unter Bäumen verborgen abwarten können, bis Pete von dem Wassertank wegging.

Buck wählte einen mittleren Weg. Er ging auf den Tank zu, blieb in gebührender Entfernung stehen und wartete geduldig ab. Er machte Pete mit seiner Absicht vertraut und wartete, was nun geschehen würde. Das war nicht aggressiv, aber passiv war es auch nicht.

Es war das »Geduldig-Abwarten«, was mir am meisten zu schaffen machte. Als Buck mir den Gehorsam verweigerte, betrachtete ich dies als ein Zeichen von irgendetwas zwischen Eigensinn und Faulheit. Zum Glück war es genau diese Geduld von Bucks Seite, die mir die Zeit ließ, die Dinge auf die Reihe zu bringen und ihn schließlich zu verstehen.

Im Verlauf der Jahre, die wir zusammen arbeiteten, zeigte mir Buck verschiedene Dinge, wie er es mit Pete am Wassertank getan hatte. Dann wartete er geduldig ab, ob ich verstanden hatte, was er zu sagen versuchte. Von Anfang bis Ende verlor Buck nie die Geduld mit mir, ob ich nun ein paar Minuten oder Jahre brauchte, um herauszufinden, was er mir sagen wollte. Das ist ein bisschen beschämend in Anbetracht dessen, wie schnell wir oft von unseren Pferden Verständnis dafür verlangen, was sie tun sollen.

Ein perfektes Beispiel dafür, um was es mir hier geht, ist das Anreiten von jungen Pferden. Ich erinnere mich daran, wie ich noch ein Kind war und Walter, der alte Mann, für den ich damals arbeitete, einem jungen Pferd zum ersten Mal einen Sattel auflegte. Die Zeit spielte für ihn dabei nie eine Rolle. Manchmal dauerte es Wochen oder sogar Monate, bis ein Pferd den Sattel kennen lernte und erstmals unter dem Reiter ging. Sehen Sie, Walter ging es beim Anreiten eben nicht darum, wie schnell er damit vorankam, sondern darum, wie gut das Pferd verstand, was mit ihm geschah. Nie unternahm er mit Bewusstsein den nächsten Schritt, wenn er nicht sicher war, dass das Pferd voll und ganz verstanden hatte, um was es ging. Auf diese Weise gelang es ihm, jegliche Aufregung für uns und die Pferde auf ein Minimum zu beschränken.

Ich bin nicht ganz sicher, wie viele Pferde wir in den Jahren anritten, die ich bei Walter verbrachte. Hunderte, vermute ich. Ich erinnere mich nicht, dass auch nur eines davon gebuckelt hätte, wenn wir ihm das erste Mal den Sattel auflegten oder erstmals in den Sattel stiegen. Wie jeder, der jemals ein Pferd angeritten hat, bezeugen wird, kann man einigermaßen stolz darauf sein, wenn ein Pferd *nicht* buckelt, sobald ihm jemand den Sattel auflegt und den Gurt anzieht oder sobald es zum ersten Mal einen Reiter auf dem Rücken hat. Wenn dies wieder und wieder gelingt, ist dies ziemlich bewundernswürdig. Für mich ist es der echte Beweis dafür, was man mit Geduld erreichen kann, wenn das Ziel nicht Quantität heißt, sondern Qualität.

Als ich mich auf eigene Füße stellte und in späteren Jahren selbstständig mit Pferden arbeitete, wurde die Zeit jedoch leider ein Faktor für mich. Von einem oder zwei Monaten, die ich für das Anreiten brauchte, reduzierte ich auf drei bis vier Wochen, von drei bis vier Wochen auf sechs oder sieben Tage und dann von sechs oder sieben Tagen auf drei oder vier. Schließlich brauchte ich nur noch einen Tag, um ein Pferd anzureiten. (Manche Leute behaupten, Pferde mit wenig oder gar keiner Vorbereitung in dreißig Minuten anreiten zu können!) Jedes Mal, wenn ich die Vorbereitungszeit wieder weiter verkürzte, merkte ich, dass die jungen Pferde mehr und mehr Probleme mit dem bekamen, was ich ihnen zumutete. Sie leisteten Widerstand, sie regten sich auf, und sie buckelten – und wie sie buckelten!

Nun sagen viele, dass es für ein Pferd, das zum ersten Mal einen Sattel auf dem Rücken hat, absolut natürlich ist zu buckeln, nichts, um das man sich sorgen müsste. Bis zu einem gewissen Punkt bin ich auch dieser Meinung. Buckeln ist natürlich – wenn das Pferd nicht verstanden hat, was von ihm erwartet wird. Es ist eine defensive Reaktion auf eine bedrohlich erscheinende Situation. Notwendig ist es ganz sicher nicht, wie Walter immer wieder bewies.

Irgendwann stellte eine ganze Reihe von Pferdetrainern, ich eingeschlossen, fest, dass das Wichtigste beim Anreiten die Schnelligkeit geworden war. Sicher, wir behaupten alle, dass wir uns die erforderliche Zeit nehmen, um einem Pferd über eine schwierige Situation hinwegzuhelfen, aber was tun wir wirklich, wenn es darauf ankommt?

Nun, es dauerte nicht lange, bis unzählige Trainer, wieder ich eingeschlossen, überall im Land und auf der ganzen Welt Tausende junger Pferde in Vier-Tages-Kursen anritten. Oft wurden diese jungen Pferde schon am allerersten Tag gesattelt und geritten. Die Pferde, die von ihren Besitzern irgendwie vorbereitet worden waren, überstanden das Ganze einigermaßen. Die anderen, die kaum oder gar nicht vorbereitet waren, taten sich schwer. Viele explodierten, buckelten unkontrollierbar, krachten in die Umzäunung und warfen ihren Reiter ab.

Bei meinen Kursen gab ich mir große Mühe, während des Anreitens nie zum nächsten Schritt überzugehen, wenn ich nicht einigermaßen sicher war, dass das junge Pferd bis dahin okay war. So war es uns möglich, Stress und Aufregung für das junge Pferd auf ein Minimum zu begrenzen, aber trotzdem hatte ich das Gefühl, dass es immer noch mehr Aufregung gab als nötig. Mehrfach erlaubte ich einem Reiter nicht, sich während meines Kurses auf sein Pferd zu setzen, weil ich nicht das Gefühl hatte, dass das Pferd dazu bereit war. Viele murrten und kickten wütend den Staub auf, weil sie sich in den Kopf gesetzt hatten, ihr vollständig unvorbereitetes Pferd innerhalb der angesetzten vier Tage zu reiten. Manche Pferde, die zu einem solchen Kurs gebracht wurden, waren so wenig vorbereitet, dass sie sich nicht einmal richtig führen ließen, und trotzdem wollten die Besitzer sie unbedingt reiten!

Oft stellte ich den Besitzern die Frage: »Wenn Sie dieses Pferd sein Leben lang reiten wollen, warum haben Sie es dann mit dem Anreiten so eilig?« Die Antwort lautete gewöhnlich in etwa: »Weil ich im Herbst, in zwei Monaten, einen Trail mitreiten will.« Oder: »Weil ich ihn im Sommer auf einem Turnier vorstellen will«, in welcher Disziplin auch immer.

In den meisten Fällen hatten die Besitzer *vorausgedacht.* (Ich will nächsten Sommer an Roping-Prüfungen teilnehmen, also gehe ich jetzt auf diesen Kurs und reite das Pferd an.) Leider hatten sie aber nicht *vorausgeplant.* (In anderthalb Jahren will ich mit meinem Pferd auf eine Show gehen können, also treffe ich nun ein paar Vorbereitungen, damit ich es später anreiten kann. In ein paar Monaten gehe ich auf einen Kurs und mache es mit den Anfangsgründen des Reitens vertraut. Dann kann ich abschätzen, auf welchem Stand das Pferd ist, und was ich noch tun muss, um mein Ziel zu erreichen.)

Weil sie nicht *vorausgeplant* hatten, bevor sie das Pferd zum Kurs brachten, hatten sie oft nicht die *Geduld*, dem Pferd so viel Zeit zu lassen, wie es für den Lernprozess brauchte. Sie wollten, dass das Pferd *jetzt* angeritten wurde! Weil das Pferd nicht so schnelle Fortschritte machte, wie der Besitzer es sich vorgestellt hatte, versuchte er oft, die Dinge zu beschleunigen, und dies brachte ihn auf *Konfrontationskurs* zu seinem Pferd und warf ihn nur noch weiter zurück.

Geduld ist ein Kernpunkt vieler von Bucks Lektionen, einschließlich dem Vorausplanen und der Vermeidung von Konfrontationen.

Zugegeben, nicht jeder, der ein Pferd zum Anreiten in meinen Kurs brachte, hatte es derartig eilig. Besonders gegen Ende der Zeit, in der ich solche Kurse zum Anreiten junger Pferde gab, erklärten mir einige Leute, sie hätten es nicht eilig damit, auf dem Rücken ihres Pferdes zu sitzen. Und das Beste daran war, dass es ihnen ernst damit war!

Trotzdem kam ich zu dem Schluss, dass mir vier Tage nicht genügten, um ein Pferd so anzureiten, wie ich es gern gehabt hätte.

Deshalb hörte ich ein Jahr, nachdem ich Buck in Rente geschickt hatte, auch einfach auf, solche Kurse zu geben. Ich brauche jetzt eher wieder Wochen als Tage, um ein Pferd anzureiten, und habe bewusst daran gearbeitet, die Art von Geduld zu entwickeln, die Buck mir gezeigt hat.

Ich weiß, dass ich einige Zeit brauchen werde, um dieses Ziel zu erreichen. Vielleicht sogar mehr Zeit, als mir letztendlich bleibt. Aber vermutlich ist das nur ein weiteres Vermächtnis, das Buck mir hinterlassen hat – Geduld.

Lektion Vier: Beharrlichkeit

Die ersten paar Male, als Buck mir den Gehorsam verweigerte, konnte ich, wie vermutlich die meisten Pferdeleute, sein Verhalten nur negativ betrachten. Schließlich ist es einfach schlecht, wenn ein Pferd seinem Reiter den Gehorsam verweigert, und solch ein Verhalten darf nicht geduldet werden. Was sonst hätte ich denken sollen?

Jahrelang haben die meisten Leute, ich eingeschlossen, gelernt, es als Verweigerung zu betrachten, wenn ein Pferd nicht tut, was es soll, und zwar dann, wenn es soll. Für Verweigern gibt es drei Gründe: Entweder hat das Pferd nicht verstanden, was es soll, oder es ist faul oder aggressiv. (Im Laufe der Jahre habe ich gelernt, dass Pferde manchmal auch aufgrund physischer Probleme blockieren, zum Beispiel weil der Sattel nicht passt oder die Zähne nicht in Ordnung sind.) Aus welchen Gründen auch immer – es bestand allgemein Einigkeit darüber, dass sich das Verhalten mit Sicherheit verschlimmern würde, wenn man es durchgehen ließ.

Als Buck das erste Mal den Gehorsam verweigerte, war meine Reaktion deshalb die Gleiche wie bei den meisten Leuten: den Druck zu erhöhen, bis ich die gewünschte Reaktion erzielte. Tja, eine Reaktion habe ich auch erzielt, als ich den Druck erhöhte, nur nicht unbedingt die, die ich mir vorgestellt hatte. Meist fiel seine Reaktion viel stärker aus, als ich gewollt oder gebraucht hätte, und verursachte mehr Probleme, als wir zu Anfang gehabt hatten.

Dass ich glaubte, Buck ein Verweigern nicht durchgehen lassen zu dürfen, kam daher, dass ich nicht von dem Gedanken loskam, es handle sich um ein Ausbildungsproblem, ein Trainingsloch, das ich übersehen hatte – sah ich mich doch immer noch als denjenigen, der ausbildet. Aus meiner Sicht war es wichtig, dieses Problem ein für alle Mal zu lösen. Keinesfalls wollte ich, dass er mir weiter den Gehorsam verweigerte, und schon gar nicht, dass sich die Situation weiter verschlimmerte. Wenn er sich also weigerte, machte ich Druck, und wenn er sich das nächste Mal weigerte, machte ich wieder Druck.

Etwas über ein Jahr verging, bevor ich mir eingestand, dass wir in der Angelegenheit keine großen Fortschritte zu verzeichnen hatten. Er verweigerte immer noch, und ich machte immer noch Druck. Offensichtlich hatte es keinen Zweck, das Problem frontal lösen zu wollen. Die Verweigerungen wurden zwar nicht schlimmer, aber auch kein bisschen weniger.

Es fiel mir deshalb so schwer, hinter die Ursache zu kommen, weil Bucks Einstellung zu mir und zu unserer gemeinsamen Arbeit sich nie veränderte. Normalerweise regte er sich nicht auf, bevor er den Gehorsam verweigerte, er regte sich nicht auf, während er verweigerte, und er war auch danach nicht aufgeregt. Offensichtlich war sein Verweigern nicht darauf zurückzuführen, dass er in Wut geraten wäre oder sich aufgeregt oder Angst bekommen hätte. Trotzdem beharrte er stur auf seiner Weigerung. Und das machte es mir so schwer zu verstehen, warum er tat, was er tat.

Aus der Erfahrung vieler Jahre ist im Rückblick leicht zu sehen, dass ich solche Probleme hatte, weil ich die Situation vollständig verkehrt betrachtete. Ich versuchte die ganze Zeit, ein unerwünschtes Verhalten auf Bucks Seite zu korrigieren. Es kam mir nie in den Sinn, dass Buck etwa versuchen könnte, mir bei etwas zu helfen, von dem er viel mehr verstand als ich.

In einem Country-Song, der vor ein paar Jahren sehr bekannt war, heißt es einmal sinngemäß: »Mein Boss ist der Sohn vom Boss, und deshalb dauert alles so lang.« Es ist ein guter Song und leider nur zu wahr für eine Menge Leute, die bei der Beförderung zugunsten weit weniger qualifizierter Freunde oder Verwandte vom »Boss« übergangen wurden.

In diesem Fall bleiben dem, der trotz seines größeren Wissens und der längeren Erfahrung übergangen wurde, zwei Möglichkeiten: Er kann kündigen und sich einen anderen Job suchen, oder er bleibt und muss schließlich von einem, der keine Ahnung hat, Anordnungen entgegennehmen und diese ausführen. Wenn er bleibt, fällt es wahrscheinlich letztendlich in seine Verantwortung, dem neuen Boss seine Arbeit zu erklären, damit die Dinge weiterhin glatt und effizient laufen.

Zu diesem Zweck muss der Untergebene eine Haltung bewahren, die ganz frei von Aggression ist, um den neuen Boss nicht gegen sich aufzubringen. Er wird die Fehler, die der neue Boss vermutlich machen wird, vorausahnen müssen, das heißt, er muss *vorausplanen*. Er wird auch *Geduld* haben müssen, wenn der Boss einmal mit Allerweltsproblemen zu kämpfen hat. Und er wird *beharrlich* sein und dem Boss eine Information so lange immer wieder präsentieren müssen, bis dieser sie endlich verstanden hat.

Für eine erfolgreiche Beziehung muss der Boss hingegen einsehen, dass er von der Arbeit, die er leiten soll, weniger versteht als die Menschen, die für ihn arbeiten. Um sich Wissen zu verschaffen und zu einem erfolgreichen Leiter zu werden, muss er einen Lernprozess durchlaufen. Er muss lernen zuzuhören, einen Rat anzunehmen und den Leuten, die er leiten soll, zu vertrauen. Dies ist sicher keine leichte Aufgabe für einen neuen Boss, besonders wenn er seinem Ego erlaubt, sich einzumischen.

Das war die Situation, in der Buck und ich uns zu Anfang unserer Beziehung befanden. Buck war derjenige, der Bescheid wusste, und obwohl ich vorgeblich der Boss war, war es Buck, der Untergebene, der mir dabei helfen konnte, meine Arbeit besser zu machen. Und das tat er, indem er Geduld bewies, sich nicht auf Konfrontationen einließ, vorausplante und beharrlich blieb.

Während dieser Zeit lernte ich unter anderem, dass ein Riesenunterschied besteht zwischen Beharrlichkeit und Streitlust. Natürlich kannte ich die Definition der beiden Wörter, aber davon rede ich jetzt nicht. Ich rede von mehr; ich rede von Gefühl. Bevor ich mit Buck zu arbeiten begann, wusste ich wahrscheinlich nicht, wie unterschiedlich das »Gefühl« ist, das sich mit diesen beiden Worten verbindet. Das klingt vielleicht seltsam, aber Wörter vermitteln, genau wie die Dinge, die sie beschreiben, ein bestimmtes Gefühl.

Denken Sie an einen streitlustigen Bekannten. Höchstwahrscheinlich verbinden Sie mit ihm gewisse Emotionen, die sich vielleicht mit leisem Ärger umschreiben lassen. Kein besonders angenehmes Gefühl. Das Wort beschwört oft ein Bild von jemandem herauf, der irgendwie gegen uns ist. Ein streitlustiger Mensch verhält sich allgemein konträr und ist wahrscheinlich nicht besonders interessiert daran, mit anderen auszukommen oder mit ihnen für ein gemeinsames Ziel zusammenzuarbeiten. Streitlustige Menschen sind eigentlich meistens überhaupt nicht an Zielen interessiert.

Nun denken Sie an jemanden, der sich durch Beharrlichkeit auszeichnet. Er vermittelt vollständig andere Emotionen. Statt Ärger spüren Sie vielleicht etwas viel Sanfteres, Positiveres. Für mich ist dies das Gefühl, dass Sie und der andere sich auf derselben Seite befinden.

Beharrliche Menschen gehen gewöhnlich ruhig ihrer Arbeit nach und versuchen, ihre Ziele zu erreichen, ohne jemand anderen zu stören. Sie nehmen ihre Ziele durchaus ernst, aber nicht so ernst, dass sie sie um jeden Preis erreichen wollen. Deshalb ist auch die Zeit nicht unbedingt ein Faktor, den sie dabei in Betracht ziehen würden. Die Arbeit eines beharrlichen Menschen ist irgendwo zwischen »schuften« und »kommt Zeit, kommt Rat« angesiedelt. Deshalb wünschen wir ihnen oft Glück auf dem Weg, den sie für sich ausgewählt haben, auch wenn wir nicht gerade Halt machen, um ihnen dabei zu helfen.

Die ersten paar Male, als Buck mir den Gehorsam verweigerte, fragte ich mich, ob wohl Streitlust der Grund sein könnte, und um ehrlich zu sein, behandelte ich ihn wahrscheinlich, als ob er sich aus Streitlust widersetzt hätte. Ich erinnere mich, dass ich dachte, er würde gegen mich arbeiten und mich daran hindern, ein Ziel zu erreichen. Es war eine impulsive Reaktion auf ein Verhalten, das ich nicht brauchen konnte und das unerwünscht war.

Ich machte jedes Mal, wenn er sich widersetzte, mehr Druck, aber mir fiel auf, dass er seinerseits den Druck nie erhöhte. Er strengte sich nicht mehr an, seinen Standpunkt zu vertreten; er forderte auch nicht mehr Aufmerksamkeit von mir. Stattdessen zeigte er beharrlich immer wieder das gleiche Verhalten, nicht mehr und nicht weniger. Es dauerte eine Weile, aber dann merkte ich, dass seinen Weigerungen immer ein bestimmtes »Gefühl« anhaftete.

Mit der Zeit war es das »Gefühl«, das er vermittelte, wenn er den Gehorsam verweigerte, das mich zum Nachdenken brachte. Sein Verhalten fühlte sich nicht an wie ein Forderung oder eine Weigerung, wie es bei Streitlust der Fall gewesen wäre. Es war mehr so etwas wie eine Feststellung. Oder vielleicht wäre Bitte das richtigere Wort. Jedenfalls bekam ich allmählich das Gefühl, dass er mir etwas zu sagen versuchte.

Weil er mir beharrlich das gleiche Verhalten zeigte und das gleiche Gefühl vermittelte, blieb mir nicht viel anderes übrig, als die Situation aus einem anderen Blickwinkel zu betrachten. Und das war's, was uns schließlich zu gegenseitigem Verständnis verhalf.

Einen Wendepunkt erreichten wir, als wir eines Tages eines der Fohlen, Smokey, als Handpferd mitführten. Smokey war ungefähr fünf Monate alt und hatte schon alles Mögliche angestellt. Er war (und ist noch heute) ein Pferd, das den ganzen Tag beschäftigt sein will. Er ist nur glücklich, wenn er etwas zu tun hat – irgendetwas! Was, ist nicht so wichtig. Herumstehen, im Schatten dösen ist in seinen Augen etwas für Weicheier. Er kaut lieber einem anderen Pferd den Schweif ab oder versucht herauszufinden, wie man das Tor öffnen kann. Oder er ärgert den Hund, jagt Karnickel oder spielt mit der Tränke – Sie verstehen, was ich meine.

Er wurde mit etwa vier Monaten abgesetzt, hauptsächlich weil seine Mutter die Nase voll von ihm hatte. Seitdem hatte er auf der Ranch einiges ruiniert und war eine Plage für die anderen Pferde. Ich dachte mir, ein Tag im Freien würde ihm vielleicht gut tun. Er könnte seine überschüssige Energie auf positive Art verbrauchen, statt die anderen Pferde um ihn herum wahnsinnig zu machen.

Also verlud ich ihn zusammen mit Buck in den Hänger und fuhr zu einem Reitweg im Rocky National Park ganz in der Nähe. Während ich Buck sattelte, kaute Smokey auf seiner Führleine herum. Er kaute auf den Lederriemen hinten an meinem Sattel. Er kaute an Bucks Vorderbein und an der Seitenwand des Hängers. Er versuchte, mit dem Maul einen Schmetterling zu fangen, und las die Bürste auf, die ich aus Versehen auf dem Kotflügel liegen gelassen hatte. Als ich mich in den Sattel schwang und wir uns auf den Weg machten, versuchte er, an meinen Chaps zu kauen, an meinem hinteren Sattelgurt, an der Führleine, an Bucks Schweif und allem, was sonst noch erreichbar war.

Smokey war so mit seinen »lustigen« Spielchen beschäftigt, dass er weder auf den Weg noch auf die Umgebung achtete. Das änderte sich jedoch, als wir nach ungefähr zwanzig Minuten zum ersten Flüsschen kamen. Es war vielleicht sieben Meter breit und 25 Zentimeter tief. Da Smokey so beschäftigt gewesen war, bemerkte er das Wasser erst, als er schon beinahe darin stand. Dann blieb er wie angewurzelt stehen. Oder besser gesagt: Er versuchte, wie angewurzelt stehen zu bleiben.

Seit er aus dem Hänger gekommen war, hatte Buck sich voll und ganz aufs Arbeiten konzentriert. Er war mit gesenktem Kopf zielbewusst voranmarschiert und hatte Smokeys Blödeleien so gut wie ignoriert. Smokey hatte schon zuvor ab und zu versucht anzuhalten, um sich ein Eichhörnchen anzusehen, an einer Pflanze zu kauen oder sonst etwas, aber Buck war, ohne dass ich ihn dazu auffordern musste, einfach weitergegangen und hatte Smokey praktisch hinter sich her gezogen.

Buck war im besten Alter und von der täglichen Rancharbeit so fit wie nur irgend möglich. Außerdem wog er sicher gute 850 Pfund mehr als Smokey. Ziemlich schnell fand Smokey heraus, dass er als Anker nicht schwer genug war, um Buck zu bremsen, wenn der gute alte Buck beschlossen hatte, dass Smokey besser mitkommen sollte. Und das war an diesem Flüsschen der Fall.

Ohne langsamer zu werden, ohne einen Blick zurück und ohne sich weiter um Smokey zu kümmern, marschierte Buck mit Smokey im Schlepp ins Wasser. Smokey schlitterte bis zum Rand, versuchte dann voller Verzweiflung zu springen und landete ungefähr zwei Meter vom Ufer entfernt an der tiefsten Stelle. Buck ging ungerührt weiter, und Smokey planschte und hopste hinter ihm her auf die andere Seite.

Zehn Minuten später kamen wir an die erste Brücke. Wieder stemmte Smokey die Beine in den Boden, und wieder zog ihn Buck ohne Einmischung meinerseits über die Brücke. Wie ich feststellte, hatte ich Buck mit ganz wenigen Ausnahmen so gut wie keine Hilfen zu geben brauchen. Er schien genau zu wissen, warum wir hier waren und was er zu tun hatte. Mir wurde klar, dass er dabei war, Smokeys Training zu übernehmen, und ich nichts weiter zu tun hatte, als ihn nicht dabei zu stören und mich tragen zu lassen.

Nach einer weiteren halben Stunde kamen wir an eine T-Kreuzung. Nach rechts führte der Weg in circa 15 Minuten zum Hänger zurück, nach links würden wir mindestens eine weitere Stunde brauchen, bis wir zum Hänger zurückkamen. Buck und ich waren all diese Pfade ungefähr tausend Mal gewandert, und Buck kannte das Wegesystem so gut wie ich, wenn nicht besser. Deshalb überließ ich ihm die Entscheidung, als wir an die Kreuzung kamen. Ehrlich gesagt dachte ich, er würde den schnelleren Rückweg nehmen, und ich hätte auch nichts dagegen gehabt. Schließlich war dies Smokeys erster Ausflug ins Gelände, und wir waren schon eine gute Stunde unterwegs, ziemlich lang, wie mir schien.

Sehr zu meiner Überraschung schlug Buck den Weg nach links ein. Die nächsten 45 Minuten oder so versuchte Smokey vor jedem Hindernis anzuhalten, und Buck ging einfach weiter. Und jedes Mal fiel Smokeys Widerstand geringer aus. Er war weniger damit beschäftigt, sich Unfug auszudenken (und seine Zähne zu betätigen), und fing an, mehr darauf zu achten, was Buck da vor ihm tat.

Als wir das vierte Mal durchs Wasser kamen, hatte Smokey beschlossen, dass kämpfen sich nicht lohnte. Er folgte Buck ins Wasser, als ob er sein Leben lang nichts anderes getan hätte. Im selben Augenblick fiel mir auf, dass Buck die Gangart änderte. Sein sehr zielbewusster Schritt wurde langsamer und lockerer. Auch Smokey war viel ruhiger. Mit gesenktem Kopf ging er still vor sich hin und hatte keine Ähnlichkeit mehr mit dem hyperaktiven Fohlen, das aus dem Hänger gekommen war.

Bei der nächsten T-Kreuzung überließ ich wieder Buck die Entscheidung, wohin wir gingen. Nach rechts führte der Weg eine weitere Stunde vom Hänger weg, sodass wir über drei Stunden allein für den Rückweg brauchen würden. Nach links würden wir den Hänger in einer Stunde erreichen. Buck schlug den kürzeren Weg ein.

Kurz danach kamen wir wieder an einen Fluss, die siebte Wasserdurchquerung an diesem Tag. Die letzten drei hatte Smokey anstandslos passiert. Aber diesmal blieb Buck unerwartet stehen, als wir uns dem Wasser näherten. Ich forderte ihn zum Weitergehen auf, aber er weigerte sich. Er weigerte sich auf die gleiche Art wie so viele Male zuvor.

Aber diesmal trieb ich ihn nicht vorwärts, sondern drehte mich im Sattel um und sah zurück auf Smokey. Der arme Kleine war am Ende seiner Kräfte. Er stand mit gesenktem Kopf und halb geschlossenen Augen da, einen Hinterfuß eingeknickt. Zu diesem Zeitpunkt waren wir fast zweieinhalb Stunden unterwegs und bis auf wenige kurze Unterbrechungen ständig in Bewegung gewesen.

Wir blieben ungefähr drei Minuten stehen, bevor ich Buck wieder zum Antreten aufforderte. Buck blieb stehen. Ich sah nach hinten – Smokey schlief immer noch. Weitere Minuten vergingen. Ich trieb Buck an, und nichts passierte. Smokey schlief. Noch einmal drei Minuten, und diesmal setzte Buck sich ganz langsam in Bewegung, als ich ihn dazu aufforderte. Allmählich straffte sich die Führleine, und Buck zog das Fohlen ruhig vorwärts. Smokey machte einen Schritt, zwei, und schon waren wir wieder unterwegs. Noch zwei Mal hielt Buck auf dem Rückweg überraschend an, um seinem Schutzbefohlenen eine Pause zu gönnen. Auf mein Treiben reagierte er erst, wenn er selbst der Meinung war, dass Smokey sich genügend erholt hatte.

Endlich ergab Bucks Verhalten im letzten Jahr einen Sinn. Offenbar hatte er mir in bestimmten Situationen deshalb so beharrlich den Gehorsam verweigert, weil er mir einiges über Pferde beibringen wollte, was mir bisher entgangen war. Unglücklicherweise musste erst ein übermüdetes Fohlen auf dem Trail fast einschlafen, bevor mir ein Licht aufging. Hätte ich nur auf Buck gehört, anstatt mich darauf zu versteifen, Probleme zu lösen, die gar nicht existierten, hätte ich mir all die anderen Probleme sparen können! Und wäre Buck nicht die ganze Zeit so still und beharrlich geblieben, hätte ich vielleicht nie gemerkt, um was es ging.

Dieser Ritt zeigte mir, wie empfindlich das Gleichgewicht und wie dünn die Linie ist, die wir beachten müssen, nicht nur bei der Arbeit mit Pferden, sondern so gut wie überall. Es gibt Zeiten, in denen Entschlusskraft und Energie gefragt sind, und zu anderen Zeiten warten wir besser ab, beobachten, hören zu und lernen.

Lektion Fünf: Beständigkeit

Der Vorfall am Wassertank war nicht der einzige Zusammenstoß zwischen Buck und Pete gewesen. Pete hatte ungefähr drei Jahre lang versucht, einen Weg zu finden, wie er Buck schikanieren konnte. So weit ich es miterlebte, gelang es Buck jedes Mal auf friedlichem Wege, sich zu schützen, die Situation zu entspannen und Pete praktisch in seiner eigenen Staubwolke stehen zu lassen, wo er sich dann bildlich gesprochen den Kopf kratzte und sich fragte, was eigentlich gerade passiert war.

Ich glaube, Buck konnte sich Pete deshalb so erfolgreich vom Leib halten, weil er nichts weiter wollte als so stressfrei zu leben wie nur irgend möglich. Er begegnete jedem anderen Pferd (oder auch Menschen) mit der gleichen Ruhe. Wenn ein Pferd wie Pete sich mit ihm anlegen und ihm den Tag verderben wollte, zuckte er praktisch mit den Schultern und wandte nur gerade so viel Energie auf, wie nötig war, um die Situation wieder zu entspannen. Es schien ihm nie viel auszumachen: er machte keine große Sache daraus, und so wurde auch nie eine große Sache daraus.

Während Buck prinzipiell so wenig Energie wie möglich aufwandte, um so viel wie möglich zu erreichen, verbrauchte Pete ein Maximum an Energie und erreichte damit ein Minimum. Das war für Pete derartig frustrierend, dass er manchmal, wenn er gerade wieder mit einer seiner Attacken gegen Buck gescheitert war, plötzlich kehrtmachte und das nächstbeste Pferd angriff, das zufällig in seiner Nähe stand. Vermutlich ärgerte sich Pete am meisten darüber, dass Buck, den er nur zu gern angegriffen hätte, ihm nie etwas entgegensetzte, gegen das er wirklich hätte kämpfen können. Somit ergab sein ganzes dominantes Gehabe überhaupt keinen Sinn, und das merkte sogar Pete.

Bucks Verhalten war so beständig, dass im Verlauf dieser drei Jahre Petes Attacken immer mehr zum Schauspiel wurden. Wenn man den beiden zusah, sah man zwei alte Männer, die vor dem Gemischtwarenladen Schach spielten.

Pete war der alte Mann, der ständig verlor und deshalb dauernd brüllte und dem anderen wütend Betrug vorwarf. Buck war hingegen derjenige, der sich lediglich mit verschränkten Armen zurücklehnte und wartete, bis Pete aufhörte zu brüllen. Dann stellten sie ihre Schachfiguren wieder auf und spielten eine neue Partie.

Das Verhalten, das Buck Pete gegenüber zeigte, unterschied sich in keiner Weise von dem mir gegenüber. In beiden Fällen schien Buck dem anderen etwas klarmachen zu wollen. Er ging sein Ziel aber nicht wie der sprichwörtliche Elefant im Porzellanladen an, koste es, was es wolle, sondern blieb einfach ruhig und *beständig* bei seiner Arbeit.

Wieder und wieder präsentierte er, um was es ihm ging, und wartete dann geduldig ab, bis der Groschen fiel. Auf diese Weise bestand kein Anlass zu Konfrontationen, und wir beide, Pete und ich, erhielten Gelegenheit, die Sache in Ruhe zu überdenken und zu verstehen.

In meinen Augen war Bucks Erfolg darauf zurückzuführen, dass er in seinen Äußerungen sowohl *beharrlich* wie *beständig* war. Eines wäre wertlos ohne das andere. Wenn er beständig, aber nicht beharrlich das Gleiche getan hätte – wenn er auf einen »Verstoß« nur jedes zweite oder dritte Mal mit dem gleichen Verhalten reagiert hätte –, wäre es sehr schwierig gewesen, das Problem zu erkennen.

Hätte er auf einen »Verstoß« einmal mit Verweigern geantwortet, die nächsten vier Mal aber in derselben Situation überhaupt nicht reagiert, wäre es mir sehr schwergefallen, den Auslöser für sein Verhalten zu erkennen.

Ebenso schwierig wäre es gewesen, die Lösung zu finden, wenn er zwar beharrlich gezeigt hätte, dass er ein Problem hatte, dazu aber nicht beständig das gleiche Verhalten gezeigt hätte. Unterschiedliches Verhalten hätte fälschlich für unterschiedliche Probleme gehalten werden können.

Hätte Buck sich bei einem Verstoß relativ gleichgültig verhalten und wäre das nächste Mal dann aber praktisch ausgeflippt, hätte man leicht denken können, dass sich die erste Reaktion auf ein ganz anderes Problem bezog als die zweite. Die Folge hiervon wäre wiederum gewesen, dass ich den wirklichen Grund für sein merkwürdiges Verhalten vielleicht nie erkannt hätte.

Wenn Sie eine Liste aller Eigenschaften aufstellen sollten, die Sie sich an einem Freund, einem Angestellten oder auch einem Ehepartner wünschen, würden darauf vielleicht Begriffe wie Ehrlichkeit, Integrität, Geduld, Verständnis und Fairness stehen. Höchstwahrscheinlich würde der Begriff *Beständigkeit* darauf fehlen. Wenn wir an Eigenschaften denken, die wir uns an Menschen wünschen, die uns nahe stehen, gehört Beständigkeit eigentlich so gut wie nie dazu. Vermutlich nehmen wir einfach an, dass jemand, der ehrlich ist, auch *beständig* ehrlich sein wird. Ist er geduldig, wird er *beständig* geduldig sein. Ist er fair, wird er *beständig* fair sein.

An Beständigkeit denken wir erst, wenn sie fehlt. Fehlende Beständigkeit verursacht meist derartig viel Durcheinander, dass uns ihr Fehlen gar nicht entgehen kann. Für Pferde hat Beständigkeit einen so hohen Stellenwert, dass jedes Mitglied, das kein beständiges Verhalten aufweist, entweder gemieden oder aus der Herde vertrieben wird. Andere Tiere haben die gleichen oder sogar noch schwerer wiegende Probleme, wenn es Herdenmitgliedern oder der ganzen Herde an Beständigkeit fehlt. Die Folgen können verheerend sein.

Vor nicht allzu langer Zeit musste eine Elefantenherde in Afrika einen sehr hohen Preis dafür bezahlen, dass die Beständigkeit der Herdenstruktur dank menschlicher Einmischung gestört wurde. Die Regierung entschied, dass einige Herden aufgrund des schrumpfenden Freiraums ausgedünnt werden sollten. Die ausgewachsenen Tiere wurden abgeschossen, die jungen ohne Nachwuchs blieben sich selbst überlassen.

Den Jungtieren ging plötzlich die Beständigkeit der Herdenstruktur verloren, ebenso wie die erforderliche Anleitung durch die erwachsenen Elefanten, und sie wurden in höchstem Maße unberechenbar und gefährlich. Im Erwachsenenalter wussten sie einfach nicht, was angemessenes Verhalten war, und verwüsteten Regionen, die die Herde vorher gemieden hatte. Schließlich musste eine Reihe junger Elefanten getötet werden, weil sie Dörfer terrorisiert, Ernten vernichtet und sogar Menschen auf dem Gewissen hatten. Verursacht worden war die Situation von Menschen, die die von der Natur vorgesehene Beständigkeit der Elefantenherde eliminiert hatten.

In Wahrheit besteht im Bedürfnis nach Beständigkeit kein Unterschied zwischen Menschen und allen anderen Lebewesen. Das sehen und erleben wir, wohin wir auch gehen und was wir auch tun.

Eine Schnellimbiss-Kette in New York offeriert nicht nur das gleiche Menu wie dieselbe Kette in Kalifornien, das Essen schmeckt auch fast gleich. Ihr Lieblingsfernsehprogramm kommt jede Woche um die gleiche Zeit auf dem gleichen Kanal, und der Hahn für das warme Wasser ist immer auf der linken und der für das kalte auf der rechten Seite.

Automobilhersteller sind besonders gut in Beständigkeit. Ihre Autos weisen eine möglichst beständige Ausstattung auf, um sie sicher und bedienungsfreundlich zu machen.

Auch wenn sie von verschiedenen Herstellern sind, weisen die meisten in den USA hergestellten Autos ähnliche Bedienungselemente auf. Gas- und Bremspedal befinden sich jeweils an fast genau derselben Stelle. Sie sind ungefähr gleich groß und gleich weit vom Fußboden und voneinander entfernt. Sie sind ergonomisch auf die Bedürfnisse amerikanischer Autofahrer ausgerichtet und weisen von Fahrzeug zu Fahrzeug eine beständige Form auf. Sogar Scheibenwischer und Licht werden im Prinzip von der gleichen Stelle aus bedient und funktionieren auf ähnliche Weise. In ausländischen Modellen können Hebel und Schalter an Stellen sitzen, wo heimische Kunden, nicht aber Amerikaner sie erwarten. So kann es vorkommen, dass sich in einem ausländischen Wagen der Schalter für die Scheibenwischer dort befindet, wo in einem amerikanischen Auto die automatische Gangschaltung wäre. Amerikaner sind oft ziemlich überrascht, wenn sie bei ihrem importierten Wagen erstmals den Rückwärtsgang einzulegen versuchen und feststellen, dass sie nur die Scheibenwaschanlage in Betrieb gesetzt haben.

Was ich zu erklären versuche, ist, dass die meisten Lebewesen, wir eingeschlossen, im höchsten Maße Gewohnheitstiere sind. Es sind diese Gewohnheiten, die uns am Laufen halten. Sie helfen uns, mit einem Minimum an Stress und Ärger durch den Tag zu kommen. Sie helfen uns zu lernen und zu lehren. Aber bevor wir die Gewohnheiten entwickeln können, die unser Wesen – oder das Wesen, das wir sein wollen – ausmachen, müssen wir die Bedeutung der Beständigkeit erkennen und lernen, wie wir sie entwickeln können.

Ich habe über die Jahre sehr viel Glück gehabt. Nicht nur, dass ich mit vielen Pferden gearbeitet und meine Erfahrungen gemacht habe, ich hatte außerdem die Gelegenheit, sehr viele Pferde zu *beobachten*.

Dabei ist mir eines klar geworden: Sie können mindestens genauso viel wenn nicht noch mehr über Pferde lernen, wenn Sie beobachten, wie sie miteinander umgehen, wie wenn Sie mit ihnen arbeiten oder sie reiten.

Meistens sind die Herden, die ich beobachte, ziemlich groß, so zwischen zwanzig und über hundert Pferden. Unabhängig von der Größe der Herde bleibt sich eine Sache jedoch immer gleich: Es waren die Pferde mit dem unberechenbarsten Verhalten – solche wie Pete –, die am meisten Unruhe in die Gruppe brachten. Und dies waren auch die Pferde, denen die anderen Herdenmitglieder grundsätzlich aus dem Weg zu gehen versuchten. Gern zusammen sind sie dagegen mit Pferden, die in ihrem Verhalten beständig sind, ihre Ziele nie mit Gewalt zu erreichen und mit den anderen auszukommen versuchen. Diese Pferde scheinen, wie Buck, die Fähigkeit zu besitzen, andere Pferde an sich zu ziehen, ohne dass sie es überhaupt darauf anlegen.

Im Grunde genommen ist dies auch genau das, was Buck mit mir machte. Selbst wenn es zwischen uns nicht gerade zum Besten stand, fand er immer einen Weg, mich einzubeziehen. Er war so wenig auf Konfrontation aus, war so beharrlich und beständig – obwohl von mir wahrscheinlich nichts dergleichen zurückkam –, dass ich einfach den *Wunsch* hatte, auf Dauer eine Lösung für unsere Meinungsverschiedenheiten zu finden. Es war, als ob er mir andauernd geduldig zuredete: *Komm schon, Mark, das kannst du doch noch viel besser.*

Und dann ließ er es mich mit genauso viel Geduld noch einmal versuchen.

Lektion Sechs:
In Ordnung bringen und weitermachen

Zu den Dingen, die ich an Buck am meisten bewundere, gehört die Art, wie er mit Missgeschicken und Fehlschlägen umgeht. Zugegeben: Für Menschen ist ein Fehlschlag etwas anderes als für ein Pferd. Und trotzdem: Nachdem ich Buck in einigen potenziell Besorgnis erregenden Situationen beobachtet habe, bin ich mir nicht mehr so sicher, dass wir mit unseren Missgeschicken irgendwie anders umgehen sollten als etwa Buck.

Mir ging nämlich auf, dass für Buck ein Fehlschlag einfach ein Fehlschlag ist, nicht mehr und nicht weniger. Mit seinem Verhalten sagte er nur: *Bringen wir's in Ordnung und machen wir weiter.* Kein Grund sich aufzuregen, das Ego mit ins Spiel zu bringen oder jemandem etwas nachzutragen.

Zum ersten Mal fiel mir diese Haltung auf, als wir damals in diesem Tal Pferde zusammentrieben. Als uns die Herde weggelaufen war, konnte ich nur daran denken, wie viel Mehrarbeit uns jetzt blühte. Ich war sauer auf Buck, sauer auf mich und sauer auf die Pferde, die uns entkommen waren. Während Buck und ich nach der Herde suchten, saß ich im Sattel und brütete die ganze Zeit wütend vor mich hin, wobei ich hauptsächlich Buck die Schuld an der ganzen Misere gab. Buck dagegen hatte sich schon längst wieder an die Arbeit gemacht und konzentrierte sich auf die Aufgabe, die es zu lösen galt.

Die Ursache des Problems (dass ich versucht hatte, ihm Beine zu machen) war offensichtlich vergeben und vergessen. Während ich noch in der Vergangenheit feststeckte, blickte Buck auf produktive Weise in die Zukunft. Dass ich überhaupt in der Lage war, Bucks Haltung in dieser Sache zu erkennen, kam davon, dass ich Jahre zuvor eine ähnliche Situation erlebt hatte.

Ich war damals ungefähr zwölf oder dreizehn und arbeitete für Walter, den alten Pferdemann, der ein paar Meilen die Straße hinunter seinen Stall hatte. Eines Tages, als ich gerade mit Ausmisten beschäftigt war, kam er und fragte mich, ob ich Lust hätte, mit zu einer Pferdeauktion zu kommen. Natürlich war mir nichts lieber als das, und schon bald standen wir auf dem Messegelände und betrachteten die ungefähr sechzig Pferde, die an diesem Tag zum Verkauf standen. Wie sich herausstellte, war Walter auf der Suche nach einem ganz speziellen Pferd, das er schließlich auch entdeckte und kaufte.

Es handelte sich um einen braunen Wallach, den wir zu Beginn der Veranstaltung einen Wagen ziehen gesehen hatten. Ich erinnere mich, dass er so etwa $ 300 oder $ 400 für ihn bezahlte, viel mehr als er je zuvor in meinem Beisein für ein Pferd bezahlt hatte. Normalerweise gab er nämlich nicht mehr als $ 100 aus, sehr oft bewegte er sich eher in der Preisklasse von $ 25 oder $ 30.

Kurz nach dem Mittagessen fragte Walter mich am nächsten Tag, ob ich ihn ins Gelände begleiten wolle. Ich dachte natürlich an einen Ausritt, eine Gelegenheit, die ich mir nie entgehen ließ, und sagte begeistert ja. Gerade wollte ich ein paar Halfter aus der Sattelkammer holen, als er mir ein Zeichen machte, ihm zu einem Schuppen nebenan zu folgen.

Zuerst war ich mir nicht sicher, was er vorhatte. Ich war nicht sehr oft in diesem Schuppen gewesen, aber ich wusste mit Sicherheit, dass sich nichts darin befand, mit dem man ein Pferd reiten konnte. An eine ursprünglich dreiseitige Bretterbude mit einem Dach war später eine vierte Seite mit einer überdimensionalen Schiebetür angebaut worden, sodass ein dunkler, verstaubter Verschlag entstanden war.

Walter schob die Tür auf und ging nach hinten, wobei er ständig Spinnweben zur Seite fegte. Ich folgte ihm durch den schwach erhellten Raum und sah an der Rückseite zwei Planen. Die eine verhüllte etwas, das gegen die Wand lehnte, die andere ein weiteres »Etwas«, das an der Wand hing. Er bedeutete mir, mit anzufassen, und gemeinsam zogen wir die Plane von etwas, das wie ein brandneues Fahrgeschirr aussah. Das heißt, es war so gut in Schuss, dass es aussah wie neu, aber das war es offensichtlich nicht.

Ich glaube nicht, dass Walter je etwas neu gekauft hat. Alles in seinem Betrieb – alles außer mir und den Pferden – war mindestens zwanzig Jahre alt, das meiste sogar eher sechzig oder siebzig. Dieses Geschirr, komplett mit Zaumzeug, Fahrleinen, Strängen, hölzernem Kumt und allem sonstigen Drum und Dran gehörte sicher zur letzten Altersgruppe.

Wir zogen die zweite Plane weg, und zum Vorschein kam ein alter, aber genauso gepflegter Sulky, ein zweirädriger Wagen. Wie das Geschirr war auch er mindestens sechzig Jahre alt. Die Räder und die Reifen schienen allerdings nicht mehr original zu sein. Sie waren viel neuer und sahen mehr nach breiten Fahrradreifen aus.

Wir brachten Geschirr und Sulky ins Freie neben den Stall. Dann holte Walter den braunen Wallach, den er am Vortag gekauft hatte. Ungefähr eine Stunde lang zeigte er mir geduldig die verschiedenen Teile der Beschirrung, wie man dem Pferd das Fahrgeschirr anlegt, es sicher zwischen die beiden Stangen schiebt und den Sulky anhängt. Als der Wallach vor dem Sulky angespannt war, nahm Walter die

Leinen in die Hand, und wir kletterten beide auf den Sitz. Mit einem ruhigen »Komm!« von Walter waren wir auch schon auf dem Weg.

Die nächsten drei Stunden kutschierten wir kreuz und quer über seine kleine Ranch, und Walter erzählte mir, dass das Geschirr seinem Vater gehört hatte und wie sie das Familienpferd an den Buggy geschirrt hatten, um zum Einkaufen in die Stadt zu fahren. Den Sulky hatte er in den vierziger Jahren fast neu gekauft und versucht, ihn auf diesem Stand zu halten, obwohl er ihn Jahre nicht gebraucht hatte.

Er nahm sich Zeit, mir zu erklären, wie man mit einem Pferd fährt, und als er geendet hatte, fragte er mich, ob ich es verstanden hätte. Ich sagte ja, und er drückte mir nonchalant die Leinen in die Hand. Die letzte Stunde fuhr ich, während Walter, ein Bein übergeschlagen, einen Arm auf der Rücklehne, neben mir eine Zigarette nach der anderen rauchte.

Schließlich war es Zeit, Schluss zu machen. Wir brachten Pferd und Wagen zurück zum Stall, und er zeigte mir, wie man ausschirrt und das Geschirr richtig aufhängt und wie man den Sulky wieder an seinen Platz bringt. Dann, als sei es ihm plötzlich eingefallen, sagte er, ich könne Sulky und Geschirr jetzt, wo ich damit umgehen konnte, gern jederzeit benutzen. Ich musste nur versprechen, gut darauf aufzupassen und alles immer ordentlich aufzuräumen.

Ein paar Tage später war ich allein auf der Ranch. Meine Arbeit hatte ich erledigt und nun nichts mehr zu tun. Walter war in die Stadt gefahren, und es war ungewiss, wann er zurück sein würde. Da fiel mir ein, dass Walter mir erlaubt hatte, Geschirr und Sulky zu benutzen.

Vergessen Sie nicht, ich war noch ziemlich jung und naiv und wusste wenig über die Natur der Pferde. Deshalb nahm ich an, dass jedes Pferd, das eingeritten war, automatisch auch eingefahren sein würde. Also ging ich auf die Koppel und holte die Stute, die ich die letzten paar Monate geritten hatte.

Ich putzte sie, holte das Geschirr und legte es ihr genauso an, wie Walter es mir gezeigt hatte. Sie stand ganz ruhig, als ob sie ihr Leben lang ein Geschirr getragen hätte. Ich holte den Sulky heraus, schob sie rückwärts zwischen die Stangen und spannte sie an. Sie blieb ganz ruhig, als ob sie nie etwas anderes gekannt hätte.

Ich kletterte in den Sulky und forderte sie auf anzutreten, was sie ohne zu zögern tat. Alles lief genauso, wie es mit Walter ein paar Tage zuvor gelaufen war. Dann kamen wir auf einen schmalen Weg, der zur vorderen Koppel hinunterführte. Die Koppel war etwa zweihundert Meter breit und vierhundert Meter lang, und der Fahrweg von der Straße zum Stall führte mittendurch. Fahrweg und Stallbereich lagen etwas über einen Meter höher als die Koppel, der Weg führte also leicht bergab. Während wir diesen Weg hinunterfuhren, stellte ich fest, dass nicht alle Pferde, die unter dem Reiter gehen, dies auch vor dem Wagen tun.

Als es bergab ging, fing das Gewicht des Wagens an zu schieben. Der Stute kam dies nicht ganz geheuer vor, und damit begann eine Kette von Ereignissen, auf die ich gänzlich unvorbereitet war. Ohne Vorwarnung machte die Stute wie aus der Kanone geschossen einen Satz nach vorn und rannte los, was das Zeug hielt. Ich wäre beinahe heruntergeflogen, konnte mich aber gerade noch berappeln und wieder gerade hinsetzen, bis wir die Hälfte der Koppel hinter uns hatten. Ich brüllte aus Leibeskräften »Whoa!«, musste aber feststellen, dass die Stute vor lauter Aufregung anscheinend auch noch taub geworden war.

Keine zehn Meter vor dem Stacheldraht am unteren Ende der Koppel riss ich hart an der linken Leine und konnte die Stute zurück in Richtung Stall lenken. Ich erinnere mich lebhaft an das zischende Geräusch der Reifen, als sie in der Wendung hoffnungslos über das trockene Gras schlitterten. Wir flogen den Fahrweg entlang nach oben und schienen uns in Sekundenschnelle dem Abhang zu nähern, den wir heruntergekommen waren und der für das gegenwärtige Dilemma verantwortlich war. Zugegeben, meine Gedanken funktionierten zu diesem Zeitpunkt nicht besonders gut, aber eines wusste ich: dass es keine gute Idee wäre, in diesem Tempo bergauf auf den Stall zuzuschießen, wo wir höchstwahrscheinlich spektakulär zu Bruch gehen würden. Also zog ich kurz vor dem Abhang wieder mit aller Kraft an der linken Leine und lenkte die Stute zurück ans andere Ende der Koppel.

Wieder zischten die Reifen, als wir im vollen Tempo wendeten, und in Windeseile kam der Zaun unten an der Straße näher. Ich versuchte, die fällige Wendung ein wenig größer anzulegen, aber die Stute war immer noch in Panik, und die Reifen zischten auch diesmal. In Rekordzeit ging es zurück zum Stall und dann erneut abwärts zur Straße.

Wir drehten zwei weitere sehr schnelle Runden, bevor ich merkte, dass Walter durch das Tor und den Weg hinaufgefahren kam. Die Stute und ich flogen in Gegenrichtung an ihm vorbei, und ein Blick in seine Richtung zeigte mir, dass er unserer milde gesagt misslichen Lage keinerlei Beachtung zu schenken schien. Er sah unbewegt geradeaus, während er auf den Stall zufuhr.

Mittlerweile gelangen mir die Wendungen am jeweiligen Ende der Koppel schon besser, aber etwas beunruhigte mich doch zunehmend: In einer Ecke der Koppel unten an der Straße stand ein Telefonmast. Es war aber nicht der Mast, der mir Sorgen machte, sondern das Abspannseil, das schräg vom Mast zur Erde verlief und ihn ca. sieben Meter vom Zaun entfernt im Boden verankerte. Bei jeder Wendung an diesem Ende der Koppel kamen wir näher an dieses Seil heran.

Bis dahin hatte ich es geschafft, uns davon fernzuhalten, aber dieses Mal hatte ich weniger Glück. Als der Wagen um die Ecke schwänzelte, blieb der rechte Reifen am Drahtseil hängen. Es gab einen Ruck, der Wagen kippte um, und Pferd, Wagen und ich überschlugen uns in einem Knäuel in Richtung Zaun. Zum Glück kamen Stute und Wagen vor dem Zaun zum Halten, aber nicht, bevor der Wagen ein Rad verlor, das anmutig durch die Luft segelte und jenseits des Zauns im Graben landete. Mich trug der Schwung in den Zaun hinein, was mir zusätzlich zu zahlreichen blauen Flecken ein paar hässliche Kratzer eintrug.

Es dauerte eine Minute, bevor sich die Nebel verzogen, aber als ich dann aufsah, war die Stute – immer noch angeschirrt an den Sulky – irgendwie auf die Beine gekommen und galoppierte nun, mit nur einem Rad am Wagen, so schnell sie konnte auf den Stall zu. Hilflos beobachtete ich, wie das, was vom Sulky übrig war, hinter ihr herhüpfte und gnadenlos durchgeschüttelt wurde. Mir wurde sehr flau zu Mute, als ich mich aus dem Stacheldraht herauswand und auf die Füße kam.

Am liebsten wäre ich auf der Stelle nach Hause gelaufen. Ich hatte einen schrecklichen Fehler gemacht, und zwar einen, der ehrlich unverzeihlich war. Ich wusste schon, dass Walter mich sowieso hinauswerfen würde, sobald ich den Stall erreicht hatte. Und doch sagte mir irgendetwas, dass ich unsere gemeinsame Zeit nicht auf diese Weise beenden konnte. So schwer es mir also auch fiel – ich kletterte über den Zaun, angelte das Rad aus dem Graben und machte mich auf den langen Weg zurück zum Stall. Dabei konnte ich die tiefen Furchen sehen, die das radlose Ende der Achse in den Boden gegraben hatte, als die Stute den Wagen zurück zum Stall zerrte. Ich las hier ein abgerissenes Stück Lederstrang auf, dort eine verbogene Schnalle, ein Stück Fahrleine oder eine Radspeiche.

Als ich am Stall ankam, stand Walter neben der schweißüberströmten Stute. Er hatte sie schon aus dem zerbrochenen, verbogenen Wagen, der wie ein Haufen Gerümpel daneben lag, ausgeschirrt. Die Stute trug noch, was vom Geschirr übrig war, und das war nicht viel.

Und sie hatte diverse Schnitte und Abschürfungen an den Beinen, den Schultern, an den Seiten und den Hüften. Mir war schlecht. Als ich näher kam, schaute Walter die Stute an und klopfte ihr den Hals. Ich stellte mich neben Walter und wollte ihm sagen, wie leid es mir tat, aber ich brachte kein Wort heraus. Ich konnte nur das zerbrochene, verbogene Rad, das ich aus dem Graben geholt hatte, hochheben und es ihm als schwachen Versuch einer Entschuldigung darbieten.

Walter sah auf das Rad, auf mich, auf die Stute, zog eine Zigarette hervor und zündete sie sich an. Als Rauch aus Mund und Nase quoll, streckte er die Hand aus und nahm mir ganz sachte das Rad ab.

»Also«, sagte er und sah ruhig auf die Stute. »Ich denke, jetzt wissen wir, wie man es nicht macht.«

Das war's. Kein »Was hast du dir dabei gedacht?«, kein »Schau dir an, was du gemacht hast« oder sonst etwas, das es für mich noch schlimmer gemacht hätte, als es eh schon war. Nur die Anerkennung der Situation und ein Hinweis, ohne jede Drohung, dass es vielleicht keine gute Idee wäre, so etwas noch einmal zu tun … alles in einem einzigen kurzen, freundlichen Satz.

In weniger als einer Viertelstunde hatte ich den Wagen und das Geschirr, von ihm dreißig oder vierzig Jahre lang sorgfältig gepflegt, in einen Haufen Sperrmüll verwandelt. Für ihn schien es nicht, wie wohl für die meisten von uns, das Ende der Welt zu bedeuten, sondern nur einen kleineren Rückschlag. Man konnte nichts weiter tun, als die Sache in Ordnung zu bringen und weiterzumachen. Und genau das taten wir. Noch am selben Tag zeigte er mir, wie man Leder repariert, sodass ich das Geschirr in Ordnung bringen konnte. Er brachte mir das Schweißen bei, damit ich den Wagen reparieren konnte. Er zeigte mir, wie man Speichen gerade biegt und ersetzt, sodass ich die Räder in Ordnung bringen konnte. Und dann zeigte er mir, was ich für die Stute tun konnte.

Er erwähnte den Zwischenfall nie mehr. Wie Buck brachte auch Walter jeden Zwischenfall in Ordnung und machte weiter. Er schaute nicht zurück, nahm es nicht persönlich und war niemals nachtragend.

Es dauerte Jahre, bis ich verstand, warum es für Persönlichkeiten wie Buck und Walter so einfach war, einen Rückschlag zu verwinden. Beide betrachteten einen Rückschlag schlicht als Teil des Lebens, nicht als sein Ende. Über einen Rückschlag kann man im Allgemeinen hinwegkommen oder die Sache wieder in Ordnung bringen, und je länger man daran herumgrübelt, Schuldige sucht und anklagt oder seinen Groll hegt, desto länger dauert es, bis die Angelegenheit überwunden oder geregelt ist.

Nach einem extrem trockenen Sommer hier in Colorado brach neulich ca. zwanzig Kilometer östlich von dem Anwesen, auf dem ich mit meiner Familie lebe, ein Waldbrand aus. In wenigen Tagen hatte sich das Feuer unserem Haus auf ungefähr fünf Kilometer genähert, und wir mussten damit rechnen, evakuiert zu werden, denn das Feuer breitete sich in unsere Richtung aus. Also waren wir die nächsten zwölf Stunden damit beschäftigt, uns in aller Ruhe zu entscheiden, was wir an Wertvollem mitnehmen wollten, und es einzupacken, falls es wirklich zu einer Evakuierung kommen sollte. Wir brachten einiges von dem, was für uns von Wert war, in Sicherheit, brachten vor allem die Pferde fort und besprühten die Umgebung des Hauses mit Wasser. Außerdem entfernten wir leicht brennbare Materialien aus der Nähe des Hauses und hatten immer das Radio an, um auf dem Laufenden zu bleiben.

Bei Anbruch der Nacht waren wir noch nicht aufgefordert worden, das Anwesen zu verlassen; also gingen wir zur lokalen High

School, wo sich jeden Tag alle Betroffenen trafen und auf den neuesten Stand gebracht wurden. Ein Sprecher der Forstverwaltung informierte uns über das Ausmaß des Feuers, in welche Richtung es sich wie schnell ausbreitete, welche Maßnahmen ergriffen wurden und was für die nächsten Tage geplant war. Ein Feuerwehrmann von der vordersten Linie stand auf und erklärte, dass noch keine Häuser zerstört worden seien, obwohl das Feuer in der Nähe des ursprünglichen Brandherdes bis auf ein paar hundert Meter an eine einsame Siedlung herangekommen war. Gesprochen wurde auch von den beiden Piloten, die beim Absturz des Löschflugzeugs umgekommen waren, kurz nachdem sie ihre Last abgeworfen hatten. Der Brandverzögerer hatte das Feuer gestoppt und das Haus, auf das es sich zubewegte, gerettet.

Der Sprecher fragte, ob jemand eine Frage hätte. Ein paar Leute wollten die Terminologie der Evakuierungsaufforderung geklärt haben. Ein paar standen auf und lobten die Bemühungen der Feuerwehrleute, und einer fragte, wie lange diejenigen, die bereits evakuiert worden waren, noch abwarten müssten, bis sie in ihre Häuser zurückkönnten.

Dann stand ein Mann auf, der neu in der Gemeinde war. Offensichtlich aufgeregt, beklagte er sich über Ungeschicklichkeiten und Fehlverhalten bei Ausbruch des Feuers. Er sagte, er habe »von jemandem« gehört, man habe dem Feuer erlaubt, sich zum jetzigen Ausmaß auszuwachsen. Er wollte wissen, warum das Feuer nicht sofort, als es ausbrach, gelöscht worden sei. Er wollte wissen, warum man nicht früher mehr Feuerwehrleute zum Einsatz gebracht habe. Er wollte wissen, warum man nicht verhindert habe, dass das Feuer so nah an die Stadt herangekommen sei.

Einige der Fragen mögen berechtigt gewesen sein, aber keine hatte irgendetwas mit dem Hier und Jetzt zu tun. Es ging nur um Dinge, die sich angeblich in der Vergangenheit ereignet oder nicht ereignet hatten. Niemand konnte irgendetwas dafür oder dagegen tun! Während alle sich Sorgen um die Gegenwart und die Zukunft machten, war dieser Mann derartig in der Vergangenheit verhaftet, dass er sich nicht nach vorn bewegen konnte. Und nicht nur das: Während er sprach und seine Fragen stellte, entzog er dem ganzen Raum alle positive Energie und stoppte das Vorwärtsdenken, das Augenblicke zuvor noch die Gedanken aller beherrscht hatte.

Der Gegensatz zwischen seiner Haltung und der fast aller anderen Anwesenden war eklatant. Und einige brachte er damit sehr durcheinander. Für mich war es ein eindrucksvolles Beispiel für die Kraft des negativen Denkens. Innerhalb weniger Minuten hatte ein Mann, der besessen war von Ereignissen, an denen niemand mehr etwas ändern konnte, einen ganzen Raum voller Menschen wirkungsvoll blockiert.

Es verstärkte die Lektion, die ich in all den Jahren von Buck gelernt hatte. Wenn etwas Schlimmes passiert und du es in Ordnung bringen kannst – bring es in Ordnung. Als wir die Vorwarnung bekamen, dass wir eventuell evakuiert werden würden, packten wir unsere Wertgegenstände zusammen und brachten unsere Pferde in Sicherheit. Wir konnten die schlimme Situation »in Ordnung bringen«, und das taten wir. Mit nichts konnten wir das Feuer effektiv daran hindern, unser Haus zu vernichten – was nicht passierte –, warum also sich allzu viele Sorgen darum machen? Das trifft ganz besonders dann zu, wenn die Situation bereits Vergangenheit ist. Dann bringt es viel mehr, so gut es geht weiterzumachen, es besser zu machen und zu verhindern, dass es wieder geschieht. Sich Sorgen zu machen, zieht nur Energie ab von anderen Dingen, um die man sich kümmern sollte, und letztendlich ist damit niemandem in irgendeiner Weise geholfen.

Vielleicht die eindrücklichste unter den Lektionen, die ich von Buck gelernt habe, ist diese: Die Dinge, die unser Leben prägen – die guten, die schlechten, die Erfolge und die Niederlagen –, sind nur dann eine große Sache, wenn wir sie dazu machen. Und eine große Sache aus etwas zu machen, das eigentlich so viel Aufmerksamkeit gar nicht verdient – das muss wirklich nicht sein, und es liegt in unser aller Macht, dies zu vermeiden.

Alltag

Zusammenspiel

Was Buck gemacht hatte, so ziemlich von Anfang an, als ich mich das erste Mal auf seinen Rücken geschwungen hatte, war, mir eine Gelegenheit zum Lernen zu bieten. Im Verlauf unserer ersten Jahre zusammen fing ich an zu verstehen, dass ich, wenn ich aufpasste, mich anstrengte und die Lektionen, die er anbot, auch ausführte, ein sehr viel besserer Pferdemann werden konnte. Es dauerte zwei oder drei weitere Jahre, bis ich begriff, dass noch mehr dahintersteckte.

Anfangs missverstand ich einiges an den Lektionen, die ich von Buck lernte. Das erste Missverständnis bestand darin, dass ich jede Lektion als in sich geschlossene Einheit sah, abgetrennt von den anderen Lektionen.

So dachte ich zum Beispiel, ich könnte in einer bestimmten Situation zwar *geduldig* und *beständig* sein, müsste mich aber nicht unbedingt auch *beharrlich* oder *unaggressiv* verhalten. Beim nächsten

Mal *plante* ich vielleicht *voraus* und war *beharrlich*, aber nicht *beständig* oder *geduldig*.

Das zweite Missverständnis war, dass ich dachte, ich könne die Lektionen sozusagen mechanisch anwenden, das heißt, sie an- und abschalten, wie ich wollte, und sie wegschieben, wenn sie meiner Meinung nach in dem Moment nicht gebraucht wurden.

Für den Erfolg der Lektionen hätte nichts weiter von der Wahrheit entfernt sein können. Alles, was ich lernte, musste auch die ganze Zeit eingesetzt werden, und genau genommen war das nur eine weitere Lektion, die Buck mir beibrachte. Er schaltete nicht an oder ab, wie er es gerade brauchte. Er lebte so und begegnete seiner Umwelt die ganze Zeit auf diese Weise, ganz unabhängig davon, um was es ging oder mit wem er es zu tun hatte, Mensch oder Tier.

Es fiel mir schwer, diese Idee zu begreifen, und noch schwerer, sie in die Tat umzusetzen. Wie die meisten Leute hatte ich unbewusst verinnerlicht, dass es sozial akzeptabel war, sich verschiedenen Menschen gegenüber und in verschiedenen Situationen unterschiedlich zu benehmen.

Wenn ich zum Beispiel im Supermarkt einen Gang hinuntergehe und mir jemand aus Versehen mit seinem Einkaufswagen in die Quere kommt, werde ich höchstwahrscheinlich bremsen, um ihn nicht anzurempeln. Vielleicht entschuldige ich mich sogar, obwohl es nicht meine Schuld war. Wenn mein Kontrahent merkt, dass er mich geschnitten hat, wird er wahrscheinlich lächeln und sich entschuldigen, und dann werde ich lächeln und seine Entschuldigung annehmen. Spielt sich das gleiche Szenario aber auf dem Highway ab, fallen die Reaktionen vermutlich total verschieden aus.

Es stimmt zwar, dass das Risiko um einiges höher ist, wenn Sie mit hundert Stundenkilometer die Autobahn entlangbrausen, aber im Grunde sind die beiden Situationen die Gleichen. Trotzdem gehen

Buck und Mark bringen 1987 die Herde von der Sommerweide quer durch die Stadt nach Hause.

Buck 1988 beim Roping

Im Boulder Field in der Nähe des Longs Peak im Rocky Mountain National Park: Buck und Mark (an der Spitze) mit Scott Bottoms (hinten) bringen 1990 im Rettungseinsatz zwei verletzte Wanderer ins Tal. (Foto: Jim Detterline)

Smokey 1996, eine Woche alt

wir in den meisten Fällen anders damit um. Unser Verhalten in der einen Situation könnte sogar genau entgegengesetzt zu der in der anderen sein.

Im Laufe der Jahre habe ich mit vielen Pferdeleuten gesprochen, mit Profi-Trainern ebenso wie mit Freizeitreitern. Viele haben gesagt, dass sie die Geduld in Person sind, wenn sie mit Pferden arbeiten, aber überhaupt keine Geduld mit Menschen haben. Es ist noch gar nicht so lange her, dass ich selbst zu dieser Gruppe gehörte.

Ich erinnere mich an einen Kurs über Arbeit an der Hand, den ich Ende der achtziger Jahre gab. Gleich danach klagte ich einem Freund völlig frustriert mein Leid: Nicht um alles in der Welt konnte ich verstehen, warum so viele Leute solche Schwierigkeiten hatten, ihr Pferd von A nach B zu führen. Mein Geduldsfaden war bei dieser speziellen Gelegenheit zum Zerreißen gespannt – nicht wegen der Pferde, das nicht, sondern wegen ihrer Besitzer.

Ironischerweise war dies um die gleiche Zeit, als Buck und ich anfingen, zusammen zu arbeiten. Während ich voller Ungeduld Leuten Anweisungen gab, die von mir Hilfe erwarteten, versuchte Buck in seiner stillen, unaufdringlichen Art geduldig, mir durch den Tag zu helfen. Der Unterschied in unserem Unterrichtsstil war nicht zu übersehen. Buck verhielt sich tagein, tagaus allem und jedem gegenüber beständig gleich. Ich dagegen war nur beständig, wenn es mir in den Kram passte.

Zu sagen, dass ich keine Geduld mit Menschen hatte, war nicht viel mehr als ein maulfauler Ausdruck dafür, dass ich keine Lust hatte, mich in diesem Lebensbereich anzustrengen und besser zu werden. Allmählich fing ich an zu begreifen, dass ich nicht einmal wirkliche Geduld mit Pferden hatte, obwohl ich das immer von mir geglaubt hatte.

Im Rückblick ist mir ganz klar, dass ich auch Pferden gegenüber nicht wirklich geduldig sein konnte, wenn ich es Menschen gegenüber nicht war. Wie das Geschnittenwerden im Supermarkt und auf dem Highway war auch dies im Grunde genommen beide Male das Gleiche.

Es dauerte nicht lange, bis ich dahinterkam, dass die sechs Lektionen, die ich von Buck gelernt hatte – keine Konfrontationen, vorausplanen, Geduld haben, beharrlich sein, beständig sein, in Ordnung bringen, was schief gelaufen ist, und weitermachen – zusammengehörten. Sie alle waren Teile eines Ganzen; sie bedeuteten eine Grundeinstellung beziehungsweise eine Lebenshaltung.

Es ist diese Art Einstellung, die Buck so gut beherrscht. Sie ist der Grund, warum er so leicht Erfolg hatte, sowohl mit anderen Pferden als auch mit mir. Als ich das Konzept begriffen hatte, war klar, dass es nicht funktionieren würde, wenn man nur jeweils eine oder zwei Lektionen in die Tat umsetzte, jedenfalls nicht im selben Maße, wie sie funktionierten, wenn man sie zusammenfügte und sie als eine einzige »Energie« (in Ermangelung eines besseren Begriffs) einsetzte.

Je mehr ich darüber nachdachte, desto klarer wurde mir, dass ich mit meiner ursprünglichen Vorstellung von der Wirkungsweise dieses Konzepts weit daneben gelegen hatte. In Wirklichkeit handelt es sich um eine Art Energiekreis, der aus den sechs Einzellektionen besteht. Im Einklang miteinander eingesetzt, entsteht daraus eine positive Lebenshaltung. Getrennt sind sie verhältnismäßig ineffektiv.

Ich fing an zu verstehen, dass ich vorausplanen musste, um mich unaggressiv verhalten zu können. Um vorausplanen zu können, musste ich Geduld haben. Geduld ohne Beharrlichkeit oder Beharrlichkeit ohne Beständigkeit war nicht möglich. Mit Beständigkeit würde ich in der Lage sein, einen Misserfolg auszuwetzen und weiterzumachen, aber dazu gehörte, dass ich Konfrontationen vermied. Sie sehen also, dass jede einzelne Lektion Teil des Zirkels ist. Fehlt eine Lektion, ist der Kreis nicht geschlossen.

Ich kann mich nicht daran erinnern, jemals eine bewusste Anstrengung unternommen zu haben, um von der Person, die ich war, bevor ich Buck begegnete, zu der Person zu werden, die ich seitdem geworden bin. Ich bin mir nicht einmal sicher, wann diese Veränderung anfing. Was ich weiß, ist, dass ich irgendwann den Weg betrat, auf den Buck mich geduldig hingewiesen hatte.

Davor war ich ziemlich ruhelos gewesen. Nicht ruhelos in dem Sinn, dass ich ständig in Bewegung sein wollte, sondern geistig ruhelos. Mein Geist schien ständig in zehn Richtungen auf einmal zu wandern. Es fiel mir manchmal schwer, mich auf anstehende Dinge, seien sie persönlicher oder beruflicher Art, zu konzentrieren. Manchmal kämpfte ich um klare Entscheidungen in diesen Dingen. Es kam aber auch zu impulsiven Überreaktionen, Entscheidungen aus dem Bauch heraus, obwohl eine ganz einfache Lösung nahe gelegen hätte. Freunden, meiner Familie oder Mitarbeitern gegenüber verhielt ich mich oft viel dogmatischer, als die Situation erforderte, und ich hatte zudem das überwältigende Bedürfnis, immer und überall Recht zu haben.

Bei der Arbeit mit Pferden hatte ich es oft so eilig, die richtige Reaktion zu erhalten, dass ich sie verpasste, wenn sie mir angeboten wurde. Deshalb machte ich dann oft mehr Druck, als notwendig oder angemessen war. Obendrein ertappte ich mich auch manchmal dabei, dass ich das Training im Eiltempo absolvierte und dabei mehr das Endresultat im Sinn hatte, als darüber nachzudenken, wie das Pferd das Ganze bis dahin erlebte.

Zwei Jahre, nachdem ich Buck begegnet war, begann sich all dies zu verändern. Allmählich veränderte sich mein Verhalten. Ich redete sehr viel weniger und hörte sehr viel mehr zu. Mir ging langsam auf, dass es vielleicht nicht so wichtig war, ob alle Leute immer meiner Meinung waren. Ich sagte meine Meinung erst, wenn ich danach gefragt wurde, und wenn ich meine Meinung sagte, hatte sie Hand und Fuß.

Bei der Arbeit mit Pferden verlor der Zeitfaktor immer mehr an Bedeutung. Anstatt alles in Eile zu absolvieren, um so schnell wie möglich eine Reaktion zu erhalten, wie ich sie mir vorgestellt hatte, verwendete ich mehr Zeit darauf, dem Pferd die korrekte Reaktion auf die Hilfe beizubringen, die ich anwendete. Ich ging langsam vor und erreichte einen korrekt ausgeführten Schritt in derselben Zeit, die ich sonst gebraucht hatte, um zehn nicht ganz korrekte Schritte zu erreichen.

Die größte Veränderung bestand darin, dass ich so ziemlich alles, was ich tat, langsamer tat. Seltsamerweise schien ich meine Ziele umso schneller zu erreichen, je langsamer ich sie anging. Je weniger Druck ich ausübte, desto schneller kam die erwartete Antwort. Je weniger ich redete, desto mehr Leute hörten mir zu. Je weniger ich redete, desto mehr hörte ich. Je weniger Sorgen ich mir machte, desto besser konnte ich mich konzentrieren. Je besser ich mich konzentrierte, desto ruhiger blieb ich und desto leichter fiel es mir, informierte, positive Entscheidungen zu treffen.

Weil ich langsamer wurde, regte ich mich weniger über Kleinigkeiten auf, und ich fing an zu verstehen, dass alles, was ich tat und was um mich herum vorging, halb so wichtig war. Ich konnte die Dinge in der richtigen Perspektive sehen, etwas, das mir immer schwer gefallen war.

Das soll keinesfalls heißen, dass ich, nur weil ich langsamer wurde und die Dinge anders sah, etwa keine starken Gefühle mehr gehabt hätte. Es bedeutet nur, dass ich nicht mehr der Meinung war, alle anderen müssten unbedingt die gleichen starken Gefühle haben. Die Gefühle waren für mich richtig, und darauf kam es schließlich an.

Natürlich kamen diese Veränderungen nicht über Nacht, und abgeschlossen ist der Prozess bis heute nicht. Genau genommen begannen die Veränderungen nicht auf einer bewussten Ebene. Sie begannen, als ich nach einer besseren Art der Verständigung mit Buck suchte, was sich allmählich zu einer allgemein besseren Verständigung ausweitete.

Ganz einfach gesagt, schwamm Buck in diesen Jahren mit mir »mit dem Strom«. Ich weiß, das klingt wahrscheinlich banal und ist vielleicht ein wenig zu simpel ausgedrückt. Aber mehr war da eigentlich wirklich nicht.

Betrachten Sie es einmal so: Wenn wir mit einem Motorboot flussabwärts fahren, können wir schneller vorankommen als die Strömung. Das Boot ist leicht zu steuern, und wir erreichen unser Ziel mit einem Minimum an Verschleiß für Motor, Boot und sogar den Fluss.

Fahren wir flussaufwärts, kommen wir erheblich langsamer voran. Das Boot hat gegen die Strömung zu kämpfen. Der Motor muss für den halben Weg zweimal so stark arbeiten, und auch der Fluss leidet, weil der Propeller Schlamm aufwühlt, der das Wasser trübt.

Es ist leicht einzusehen, dass es sehr viel effektiver ist, mit der Strömung, der Energie des Flusses, zu gehen als dagegen. Wir brauchen nichts weiter zu tun, als uns ins Boot zu setzen und uns mit der bereits vorhandenen positiven Energie treiben zu lassen. So begann ich die Arbeit zu sehen, die Buck und ich zusammen verrichteten.

Die Arbeit, die wir zu leisten hatten, stellte eine Art Fluss dar; sie besaß bereits so etwas wie eine positive Strömung. Buck war mein Boot, und ich konnte flussaufwärts steuern, wo ich eigentlich gar nicht hin wollte, oder ich konnte mit dem bereits vorhandenen Energiestrom flussabwärts fahren.

Zu Beginn meiner Arbeit mit Buck steuerte ich die ganze Zeit flussauf und kämpfte gegen die Strömung. Es war schwer für uns beide. Buck drängte mich ständig, still, umzukehren und mit der Strömung zu gehen. Es dauerte eine Weile, aber dann fiel allmählich der Groschen. Ganz, ganz langsam drehte ich die Nase des Bootes in die Strömung und ließ mich abwärts mitnehmen.

Ich weiß, was Sie jetzt denken: Klingt ziemlich weit hergeholt und nach ein bisschen zu viel Zen-Reiterei. Ehrlich gesagt hätte ich vor nicht allzu langer Zeit das Gleiche gedacht. Aber wenn Sie mal darüber nachdenken, werden Sie bald erkennen, dass alles in einen natürlichen Energiefluss eingebettet ist. Jeden Tag arbeiten wir entweder mit dem Fluss oder gegen ihn. Betrachten Sie sich doch zum Beispiel einmal den Energiefluss auf dem Highway: Fahren alle ungefähr mit der gleichen Geschwindigkeit, ist der ständige Fluss gewährleistet. Bremst einer plötzlich ab, ist der Fluss sofort unterbrochen, ebenso wie wenn jemand viel schneller fährt als die anderen.

Selbst in etwas so Einfachem wie einem Gespräch unter Freunden ist ein Energiefluss vorhanden. Das Gespräch entwickelt sich in eine angenehme Richtung. Sobald aber einer der Teilnehmer abrupt das Thema wechselt, ist der Fluss gestört, und sein Gegenüber verliert vielleicht für einen Augenblick die Orientierung.

Wenn Sie darauf achten, werden Sie feststellen, dass in jeder Situation, in die wir geraten, ob nun ganz einfach oder sehr komplex, dieser Fluss vorhanden ist. Sie können sich aus der Strömung heraushalten und sie in die einmal gewählte Richtung vorbeifließen lassen. Sie können gegen den Strom arbeiten, ihn unterbrechen und schließlich sogar umleiten, oft in eine negative Richtung. Oder Sie schwimmen mit dieser Strömung, arbeiten mit ihr und unterstützen sie auf positive Weise bis zu ihrem natürlichen Abschluss.

Als ich Buck begegnete, war ich ein Meister im Kampf gegen den Strom, hauptsächlich weil ich nicht gemerkt hatte, dass dieser natürliche Strom überhaupt existierte. Aber selbst wenn ich es gewusst hätte – ich glaube nicht, dass ich damals in der Lage gewesen wäre, etwas daraus zu machen. Buck dagegen, gewappnet mit Instinkt und dem Wissen hinter diesen sechs Lektionen, war ein Meister darin, mit dem Strom zu schwimmen. Was mich aber wirklich verblüffte, war, dass er nicht nur mit der Energie arbeitete statt gegen sie, sondern dass er auch Wege fand, sie positiv zu formen. Das hatte er erfolgreich praktiziert mit den Herden, in denen er lebte, und auch ziemlich erfolgreich mit mir.

Erst auf der nächsten Ebene begann ich zu verstehen, wo echte Kommunikation eigentlich stattfindet. Wie sich herausstellte, gab es aber noch ein paar andere Dinge, die ich zu lernen hatte, bevor ich mich dieser Ebene nähern konnte. Und da begann für mich erst die echte Arbeit.

Der Weg

Ich fühlte mich ziemlich gut, wenn ich die Richtung bedachte, die meine Arbeit mit Pferden nahm. Ich hatte mit ein paar ziemlich schwierigen Pferden gearbeitet, Pferden, an denen andere Trainer gescheitert waren. Ich hatte Erfolg, ohne Zuflucht zu rauen Trainingsmethoden nehmen zu müssen, und baute mir langsam den Ruf auf, Problempferde in relativ kurzer Zeit »in Ordnung« bringen zu können. Außerdem schienen die Leute es zu schätzen, dass ich meine Ergebnisse ohne Gewalt erzielte.

Ich hatte Erfolg, die Leute sprachen nett von mir, die Pferde schienen zufrieden. Mann, das Leben war schön! Und dann traf ich Buck.

Was ich von Buck lernen sollte – obwohl ich mich anfangs strampelnd und kreischend gegen diese Erkenntnis zur Wehr setzte –, war, dass der Erfolg mich selbstgefällig gemacht hatte. Ich wollte partout nicht wahrhaben, dass ich das war – selbstgefällig. Nicht aus Bequemlichkeit. Ich wollte einfach nur meine Position im Leben verbessern, ohne wirklich selbst besser zu werden. In der Geschäftswelt ist dies gang und gäbe. Ein Mensch verbessert seine geschäftlichen Fähigkeiten genügend, um befördert zu werden, aber im Herzen hat er sich seit dem ersten Tag seiner Anstellung nicht verändert. Solchen Menschen ist es nicht wichtig, besser zu werden, sondern nur, auf der Leiter höher zu klettern.

Von mir kann ich ehrlich sagen, dass es mir nicht darum ging, in der Pferdeszene höher zu steigen. Es passierte einfach irgendwie. Es schien, als hätte ich gerade eben noch für diese oder jene Ranch gearbeitet und Urlauber durch die Gegend geführt, und schon gab ich Kurse, schrieb Fachartikel für das *Western Horse*-Magazin und beriet Menschen, die Rat suchend zu mir kamen. Es war wie eine Welle, die mich packte und nach vorn trug.

Mit der Zeit hatte ich sogar das Gefühl, dass an meiner Arbeit mit Pferden etwas Besonderes war, ein Gefühl, das ich noch nie gehabt hatte. Schließlich ging ich nicht anders mit Pferden um als zu der Zeit, als ich noch ein kleiner Junge war. Allerdings gingen die meisten anderen Trainer anders mit Pferden um, und meine Art war erfolgreich genug, dass die Leute darin mehr sahen, als es wahrscheinlich war. Das Problem ist, dass man, wenn die Leute anfangen, einem zu erzählen, dass man etwas ganz Besonderes tut, selbst anfängt daran zu glauben, falls man nicht sehr aufpasst. Und an diesem Punkt war ich, als ich Buck begegnete. Ich fing an, meiner eigenen Presse zu glauben.

Ich war wie der Typ, der in seiner Firma befördert wurde. Ich hatte meine Fähigkeiten als Pferdetrainer bewiesen, aber mein Herz hatte nicht Schritt gehalten. Was ich tat, war eine Hülle, aber der Inhalt fehlte. Wie Kinder, die in die nächste Klasse versetzt werden, obwohl sie nicht lesen können. Es sieht so aus, als kämen sie voran, aber da der wichtigste Baustein im Fundament fehlt, können sie kaum wirklich Erfolg haben. Auch wenn ich angefangen hatte, meiner eigenen Presse zu glauben – Buck ließ sich davon nicht beeindrucken.

Während ich noch ganz zufrieden daran glaubte, dass ich »jemand« sei, wollte Buck davon aber auch gar nichts wissen. Er wusste vor mir, dass meine Leistung bei ihm (und vermutlich ebenso bei anderen Pferden) unterdurchschnittlich war, und seine Toleranz hatte Grenzen. Die Tatsache, dass die Leute glaubten, was ich täte, wäre etwas Besonderes, beeindruckte ihn nicht im Mindesten.

Vor kurzem besuchte ich einen Vortrag über Hufpflege, gehalten von einem erfahrenen und weithin anerkannten Hufschmied, der nicht nur auf viele Jahre praktischer Arbeit zurückblickt, sondern auch Hintergrundwissen im Ingenieurwesen besitzt. Aus diesem Wissen heraus versteht er eine Menge davon, was für eine strukturell gesunde Basis erforderlich ist, auch auf dem Gebiet der Hufpflege.

Nach etwa der Hälfte seiner Rede stellte jemand eine Frage zu der relativ neuen Idee des »Barfußgehens« bei Pferden. Dieses Konzept beruht auf dem Gedanken, dass so gut wie jedes Pferd – unabhängig von Rasse, Temperament, Lebensumständen oder Leistung – die ganze Zeit ohne Eisen, barfuß, gehen sollte. Wenn die Hufe richtig ausgeschnitten würden und sich auf natürliche Weise abhärten könnten, wie es bei Wildpferden der Fall sei, bräuchten Pferde keine Eisen.

Der Redner nahm die Argumente bedächtig zur Kenntnis und stimmte dem Konzept theoretisch zu. Er fand, es sei einiges daran, was unter den richtigen Umständen für Pferde hilfreich sein könnte. Er fügte aber auch an, dass es manchen Pferden ohne Eisen einfach nicht gut gehen würde. Seiner Meinung nach wäre es in Anbetracht der Art, wie viele Pferde heutzutage gezogen, gehalten und gefüttert würden, unpraktisch, sie barfuß laufen zu lassen, und sicher nicht auf Dauer in ihrem Interesse.

Es war schwer, gegen diese durchdachte, von gesundem Menschenverstand geprägte Antwort zu argumentieren. Natürlich stand der Fragesteller wieder auf und stellte weitere Fragen. Vom ersten Satz an war klar, dass er ein begeisterter Anhänger der Barfuß-Methode war. Ebenso klar war, dass er gar nicht glücklich war, den Hufschmied nicht auf seine Seite ziehen zu können. Er sagte, er sei selbst Hufschmied, und gab eine Reihe von Erfolgsgeschichten zum Besten über Pferde, die mit Eisen chronisch lahm gegangen und barfuß wieder in Ordnung gekommen seien.

Der Hufschmied, der den Vortrag hielt, fragte ihn, wie lange er denn schon als Hufschmied arbeite, und die Antwort lautete: Er schneide erst seit ungefähr einem Jahr Hufe aus. Nach seinen Qualifikationen gefragt, sagte der Mann, er habe nach einem Wochenend-Kurs damit angefangen. Davor hatte er keine wirkliche Erfahrung als Hufschmied.

An diesem Punkt standen dem ersten Hufschmied diverse Alternativen offen. Es war offensichtlich, dass der Mann nur über ein sehr begrenztes Wissen verfügte und ziemlich engstirnig war. Es wäre für ihn ein Leichtes gewesen, sich mit ihm in ein Wortgefecht einzulassen, das der Verfechter der Barfuß-Lehre mit Sicherheit verloren hätte. Er hätte den Mann auch einfach ignorieren und mit seinem Vortrag fortfahren können. Stattdessen ließ er den Mann sagen, was er zu sagen hatte, erkannte an, dass seine Idee einiges für sich hatte, und wiederholte dann seinen eigenen Standpunkt.

Das genügte dem Mann aber nicht. Es wurde schnell klar, dass er nicht hier war, um zu lernen. Er wartete vielmehr auf eine Einladung zum Dozieren. Und als sich diese Tür dann aufgetan hatte, war er so fixiert auf das, was er sagen wollte, dass er nichts von dem hörte, was sonst noch gesagt wurde, nicht einmal wenn es von einem kam, der über unendlich viel mehr Wissen und Erfahrung verfügte.

Jedes Mal, wenn der Mann während einer seiner langatmigen Erklärungen Luft holen musste, akzeptierte der Vortragende seine Ideen als gültig. Nachdem der Mann zehn oder fünfzehn Minuten lang immer wieder das Gleiche gesagt hatte, dankte ihm der Vortragende und bat ihn, sich zu setzen.

»Aber ich will noch mehr sagen«, stieß der Mann hervor.

»Ich würde auch gern noch mehr sagen«, entgegnete der Vortragende. »Und heute bin ich dran. Wenn Sie hören möchten, was ich zu sagen habe, müssen Sie mich ausreden lassen.«

Damit war in aller Einfachheit alles gesagt. In zwei kurzen Sätzen hatte er die Beziehung Schüler/Lehrer auf den Punkt gebracht. Unsere erste Aufgabe als Schüler ist es anzuerkennen, wer hier der Lehrer ist. Dann müssen wir dem Lehrer Gelegenheit geben, uns seine Informationen mitzuteilen, indem wir aufmerksam zuhören, was er zu sagen hat, und offen sind für neue Ideen.

Bei dieser Gelegenheit hatte der Vortragende dem Mann mühelos die Verantwortung zurückgegeben und ihn selbst entscheiden lassen, wie er sich weiter verhalten wollte. Er konnte den Wissensstand des Lehrers anerkennen, Schüler sein und sich entsprechend benehmen, oder er konnte versuchen, unaufgefordert vor einer Klasse den Lehrer zu spielen, wofür er nicht die nötige Qualifikation besaß.

Sehr zu meinem Kummer musste ich erkennen, dass dies genau das war, was Buck mir von Anfang unserer Zusammenarbeit an zu sagen versucht hatte.

Wie schon gesagt fühlte ich mich, was meine Fähigkeiten als Pferdemann betraf, ziemlich gut, als ich Buck erstmals begegnete. Sicher, ich hatte noch eine Menge zu lernen, aber vermutlich dachte ich, die Informationen, die ich brauchte, würden kommen von … nun ja, Menschen, anderen, erfahreneren Trainern oder vielleicht von Buchautoren oder aus Artikeln in Pferdezeitschriften. Sie würden doch nicht von einem siebenjährigen, knapp angerittenen Quarter Horse-Wallach kommen. Damals verstand ich noch nicht, dass große Lehrer in jeder Form und Größe vorkommen können – sogar in Form einer anderen Spezies.

Ein guter Lehrer unterscheidet sich von einem wirklich großen Lehrer in einer Reihe von Dingen. Eines der wichtigsten ist die Art, wie er mit einer kontroversen Stimmung in der Klasse umgeht. Der Hufschmiedemeister war auf Feindseligkeit getroffen, brachte aber die Situation, die sehr unangenehm hätte werden können, mit Leichtigkeit unter Kontrolle. Er hatte dem Schüler gezeigt, dass er dessen Ansichten respektierte und von ihm das Gleiche erwartete. So beließ er dem Schüler seine Würde.

Als ich anfing, mit Buck zu arbeiten, war ich der irrtümlichen Meinung, ich sei der Lehrer und er der Schüler, so ähnlich wie der Mann beim Vortrag des Hufschmiedemeisters. Ich war in Bucks »Klassenzimmer« gegangen und hatte geglaubt, mein Wissen und meine Erfahrung würden ausreichen, um ihn davon zu überzeugen, dass ich mehr darüber wusste, wie es ist, ein Pferd zu sein, als er.

Angesichts dieser kontroversen Haltung hätte Buck aufgeben und sich von mir in Situationen bringen lassen können, mit denen er allein weit besser hätte umgehen können. Stattdessen hatte er mir mit ruhiger Beständigkeit und Beharrlichkeit immer und immer wieder seine Informationen präsentiert, bis ich mich endlich auf meinen Platz setzte und zuzuhören begann, was er zu sagen hatte.

Der Schritt zurück und das Zuhören, was Buck zu sagen hatte, brachten mich schließlich auf einen ganz anderen Weg als den, den ich bisher gegangen war. Ich merkte, dass sich meine Prioritäten allmählich veränderten. Was die Leute von meiner Arbeit hielten, war mir immer sehr wichtig gewesen. So wichtig, dass ich lieber kein Risiko einging. Ich hatte meine sichere kleine Nische gefunden, in der ich arbeiten konnte, ohne groß nachdenken zu müssen, und mir war das gerade recht. Die Leute mochten meine Arbeit, und das war mir genug. Schließlich bezahlten sie mich dafür, dass ich mit ihren Pferden arbeitete. Wenn sie zufrieden waren, war ich es auch. Das Problem dabei, in einer Nische zu arbeiten, war nur, dass sie mich eingrenzte, so sehr, dass wirkliches Wachstum so gut wie unmöglich war.

Hätte Buck nicht so beharrlich darauf bestanden, dass ich aus meiner Nische herauskam und mich um eine bessere Art der Kommunikation bemühte, hätte ich mir vielleicht diese Anstrengung gespart. Genau genommen bin ich nicht einmal sicher, dass mir eine fehlende Anstrengung überhaupt bewusst geworden wäre. Wenn jemals jemand selbstgefällig war, dann ich. Und doch war es nicht nur Bucks Beharren darauf, dass ich mich mehr anstrengte, was mir solchen Eindruck machte. Es hatte im Laufe der Jahre diverse Pferde gegeben, die darauf »bestanden« hatten, dass ich etwas auf die eine oder andere Art »anders« machen sollte. Bei ihm steckte mehr dahinter. Es war seine überwältigende Willigkeit, trotz allem mit mir zusammenzuarbeiten, während er die ganze Zeit versuchte, mir einen besseren Weg zu zeigen. Es war ein Gefühl der Zusammengehörigkeit, das er mir anbot, selbst wenn er mir den Gehorsam verweigerte, so seltsam sich das auch anhören mag. Es war seine Willigkeit, mir zuzuhören, wenn ich ihm etwas beizubringen versuchte, auch wenn ich Probleme damit hatte, ihm zuzuhören, wenn er mir etwas beibringen wollte.

Ich weiß jetzt, dass große Lehrer nicht einfach dasitzen und Informationen austeilen. Die ganz Großen lehren ihre Schüler die Suche nach Wissen und bleiben dabei selbst demütige Schüler.

Ein großer Lehrer/Schüler werden zu wollen, ist ein wunderbares Ziel. Es ist ein Weg, den wir wählen können, wenn wir es wünschen, und es ist der Weg, den Buck mir zu finden half. Allerdings entdecke ich nun das einzige Problem dabei: Dieser besondere Weg hat kein Ende. Er hat enge Kurven und scharfe Wendungen, hohe Berge und tiefe Täler sowie Abzweigungen nach hier und dort. Wenn wir uns einmal auf den Weg gemacht haben, können wir nur hoffen, jeden Tag ein bisschen weiterzukommen, ohne zu sehr seitlich abzuweichen. Eines ist jedenfalls sicher: Für Selbstgefälligkeit ist hier kein Platz. Und wenn wir Glück haben, treffen wir auf unserem Weg ab und zu einen freundlichen Lehrer wie Buck – einen Lehrer, der lange genug anhält, um uns wieder auf die richtige Spur zu setzen.

Positive Konflikte

Wie sehr viele andere Leute auch war ich nie sehr gut im Lösen von Konflikten. Ich verwendete sehr viel Zeit und Energie darauf, sie zu vermeiden, und wenn ich einen Konflikt nicht vermeiden konnte, fürchtete ich mich erst einmal davor, fand es schrecklich, wenn er schließlich ausbrach, und grübelte hinterher noch lange darüber nach.

Heute sehe ich ein, dass dies wirklich ineffektiv war, Zeit- und Energieverschwendung, aber ich wusste früher nur, dass ein Konflikt etwas war, mit dem ich nichts zu tun haben wollte. Er war schlecht, und ich mochte das Gefühl nicht, das er mir vermittelte. Konflikte waren für mich insgesamt negativ besetzt, nicht viel mehr als ein Weg, gegen jemanden zu arbeiten.

Auch wenn die meisten Konflikte klein anfangen und beide Seiten anfangs noch willens sind, einander zuzuhören, dauert es doch oft nicht lang, bevor sie derartig eskalieren, dass alle nur noch brüllen und keiner mehr hören kann, was der andere sagt.

Mir schien, dass aus einem Konflikt nur selten jemand wirklich als Sieger hervorging. Oh, klar, es gab gewöhnlich einen »Sieger«, meist den mit der lautesten Stimme, dem meisten Geld, der aggressivsten Persönlichkeit, dem längsten Schießgewehr oder der größten Armee. Aber auch wenn der Verlierer geschlagen vom Platz ging, hielt er doch weiter an den Ideen fest, die den Konflikt verursacht hatten, nur dass dazu nun noch eine große Portion Feindseligkeit kam.

Der Sieger mag sich gefreut haben über seinen Sieg, aber eigentlich hatte er die andere Seite nur überwältigt. So gut wie nie konnte er die Sichtweise seines Kontrahenten verändern, sodass sein Sieg bestenfalls eine hohle Form war.

Das war so ziemlich meine ganze Erfahrung mit wirklichen Konflikten. Auch wenn ich bei einem Konflikt »gewonnen« hatte, hatte ich nie das Gefühl gehabt, wirklich als Sieger daraus hervorgegangen zu sein, und wenn ich »verloren« hatte, hatte ich nie das Gefühl gehabt, wirklich der Verlierer zu sein. Das Einzige, was ich in jedem Fall hatte, war ein schlechtes Gefühl. Es war kein vernünftiger oder gesunder Weg, mit Konflikten fertig zu werden, aber auf diesem Stand war ich, als ich Buck begegnete.

Nachdem mir Buck die ersten paar Male den Gehorsam verweigert hatte, war ziemlich klar, dass wir beide miteinander im Konflikt waren. Schließlich wollte ich, dass er etwas auf bestimmte Art und Weise tat, und er wollte im Gegenzug, dass ich es anders machte. Dieses anscheinend konträre Verhalten regte mich auf und verwirrte mich, aber mit der Zeit dachte ich ruhiger darüber.

Je länger wir zusammen arbeiteten, desto klarer wurde mir, dass Buck mir etwas anbot, was für uns beide auf die Dauer nützlich sein konnte. Ich begann, die Situation von seinem Standpunkt aus zu sehen, und verstand, dass sie ihre Vorteile hatte. Der Hauptgrund dafür, dass ich überhaupt in der Lage war, diesen Konflikt durchzustehen, war natürlich Bucks absolut unaggressive Haltung. Er brachte mich nie in die Defensive. Nachdem mir klar geworden war, warum Buck mir die ersten paar Male den Gehorsam verweigert hatte, hatte ich nicht mehr das Bedürfnis, mich durchsetzen oder ihn zu einer korrekten Reaktion zwingen zu müssen. Weil er sich so beständig und unaggressiv verhielt, war es mir möglich, in solch einer Situation weiterhin zu denken, statt nur einfach zu reagieren. Mir wurde klar, dass das eigentliche Ziel eines Konflikts nicht der Sieg sein sollte, sondern die Kommunikation.

Bucks Verhalten während unserer Konflikte würde ich als »reizarm« beschreiben. Er war ganz offensichtlich nicht an kleinlichen Streitereien interessiert, aus denen beide Parteien missgelaunt und nachtragend hervorgehen. Stattdessen schien er immer nach einem Weg zu suchen, um unseren Konflikt in eine Lektion in Kommunikation zu verwandeln. Ich verstand allmählich, dass dies nur funktionieren konnte, wenn jede Partei der anderen Zeit zum Nachdenken ließ.

Es klingt einfach, aber es war eine drastische Veränderung meiner Sichtweise eines Konflikts. Nach meiner Erfahrung hatten fast alle Konflikte eines gemeinsam – keine Partei ließ der anderen Zeit, einen Gedanken zu Ende zu denken und dann auszudrücken.

Die meisten Streitigkeiten waren wenig mehr als eine laute Unterbrechung nach der anderen, sodass beide Seiten Mühe hatten, das

Buck und Squirt
im Jahr 2000
in Tennessee

Buck gibt Unterricht und Mark schaut zu (2000).

Mark und
Buck 2000 in
Hollywood

Einstellung für das Video »Finding the Try«

Ein Teilstück des Videos wird gefilmt.

zu sagen, was sie zu sagen hatten, um ihren Standpunkt klarzumachen. Deshalb fällt Ihnen hinterher auch immer das perfekte Argument ein, das Sie hätten sagen sollen (aber nicht gesagt haben). Es ist fast unmöglich, in der Hitze des Gefechts die richtige Antwort zu finden.

Ich sah, dass die meisten Konflikte damit endeten, dass auf beiden Seiten der Denkprozess zum Erliegen kam. Der Sieger im Konflikt war nicht der mit den besseren Argumenten, sondern der, der nicht ganz so schnell aufhörte zu denken wie sein Kontrahent.

Ich fing an zu verstehen, dass eine Konfliktsituation wenig mit Siegen oder Verlieren zu tun hat. Eigentlich geht es um Denken und Kommunizieren. Umfassender gesehen war ein Konflikt weniger eine Angelegenheit, die bedrohlich und um jeden Preis zu vermeiden war, als vielmehr eine Gelegenheit für mich, auf der untersten Stufe an Kommunikation zu arbeiten und eine freundschaftliche Lösung zu finden.

Ich erkannte, dass meine Aufgabe bei einem Konflikt nicht darin besteht, den Denkprozess meines Kontrahenten zu verlangsamen – ganz im Gegenteil. Wenn die Gegenpartei während der gesamten Diskussion in der Lage ist, klar zu denken, kann sie ihre Ansicht auch gut präsentieren, sodass ich ihren Standpunkt hören und verstehen kann. Können beide Seiten klar hören und denken, besteht für keinen davon ein Grund, in die Defensive zu gehen. Das Ergebnis einer solchen Diskussion ist Kommunikation.

Ich weiß, ich weiß. Es klingt ein bisschen zu sehr nach Hänschen Müller, zu unrealistisch optimistisch, um in der Wirklichkeit zu funktionieren. Aber wenn Sie es nicht versuchen, werden Sie es auch nie erfahren.

Ich hatte über dieses Thema schon eine Weile gegrübelt, ohne dass sich eine Gelegenheit ergeben hätte, diese Ideen in die Tat umzusetzen – bis zu einem Nachmittag im März vor einigen Jahren. Es war der letzte Tag einer langen Seminarreise; ich hatte innerhalb von fünfundvierzig Tagen zwölf Seminare auf drei Kontinenten gegeben.

Dieser letzte Kurs war besonders gut gelaufen, aber obwohl die Reise insgesamt sehr erfolgreich gewesen war, muss ich zugeben, dass ich mich freute, bald alles hinter mir zu haben. Während meiner Arbeit mit dem letzten Pferd, dem letzten Reiter setzte der vertraute leichte Nebel ein, verursacht durch Erschöpfung. Es war ein Gefühl, das mich gelegentlich am letzten Tag eines Kurses überkam, besonders wenn ich lange unterwegs gewesen war.

In der letzten Stunde begannen meine Gedanken zu wandern, und ich ertappte mich dabei, dass ich mich auf den nächsten Tag freute, wenn ich ins Flugzeug steigen und heim nach Colorado fliegen konnte. Ich würde mich endlich zurücklehnen können und drei Wochen sehr nötigen Urlaub machen, bevor ich wieder auf Tour ging.

Gegen Ende der Arbeit mit diesem letzten Pferd fiel mir eine kleine dunkelhaarige Dame auf, die sich langsam, aber sicher, von ihrem Platz ganz oben auf der Tribüne bis zur ersten Reihe vorarbeitete. Als ich fertig war, stand sie mit steinernem Gesicht am Geländer.

Schön, dachte ich, *vermutlich hat sie etwas gesehen oder gehört, das ihr nicht gefallen hat, und das wird sie mir jetzt in aller Deutlichkeit erklären.*

Die Übung mit dem letzten Pferd und Reiter hatte sehr gut geendet. Die beiden hatten während der vier Kurstage überhaupt bei fast allem, was sie in Angriff genommen hatten, große Fortschritte gemacht. Anfangs war keine Lektion ohne größeren Kampf abgegangen, zum Schluss lief alles leicht und glatt.

Ich beendete die Übungseinheit, indem ich für den Reiter noch einmal einige Highlights rekapitulierte und ihm ein paar Vorschläge machte, was er zuhause tun könnte. Ich fragte ihn, ob er noch Fragen hätte, was er verneinte. Dann drehte ich mich zu den Zuschauern herum und fragte, ob sonst noch jemand eine Frage hätte. Ich hatte meinen Satz noch kaum zu Ende gesprochen, als die dunkelhaarige Dame, die mit vor der Brust verschränkten Armen dagestanden hatte, auch schon die Hand hob.

»Ja, bitte?«, fragte ich lächelnd.

»Ich habe bei Ihrem Kurs fast den ganzen Tag zugesehen«, begann sie ziemlich abrupt, »und mir ist aufgefallen, dass mindestens die Hälfte aller Kursteilnehmer ihre Pferde mit Ihrer Zustimmung mit einem Gebiss reiten.«

»Ja«, sagte ich.

»Ich dachte, Sie wären Natural Horsemanship Trainer«, schoss sie nun zurück.

Nun war mir klar, dass ich es mit einer Puristin zu tun hatte.

Ende der achtziger, Anfang der neunziger Jahre entstand in der Pferdewelt eine Art Bewegung, und diese Bewegung nannte sich *Natural Horsemanship*. Dahinter steht die Idee, dass alles, was ein Pferdebesitzer oder Trainer mit einem Pferd macht, so natürlich wie möglich sein sollte. Die meisten Anhänger dieser »Bewegung« stehen durchaus auf dem Boden der Tatsachen. Sie betrachten die Dinge realistisch und wissen, dass das Wort »Natural« in diesem Fall mehr für freundlichen Umgang und/oder Verständnis steht als für ein Endergebnis oder den wahren Weg in der Ausbildung.

Für den Puristen, den Reinheitsfanatiker, jedoch bedeutet »Natural«, dass Sie ohne Sattel reiten, das Pferd keine Eisen trägt und ohne Zaumzeug geritten wird. Falls Sie doch ein Zaumzeug verwenden, dann auf jeden Fall ohne Metallgebiss, am besten ohne alles im Maul.

Puristen verwenden den Begriff »Natural« oft als eine Art Aufruf zu den Waffen und streiten bis aufs Blut mit jedem, der ihnen in die Quere kommt, um ihren Standpunkt klarzumachen. Zu meinem Pech war ich offensichtlich solch einer Puristin in den letzten Stunden meines letzten Kurses in die Quere gekommen, als ich geistig und körperlich schon zu müde war, um mich in produktiver Weise mit ihr auseinander zu setzen. Es war klar, dass sie »geladen« war, und das Schlimmste: Die Zielscheibe war ich.

Während ich versuchte, meine Gedanken zu sammeln, konnte ich doch nur daran denken, dass ich wirklich keine Lust hatte, mit dieser Frau oder irgendjemand anderem zu streiten. Ich war einfach nicht in der Stimmung dazu. Außerdem war aus ihrer letzten Äußerung, sie habe mich für einen Natural Horsemanship Trainer gehalten, geradezu herauszuhören, dass sie es deutlich darauf anlegte, mich in Rage zu bringen.

An einem anderen Tag, unter anderen Umständen hätte ich vielleicht defensiv geantwortet, hätte zum Beispiel gesagt: »Definieren Sie doch bitte mal »Natural«.« Das hätte ihr zweifellos Grund für langwierige Erklärungen gegeben. Stattdessen – wahrscheinlich mehr aus Müdigkeit als aus irgendeinem anderen Grund – beschloss ich, ihre Herausforderung zu ignorieren und auf ihre erste Feststellung bezüglich der Gebisse zurückzukommen.

»Ja«, sagte ich ruhig, als ob ich ihre Anspielung auf »Natural« nicht gehört hätte. »Einige Reiter hier reiten ihre Pferde mit Gebiss.«

»Eben.« Sie packte das Geländer mit beiden Händen, als ob sie sich gegen einen Angriff wappnen wollte. »Aber finden Sie nicht, dass es viel natürlicher ist, ein Pferd mit einem Strickhalfter zu reiten als mit einem Metallgebiss?«

Ich machte eine kleine Pause, um darüber nachzudenken.

»Schließlich«, stieß sie hervor, »wird Metall von Menschen gefertigt, und kein Pferd würde es wohl freiwillig ins Maul nehmen.«

Vermutlich hatte sie vergessen, dass auch Stricke von Menschen gefertigt werden und dass wohl kein Pferd sie freiwillig um den Kopf tragen würde. Aber darum ging es eigentlich nicht, und es aufs Tapet zu bringen, würde sie nur in die Defensive drängen und den Schlamm aufwühlen.

Eines war mir inzwischen jedoch klar geworden: Wenn ich mich weiter um das Wort »natürlich« herumdrückte, würden wir nicht weiterkommen.

»Das ist ein guter Punkt«, sagte ich und versuchte, nicht herablassend zu klingen. »Aber wenn Sie sich auf das Wort »natürlich« beziehen, meinen Sie dann ganz und gar natürlich oder so natürlich wie möglich?«

Fast ohne nachzudenken, platzte sie heraus. »So natürlich wie möglich.«

Sofort nickte ich zustimmend.

»Ja«, sagte ich lächelnd. »So sehe ich das auch. Wenn ich mit Pferden arbeite, versuche ich gern, dies so natürlich wie möglich zu tun. Schließlich«, fuhr ich etwas angestrengt heiter fort, »schließlich haben wir meiner Meinung nach nicht mehr wirklich natürlich gelebt, seit wir uns ein Lendentuch umgebunden haben und aus unserer Höhle herausgekrochen sind.«

Leises Gekicher war unter den Zuschauern zu hören, und für einen kurzen Augenblick nahm das Gesicht der Frau einen weicheren Ausdruck an; sie lächelte kaum merklich.

»Deshalb«, fuhr ich fort, »müssen wir, bevor ich Ihre Frage beantworten kann, wohl erst den Begriff »so natürlich wie möglich« definieren.«

»Nun«, sagte die Frau, diesmal etwas langsamer und ein ganz klein wenig sanfter, »ich würde sagen: Was dem Pferd am wenigsten körperliches und geistiges Unbehagen verursacht.«

»Ja«, erwiderte ich. »Damit stimme ich voll und ganz überein.«

Die Frau lehnte jetzt am Geländer, anstatt sich dagegenzustemmen.

»Waren Sie alle vier Tage hier?«, fragte ich.

»Nein«, antwortete sie. »Ich habe es nur heute geschafft.«

»Okay«, sagte ich mit einem Nicken. »Vielleicht hilft es, wenn ich Ihnen erkläre, was wir mit einigen dieser Pferde in den letzten Tagen gemacht haben.«

Ich erzählte ihr, dass die meisten Pferde am ersten Kurstag mit Strickhalftern und ohne Gebiss erschienen seien. Dann erklärte ich, dass einige Pferde wirklich damit zu kämpfen gehabt hatten. Aus irgendwelchen Gründen waren sie nicht in der Lage, auf Signale am Strickhalfter zu reagieren. Deshalb mussten die Reiter sehr viel mehr Druck anwenden, als sie wollten, und mit Sicherheit mehr, als normalerweise für die einfachen Aufgaben, die die Pferde ausführen sollten, erforderlich war.

»Also«, fuhr ich fort, »war in diesen Fällen das Strickhalfter nicht das, was am wenigsten körperliches und geistiges Unbehagen verursachte. In Wirklichkeit verursachte das Halfter mehr Unbehagen, als es ein Gebiss im Maul getan hätte. Deshalb nahmen wir das Gebiss.«

Ich drehte mich um und zeigte auf das Pferd, mit dem ich zuletzt gearbeitet hatte.

»Dieses Pferd zum Beispiel. Am ersten Tag, als es ankam, hatte es Schwierigkeiten, mit dem Strickhalfter anzuhalten, zu wenden und rückwärts zu gehen. Jim musste viel mehr Druck machen, als er wollte, um ganz einfache Dinge zu erreichen. Am zweiten Tag wechselten wir über zum Gebiss, die Probleme mit dem Lenken und Stoppen verschwanden, und Jim braucht nur ungefähr ein Zehntel des Drucks.«

»Aber tut das Gebiss dem Pferd nicht weh?«, fragte sie mit noch sanfterer Stimme.

»Ich würde sagen: richtig angewendet, nein«, sagte ich und nickte in Richtung Reitplatz. »Aber vielleicht sollten wir das Pferd sprechen lassen.«

Ich drehte mich zu Jim um und bat ihn anzureiten, nach rechts abzuwenden und dann zu stoppen, was er dann auch tat. Sein Pferd ging ruhig vorwärts, wendete flüssig nach rechts ab und stoppte, ohne zu zögern und ohne jegliches Anzeichen von Beunruhigung.

Ich wendete mich wieder der Frau zu.

»Ich behaupte nicht, dass falscher Gebrauch eines Gebisses dem Pferd nicht wehtut, denn es tut ihm weh«, sagte ich. »Aber ebenso habe ich Pferde gesehen, deren Gesicht vom falschen Gebrauch des Strickhalfters wund gescheuert waren. Deshalb nehme ich mal an, dass es weniger das Werkzeug ist, das wir verwenden, als die Art, wie wir es verwenden.«

Die Frau stützte sich mit dem Ellbogen, Kinn in der Hand, auf das Geländer. Sie nickte leicht, als ob sie dem zustimmte. »Das soll also heißen«, warf sie ein, »dass es nicht darauf ankommt, welches Werkzeug jemand verwendet, solange es nur dasjenige ist, das am wenigsten körperliches und geistiges Unbehagen verursacht?«

»So ist es«, stimmte ich zu. »Das wollte ich damit sagen.«

»Für das eine Pferd ist also ein Strickhalfter am natürlichsten«, sagte sie, »und für ein anderes wäre ein Gebiss am natürlichsten.«

»Genauso sehe ich das«, sagte ich lächelnd.

Die Frau nickte, als sei sie immer noch in Gedanken.

»Vielen Dank«, sagte sie. »Das ergibt Sinn.« Sie nickte, lächelte, drehte sich um und ging zurück auf ihren Platz.

Später aß ich mit dem Gastgeber und Initiator des Kurses zu Abend. Er kam auf den Zwischenfall mit der Dame zu sprechen und sagte, er sei wirklich in Versuchung gewesen, ihr den Zutritt zu verweigern, als er sie morgens kommen sah. Wie er sagte, war sie berüchtigt dafür, Kursgebern Schwierigkeiten zu machen. Sie stellte gern absichtlich Suggestivfragen und verwickelte sie dann in langatmige Diskussionen, wenn sie mit den Antworten nicht zufrieden war.

Als er sah, wie sie ans Geländer herantrat, um ihre Frage zu stellen, war er sicher gewesen, dass ich nun in der Falle saß. Ihm zufolge war sie die größte Anhängerin von natürlicher Ausrüstung weit und breit, und Strickhalfter standen auf ihrer Liste ganz oben.

»Aber ehe ich mich versah«, sagte er und schob seinen leeren Teller beiseite, »lächelte sie und stimmte mit Ihnen überein, dass ein Strickhalfter nicht unbedingt das Natürlichste sein müsse, was man einem Pferd anlegen könne. Ich hätte es nie geglaubt, wenn ich es nicht selbst gesehen hätte, besonders da ich weiß, wie unerbittlich sie bei diesem Thema sein kann.«

Mir ging allmählich auf, dass dies meiner Erinnerung nach das erste Mal war, dass ich in einem potenziellen Konflikt nicht irgendwie aggressiv geworden war. Ich hatte an nichts anderes denken können als daran, dass ich zu müde war, um zu streiten. Deshalb war es mir wichtiger gewesen, mich irgendwie mit der Dame zu einigen, als irgendetwas zu beweisen. Auf diese Weise war es mir gelungen, zu einem Thema, zu dem wir nur Minuten zuvor allem Anschein nach völlig gegensätzlicher Meinung gewesen waren, einen gemeinsamen Nenner zu finden.

Die Situation stellte für mich einen wirklichen Wendepunkt dar. Sie rückte alles ins Lot, worüber ich die ganze Zeit nachgegrübelt hatte. Von Buck hatte ich gelernt, Konflikte als Gelegenheiten zur Kommunikation zu sehen, und es war mir gelungen, die Idee in die Praxis umzusetzen. Anstatt den Konflikt zu vermeiden, hatte ich auf positive Weise das Beste daraus gemacht. Es war gar nicht so schwierig. Gab es denn einen besseren Zeitpunkt, sich mit jemandem auf einen Mittelweg zu einigen, als wenn man sich einem Thema von beiden Seiten des Zauns näherte?

Nur zu gern würde ich nun behaupten, dass es seit der Zeit, als ich erstmals einen Konflikt löste, ohne aggressiv zu werden, jedes Mal einfacher geworden sei. Manchmal schon. Aber es gibt immer noch Zeiten, wo es extrem schwierig, wenn nicht unmöglich ist, einen gemeinsamen Nenner zu finden.

Trotzdem scheinen mir selbst meine Fehlschläge dabei zu helfen, bessere Wege zur Konfliktbewältigung zu finden. Ich habe festgestellt, dass meine wichtigste Aufgabe darin besteht, es der anderen Partei zu ermöglichen, ihren Standpunkt klar und deutlich darzulegen. Nur dann kann ich das Argument auch wirklich verstehen.

Im Endeffekt geht es bei Konflikten und Auseinandersetzungen nicht um Sieg oder Niederlage. Es geht um mehr Wissen und Verständnis, nicht nur für den Standpunkt des anderen, sondern ebenso für den eigenen.

Aus zwei mach eins

Einmal habe ich ein Luftbild vom Zusammenfluss zweier Flüsse gesehen. Der Größere hatte ganz klares Wasser, der Kleinere war schlammig, weil sein Wasser weiter oben von einem Sturm aufgewühlt worden war. Der Kleinere floss in den Größeren und machte ihn teilweise ebenfalls schlammig.

Kurz nach dem Zusammenfluss schien es sich, obwohl sie innerhalb derselben Ufer flossen, immer noch um zwei getrennte Flüsse zu handeln – sauberes Wasser auf einer Seite, schmutziges auf der anderen. Ein paar Kilometer lang sah es aus, als ob die beiden Flüsse um ihre Individualität kämpften, aber je weiter sie flossen, desto mehr begannen sie sich zu vermischen. Dieser »neue« Fluss erschien größer und kraftvoller.

Sich miteinander verbinden – dieser natürliche Prozess steht hinter allem, was Buck mir vorführte. Zu Beginn unserer gemeinsamen Arbeit wirkten wir wie diese zwei getrennten Flüsse: Wir kämpften darum, getrennt zu bleiben, obwohl wir dasselbe Ziel hatten.

Um ehrlich zu sein, hatte ich mit dieser Idee mehr zu kämpfen als er. So ziemlich von Anfang an versuchte er, um der besseren Zusammenarbeit willen, einen Weg zu finden, um sich mit mir zu verbinden, während ich mich benahm wie der kleinere Fluss: Ich wollte für mich und schmutzig bleiben. Aber wie bei den Flüssen wurde es, je länger wir zusammenarbeiteten, leichter, Wege zu finden, uns miteinander zu verbinden, uns zu »verbünden«, um gemeinsame Ziele zu erreichen. Im Endeffekt wurden wir dadurch viel stärker.

Zugegeben, diese Idee, mich mit meinem Pferd zu verbinden, zu verschmelzen, war für mich anfangs nicht leicht zu akzeptieren. Schließlich ist diese Idee in unserem Kulturkreis heutzutage ziemlich fremd. Eigentlich zieht man in unserer Gesellschaft sogar die Augenbrauen hoch, wenn ein Individuum sich zwecks Erreichen eines gemeinsamen Ziels mit einem anderen verbindet (und besonders, wenn es dabei um die Arbeit mit Pferden geht). Sie brauchen sich nur ein paar der entsprechenden Aussprüche anzusehen:

»Fressen oder gefressen werden.«

»Der Mensch ist dem Menschen ein Wolf.«

»Das Recht des Stärkeren.«

»Er oder ich.«

»Sich nicht die Butter vom Brot nehmen lassen.«

Wie unzählige ähnliche Formulierungen geben sie ein gutes Bild davon, auf welchen kontroversen Wegen wir uns manchmal bewegen. In der Pferdewelt dominiert der Gedanke, dass es gilt, gegeneinander zu kämpfen. Bei der Ausbildung geht es meistens darum herauszufinden, was an dem Pferd schlecht ist, damit wir es »in Ordnung bringen« können. Normalerweise halten wir nicht Ausschau nach dem Guten, damit wir darauf aufbauen können. Das Problem bei diesem Gedankengang ist, dass dadurch automatisch eine kontroverse Situation geschaffen wird. Doch wenn wir uns immer nur für das Schlechte interessieren, sehen wir bald nichts anderes mehr!

Während meiner Kurse fordere ich immer die Reiter dazu auf, von ihren Pferden zu erzählen. Dann rattern sie eine lange Liste aller Unarten herunter, die sich das Pferd je zuschulden kommen ließ. Zu den positiven Eigenschaften fällt ihnen meist gar nichts ein. Diese Leute können sich das Verschmelzen mit ihrem Pferd zum Erreichen eines gemeinsamen Ziels überhaupt nicht vorstellen.

Ich verstehe aber, wie sie denken, weil ich auch schon an ihrer Stelle war – mehr als einmal sogar. Bei Buck war mir zum ersten Mal aufgefallen, dass ich nicht das Gute, sondern nur das Schlechte sah, und ich habe mir geschworen, dass es nie wieder vorkommen sollte. Tat es aber doch. Dieses Mal, mit meinem kleinen Smokey, kapierte ich endgültig, was es mit dem Sichverbinden auf sich hat.

Wie schon erwähnt war Smokey eine Plage für andere Pferde, fast vom Augenblick seiner Geburt an. Als Fohlen geriet er in der Herde ständig in Schwierigkeiten, weil er seine Nase irgendwo hineinsteckte, wo sie nicht hingehörte. Mit vier Monaten war er mehrmals von älteren Pferden, einschließlich seiner Mutter, die nur ihre Ruhe haben wollte, gebissen und geschlagen worden. Mit sechs Monaten wagte er sich an ein Wasserloch, das von den anderen Pferden gemieden wurde, wurde von einem Puma angefallen und fast getötet. Als Jährling erhielt er einen Schlag ins Maul von einer Stute, die er zu terrorisieren versucht hatte, und später einen Schlag ans Bein von einem Wallach, der genug von seinen Faxen hatte.

Sein Kopf schien mit einer Geschwindigkeit von 150 Stundenkilometern zu arbeiten; er musste einfach die ganze Zeit irgendetwas tun. Er fand heraus, wie man sich vom Anbindebalken losmachte und Tore öffnete. War er mit Kühen auf der Weide, trieb er sie den ganzen Nachmittag umher, bis er sie alle in einer Ecke versammelt hatte. Einmal brachte er es sogar fertig, aus einem vierzeiligen Elektrozaun auszubrechen, worauf er noch andere Tore öffnete und die Pferde herausließ. Mit Vorliebe wanderte er an den Zaun und ärgerte unsere armen Border Collies auf der anderen Seite, indem er den Kopf gerade außerhalb ihrer Reichweite über den Zaun streckte, bis sie vor Wut halb durchdrehten.

Mit drei ritt ich ihn an, und er benahm sich, als sei er sein ganzes Leben unter dem Reiter gegangen. Nachdem ich ihn vielleicht ein Dutzend Mal geritten hatte, stellte ich ihn wieder auf die Weide. Er war geistig einfach noch ziemlich unreif und außerdem auch ein bisschen klein, deshalb dachte ich, er sollte noch ein, zwei Jahre Zeit haben, sich auszuwachsen.

Ein paar Jahre später legte ich ihm wieder den Sattel auf und stellte fest, dass er so ruhig und willig ging wie früher. Fast sofort nahm ich ihn mit, wenn ich mit Buck Kurse gab, und meistens machte er seine Sache sehr gut. Nur mit ein paar Dingen, wie zum Beispiel dem Stillstehen, hatte er wirklich Schwierigkeiten.

So geistig rege wie Smokey war, passte ihm Stillstehen selten ins Programm. Wenn er stillstehen sollte, trat er von einem Fuß auf den anderen. Fand ich einen Weg, seine Füße stillzuhalten, spielte er mit dem Gebiss. Verbot ich ihm, mit dem Gebiss zu spielen, scharrte er. Sollte er aufhören zu scharren, schlug er mit dem Kopf. Es war kurz gesagt eine Streitfrage zwischen uns, mit der ich das ganze Jahr zu kämpfen hatte.

Anfangs, als Smokey während der Kurse nicht stillstehen konnte, hatte ich es seiner Nervosität zugeschrieben, weil er jede Woche an einem anderen Ort war. Aber im Laufe der Zeit merkte ich, dass es nicht die Nerven waren – es war einfach er.

Das größte Problem bestand darin, dass ich versuchte, ihn davon abzuhalten, ständig etwas zu tun. Ich wollte, dass das Verhalten aufhörte, und so versuchte ich durchzusetzen, dass er damit aufhörte. Ich versuchte es mit dieser Technik und jener, damit er aufhörte, herumzutrappeln oder auf dem Gebiss zu kauen. Eine Zeitlang hatte ich damit Erfolg, aber unglücklicherweise fing er, kaum dass er mit einer nervtötenden Angewohnheit aufgehört hatte, mit einer anderen, gleichermaßen nervtötenden wieder an.

In diesem ganzen Jahr kämpften Smokey und ich darum, einen Mittelweg zu finden, aber ohne rechten Erfolg. Nach dem letzten Kurs brachte ich ihn nach Hause und entließ ihn wieder zum Rest der Herde auf die Weide. Es war höchste Zeit, dass wir einmal voneinander getrennt waren und Gelegenheit hatten, die Situation zu überdenken.

Schließlich merkte ich, dass sich das Problem, auf das Wesentliche reduziert, folgendermaßen darstellte: Jedes Mal, wenn Smokey etwas tat, was ich nicht verlangt hatte, versuchte ich, ihn sofort daran zu hindern. Ihm blieb dann nur der Frust, Dinge, die er angefangen hatte, nicht zu Ende bringen zu können.

Wenn ihm vor seiner Zeit als Reitpferd etwas eingefallen war, hatte er es einfach getan. Alles, was er anfing, brachte er auch zu einem Abschluss, sei es positiv oder negativ. Als ich anfing ihn zu reiten, wurde dies alles anders.

Unter dem Reiter konnte er nicht nur nicht mehr alles tun, was ihm in den Sinn kam, ihm wurde sogar die meiste Zeit vorgeschrieben, wohin er zu gehen und was er zu tun hatte. Selbst wenn er mich fragte, ob er während eines Kurses etwas anderes machen könnte, sagte ich im Prinzip: *Nein, du sollst nichts als stillstehen.* Nun, von einem Pferd wie Smokey zu verlangen, dass es stillstand, bedeutete, dass sich die ganze ungenutzte Energie in anderen unerwünschten Verhaltensweisen Bahn brach.

Wenn das passierte, versuchte ich immer, dem unverzüglich ein Ende zu setzen. Was ich nicht verstanden hatte, war, dass ich nur die Symptome zupflasterte, wenn ich das Verhalten beendete. Ich war weit davon entfernt, die Ursache zu beheben. Ich hatte gegen ihn gearbeitet, nicht mit ihm.

Sich miteinander zu verbinden, sollte für beide Parteien dasselbe bedeuten, wie für die beiden Flüsse im Luftbild: Man sollte kaum noch sehen, wo der eine anfängt und der andere endet. Als ich mit Smokey im nächsten Jahr die Arbeit wieder aufnahm, hatte ich eine neue Sichtweise und traute mir zu, einen Weg zu finden, mit ihm statt gegen ihn zu arbeiten. Der erste Kurs fing ganz gut an, obwohl er immer noch unruhiger war, als ich es mir vorgestellt hatte. Wenn er diesmal anfing herumzuzappeln, lenkte ich einfach seine Energie um, bis er von selbst aufhörte. Das schien ein bisschen zu helfen, aber nach meinen Erfahrungen im letzten Jahr zu urteilen, würde es wahrscheinlich nicht lange anhalten.

Der letzte Kurstag brachte den Durchbruch, auf den ich so lange hingearbeitet hatte. Eine Kursteilnehmerin beschloss, auf dem Platz Kegel aufzustellen und um sie herum Wendungen zu üben. Sie stellte die Kegel in L-Form mitten auf dem Platz auf. Smokey und ich warteten an der Seite, während sie sich mit ihrem Pferd ruhig um die Kegel schlängelte und dann zu einem Tor hinüberritt, um zu üben, wie man mit seitwärts treibenden Hilfen das Tor öffnen und schließen konnte.

Mehr, um ihm etwas zu tun zu geben, wollte ich mich mit Smokey ebenso um die Kegel schlängeln, wie sie es vorgemacht hatte. Als wir uns dem ersten Kegel näherten, senkte er den Kopf, als ob er ihn berühren wollte, und sofort lenkte ich ihn davon weg, als ob ich sagen wollte: *Nein, das ist es nicht, was wir vorhaben.* Wir passierten den ersten Kegel, und als wir uns dem zweiten näherten, senkte er wieder den Kopf.

Mir ging auf, dass dies die Gelegenheit war, auf die ich gewartet hatte. Es war die perfekte Chance, mich mit ihm zu verbinden, um ein gemeinsames Ziel zu erreichen. Zugegeben, Smokey hatte hier vermutlich nichts anderes im Sinn, als die Nase an den Kegel zu bringen, um ihn zu beschnuppern, aber ich dachte: *Wenn du schon die Nase da unten hast, schauen wir doch mal, ob wir das nicht mit einer Aufgabe verbinden können.*

Ich dachte, wir könnten daran arbeiten, dass er den Kegel mit der Nase umstoßen sollte. Als er nun den Kopf senkte, um den Kegel zu beschnuppern, brachte ich ihn mit leichten Zügelhilfen dazu, ihn noch tiefer zu nehmen. Fast sofort spürte ich etwas, das ich vorher bei ihm nicht gespürt hatte: eine echte Bereitschaft, *mit mir* zu arbeiten. Innerhalb von Sekunden sank seine Nase auf Bodenhöhe, und ein winziges Annehmen des rechten Zügels genügte, dass er den Kegel langsam auf die Seite legte.

Ich beugte mich vor und klopfte ihm den Hals, als ob er gerade das Kentucky Derby gewonnen hätte. Wir wendeten und ritten in einer kleinen Schleife um die Kegel zurück, sodass ich Zeit hatte, nach der Reiterin am Tor zu sehen. Ich schaute zurück auf den liegenden Kegel und fragte mich, ob Smokey und ich, zusammen, den Kegel wohl wieder aufrichten könnten. Anstelle seiner Nase müsste er zum Aufrichten einen Vorderhuf benutzen. Wir gingen zurück zu dem Kegel und manövrierten uns in Position. Innerhalb weniger Minuten hatte er den rechten Vorderfuß auf den unteren Teil des Kegels gesetzt und kippte ihn langsam zurück, bis er wieder aufrecht stand.

Die Leichtigkeit, mit der wir beide dies schafften, verblüffte mich. Es bedurfte so gut wie keiner Anstrengung, und Smokey machte einen glücklicheren Eindruck als je zuvor.

Wir verließen die Kegel und ritten noch eine Weile herum, um mit der Reiterin Seitengänge und Toröffnen zu üben. Nach einigen

Minuten beschloss ich, mit Smokey wieder zurückzureiten und das »Kegelding« (wie es seither heißt) noch einmal zu probieren. Wir ritten zu einem anderen Kegel, und auf minimale Aufforderung hin senkte Smokey den Kopf und schubste den Kegel um. Ich ritt einen Schritt vor, stellte Smokey in Position, und er stellte den Fuß auf den Kegel und kippte ihn zurück in aufrechte Stellung.

Ich weiß, das klingt ziemlich trivial, aber manchmal sind es die kleinen Dinge im Leben, die die größte Wirkung haben. Diese eine kleine Episode änderte unsere ganze Beziehung. Smokey und ich hatten endlich einen Mittelweg gefunden, einen Weg, uns miteinander zu verbünden, um ein gemeinsames Ziel zu erreichen. Warum ich das nicht früher verstanden habe, weiß ich auch nicht. Ein reger Geist, für den Smokey immer berühmt-berüchtigt war, braucht ein Ventil. Das Ventil selbst war nicht wichtig, solange es ständig bereit war. In Smokeys Fall war es wohl allein die Möglichkeit, seinen Körper und Geist konstruktiv einsetzen zu können, was den Riesenunterschied ausmachte. Wir hatten nichts weiter getan, als seine Energie zu nehmen und sie zu nutzen.

Von diesem Tag an wurde Smokey ruhiger, als ich ihn je gesehen hatte. Anstatt herumzuzappeln, mit dem Kopf zu schlagen, mit dem Gebiss herumzuklappern oder zu scharren, stand er ruhig da und wartete die meiste Zeit auf meine Anweisungen. Schien ihm langweilig zu werden, begannen wir einfach, an irgendeinem »Trick« zu arbeiten, um unseren Geist zu beschäftigen. Manchmal war dies etwas so Einfaches wie das Schließen eines Tores mit der Nase; manchmal war es etwas komplizierter, zum Beispiel sich auf Signal zu verbeugen. Jedenfalls schienen wir einen Weg gefunden zu haben, uns bei unserer gemeinsamen Arbeit miteinander zu verbinden, was uns beiden das Leben erheblich erleichterte.

Diese gemeinsame Basis zu finden, den Ort, wo sich zwei Individuen treffen und anfangen, gemeinsam auf ein Ziel hinzuarbeiten, ist nicht immer einfach, besonders wenn die Ansichten der beiden total verschieden sind.

Vor nicht allzu langer Zeit gab ich auf einer großen Pferdemesse eine Vorstellung in Doppellongenarbeit. Gleich am ersten Messetag kam ein Mann pfeilgerade auf mich zu und stellte sich vor.

»Ich bin der Arnie«, sagte er und schüttelte mir kräftig die Hand. »Ich bin einer von den Barfüßlern.«

Natürlich sprach er vom Barfußgehen der Pferde, was, wie ich schon erwähnt habe, in den letzten Jahren populär geworden ist.

»Mir ist aufgefallen, dass alle Ihre Pferde beschlagen sind«, bemerkte er, bevor ich auch nur Piep sagen konnte. »Haben Sie je darüber nachgedacht, Ihre Pferde ohne Eisen laufen zu lassen?«

»Nein«, erwiderte ich. »Ich bin so viel unterwegs, und meine Pferde müssen auf so vielen unterschiedlichen Böden arbeiten – mir wäre nicht wohl dabei, sie immer ohne Eisen gehen zu lassen.«

Tja, das war wohl nicht die richtige Antwort, und die nächsten fünfundzwanzig Minuten fand ich mich gefangen in etwas, das ich nur die »Barfußhölle« nennen kann. Arnie zählte mir erbarmungslos sämtliche bekannten (und einige brandneue) Gründe dafür auf, warum meine Pferde immer ohne Eisen gehen sollten. An irgendwelchen Antworten war er nicht im Geringsten interessiert, und wenn ich versuchte, etwas einzuwerfen, tat er, als hätte er nichts gehört. Als es mir endlich gelang, mich vom guten alten Arnie loszueisen, waren meine Sympathien für ihn auf dem Nullpunkt angekommen.

Entgegen aller Wahrscheinlichkeit hoffte ich, dass wir uns nicht noch einmal begegnen würden, aber schließlich dauerte die Messe eine volle Woche, und wie es aussah, würde auch Arnie die ganze Zeit anwesend sein. Sollte ich täglich mit ihm zu tun haben, war ich mir nicht sicher, ob ich auf Dauer so höflich würde bleiben können wie bei unserem ersten Treffen.

In der Nacht lag ich wach und grübelte über meine Begegnung mit Arnie nach. Seine Unhöflichkeit und Überheblichkeit waren schwer zu verdauen. Ich wachte bei guter Laune auf, die mir aber beim Frühstück schon abhanden kam, als jemand erwähnte, dass auch er am Tag zuvor auf Arnie getroffen war und dieselbe Non-Stop-Vorlesung über das Barfußgehen über sich hatte ergehen lassen müssen.

Den ganzen Morgen bedrückte mich unterschwelliger Ärger, der sich verstärkte, als ich am Mittag tatsächlich wieder in Arnie hineinlief. Wieder erging er sich in endlosen Tiraden über die Vorteile des Barfußgehens. Diesmal empfahl er mir diverse Bücher zum Thema und drückte mir seine Besorgnis über das Wohlergehen meiner Pferde aus, sollte ich sie weiterhin beschlagen lassen. Endlich schaffte ich es, ihn loszuwerden. Den Rest des Tages versteckte ich mich, damit er mich nicht noch einmal stellen konnte. Am Ende des Tages konnte ich eigentlich nur noch daran denken, dass ich nicht die geringste Lust hatte, Arnie noch einmal zu sehen, geschweige denn zu sprechen.

Als ich nachts wach lag, ging mir plötzlich auf, dass ich die Situation nicht korrekt betrachtete. Es wäre untertrieben gewesen zu sagen, dass Arnie mich auf dem falschen Fuß erwischt hatte. Schon Sekunden nach unserer ersten Begegnung hatte ich zugelassen, dass er mich aus dem Gleis brachte, aber was danach kam, hatte mit ihm nichts mehr zu tun.

Genau genommen ließ ich mich von der Situation beherrschen. Wie bei Smokey betrachtete ich das Ganze aus einer feindseligen Perspektive. Ich sah es, als sei Arnie gegen mich. Und eines war sicher: Das musste nicht so sein. Die Situation kostete mich viel zu viel Zeit und Energie. Es war zu schwierig, gegen Arnie zu arbeiten. Auf der Stelle beschloss ich, dass sich etwas ändern musste.

Am nächsten Tag ging ich über das Messegelände und sah Arnie allein auf der offenen Tribüne sitzen. Lässig ging ich auf ihn zu.

»Morgen, Arnie«, sagte ich, bevor er noch den Mund öffnen konnte. »Wie geht's denn so?«

»Gut«, antwortete er fröhlich.

»Ich habe über ein paar Dinge nachgedacht, die Sie gestern gesagt haben«, eröffnete ich ihm, »und ich würde mir gern ein paar der Bücher ansehen, die Sie mir empfohlen haben.«

»Ehrlich?«, fragte er überrascht.

»Ja«, sagte ich. »Ich muss zugeben, dass ich wirklich nicht so viel über das Barfußgehen weiß, wie ich vermutlich wissen sollte, und schließlich tut es nicht weh, besser informiert zu sein.«

»Genau«, sagte er und suchte in seinem Rucksack herum. »Es gibt ein paar wirklich gute Bücher, die Sie lesen könnten, besonders wenn Sie sich für die Grundlagen interessieren.«

Er zog ein schmales Buch zum Thema hervor und gab mir die Kontaktadresse. Ich schrieb sie mir auf der Rückseite einer Geschäftskarte auf. Er nannte mir Titel und Autoren weiterer Bücher und überreichte mir seine Karte.

Ein paar Minuten unterhielten wir uns über unsere Familien, das Wetter, das Gelände, auf dem die Messe stattfand und das einige Aussteller besichtigt und gelobt hatten. Dann dankte ich ihm freundlich für seine Zeit und wünschte ihm Glück, und er tat das Gleiche. Wir schüttelten uns die Hand und gingen zufrieden unserer getrennten Wege. Die nächsten drei Tage traf ich Arnie bei einigen Gelegenheiten. Jedes Mal grüßten wir uns fröhlich, plauderten ein paar Minuten und trennten uns in aller Freundschaft.

Selbst nach dem unerfreulichen ersten Treffen war es uns noch gelungen, einen Schritt zurückzutreten und einen Weg zu finden, uns gegenseitig zu helfen, unser Ziel zu erreichen. Mein Ziel war gewesen, irgendwie mit ihm auszukommen, ohne meine Überzeugungen aufgeben zu müssen. Seines war, Informationen zum Barfußgehen zu verbreiten. Wir hatten beide unser Ziel erreicht und trennten uns ohne Groll.

Vielleicht ist es das, was »sich Verbinden« bedeutet.

Im Gleichgewicht

Vor ein paar Jahren hatte ich Gelegenheit, einer Stegreifdiskussion zwischen einem Mediziner und seinen Studenten beizuwohnen. Es ging darum, ob Menschen einen Schwerpunkt haben oder nicht. Der Mediziner war der Meinung, es gäbe keinen Schwerpunkt, nur einen Gleichgewichtspunkt.

Er argumentierte höchst überzeugend, aber jeder, der schon einmal von einem Pferd gefallen ist, wird anderer Meinung sein, was das Endergebnis anbetrifft. Schließlich ist es nicht der Sturz, der wehtut, sondern der Aufprall. Mit perfektem Gleichgewicht gibt es keinen Sturz, ohne Schwerpunkt keinen Aufprall.

Philosophie und Terminologie einmal beiseite – meiner Meinung nach haben wir einen Schwerpunkt, und wir nutzen ihn ständig zur Verbesserung unseres Gleichgewichts. Es ist der Punkt, der uns aufrecht hält, denn wenn er sich verschiebt – ob wir einen Stoß erhalten, auf einer Bananenschale ausrutschen oder vom Pferd fallen –, geraten wir unvermeidlich unter die Einwirkung der Schwerkraft, die an uns zieht. Je kleiner die Entfernung vom Mittelpunkt, desto geringer der Zug, und desto leichter ist es, wieder ins Gleichgewicht zu kommen. Je weiter wir vom Mittelpunkt entfernt sind, desto mehr macht sich der Zug der Schwerkraft bemerkbar und desto schwieriger werden die Dinge.

Manchmal geraten wir derartig aus dem Gleichgewicht, dass die Schwerkraft uns mit Leichtigkeit ganz unfeierlich zu Boden befördert. Dort können wir liegen bleiben, ein Hindernis für die anderen, oder wir können uns aufrappeln, unseren Mittelpunkt suchen und uns wieder ins Gleichgewicht bringen.

Was das Ganze soll? Ich glaube, dass es zwei Arten von Gleichgewicht gibt, das körperliche Gleichgewicht, von dem ich gerade gesprochen habe, und eine andere, sehr wichtige Art von Gleichgewicht, die wir oft vergessen. Auf die Gefahr hin, zu esoterisch zu klingen: Dieses zweite Gleichgewicht möchte ich »Gleichgewicht des Lebens« nennen. Körperliches Gleichgewicht ist offensichtlicher und leichter zu verstehen, aber es ist mit dem Gleichgewicht des Lebens verwandt.

Meine Definition für Gleichgewicht des Lebens ist die Art, wie wir mit den tagtäglichen Ereignissen umgehen, den guten wie den schlechten. Welche Art von Gleichgewicht auch gerade gemeint ist – immer gibt es eine Art Kraft, die uns voranschiebt, oder eine Art Schwerkraft, die an uns zieht. Verlieren wir unser körperliches Gleichgewicht, wartet die Schwerkraft nur darauf, uns herunterzuziehen. Im Falle des Gleichgewichts in unserem Leben kann die »Schwerkraft«, die uns herunterzieht, viele Formen annehmen: eine unerwartet harte Bemerkung von Seiten eines Freundes, ein Todesfall in der Familie, der Verlust der Arbeit, ein Pferd, das sich nicht verladen lässt, oder eine Reifenpanne auf dem Weg zur Arbeit. Alles, was uns bei unseren täglichen Aktivitäten aus dem Gleichgewicht bringt.

Sie können das Gleichgewicht des Lebens als die Mittellinie auf der Straße betrachten, die wir alle entlangwandern. Ein negatives Ereignis stößt uns von der Mittellinie herunter, wir sind aus dem Gleichgewicht. Je schlimmer das Ereignis, desto weiter weg von der Mittellinie finden wir uns wieder. Ebenso kann auch ein positives Ereignis uns von der Mittellinie in eine andere Richtung stoßen. In meinen Augen ist das Gleichgewicht des Lebens ein Pendel, das immer versucht, sich im Gleichgewicht einzupendeln.

Manche Menschen – wir alle kennen mindestens ein Beispiel – entfernen sich nie sehr weit von der Mittellinie. Sie können anscheinend ohne allzu großen Stress durchs Leben gehen, auch wenn ihnen dramatische Ereignisse zustoßen oder sich in ihrer Umgebung ereignen. Auch manche Tiere sind so, und Buck gehört dazu. Mag die Situation auch noch so Besorgnis erregend oder stressig sein, es scheint Buck nie sehr weit von seiner Mittellinie weg zu verschlagen. Buck kann anscheinend zu jeder Situation auf Distanz gehen und diese drei Fragen stellen: *Was? Na und? Und nun?*

Was? – Was ist passiert?

Na und? – Ist das wirklich so schrecklich?

Und nun? – Was, wenn überhaupt, müssen wir nun tun?

Wenn wir an die Situation in dem bewussten Tal denken, als die Pferde davonliefen, können wir diese Haltung in der Praxis betrachten. Hätte Buck mit mir sprechen können, hätte er vermutlich in etwa gesagt:

Was? – Stimmt, die Herde ist auf und davon.

Na und? – Es geht nicht gerade um Leben oder Tod. Ich habe eine ziemlich gute Idee, wohin sie unterwegs sind.

Und nun? – Du kannst böse auf mich sein, wenn es dir Spaß macht, aber davon kriegen wir sie auch nicht schneller wieder zusammen. Von mir aus bleib da oben sitzen und ärgere dich, wenn dich das glücklich macht. Ich jedenfalls gehe wieder an die Arbeit. Komm nach, wenn du fertig bist.

Während die Situation auf Buck wenig Eindruck machte, war der Eindruck auf mich umso größer. Sie verschlug mich ein gutes Stück von meiner Mittellinie weg. Ich brauchte mindestens eine halbe Stunde, bevor ich wieder so klar denken konnte, dass ich meine

Energie zurück auf meine Aufgabe lenken konnte. Diese halbe Stunde hatte ich glatt damit verschwendet, mich über etwas zu ärgern, das ich nicht mehr ändern konnte! Verflixt, ich versuchte, die Stalltür zu schließen, nachdem die Kühe alle draußen waren! Wozu war das gut?

Es gibt eine alte chinesische Parabel, die geht ungefähr so:

In einem abgelegenen Dorf lebte einmal ein alter Mann, der ein sehr schönes und sehr gut ausgebildetes Pferd besaß. Jeder, der es einmal gesehen hatte, wollte es gern selbst besitzen, und es dauerte nicht lang, bis die Kunde von dem Wunderpferd bis zum Kaiser drang. Der schickte prompt einen Boten zum Dorf des alten Mannes mit dem Auftrag, das Pferd für eine große Summe zu kaufen.

Der alte Mann dankte dem Boten höflich, lehnte aber das Angebot ab. Die Dorfbewohner waren außer sich über diese Entscheidung, denn der Kaiser hatte mehr Geld geboten, als je einer von ihnen gesehen hatte.

»Was bist du für ein Idiot!«, brüllten sie. »Was hast du für eine schlechte Entscheidung getroffen!«

»Meine Entscheidung, das Pferd nicht zu verkaufen, ist weder gut noch schlecht«, entgegnete der alte Mann ruhig. »Sie ist einfach, wie sie ist.«

Tage später riss das schöne Pferd aus und verschwand in den Wäldern. Wieder versammelten sich die Dorfbewohner auf der Schwelle des alten Mannes.

»Du närrischer Alter!«, riefen sie. »Du hättest das Pferd dem Kaiser verkaufen und reich werden können. Aber jetzt ist das Pferd weg, und du hast weder Pferd noch Geld. Das ist ein großes Unglück für dich.«

»Dass das Pferd weggelaufen ist, ist weder gut noch schlecht«, sagte der alte Mann ruhig. »Es ist einfach, wie es ist.«

Ein paar Tage darauf kam das Pferd zurück und mit ihm dreißig bildschöne Wildpferde, die in den Pferch des alten Mannes hineintänzelten und sprangen. »Alter Mann, du hast Recht gehabt! Es war gar kein Unglück, dass das Pferd weggelaufen ist. Es war sogar ein großes Glück. Sieh nur all die schönen Pferde, die es mitgebracht hat.«

»Dass diese Pferde zu mir gekommen sind, ist weder gut noch schlecht«, sagte er und strich sich den langen weißen Bart. »Es ist, wie es ist.«

Wochen vergingen, und der Sohn des alten Mannes fing an, die Wildpferde einzureiten. Er wurde abgeworfen und brach sich so unglücklich das Bein, dass er nie wieder richtig gehen konnte. Wieder kamen die Dorfbewohner an die Tür des alten Mannes.

»Alter Mann«, riefen sie. »Was für ein Unglück diese Wildpferde über dich gebracht haben. Dein einziger Sohn hat sich das Bein gebrochen und wird nie wieder richtig laufen können.«

»Es ist weder gut noch schlecht«, erwiderte er mit sanftem Lächeln. »Es ist, wie es ist.«

Bald darauf brach ein großer Krieg aus, und alle jungen Männer des Dorfes wurden einberufen, mit Ausnahme des Sohnes des alten Mannes, der vom Pferd gefallen war und sich das Bein gebrochen hatte. Wieder sammelten sich die Dorfbewohner vor seiner Tür.

»Alter Mann«, weinten nun die Leute aus dem Dorf, »du hast Recht gehabt. Es war doch kein Unglück, dass sich dein Sohn beim Sturz vom Pferd das Bein gebrochen hat. Er wird noch am Leben sein, wenn alle unsere Söhne in diesem schrecklichen Krieg umgekommen sind. Eigentlich war es ein großes Glück.«

»Das ist nicht gut und ist nicht schlecht«, sagte der alte Mann ruhig. »Es ist, wie es ist.«

Für mich ist der alte Mann in dieser Geschichte die Verkörperung dessen, was es bedeutet, im Gleichgewicht, im Einklang mit sich selbst zu sein. Was auch geschah, er war nicht leicht von seiner Mittellinie abzubringen. Die Dorfbewohner dagegen schwankten von einem Extrem zum anderen und waren nicht in der Lage, die Ereignisse um sich her einfach als Ereignisse zu akzeptieren. Für sie war alles immer eine große Sache.

So ungern ich es zugebe: Als ich Buck zuerst begegnete, war ich diesen Dorfbewohnern ziemlich ähnlich. Vermutlich bin ich es bis zu einem gewissen Grad immer noch, aber an einem bestimmten Punkt begann ich, meinem Leben eine etwas andere Richtung zu geben. Mir wurde klar, was Buck schon lange klar war, nämlich dass das Leben selbst immer im Gleichgewicht ist. Für jedes Ereignis, das einen Aufschwung bringt, gibt es mit Sicherheit auch einen Abwärtsschwung. Für jeden Abwärtsschwung gibt es auch einen Aufschwung.

Es gab eine Zeit in meinem Leben, die sehr an diese chinesische Parabel erinnerte, und sie illustriert, was ich mit dem Auf und Ab meine.

Vor Jahren bot mir der Besitzer der Gäste-Ranch, für den ich einige Pferde ausgebildet hatte, eines schönen Tages an, als Vorarbeiter auf seiner Ranch zu arbeiten. Die Stelle beinhaltete ein Gehalt, Versicherung, Verpflegung, Verfügung über einen Lkw und ein hübsches Zuhause auf der Ranch für mich und meine Familie. Wie der Besitzer sagte, wollten er und seine Frau in fünf Jahren in Rente gehen und uns, meiner Frau Wendy und mir, dann die Leitung der Farm insgesamt übertragen.

Das Angebot klang gut, und nach einer Diskussion der Vor- und Nachteile beschlossen wir, dass ich die Stelle annehmen sollte. Bald zogen wir von unserem früheren Wohn- und Arbeitsplatz in Stadtnähe um auf die etwa zehn Kilometer entfernte Ranch. Ich gab all meine Kunden auf, um mich voll und ganz der Ranch zu widmen. Es sah unbedingt nach einem »Auf« aus.

Alles lief prächtig, bis uns nach ungefähr drei Monaten der Besitzer eines Abends in sein Büro kommen ließ und uns eröffnete, dass er die Ranch zu verkaufen gedenke. Wir sollten uns keine Sorgen machen, die neuen Besitzer würden nur zu froh sein, uns als Angestellte zu behalten.

Verständlicherweise fühlten wir uns betrogen. Wir machten uns Sorgen um unsere Zukunft auf der Ranch und quälten uns mit dem Gedanken, was passieren würde, falls die neuen Besitzer mich nicht behalten wollten. Wir hatten keinen eigenen Platz mehr, an dem wir Pferde trainieren konnten, wir hatten alle Kunden aufgegeben – wir waren »unten«.

Innerhalb eines Jahres war die Ranch verkauft, und der neue Besitzer, ein christlicher Fundamentalist, wollte mich tatsächlich als Vorarbeiter behalten. Das Leben war wieder schön, wir waren wieder »oben«.

Nur wenige Monate später wurde allerdings klar, dass der neue Besitzer mich nun doch nicht auf der Ranch haben wollte und nach einem Grund suchte, mich zu feuern. Die »Unterseite« war zurück.

Bevor er mir kündigen konnte, wurde die Ranch von der Bank übernommen, weil er nicht einmal die erste Zinsrate zahlen konnte. Die Bank gab die Ranch weiter an eine Gruppe von Investoren, unter dem Vorsitz eines Mannes, der schon beim ersten Verkauf mit dem neuen Besitzer zusammengekommen war. Ihn mochte und bewunderte ich.

Schließlich kaufte dieser Investor die Ranch für sich selbst und bat mich, als Vorarbeiter auf der Ranch zu bleiben. Die Dinge sahen also wieder besser aus. Im Verlauf des nächsten Jahres aber entstanden zwischen dem Besitzer und mir grundsätzliche Differenzen darüber, welche Rolle ich auf der Ranch zu spielen hatte.

Er wollte, dass ich für die Gäste auf der Ranch eine Art christlicher »Geistlicher« sein sollte, während ich nichts als »der Mann für die Pferde« sein wollte. Es dauerte nicht lang und ich war gekündigt, ein definitives »Unten«.

Innerhalb von zwei Monaten nach der Kündigung und unserem Auszug aus der Ranch gab ich mit Hilfe eines sehr begabten Freundes, den ich auf der Ranch kennen gelernt hatte, in der ganzen Welt Kurse und Seminare. Ich hatte wieder Arbeit, und alles schien gut zu laufen.

Aber dann entdeckte ich eine weitere »Unterseite«: Da ich so viel unterwegs war – manchmal bis zu 220 Tage im Jahr – war ich von meiner Familie wochen-, manchmal sogar monatelang getrennt.

Irgendwann im Verlauf dieser fünfjährigen »Achterbahn« mit all ihren Höhen und Tiefen begann sich mein Gleichgewichtssinn zu verändern.

Wunderbarerweise wurde meine Mittellinie ab einem bestimmten Punkt klarer und ausgeprägter. Die Hochs in meinem Leben erschienen mir nicht mehr ganz so hoch und die Tiefs nicht mehr ganz so tief. Als die Veränderung einsetzte, fragte ich mich zuerst, ob ich gleichgültig würde. Aber das war es ganz und gar nicht.

Noch immer gibt es viele Dinge in meinem Leben, die mich leidenschaftlich bewegen. Ich habe Ideen und Ideale, die ich um keinen Preis aufgeben würde, selbst wenn es hart auf hart käme. Ich habe aber nicht mehr das Gefühl, dass jeder, den ich kenne, dasselbe denken muss wie ich oder sich genauso leidenschaftlich für meine Ideen und Ideale engagieren muss wie ich. Wie der alte Mann in der Parabel teile ich die Dinge, die sich in meinem Leben ereignen, nicht mehr in »gut« oder »schlecht« ein. Es sind einfach Dinge, die passieren.

Die Veränderung, die auf der Gäste-Ranch begann, hält bis heute an. Ich lerne immer weiter dazu, nicht nur bei den großen Ereignissen im Leben, sondern auch bei kleineren wie dem auf einer Fahrt vor ein paar Jahren. Ich war mit den Pferden den ganzen Tag unterwegs gewesen und wollte bei einem Freund in Flagstaff, Arizona, übernachten. Die Pferde, Smokey und Buck, wollten wir ausladen und sie über Nacht auf die Weide stellen. Smokey stand hinten im Anhänger, musste also zuerst aussteigen, und zwar rückwärts. Alles lief glatt, bis Smokey im letzten Moment, mit dem Hinterteil schon fast durch die Tür, urplötzlich beschloss, sich herumzudrehen und vorwärts auszusteigen. In zwei Sekunden steckte er mit Kopf und Hinterteil in der Tür fest, bekam Panik und begann, wild um sich zu schlagen. Ich sah seinem Kampf mit derselben Einstellung zu, die Buck im Tal gezeigt hatte. Ich merkte, wie ich quasi im Zeitlupentempo die Situation einzuschätzen begann.

Was? – Junge, das ging aber schnell.

Na und? – Er sitzt ganz schön in der Klemme, aber sieht so aus, als ob er wieder frei käme.

Und nun? – Solange er sich bewegt und selbst versucht herauszukommen, besteht für mich kein Grund einzugreifen. Wenn er draußen ist, sehe ich nach, ob er sich verletzt hat.

Die Ruhe, die mich während Smokeys Kampf überkam, wurde mir allmählich vertraut. Dass er stecken geblieben war, war weder gut noch schlecht. Es war, wie es war. Also brauchte ich mich auch nicht zu beunruhigen, bevor es vorbei war. Tatsächlich hatte er sich in Sekundenschnelle frei gestrampelt und purzelte buchstäblich heraus und hinter dem Anhänger zu Boden. Als er wieder auf den Füßen war, untersuchte ich ihn, aber bis auf ein paar Kratzer war ihm nichts passiert.

Dass Smokey in der Hängertür stecken blieb, hätte trotzdem schlecht sein können. Auf die Dauer gesehen war es dies aber nicht. Seit jener Nacht hat Smokey nie wieder versucht, sich vor dem Aussteigen in einem Hänger umzudrehen.

Buck war, tagein, tagaus, solch ein gutes Beispiel für dieses »Es ist, wie es ist«, das mich tief beeindruckte. Manchmal denke ich zurück an die ungezählten Male, als ich mich über irgendwelche Trivialitäten aufregte und mehr Druck auf ihn ausübte, als ich gesollt hätte, oder als ich mir ganz unnötige Sorgen wegen einer Situation machte, in der wir uns befanden. Im Rückblick weiß ich nun zu schätzen, wie er mir half, sie durchzustehen.

Er zeigte Geduld, wenn ich keine hatte. Er akzeptierte den Druck, den ich ausübte, selbst wenn er unnötig heftig war, und er machte sich für mich stark und rettete mir die Haut in mehr ungemütlichen Situationen, als ich zählen kann und mag. Er nahm mich, wie ich war und wo ich in meinem Lernprozess mit Pferden und im Leben überhaupt gerade stand. Er schien nie über mich zu urteilen, ich war für ihn weder gut noch schlecht. Selbst in den schlimmsten Zeiten sah er mich anscheinend an und sagte zu sich selbst: *Es ist, wie es ist.*

Buck hielt sein Leben im Gleichgewicht, auch wenn ich es ihm schwer machte. Damit half er mir mit Sicherheit, mein eigenes Gleichgewicht zu finden.

Kommunikation

Neuere Forschungen haben gezeigt, dass Elefanten Niederfrequenzrufe aussenden, die über viele Kilometer, selbst durch dichte Wälder und Unterholz, zu empfangen sind. So können sie mit Artgenossen kommunizieren, was für menschliche Ohren nicht wahrnehmbar ist. Wenn wir nicht über eine Spezialausrüstung verfügten, die solche Niederfrequenzen auffangen kann, und wenn nicht jemand die Idee gehabt hätte, dass Elefanten möglicherweise auf diese Weise kommunizieren, wüssten wir überhaupt nichts davon. Da haben wir es. Gerade wenn wir uns einbilden, über ein bestimmtes Tier, zum Beispiel den Elefanten, alles zu wissen, was es zu wissen gibt, zeigen sie uns, dass es doch noch manches Geheimnis gibt.

Pferde sind große Lehrmeister. Das Problem bei ihrer Lehrmethode besteht allerdings darin, dass sie den Elefanten mit ihren Niederfrequenzbotschaften sehr ähnlich sind. Wir tun uns nicht nur schwer, sie überhaupt zu hören – selbst wenn wir sie hören, verstehen wir die Botschaft, die sie uns zu vermitteln versuchen, oft total falsch.

Wie oft hat Buck versucht, mir irgendetwas mitzuteilen, aber weil ich das Zuhören noch nicht gelernt hatte oder mir keine Mühe gab, es auch nur zu versuchen, gingen seine Botschaften direkt an mir vorbei. Zum Glück wachte ich im Laufe der Jahre auf und merkte, dass die Dinge, die er mir mitzuteilen versuchte, nicht nur ihren Wert besaßen, sondern oft der Schlüssel zur Lösung irgendeines größeren Pferdeproblems waren. Ob bei der Arbeit mit einem Pferd oder mit einem meiner Kursteilnehmer – eines habe ich von Buck gelernt: die Suche nach einem gemeinsamen Nenner. Es gibt ihn immer. Und es ist dieser gemeinsame Nenner, der eine Kommunikation ermöglicht, selbst wenn wir nicht übereinstimmen.

Wenn eine wirkliche Kommunikation stattfindet, braucht es bei einer Meinungsverschiedenheit keinen Sieger zu geben. Wichtig ist, dass beide Sichtweisen verstanden werden. Zwischen mir und Buck wuchs dieses Verständnis nur langsam, aber als es dann bestand, war es, als ob sich Schleusentore geöffnet hätten. Plötzlich suchte ich nach Verständnis in jeder Situation, die nach Kommunikation verlangte, sei es zwischen mir und anderen Menschen oder zwischen mir und Pferden. Manchmal gelang es mir und manchmal nicht, aber versucht habe ich es immer.

Nichts ist frustrierender als der Versuch, ein Pferd in einen Hänger zu bugsieren, wenn es beschlossen hat, auf keinen Fall hineinzugehen. Da haben wir die perfekte Gelegenheit, an unseren Kommunikationsfähigkeiten zu arbeiten, und alles, woran wir denken können, ist: *Nun mach schon. Geh rein. Wir kommen noch zu spät!*

Allgemein gesprochen finden sich, sobald das Pferd sich geweigert hat, den Hänger zu betreten, Pferd und Besitzer in kürzester Zeit verstrickt in einen erbitterten Kampf, bei dem nur zu oft kein Platz mehr ist für irgendeine positive Kommunikation. Es dauert nicht lange, und Mensch, Pferd und Hänger sind umgeben von potenziellen guten Samaritern – anderen Pferdeleuten, die nur zu gern bereit sind, beim Verladen zu helfen, egal, wie.

Natürlich gibt es Hunderte von Gründen, warum ein Pferd nicht in einen Hänger gehen will, aber normalerweise teilen wir Pferde, die sich nicht verladen lassen, in vier Gruppen ein. Sie wollen nicht gern *im* Hänger sein (das heißt, sie leiden unter Platzangst oder Klaustrophobie). Sie haben Angst vor dem Hineingehen (manche Pferde betreten nicht gern eine Rampe oder springen nicht gern ohne Rampe in den Hänger hinein). Vielleicht schreckt sie schon der Anblick des Hängers ab (weil man sie anfangs zur Eile gedrängt hat und sie Angst bekommen haben). Und schließlich gibt es Pferde, die noch nie in einem Hänger waren.

Es gibt auch Leute, die Pferde, die sich nicht verladen lassen, schlicht und einfach stur nennen. Der Grund für ihre »Sturheit« ist allerdings wahrscheinlich in einer der vier oben beschriebenen übergeordneten Kategorien zu finden.

Das Problem mit diesen Kategorien besteht darin, dass wir automatisch annehmen, jede Situation müsse genau in eine davon passen. Passt das Verhalten eines Pferdes nicht in eine dieser Kategorien, sind wir ein bisschen ratlos.

Im Laufe der Zeit hatte ich mit ein paar Verladeproblemen zu tun, die mich über die Möglichkeit nachdenken ließen, dass es vielleicht doch mehr Gründe dafür geben könnte, warum ein Pferd sich nicht verladen lassen will. Jedes Mal war es für mich der Anlass, noch intensiver an der Kommunikation zu arbeiten, zu der Buck mich gedrängt hatte, und jedes Mal fand ich eine verhältnismäßig einfache Lösung für ein Problem, das zuerst sehr verzwickt erschienen war.

Das erste dieser Probleme ist ein Phänomen, das bei einigen meiner Kurse aufgetreten ist und von dem andere Trainer ebenfalls berichteten. Ein Pferd kommt mit bestimmten Problemen zum Kurs. Im Verlauf des Kurses machen Pferd und Reiter große Fortschritte. Das Pferd macht einen glücklichen und zufriedenen Eindruck, und der Besitzer sieht ihre Beziehung mit neuen Augen. Aber wenn es Zeit für die Heimfahrt ist, bleibt das Pferd plötzlich vor dem Hänger stehen und geht keinen Schritt weiter. In fast allen Fällen hatte das Pferd vorher beim Verladen keinerlei Schwierigkeiten gemacht.

Die Pferde wirken nicht ängstlich oder aufgeregt, wenn sie auf den Hänger zugehen. Ihr Verhalten passt in keine der gewohnten Kategorien. Wiederholte Aufforderungen des Besitzers, in den Hänger zu gehen, machen keinen besonderen Eindruck. Sie stehen einfach ganz entspannt vor der Hängertür und gehen nicht hinein.

Als ich das erste Mal Zeuge eines solchen Vorfalls war, bat mich der Besitzer nach über einer Stunde erfolgloser Versuche, ihm beim Verladen zu helfen. Ich ging zu dem Pferd hin, nahm den Führstrick, klopfte dem Pferd den Hals und führte es zum Einstieg in den Hänger. Und wie durch Zauberei marschierte das Pferd ganz zufrieden in den Hänger hinein.

In den folgenden acht Monaten passierte dies noch sechs Mal. Pferde, die nie zuvor Schwierigkeiten beim Verladen gemacht hatten, ließen sich plötzlich nicht mehr verladen, nachdem sie an einem Kurs teilgenommen hatten, der größere positive Veränderungen bewirkt hatte. Aber wenn ich hinging und das Pferd in aller Freundlichkeit aufforderte, in den Hänger zu gehen, hüpfte es willig hinein.

Ehrlich gesagt nahm ich diese Vorfälle als ein wenig seltsame Verladegeschichten, wie sie eben passieren können, und dachte nicht weiter darüber nach. Dann wurde ich eines Nachmittags gebeten, ein Pferd zu verladen, das zuvor nie Schwierigkeiten gemacht hatte. Das Pferd ließ sich ruhig von mir in den Hänger führen, und die Besitzerin bemerkte: »Ihm ist es hier so gut gegangen, vermutlich wollte er einfach nicht mehr nach Hause.«

Sie machte nur Spaß, aber ihre Worte trafen mich wie ein Vorschlaghammer. Konnte es sein, dass das Pferd uns wirklich etwas in dieser Art zu sagen versuchte? Wenn wir die Angelegenheit aus der Pferdeperspektive betrachten, war das vielleicht gar nicht so weit hergeholt. In all diesen Fällen hatten sich Reiter und Pferd monate-, manchmal jahrelang Kämpfe bis aufs Messer geliefert, bevor sie zum Kurs kamen. Während des Kurses, der an einem anderen Ort stattfand, nicht befrachtet mit bösen Erinnerungen, waren in dem Reiter größere Veränderungen vorgegangen, hauptsächlich, weil sich die Kommunikation mit dem Pferd verbesserte. Zum ersten Mal kommen die beiden miteinander klar, und für das Pferd ist das Leben plötzlich viel leichter.

Worauf wird ein Pferd wohl diese Veränderung zurückführen? Nun, die offensichtlichste Veränderung ist der Ort, an dem die beiden sich nun betätigen. Vielleicht sieht sich das Pferd den Platz an und sagt sich dann: *Wenn dieser Platz bei dir diese Veränderungen zuwege bringt, dann möchte ich lieber hier bleiben als zu dem bösen Platz zurückzugehen, wo du ziemlich regelmäßig ausflippst.*

Und warum ließen sich diese Pferde von mir verladen, nicht aber von ihrem Besitzer? Während des Kurses bekam der Besitzer seine Anweisungen, wie er mit dem Pferd arbeiten sollte, von mir. Es kann sein, dass die Pferde, als Herdentiere sehr sensibel für die Rolle von Leittieren, mich in dem Moment als Führer anerkannten.

Ehrlich gesagt habe ich keine hieb- und stichfeste Idee, warum sich die Pferde von mir verladen ließen, von ihren Besitzern aber nicht, oder warum sie sich überhaupt weigerten, in den Hänger zu gehen, obwohl sie vorher nie Schwierigkeiten gemacht hatten. Tatsache ist, dass im Verlauf des Kurses irgendetwas zwischen den Pferden, den Besitzern und mir vorging. Das Pferd würde nicht aufhören wollen zu kommunizieren, nur weil der Kurs zu Ende war.

Mit einem weiteren Verladeproblem, das nicht in die üblichen Kategorien passte, wurde ich nach einem Kurs in Tennessee konfrontiert. Ein Pferd, das in einem geborgten, schon leicht schäbigen Hänger von sehr weit her gekommen war, ließ sich nicht verladen. Es hatte allerdings auch schon auf der Hinfahrt Schwierigkeiten beim Verladen gemacht.

Nach einer Stunde fruchtloser Bemühungen bat mich der Besitzer, mir die Sache anzuschauen. Der Besitzer stand im Hänger und ich hinter dem Pferd. Mit verschiedenen Arten von leichtem Druck versuchte ich, das Pferd zum Hineingehen zu bringen. Der Wallach machte keinen sehr aufgeregten Eindruck und pendelte vor dem Hängereinstieg hin und her mit einem Gesicht, das uns ziemlich deutlich erklärte, dass seine Entscheidung feststand: Er würde nicht hineingehen.

Ich erhöhte den Druck ein wenig, und er pendelte weiter vor und zurück und hin und her, ohne sich zu einem wirklichen Versuch aufzuraffen. Ich verstärkte den Druck noch ein bisschen mehr, und er versuchte, vom Hänger wegzukommen. Wir brachten ihn wieder in Position und versuchten es erneut. Nach einigen weiteren Versuchen blieb er schließlich stehen, ließ die Nase bis auf den Boden gleich hinten im Hänger fallen und versuchte, die Bodenmatte mit den Zähnen zu packen.

Mit dem Führstrick hob der Besitzer den Pferdekopf wieder an, und wir machten weiter. Es vergingen einige Minuten mit weiteren fruchtlosen Versuchen, und dann hob das Pferd plötzlich den rechten Vorderfuß und schlug kräftig auf den Hängerboden gleich hinter dem Einstieg.

Dann machte er etwas, das mich aufmerksam werden ließ und mich zum Nachdenken brachte. Irgendetwas schien an der ganzen Situation nicht zu stimmen. Nach dem Schlag auf den Hängerboden trat er vom Hänger zurück, wandte sich mir mit gespitzten Ohren zu und sah mir direkt in die Augen, fast als ob er mich etwas fragen wollte.

Diese Frage lautete meiner Meinung nach natürlich*: Willst du wirklich, dass ich da hineingehe?* Und tatsächlich hörte ich mich selbst antworten: *Ja, rein mit dir.*

Ich machte ihm weiter Mut, in den Hänger zu gehen, und er drehte sich um und schlug wieder auf den Hängerboden, mehrmals, als ob er wütend darauf wäre. Dann trat er wieder zurück, drehte sich um und sah mich an. Um ihn daran zu erinnern, um was es eigentlich ging, forderte ich ihn wieder auf hineinzugehen.

Jetzt zeigte er allmählich Anzeichen von Besorgnis. Er tänzelte seitwärts zum Einstieg, senkte den Kopf und zog mit den Zähnen an der Bodenmatte. Er trat zurück und schlug fünf, sechs Mal mit aller Kraft auf den Hängerboden, erst mit dem rechten, dann noch einmal zwei oder drei Mal mit dem linken Vorderfuß. Er trat zurück, drehte sich um und sah mich wieder an. Sein Körper war ganz verkrampft, und er blies heftig durch die Nase.

Diesmal bekam ich ein komisches Gefühl. Ich weiß nicht, ob es sein Blick war, etwas in seinem Verhalten oder einfach die Situation im Allgemeinen. Eines wusste ich jedenfalls sicher: Er versuchte uns etwas zu sagen, und es war sehr wichtig, dass wir ihm zuhörten.

»Halten Sie mal an«, hörte ich mich sagen. »Könnten Sie ihn eine Minute vom Hänger wegführen?«

Der Besitzer stieg aus dem Hänger und richtete das Pferd rückwärts weg davon, während ich zum Einstieg ging. Ich packte die Bodenmatte, wo das Pferd daran gezogen hatte, und hob sie hoch. Zu meinem Schrecken sah ich, dass die Holzplanken darunter nicht nur feucht, sondern schon richtig aufgeweicht und derartig verrottet waren, dass Licht durchschimmerte. Ich drückte mit dem Finger auf eine der Planken, und das Holz gab nach – durch das kleine Loch konnte ich den Boden unter dem Hänger sehen. Sprachlos drehte ich mich um und sah das Pferd an, das zum ersten Mal seit fast fünfzehn Minuten ruhig und entspannt dastand, den Kopf gesenkt und ruhig atmend.

Hatte er versucht uns mitzuteilen, dass der Boden verrottet war und er Angst davor hatte, was passieren konnte, wenn er unterwegs nachgab? Ich weiß es nicht. Aber eines ist sicher: Er hatte uns seinen Widerwillen klar gemacht.

Wenn ich richtig in meinem Gedächtnis forschen würde, könnte ich wahrscheinlich viele Geschichten von Pferden ausgraben, die versuchten, etwas ganz Bestimmtes mitzuteilen. So erzählte mir einmal eine Frau, dass sie mit ihrem Pferd zu einem Waldgebiet unterwegs war, in dem sie schon mehrfach ausgeritten war. Kurz bevor sie in den Wald hineinritten, brach das Pferd heftig und ganz überraschend aus. Sie hielt das für pure Widersetzlichkeit und versuchte erfolglos, in den Wald hineinzureiten. Nach etwa zehn Minuten gab sie auf und ritt zurück. Nur Minuten, nachdem sie wieder im Stall war, brach aus dem Nichts ein gewaltiges Unwetter los. Golfballgroße Hagelkörner fielen, es kam zu Überschwemmungen, und in dem Wald, in den sie hatte hineinreiten wollen, wurden viele Bäume entwurzelt.

Ich war Augenzeuge von vielen Fällen, in denen ein Pferd irgendetwas Bestimmtes mitzuteilen versuchte. Einer davon ist mir besonders im Gedächtnis geblieben. Er ereignete sich während einem meiner Kurse, und ich muss oft daran denken.

Vor Kursbeginn erklärte mir der Gastgeber, alle Pferde, mit denen wir arbeiten sollten, seien bereits da, mit einer Ausnahme, nämlich einem großrahmigen Araberhengst, mit dem der Besitzer eine Menge Schwierigkeiten hatte. Der Hengst war offenbar derartig bösartig, dass niemand seine Stute von ihm decken lassen wollte aus Angst, er könnte seinen Nachkommen seinen Charakter vererben. Kein Tierarzt wollte ihn behandeln, kein Schmied ihn beschlagen, und seinen Besitzer hatte er mehr als einmal abgesetzt. Mit ihm würde ich an diesem Tag als Letztem arbeiten. Er würde im Laufe des Nachmittags gebracht werden.

Tatsächlich kam am frühen Nachmittag ein Laster mit einem Anhänger angefahren. Als er hielt, sah ich den Anhänger heftig schaukeln. Staub wölkte aus den Fenstern, aus dem Innern kamen laute Schläge und ein ohrenbetäubendes Wiehern. Der Besitzer öffnete die Tür, und heraus sprang dieser schweißüberströmte, lauthals wiehernde Energieball von einem kräftigen Schimmelhengst. Sofort stand er auf den Hinterbeinen und strampelte wild mit den Vorderhufen in der Luft herum. Mit ein paar gezielten Rucken am Führstrick, der über dem Nasenrücken in eine Kette auslief, brachte ihn der Besitzer wieder auf den Boden.

Mit viel Staub, Krach und Gewieher bugsierte ihn der Besitzer in einen kleinen Paddock. Dort rannte der Hengst auf und ab, stieg, buckelte auf der Stelle und schrie, was die Lungen hergaben. Als er ein paar Stunden später an der Reihe war, führte der Besitzer den auskeilenden und lauthals wiehernden Hengst über den Platz zu dem Round Pen, in dem wir die nächsten vier Tage zusammen arbeiten sollten. Ein paar Zuschauer hatten es sich daneben in Klappstühlen bequem gemacht, und als das Pferd näher kam, packten sie ihre Stühle und wichen zurück, wie das Rote Meer in der Bibel.

Der Besitzer führte ihn in den Round Pen und dirigierte ihn mit geübten Rucken am Führstrick, während der Hengst mit den Vorderbeinen in die Luft schlug, wieherte und auf der Stelle buckelte. Ich saß auf der obersten Stange des Round Pen und sah mir das Ganze an. Nach dem ersten Schock angesichts der ungeheuren Energie, die dieses Pferd besaß, und der Frage, was um alles in der Welt ich mit ihm anfangen sollte, wurde mir allmählich eines bewusst: Der Hengst hatte nie versucht, jemanden zu verletzen. Sicher, er machte sehr viel Lärm, wirbelte sehr viel Staub auf und wirkte ziemlich gefährlich, aber er hatte nichts wirklich »Schlimmes« getan.

Ich fragte den Besitzer, ob er etwas dagegen hätte, wenn ich in den Round Pen hineinkäme und ein bisschen mit dem Pferd arbeitete, und er ließ es nur zu gern frei und verließ den Pen. Ich kletterte aus meiner sicheren Höhe herunter und ging in die Mitte. Der Hengst raste im Kreis, wieherte, schüttelte die Mähne und bockte von Zeit zu Zeit. Er war schon gute vier Mal herumgerannt, bevor er merkte, dass ich mit ihm im Round Pen war. Dann drehte er sich um und ging auf mich los.

Als ich in den Round Pen hineinging, hätte ich gewettet, dass dieses Pferd, trotz all seines Gewiehers, dem Steigen und Bocken und der ganzen Angeberei, nicht wirklich jemanden verletzen wollte. Ob ich die Wette gewonnen hätte, würde sich in nächsten paar Sekunden herausstellen.

Als er auf mich losging, musste ich mich entscheiden. Ich hatte nur ein Halfter mit Führstrick im Arm hängen, mit dem ich mich notfalls verteidigen konnte. Wenn ich Recht damit hatte, dass er niemanden verletzen wollte, war alles in Ordnung, und ich würde sie nicht brauchen. Verteidigte ich mich dagegen ohne Not, konnte er mein Verhalten als Angriff betrachten. Dann war ich nur ein weiterer Mensch, der sich nicht mit ihm verstand, ihn nicht verstehen wollte. Andererseits: Wenn es nötig war, mich zu verteidigen, ich es aber nicht tat, konnte das fatale Folgen für mich haben.

Ich blieb so ruhig, wie es mir unter diesen Umständen möglich war, griff für alle Fälle nach dem Führstrick und wartete eine Ewigkeit, wie mir schien. Der Hengst kam sehr schnell näher, blieb aber zwei, drei Meter vor mir stehen und stieg senkrecht in die Luft. Er ließ sich wieder fallen, stieg erneut, ließ sich fallen, schüttelte die Mähne und sah mich ganz kurz an, bevor er sich umwandte und davonrannte. Er lief einige Male im Kreis, kam dann wieder auf mich zu und wiederholte das Steigen, Kopfschütteln und Wegrennen.

Das machte er noch drei Mal, bevor er mich ziemlich dicht im Trab umkreiste. Schließlich blieb er an meiner rechten Seite stehen, mit dem Kopf in dieselbe Richtung wie ich, und ließ ruhig den Hals fallen. Ich streckte die Hand aus und strich ihm leicht über die Schulter. Er zuckte kurz zusammen, entspannte sich dann und seufzte leise.

Dies war der Anfang einer Kommunikation zwischen Menschen und einem Pferd, das sich anscheinend nur wünschte, mit ein wenig Würde und Freundlichkeit behandelt zu werden. Den Rest dieses ersten Tages machten wir ein wenig leichte Bodenarbeit, und er war ruhig und willig bei der Sache. Wir machten an diesem Tag klar, dass wir uns nicht gegen ihn zu verteidigen gedachten, und langsam, aber sicher versuchte er, uns auch keinen Grund dazu zu liefern.

Am zweiten Tag war Longen- und Doppellongenarbeit an der Reihe, was ihm überhaupt keine Mühe machte, und wir merkten langsam, wie aufgeschlossen und willig er in Wirklichkeit war. Wir staunten über die Sanftheit, mit der er auf jeden weiteren Schritt reagierte. Uns wurde klar, dass er höchst sensibel war. Der Druck, dem er in der Vergangenheit ausgesetzt gewesen war, musste auf ihn gewirkt haben, als ob jeder ihn permanent und erbarmungslos angebrüllt hätte. Am dritten Tag wiederholten wir die Longen- und Doppellongenarbeit und sattelten ihn dann in Vorbereitung auf das Reiten.

Vorher sah ich mir den Sattel an und stellte fest, dass er nicht besonders gut passte, was mit der Grund dafür gewesen sein mag, warum der Besitzer Probleme beim Reiten hatte. Wir sprachen darüber, wie man die Lage des Sattels verbessern könnte, und probierten ein anderes Sattelpad aus, das dem Pferd mehr Bewegungsfreiheit erlaubte. Der Besitzer stieg auf und erlebte, was er »den besten Ritt meines Lebens auf diesem Hengst« nannte.

Am letzten Tag hatte der Besitzer ein ganz anderes Pferd als das, was er zum Kurs gebracht hatte. Ohne Kette über der Nase führte er den Hengst ruhig aus dem Paddock und denselben Weg zurück, den er zu Anfang mit solcher Mühe genommen hatte. Im Round Pen stand der Hengst ruhig da und wartete mit gesenktem Kopf auf das Satteln. Der Besitzer stieg auf und ritt ein paar Runden.

In dieser Zeit hatte sich der Hengst so entspannt, dass sogar sein Körper verändert wirkte. Am ersten Tag war er ein einziger harter, verkrampfter Muskelball gewesen, und jeder Schritt sah mühsam aus.

An diesem letzten Tag war sein Körper entspannt und locker, und er wäre nur so über den Boden geschwebt, wenn nicht … Jetzt, gelöst und entspannt, wurde offensichtlich, dass er körperlich nicht in Ordnung war. Seine Hüften, die Lendenpartie und eine Schulter waren versteift. Er war, kurz gesagt, so verritten, dass ihm alles wehtat.

Nach circa fünfunddreißig Minuten, in denen er meist einen schönen, leichtfüßigen Trab gegangen war, schienen ihm zunehmend Schmerzen zu schaffen zu machen. Ich sagte zu dem Besitzer, es sei vielleicht besser abzusteigen, auch wenn die Zeit noch nicht ganz abgelaufen war. Er war einverstanden und wollte nur noch einmal am Tor vorbei und die andere Seite entlangtraben und dann absitzen.

Sie ritten an mir vorbei auf die andere Seite, als der Hengst plötzlich stehen blieb. Die Muskeln in seinem Gesicht spannten sich an, die Nüstern blähten sich, und er schüttelte den Kopf – etwas, was er seit zwei Tagen nicht mehr getan hatte. Ich bat den Besitzer dringend, ruhig zu bleiben und nichts zu unternehmen (leicht gesagt für jemanden, der zehn Meter weit weg auf einem Zaun saß). Der Hengst schüttelte ein zweites Mal den Kopf und machte Anstalten zu steigen. Wieder bat ich den Besitzer, nicht darauf zu reagieren, und ich rechne es ihm hoch an, dass er tatsächlich davon absah.

Der Hengst stieg wirklich, aber nur etwa zehn Zentimeter über der Erde. Er kam sofort wieder herunter und stand ein paar Sekunden mit einem irgendwie überraschten Gesicht da. Dann, ganz langsam und bedächtig, legte sich das große Pferd hin. Dem Besitzer blieb Zeit abzusteigen, was er auch tat. Das Pferd lag ein bis zwei Sekunden still da, kam wieder auf die Füße und stand mit gesenktem Kopf neben seinem Besitzer.

Für mich war es erstaunlich, welche Mühe das Pferd sich gab, uns etwas mitzuteilen, ohne sich oder jemand anderen zu verletzen. Es war klar, dass es sich unter dem Reiter äußerst unwohl fühlte und ihn dringend von seinem Rücken haben wollte. Aber anstatt einen Aufruhr zu veranstalten, den Reiter vielleicht sogar abzuwerfen oder jemanden zu verletzen, hatte es sich bewusst anders entschieden. Und nicht nur das: Es hatte auch einen Weg gefunden, sein Ziel – den Reiter von seinem Rücken herunter – zu erreichen, aber auf eine Art und Weise, die eine Tür für zukünftige positive Kommunikation offen hielt.

Manche Kursteilnehmer schworen, dass der Hengst sich nur vor der Arbeit drücken wollte, dass er sich in Zukunft jedes Mal hinlegen würde, um den Reiter loszuwerden, und dass kein Pferd auf dieser Ebene kommunizieren könne. Und ganz ehrlich: Ich kann nicht beweisen, dass sie Unrecht haben. Aber wenn es wirklich so wäre? Wenn Pferde und andere Tiere sich unendliche Mühe gäben, einen Weg zu finden, um mit uns auf positive Weise zu kommunizieren, wir ihnen aber keine Chance geben, weil wir so von uns als »höhere Wesen« überzeugt sind oder unsere Theorien nicht revidieren möchten? In meinen Augen wäre das eine schwer wiegende verpasste Gelegenheit. Und ich schätze, es ist eine Gelegenheit, die ich jedenfalls nicht verpassen möchte.

Ich bin ziemlich davon überzeugt, dass Buck fünfzehn Jahre seine Lebens darauf verwandte, mir zu zeigen, was alles machbar ist, wenn es darum geht, einen gemeinsamen Nenner zu finden, sei es zwischen ihm und mir, ihm und anderen Pferden oder mir und anderen Menschen. Es gibt immer einen gemeinsamen Nenner, man muss sich nur die Mühe machen, ihn zu suchen. Finden wir ihn, öffnen sich die Türen der Kommunikation, und das Verständnis kann beginnen.

Und im Grunde genommen hat ein bisschen Verständnis noch niemandem geschadet.

Übung macht den Meister

Übung macht den Meister, sagt ein altes Sprichwort. Irgendwann einmal hat jemand ein weiteres Wort eingefügt, sodass es nun hieß: Perfekte Übung macht den Meister. Ich möchte es noch einmal erweitern und sagen: Perfekte Übung von *genau der Sache*, die du perfekt machen möchtest, macht den Meister.

Eine Bekannte von mir ist Tänzerin. Sie erzählte mir eine Geschichte von Balletttänzerinnen. Eines Tages kam der Choreograf mit einer neuen Schrittfolge. Er zeigte sie den Tänzerinnen und übte ein oder zwei Mal zusammen mit ihnen; dann wurde er zu einer Besprechung gerufen. Sie sollten ohne ihn weiterüben. Tanzen war ihr Beruf, sie waren sehr fleißig, und jede von ihnen strebte nach Perfektion. Als der Choreograf ungefähr eine Dreiviertelstunde später zurückkam, saß die neue Schrittfolge nahezu perfekt. Mit einer Ausnahme: Irgendwo in der Mitte hatten die Mädchen zwei Schritte vergessen. Auch wenn das, was sie geübt hatten, nahezu perfekt war, war es zugleich doch falsch.

Das Sprichwort Übung macht den Meister passt also nicht wirklich. Nicht einmal die überarbeitete Version, Perfekte Übung macht den Meister, trifft es richtig. Wenn sie nur das, was sie perfekt machen wollten, perfekt geübt hätten … Sie verstehen, was ich meine. Worauf ich hinauswill, ist, dass es nicht genügt, etwas zu üben, was wir besser können wollen. Wir müssen genau wissen, *was* und sogar genau, *wie* wir üben, bevor wir damit anfangen.

Irgendwann in meinem Leben beschloss ich, besser zu werden, nicht nur im Zusammenhang mit Pferden, sondern überhaupt, und dazu die Lektionen anzuwenden, die ich von Buck gelernt hatte. Ich erinnere mich daran, dass ich anfangs dachte, ich würde bei all diesen Dingen besser werden, wenn ich sie auf Pferde anwendete. Dann würde automatisch alles klappen.

Also packte ich es an und wendete in der Arbeit mit Pferden die sechs Lektionen an, die ich von Buck gelernt hatte. Ich bemühte mich sehr, *nie aggressiv* zu reagieren und immer einen *Plan* zu haben, bevor ich zu einem Pferd in den Round Pen ging. Ich versuchte, immer so *geduldig* wie möglich zu sein und dabei *beharrlich* und *beständig* zu bleiben: Und nicht zuletzt versuchte ich aus jeder Niederlage zu lernen, sie hinter mir zu lassen und *weiterzugehen*.

Aber während ich hart daran arbeitete, die Lektionen auf meine Pferde anzuwenden, ließ ich mein übriges Leben in etwa so weiterlaufen wie bisher. Wenn es zum Beispiel Streit gab, gingen wir oft zornig auseinander, ohne eine Lösung gefunden zu haben. Es fiel mir schwer, Pläne zu machen. Ich konnte vorausdenken, aber vorauszuplanen schien mir nicht so wichtig zu sein. Ich hatte immer noch wenig Geduld mit Angestellten, die untergeordnete Arbeiten verrichteten oder Fehler machten, die sie meiner Ansicht nach nicht hätten machen müssen. Manchmal entlud sich meine Ungeduld über meinen Kindern, nur weil sie irgendeinen Unfug angestellt hatten. Von meinen Äußerungen zu den Fahrgewohnheiten anderer Leute ganz zu schweigen.

Beharrlich und beständig war ich nur, wenn ich dachte, es käme ein unmittelbarer Nutzen dabei heraus. An Langzeitfolgen, gute wie schlechte, verschwendete ich kaum einen Gedanken. Und mit persönlichen Schlappen konnte ich auch nicht gut umgehen, ob es sich nun um das Training eines Pferdes handelte, einen Angestellten, einen Kunden oder eine Unstimmigkeit mit irgendjemand sonst.

Wie Sie sehen, arbeitete ich zwar weiter fleißig daran, mit Hilfe der Lektionen meine Arbeit mit Pferden zu verbessern, wendete sie aber nicht auf andere Aspekte meines Lebens an. Kein Wunder, dass ich keine wirklichen Fortschritte machte. Was ich bei den Lektionen nicht verstanden hatte, war, dass Buck, mein Lehrer, sie nicht an- und abschaltete, wie es ihm gerade passte. Sie waren ein Vollzeitteil von ihm. Sie machten aus, wer er war und beeinflussten ihn, wie er lebte, die ganze Zeit.

Erst als mir dies klar wurde, begannen die Dinge sich für mich zu verändern. Mein Fehler war, dass ich nicht wirklich genau das Ding übte, das ich perfektionieren wollte.

Ich habe immer gern geübt. Aufgewachsen bin ich in einer sportlichen Familie, in der alle immer irgendeine Sportart ausübten. Ich war nicht unbedingt ein geborener Athlet, aber Sport machte mir Spaß. Zum Beispiel spielte ich leidenschaftlich gern Basketball, traf aber nicht sehr gut. Mir wurde früh klar, dass ich, um für eine Mannschaft zu punkten, wenigstens einen Wurf so beherrschen musste, dass er mir beständig gelang, Ich entschied mich für den Hakenwurf, der eine große Trefferquote hat und von der gegnerischen Mannschaft schwer abzuwehren ist.

Ich erinnere mich, dass ich diesen Hakenwurf stundenlang übte, aus jedem denkbaren Winkel, mit jeder Hand. Ich arbeitete während unseres Mannschaftstrainings daran und blieb noch eine Weile, um weiter daran zu arbeiten. Ich arbeitete daran, wenn ich mit meinen Freunden spielte, und für mich allein mit dem Korbring in der Einfahrt. Ich beherrschte den Hakenwurf schließlich so gut, dass ich fast immer traf, und Gegner, die zehn Zentimeter größer waren als ich, ihn nie erwischten.

Mit ungefähr dreizehn Jahren begann ich professionell Schlagzeug zu spielen. Später wechselte ich zur Gitarre, die ich heute noch professionell spiele. Von klein auf war das sportliche Training durchsetzt mit Proben für die Band, für die ich gerade spielte. Auch bei der Musik war ich nicht unbedingt ein Naturtalent. Das Spielen machte mir Spaß, und nachdem ich mir ein Schlagzeug gekauft und mir selbst den Umgang damit beigebracht hatte, übte ich endlos denselben Trommelwirbel, bis er perfekt war. Mit einem Freund zusammen (der Bass spielte und ebenfalls endlos übte) spielte ich stundenlang, bis wir es dahin brachten, in einigen der Spitzenbands unserer Region zu spielen. Das lag alles daran, wie wir übten und wie viel Zeit wir auf das Üben verwandten.

Ich merkte schon bald, dass die Lektionen zu üben, die ich von Buck gelernt hatte, sich nicht mit dem vergleichen lassen würde, was ich zuvor geübt hatte. Beim Sport oder in der Musik war ich umso besser geworden, je mehr ich geübt hatte. So einfach war das, und die Verbesserung war einfach zu messen. Je öfter ich den Hakenwurf praktizierte, desto öfter traf ich. Je öfter ich einen Rhythmus auf dem Schlagzeug spielte, desto flüssiger und fehlerfreier gelang er. Aber dies – das war etwas ganz anderes. Nicht nur war da nichts Fassbares zum Üben, es schien auch nichts Messbares zu geben, an dem sich ein Fortschritt ablesen ließ, selbst wenn es mir gelingen sollte, das Ding zu finden, das zu üben war.

Horsemanship-Kurse eignen sich hervorragend zum Lernen und zum Üben. Die Teilnehmer können nicht nur etwas über ihre Pferde lernen und wie sie mit ihnen arbeiten sollten, sie können auch – wenn sie sich selbst Gelegenheit dazu geben – eine Menge darüber lernen, was sich in ihrem eigenen Leben abspielt. Diese Art des Lernens ist nicht nur auf die Teilnehmer beschränkt; nicht zuletzt erhält auch der Kursleiter eine Chance zu wachsen. Die Voraussetzung dazu ist nur, dass alle sich lang genug aus ihrer Routine lösen können, um das, was um sie herum vorgeht, aufmerksam zu verfolgen. Das war damals mein Dilemma.

Da war ich und versuchte, effektive Wege zu finden, um mich und meine Arbeit mit Hilfe der Lektionen, die ich von Buck gelernt hatte, zu verbessern. Mein Problem bestand darin, dass ich keinen Ausgangspunkt fand. Die Lektionen waren für mich sechs einzelne Einheiten gewesen, von denen jede spezielle Aufmerksamkeit verlangte. Ich dachte, ich könnte *Beharrlichkeit* nehmen und einen ganzen Tag darauf verwenden, daran zu arbeiten. Am nächsten Tag würde ich mir dann *Geduld* vornehmen, dann *Beständigkeit* und so weiter.

Während meiner Kurse ging mir allmählich auf, dass man die Situation auch anders betrachten konnte. In der einen oder anderen Form predigte ich jedem, der zu einem Kurs zu mir kam, zwei Dinge. Sie sollten sich bemühen, einen Weg zu finden, um einen Kampf mit ihrem Pferd zu vermeiden, und sie sollten ihre Absichten so klar formulieren, dass die Pferde auch genau wussten, was sie ihnen beibringen wollten. *Nicht kämpfen, klar ausdrücken* lautete die Botschaft.

Nach einem einigermaßen schwierigen Kurs, bei dem ich wieder allen, die zu mir in den Round Pen kamen, mein Mantra, *Nicht kämpfen, klar ausdrücken* heruntergebetet hatte, lud ich meine Pferde ein und machte mich auf die lange Fahrt nach Hause. Ungefähr eine halbe Stunde später steckte ich im Rush-Hour-Verkehr in einer der größten Städte des Landes fest. Ich befand mich auf der zweiten von fünf Spuren, und an mir flogen Autos und Lastwagen vorbei, fädelten vor mir ein und aus und zwangen mich zu plötzlichen Bremsmanövern, die die Pferde im Hänger tüchtig ins Rutschen brachten. Es war klar, dass ich so schnell nicht aus diesem Verkehr herauskommen würde, aber schon nach ein paar Minuten spürte ich, wie mein Nervenkostüm dünn wurde.

Ein kleiner, grüner Sportwagen zischte an mir vorbei, bremste, zog direkt auf meine Spur und bremste erneut. Ich hatte nicht mehr genügend Platz zum Bremsen, ohne auf ihn aufzufahren, also umklammerte ich das Lenkrad und trat kräftig auf das Bremspedal, um den unvermeidlichen Aufprall so gut wie möglich abzumildern. In der allerletzten Sekunde zog der Wagen nach rechts und mir aus dem

Weg, wobei er nur knapp zwischen einem UPS-Laster und einer lang gestreckten weißen Limousine durchwitschte.

Ich konnte fühlen, wie die Pferde hinter mir im Hänger um ihr Gleichgewicht kämpften, als ich das Bremspedal losließ und mich wieder in den fließenden Verkehr einreihte. Kalt vor Zorn sah ich, wie der Fahrer des grünen Wagens wieder auf die Bremse trat, beschleunigte, nach rechts in eine Ausfahrt hineinschoss und in den belebten Straßen der Stadt verschwand.

Ich konzentrierte mich wieder auf den dicht befahrenen Highway, jeden Muskel im Körper in Hochspannung, als ich aus heiterem Himmel meine eigene Stimme vernahm: »Nicht kämpfen, klar ausdrücken.« Genau dies hatte ich den Leuten das ganze Wochenende über gepredigt. Ich hatte es so oft gesagt, dass die Worte automatisch aus meinem Mund zu kommen schienen.

Ich sagte es noch einmal: »Nicht kämpfen, klar ausdrücken.« Ich spürte, wie ich tief einatmete und sich der eiserne Griff um das Lenkrad löste. *Nicht kämpfen, klar ausdrücken.* Ich sah in meine Rückspiegel und schätzte den Verkehr hinter mir ab. *Nicht kämpfen, klar ausdrücken.* Ich sah auf den Verkehr vor mir, holte noch einmal tief Luft und atmete wieder aus.

Ich dachte an etwas anderes, was ich unzählige Male bei meinen Kursen gesagt hatte: »Lassen Sie sich nicht von der Situation beherrschen. Beherrschen Sie die Situation und vergessen Sie dabei das Denken nicht.« *Zeit, die Sache etwas langsamer anzugehen*, dachte ich.

Ich schaltete den rechten Blinker ein, um auf die langsamere Spur einzuschwenken. Wagen auf Wagen fuhr rechts an mir vorbei, niemand nahm Notiz davon, dass ich die Spur wechseln wollte. *Nicht kämpfen, klar ausdrücken.* Ich schob mich allmählich nach rechts, als ob ich fragen wollte, ob ich einfädeln dürfe. Zwei weitere Wagen zogen vorbei, bis schließlich einer langsamer wurde und mir ein Blinkzeichen gab, vor ihm einzuscheren. Ich lenkte mein Gespann

Harry Whitney auf Turbo und Mark auf Buck 2000 beim Horsegathering

Mark und Harry, Horsegathering 2001

Mark und Buck 2001 bei ihrem letzten Kurs

Buck wie er mit seinem letzten Fohlen arbeitet

Übung »Hinterhand weichen lassen«

Buck bittet das Fohlen auszuweichen

nach rechts, ließ zum Dank die Scheinwerfer aufleuchten und bremste auf eine annehmbare Geschwindigkeit herunter. Schon war die Situation unter Kontrolle und meine Geduld wiederhergestellt, ganz zu schweigen von den guten Gefühlen, die ich den anderen Fahrern entgegenbrachte, insbesondere dem höflichen hinter mir.

Ich brachte noch ein paar Kilometer hinter mich, bevor mir plötzlich ein Riesenlicht aufging. Bei einer unbedeutenden kleinen Gelegenheit und bewaffnet mit einem einfachen Satz wie *Nicht kämpfen, klar ausdrücken* hatte ich gerade alle sechs Lektionen praktiziert! Etwas war beinahe *schief gegangen*, aber ich hatte mich davon nicht beeindrucken lassen, sondern war schnell in der Lage gewesen *vorauszuplanen*, um in eine langsamere Spur zu kommen. Ich hatte *geduldig* auf eine Gelegenheit gewartet, die Spur zu wechseln, und als sie nicht kam, hatte ich auf *unaggressive* Weise darum gebeten, einschwenken zu dürfen. Mit *Beständigkeit* und *Beharrlichkeit* hatte ich schließlich jemanden gefunden, der mich einfädeln ließ. Das hatte ich getan, und die restliche Fahrt durch die Stadt war ohne größere Schwierigkeiten verlaufen.

Du liebe Güte. So einfach konnte es doch wohl nicht sein. Aber es war so einfach. Ich konnte alle sechs Lektionen praktizieren, wenn ich mich einfach der Idee des *Nicht kämpfen, klar ausdrücken* bediente, etwas, das ich den Leuten seit Jahren gepredigt hatte. Plötzlich kam ich mir vor wie Dorothy im *Zauberer von Oz*, die nach allem, was sie durchgemacht hatte, herausfand, dass sie nur die Absätze hätte gegeneinander schlagen müssen, um jederzeit nach Hause gehen zu können. Die Antwort auf ihr Dilemma hatte direkt vor ihrer Nase gelegen, genau wie bei mir.

Sobald ich damit begann, dieses simple Konzept auf alle Aspekte meines Lebens anzuwenden, wurde alles anders. Heute kann ich mir selbst nicht mehr erklären, warum ich gedacht hatte, ich müsse Bucks Lektionen einzeln praktizieren und mir die Situation oder Lektion, an der ich arbeiten wollte, für einen bestimmten Tag vornehmen.

Ich merkte, dass jeder Tag voller Gelegenheiten war, nicht zu kämpfen und sich klar auszudrücken. Manche sind wichtig, vielleicht sogar lebenswichtig, andere sind ganz klein und scheinbar unbedeutend. Trotzdem ist jede Einzelne wichtig, um meine Lektionen zu praktizieren.

Kurz vor dem Abschluss der High School sagte uns einmal ein Lehrer: »Ihr werdet im Leben mit einem endlosen Sperrfeuer zu kämpfen haben, wenn ihr weiterkommen wollt. Manche dieser Kämpfe sind nicht zu umgehen, sie müssen einfach ausgefochten werden, andere wieder nicht. Denkt daran, euch eure Kämpfe selbst auszusuchen. Lasst sie euch nicht aufzwingen.« Damals gingen die Worte an mir vorbei, aber vergessen habe ich sie nie. Sie kamen aber erst wieder an die Oberfläche, als ich mich auf den Weg von *Nicht kämpfen, klar ausdrücken* begab.

Mir meine Kämpfe selbst auszusuchen, bedeutete für mich, Wege zu finden, mich im Alltag mit Erfolg zu behaupten. Das begann mit so einfachen Dingen wie Gesprächen. Fand ich mich in ein Gespräch verwickelt, mit dessen Gegenstand ich nicht einverstanden war, fragte ich mich erst, ob es mir wirklich wichtig war, meinen Standpunkt klarzumachen. Hatte ich eine Chance, angehört zu werden, oder war es pure Zeitverschwendung?

Nachdem ich meine Gespräche so betrachtete, gelang es mir tatsächlich, mich zu bremsen und nachzudenken, bevor ich etwas sagte. Ich dachte über Fragen sehr viel sorgfältiger nach. Ich war in der Lage, klarere Antworten zu formulieren, sodass die Menschen die Dinge, auf die es ihnen ankam, schneller verstanden.

Diese Verzögerung bewirkte einen interessanten Nebeneffekt. Andere Leute sprangen ein und beantworteten die Fragen, bevor ich selbst antworten konnte. Früher hätte ich mich über diese Unterbrechungen aufgeregt, aber mit der *Nicht-kämpfen*-Haltung ging mir allmählich auf, dass das, was ich zu sagen hatte, alles in allem gesehen vielleicht gar nicht so wichtig für sie war.

Manchen mag diese Haltung schwächlich oder unterwürfig erscheinen, aber ich sehe das nicht so. Nur weil ich keine Gelegenheit hatte, meine Meinung zu sagen, brauchte ich meine Meinung ja nicht aufzugeben; es hieß nur, dass die anderen keine Gelegenheit hatten, sie zu hören. Und eigentlich ist es mir egal, ob meine Meinung gehört wird oder nicht. Schließlich ist es nur eine Meinung.

Dadurch, dass ich an Gesprächen mit dieser inneren Haltung teilnahm, öffnete sich für mich die Tür für ein besseres Verständnis des Standpunkts, den mein Gegenüber vertrat. Dadurch, dass ich zuhörte, statt zu reden, erfuhr ich viel mehr über die vielen verschiedenen Lebensweisen, Ideen, Ideale und Hintergründe der Menschen, denen ich begegnete. Dadurch verbesserte sich wiederum mein Verständnis für Menschen, die ich in Zukunft treffen sollte, sodass die kritische erste Begegnung oft viel glatter verlief. Dies war unschätzbar wertvoll für mich, wenn ich an einem fremden Ort einen Kurs gab und auf neue Reiter und Pferdebesitzer traf, die zum ersten Mal bei mir Hilfe suchten.

Als ich begann, mit Situationen unter dem Aspekt von *Nicht kämpfen, klar ausdrücken* umzugehen, ging mir allmählich auf, dass sich dieses Motto vielfach anwenden lässt. Es kann bedeuten: Kämpfe nicht mit der Person, mit der du gerade sprichst, kämpfe nicht mit deinem Pferd, kämpfe nicht mit der Situation, in der du dich befindest – sogar: Kämpfe nicht mit dir selbst. Gerade dieses Letzte hat sich für mich als besonders hilfreich herausgestellt.

Ein gutes Beispiel dafür ist für mich das Schlangestehen. Solange ich denken kann, habe ich es gehasst, mich anstellen zu müssen. Wahrscheinlich kommt das von meiner Erziehung in einer katholischen Schule, wo wir uns immer und ewig in einer Reihe aufstellen mussten: um zum Essen zu gehen, um unsere Mäntel zu holen, um unsere billigen Bleistifte zu spitzen, um zur Toilette zu gehen oder bevor wir aus dem Unterricht entlassen wurden – immer mussten wir uns in einer Reihe aufstellen. (Meine Frau allerdings sagt, es kommt davon, dass ich einfach keine Geduld habe.) Jedenfalls bin ich nicht sehr gut im Schlangestehen, aber auch das begann sich zu verändern.

Ich merkte, dass mein Problem mit dem Schlangestehen zum Teil davon herrührte, dass ich immer in eine hineingeriet, wenn ich nicht damit gerechnet hatte. Oder vielleicht sollte ich sagen: wenn ich nicht geplant hatte. Punkt. Zum Beispiel hielt ich zur Mittagszeit, wenn jeder zum Mittagessen ging, vor einem Fast-Food-Restaurant. Natürlich stand ich in einer langen Schlange, starb fast vor Hunger und hatte fünf Leute vor mir, die die exotischsten Zusammenstellungen orderten, die nicht einmal auf der Karte standen. Dann begann ich daran zu denken, wie hungrig ich war, wie rücksichtslos die Leute vor mir waren, dass ich früher hätte kommen sollen, dass ich später hätte kommen sollen, was ich noch alles zu erledigen hatte und dass ich zu spät kommen würde, weil ich Schlange stehen musste.

Jetzt ist mir klar, dass ich mit mir selbst kämpfte, weil ich erstens nicht besser vorausgeplant und zweitens keine Geduld hatte. Also fing ich an, besser vorauszuplanen. Ich hielt morgens vor elf Uhr und nachmittags vor fünf Uhr an und ging so den langen Schlangen aus dem Weg. Musste ich mich trotzdem einmal irgendwo anstellen, betrachtete ich es als Gelegenheit, mich in Geduld zu üben. Ich stellte fest, dass die Schlangen zwar mein Tagwerk bremsten, dass es mir aber in vielen Fällen nur gut tat, ein bisschen gebremst zu werden. Ich verpasste eine Menge, weil ich nicht im Augenblick lebte, auch wenn dieser Augenblick bedeutete, dass ich mit zwanzig Leuten in einer Schlange stand. Plötzlich konnte ich die freundlichen Gespräche um mich herum hören, den gelegentlichen Scherz oder die verschiedenen Dialekte und Akzente – alles Dinge, die mir früher entgangen waren. Mir ging auf, dass auch die Dinge, die mir schlecht erschienen waren, ihr Gutes haben konnten, wenigstens ein klein wenig.

Vor der Kinokasse Schlange stehen zu müssen war nicht schlecht, es war eine Gelegenheit! So war es auch damit, bei einem Gespräch unterbrochen oder im Straßenverkehr geschnitten zu werden oder Kinder zu haben, die kindlichen Unfug trieben. Besonders bei dem letzten Punkt, wo wir das Wunder der Jugend beobachten können, lächelnde Gesichter, Lernkurven und einfach Spaß!

Ich fing an zu verstehen, dass es gar nicht Bucks Lektionen waren, die ich üben musste. Die Lektionen sind sehr wichtig, und im Alltag vertraue ich auf sie. Sie sind die Basis für den Weg, den ich gehen möchte. Aber was ich unter dem Aspekt von *Nicht kämpfen, klar ausdrücken* zu verstehen begann, ist, dass ich das *Leben* übte und diese Lektionen einfach ein Teil davon sind. Mehr noch: Ich übte das Leben, wie es für mich sein sollte, ob ich am Steuer meines Autos saß, eine Schubkarre schob, ein Tor öffnete, jemandem zum ersten Mal begegnete, einen Hund streichelte oder ein Pferd ritt. Damit übte ich perfekt genau das, was ich perfektionieren wollte.

Natürlich ist mein Leben, und wie ich es mir schlussendlich wünsche, weit davon entfernt, auf irgendeiner Ebene perfekt zu sein. Aber damit habe ich auch etwas zu üben.

Der Anfänger

Da standen wir drei, barfuß auf dem Teppichboden des *Dojo*, Anfänger bei ihrer ersten Aikido-Stunde. Der *Shihan* – ein sehr ranghoher Lehrer in diesem japanischen Kampfsport, der auf Weichheit, Balance, Timing und Verschmelzen mit dem Angreifer beruht – führte uns geduldig durch die Grundlagen des *Kata*, eine Reihe von Bewegungen, die bei allem, was wir lernen sollten, eine Schlüsselstellung einnahmen. Ich war sechsundvierzig und wollte eine Sportart lernen, die mir so fremd war, dass ich ebenso gut hätte versuchen können, ein Raumschiff zum Mond zu steuern.

Die Positur war höchst unbequem. Mein rechter Fuß war leicht vor- und nach außen gestellt, mein linker war etwas nach hinten gestellt und ebenfalls nach außen gedreht. Mein Gewicht sollte hauptsächlich auf dem Ballen meines rechten Fußes, gleich hinter dem großen Zeh, ruhen. Arme und Hände befanden sich vor mir, die rechte Hand etwa in Brusthöhe, die linke an der Gürtellinie, Daumen und Finger werden ohne Spannung gestreckt. Es hieß, aus dieser Position heraus würde Kraft aus meinen Fingerspitzen fließen wie Wasser.

Aus dieser extrem ungeschickten Stellung, überhaupt nicht im Gleichgewicht, hieß der *Shihan* mich nach vorn, nach hinten und zur Seite gehen, wobei ich meine Füße über den Boden gleiten lassen und anmutig meine Hände und Arme bewegen sollte. Irgendwann einmal sollten diese Bewegungen Kraft, Gleichgewicht und Schnelligkeit produzieren. An diesem ersten Abend kämpfte ich nur damit, überhaupt einen Punkt zu finden, der mich nicht zu Fall brachte, von perfektem Gleichgewicht, von Schnelligkeit und Kraft keine Rede.

Nachdem er meinen Bemühungen wie mir schien eine Ewigkeit zugesehen hatte, kam der *Shihan* zu mir herüber. Er legte mir eine Hand auf die Schulter und sagte ruhig: »Es kommt schon noch. Denken Sie nicht so viel an die Form oder daran, es jetzt schon genau richtig zu machen. Machen Sie es, so gut Sie können. Vergessen Sie das Atmen nicht und bleiben Sie weich. Denken Sie daran, dass Sie ein Anfänger sind. Sie versuchen das zum ersten Mal, und Ihr Körper wehrt sich dagegen. Aber wenn er erst verstanden hat, was Sie wollen, wird er mitmachen.«

Er lächelte, klopfte mir auf die Schulter und ging weiter zum nächsten Schüler. Drei Dinge in diesem einfachen Vorgang hatten eine enorme Wirkung auf mich. Das Erste war die Weichheit, mit der dieser Meister vorgegangen war. Da war ein Mann von außerordentlicher Beweglichkeit, Schnelligkeit und vor allem Kraft, und doch hatte sich das Schulterklopfen so leicht angefühlt, als ob ein Vogel gelandet wäre. Bei aller Kraft, über die er verfügte, entschied er sich für eine sanfte, ermutigende Berührung. Dass jemand über wahre Kraft verfügt, zeigt sich in der Weichheit, mit der er anderen begegnen kann.

Das Zweite war die Tatsache, dass er mich, obwohl ihm wie jedem anderen, der an diesem Abend den *Dojo* betrat, schmerzlich bewusst sein musste, dass ich ein blutiger Anfänger war, dennoch mit dem gleichen Respekt, der gleichen Würde behandelte wie die Schwarzen Gürtel in der Klasse. Es war lange her, dass ich in irgendetwas ein Anfänger gewesen war. Es kann ein großartiges Gefühl sein, mit offenen Türen und endlosen Möglichkeiten zu wachsen, es ist aber auch ein sehr zerbrechliches Gefühl. Es fehlt nicht viel, dass ein Anfänger alles wieder hinwirft, besonders wenn ihm die Ermutigung fehlt, die ihm hilft, Fortschritte zu machen.

Vermutlich ist das einfach menschlich, aber als ich an diesem Abend in den *Dojo* marschierte, hatte ich angenommen, dass ich von der ersten Stunde an gut in Aikido sein würde. Als mir aufging, dass ich nicht gleich so gut sein würde, setzte ich mich selbst unter Druck, um so gut zu sein, wie ich mir vorgestellt hatte. Natürlich funktionierte das nicht. Mir fehlte einfach das Wissen oder das Geschick. Der *Shihan* erkannte dies und führte mich langsam den Weg entlang, auf dem ich mich befand, im Gegensatz zu dem, auf dem ich mich zu befinden glaubte.

Das Letzte und vielleicht Wichtigste war die Art, wie der *Shihan* sich ausgedrückt hatte. Er hatte nicht nur klargemacht, dass er von mir an diesem Abend keine Perfektion (oder etwas in der Richtung) erwartete, er hatte mir auch die Erlaubnis gegeben, Fehler zu machen. Von da an trug mich diese Erlaubnis beim Erlernen der Kunst.

Als ich Buck zum ersten Mal begegnete, ging ich einfach davon aus, dass er, wie so viele Pferde, mit denen ich im Verlauf der Jahre gearbeitet hatte, mich als Lehrer sehen und seine Rolle als pflichteifriger Schüler akzeptieren würde. Und am Anfang war dies auch der Fall, anfangs, als er lernte, einen Reiter zu tragen. Er bemühte sich sehr darum zu lernen, wie man dem Druck durch das Gebiss, dem Schenkel oder gar dem Sitz des Reiters nachgibt. Er lernte, auf die Hilfen vorwärts, rückwärts und seitwärts zu gehen und sein Tempo zu regulieren.

Scheint so, als hätte ich irgendwann, nachdem er dies alles verstanden hatte, irgendwie aufgehört, der Lehrer zu sein. Ganz allmählich kehrten sich unsere Rollen um. Ich befand mich am Anfang derselben Straße, die ich gegangen war, als ich mit Aikido anfing. Ich war ein blutiger Anfänger mit einem freundlichen und weisen Lehrmeister.

Wie in der ersten Aikido-Stunde bestand mein größtes Problem darin, dass ich mich nicht als Anfänger sah. Ab einem gewissen Alter nimmt man an, dass einem nicht mehr viel Neues begegnen kann; die Chancen, wieder zum Anfänger zu werden, sind also recht gering. Im Gegensatz zu Aikido konnte ich in diesem Fall außerdem argumentieren, dass ich angesichts meiner langen Beschäftigung mit Pferden in Bezug auf Horsemanship kein Anfänger mehr war.

Aber auch nach zwanzig Jahren Arbeit mit Pferden war das, was ich mit Buck erleben sollte, etwas absolut Brandneues für mich. Diese zwanzig Jahre Arbeit mit Pferden waren, so stellte ich fest, in Wirklichkeit äquivalent zu einem Jahr Erfahrung, neunzehn Mal wiederholt. Mir stand eine Expedition in unbekanntes Territorium bevor.

In all den Jahren unserer Zusammenarbeit kann ich mich nur an wenige Male erinnern, in denen ich so etwas wie Gewalt gegenüber Buck angewendet habe. Das erste Mal war oben im Tal, als wir versuchten, der Pferdeherde den Weg abzuschneiden. Eine andere Gelegenheit war, als ein Fohlen Schwierigkeiten machte und ich versuchte, Buck in Bewegung zu bringen, was er verweigerte.

Das letzte Mal war an einem Morgen auf der Ranch. Ich war auf die Weide hinausgeritten, ein großes, mit Bäumen bestandenes Stück Land, wo die Pferde die Nacht verbracht hatten, und wollte sie hereinholen. Wie jeden Morgen machten Buck und ich einen großen Bogen durch die Bäume, bis wir die circa siebzig Pferde fanden. Sie standen alle oben auf einem Hügel, in der Nähe des Zauns und ungefähr so weit vom Eingang entfernt, wie es nur möglich war.

Wir hatten die Herde gerade erreicht, als Buck plötzlich zur Seite sprang und einen der Wallache fast umstieß. Die ganze Herde schreckte auf und raste panikartig durch das Gehölz und abwärts Richtung Tor, Buck mitten drin, in vollem Tempo über Stock und Stein. Meine Versuche, ihn durchzuparieren, hatten erst nach gut zweihundert Metern hügelabwärts Erfolg. Dort gelang es mir endlich, ihm den Kopf weit genug herumzuziehen, dass ich ihn anhalten konnte.

Unglücklicherweise ließ ich mich von meinen Emotionen übermannen. Ich drehte ihn einige Male schnell im Kreis herum und hieb ihm wütend die Absätze in die Seiten. Dann zog ich ihn, immer noch mit großer Geschwindigkeit, in die andere Richtung herum. Als wir anhielten, nahm ich die Zügel viel härter an als nötig und ließ ihn gute zehn Meter rückwärts gehen. Und dann sah ich aus dem Augenwinkel oben auf der Lichtung, durch die wir gerade gekommen waren, einen Puma, der den Hügel wieder hinauflief in Richtung der Stelle, wo die Herde nur Minuten zuvor noch gestanden hatte.

Stockstill und mit gespitzten Ohren beobachtete Buck den Puma ebenfalls, bis er in den Bäumen verschwunden war. Ein paar Sekunden rührte sich keiner von uns beiden. Dann gab ich die Hilfe zum Antreten, Richtung Tor, das noch etwa hundert Meter entfernt war. Er trat widerstandslos und ohne Eile an. Da hatte er uns vermutlich gerade vor einem Angriff gerettet, und ich hatte nichts Besseres zu tun gewusst, als ihn für das Durchgehen zu bestrafen. Der Gipfel aber war, dass er meinen dämlichen Wutausbruch ohne Kampf hinnahm und sich einfach wieder an die Arbeit machte.

Ich habe Buck wirklich nicht sehr oft hart angefasst, aber ich muss gestehen, dass auch die wenigen Male wohl eher unnötig waren. Trotzdem schien mir Buck nie irgendetwas übel zu nehmen, und das war für mich so etwas wie ein Rätsel. Er reagierte so gut wie gar nicht auf meine gelegentlichen idiotischen Ausfälle. Er nahm sie einfach hin, und wenn sie vorüber waren, benahm er sich, als sei nichts gewesen und machte sich einfach wieder an seine Arbeit.

Sein scheinbar gleichgültiges Verhalten bewirkte bei mir zwei Veränderungen. Einmal hörte ich auf, ihn hart anzufassen, sei es bei der Hilfengebung, sei es als Strafe. Reagierte er nicht auf eine Hilfe, fand ich einen Weg, uns ohne Gewalt aus der Situation zu befreien. Verhielt er sich widerspenstig, suchte ich erst nach dem Grund und dann nach einem Ausweg.

Ich brauchte eine Weile, bis ich verstand, dass Buck wirklich ein großartiges Pferd war. Er *wollte* mit mir zusammenarbeiten; wenn er also scheute oder durchging oder sich sonst wie seltsam benahm, musste es dafür einen Grund geben. Fast immer war dies ein sehr guter Grund – etwas, das ich unbedingt beachten musste.

Die zweite Veränderung fand statt, als ich mich zu wundern begann, warum es ihm nicht viel auszumachen schien, wenn ich ausrastete, durchdrehte und ihn zur Strafe hart anfasste. Was ich unter »zur Strafe hart anfassen« verstehe, hatte ich früher schon ab und an praktiziert, und fast immer hatte das jeweilige Pferd eine Art unterschwellige Furcht gezeigt und dies nicht noch einmal erleben wollen. Eigentlich hatte ich dieses Gefühl nie erzeugen wollen, aber damals fehlte es mir an Geschick oder Erfahrung, um unerwünschtes Verhalten auf andere Art zu korrigieren.

Vielleicht war es mein fehlendes Geschick, was Buck gegenüber meiner Gewaltanwendung so gleichgültig machte. Ich begann mich zu fragen, ob er vielleicht irgendwie spürte, dass ich es nicht besser wusste. Ja, ja, ich weiß: Der pure Gedanke ist schon unerhört. Realistisch gesehen würde es bedeuten, dass ich mit Buck entweder eine neue, absolut unerhörte Ebene der Kommunikation erreicht hatte, oder dass ich einfach nicht mehr ganz bei Trost war, weil ich so etwas überhaupt für möglich hielt.

Bevor Sie Ihre Entscheidung treffen, sollte ich wahrscheinlich den Grund dafür erklären, warum ich dachte, Buck könnte mich als Anfänger betrachten. Meine Vermutung gründet in ein paar sehr interessanten Ähnlichkeiten zwischen diesen Vorkommnissen und etwas anderem, was ich bei ihm beobachtet habe.

Wie Sie wissen, lebte Buck immer in der Herde, meist mit Stuten und Wallachen, gelegentlich mit einem Fohlen, einem Absetzer oder einem Jährling, und natürlich mit Zwei-, Drei- und Vierjährigen. Sein Verhalten diesen jüngeren Pferden gegenüber ist vielleicht der Schlüssel dafür, warum er keine negativen Reaktionen zeigte, wenn ich ihn hart anfasste.

Immer wieder habe ich gesehen, wie jüngere Pferde in Buck hineinrannten, ihn überrannten, an ihm herumkauten oder nach ihm schlugen, ohne dass er sich wehrte. Die meisten Pferde hätten solch ein Verhalten ziemlich schnell abgestellt, meist wenn solch ein Pferdebaby ungefähr ein Jahr alt wurde. Nicht so Buck.

Buck duldete diesen Babykram viel länger, ungefähr bis die Jungpferde drei Jahre alt wurden. Versuchte ein Dreijähriger, in seinen persönlichen Bereich einzubrechen, zeigte er ihm sehr schnell und entschieden, wo sein Platz war, und fast immer hielt sich der Jüngere in Zukunft daran. Bis zu diesem Alter aber ertrug er gutmütig alle Mätzchen und Possen und versuchte in den meisten Fällen, den jungen Pferden auf positive Weise Benehmen beizubringen.

War ein Fohlen zum Beispiel besonders frech zu ihm, konnte es passieren, dass Buck aufhörte, mit ihm zu spielen. Bei einer anderen Gelegenheit würde das Fohlen ihm dann überhaupt keine Reaktion entlocken können. Wenn Buck mit einem Fohlen spielte, konnte dies eine ganze Weile, fünfzehn bis dreißig Minuten, gehen. Spielte er nicht mit, suchte sich das Fohlen sehr schnell, meist innerhalb von Sekunden, einen anderen Spielgefährten. So brachte Buck dem Fohlen – einem Anfänger ohne jede Erfahrung als Mitglied einer Herde – auf positive Weise bei, dass es Zeiten gab, wo es in Ordnung war, mit ihm zu spielen, und Zeiten, wo es nicht in Ordnung war.

Buck sagte zu diesen Fohlen nicht einfach: *»Nein, spielt nicht mit mir!«* Meiner Meinung nach zeigte er ihnen, wie sie spielerisches und nicht spielerisches Verhalten bei einem Erwachsenen unterscheiden konnten. Wenn er spielte, dann spielte er *richtig.* Wenn er nicht spielte, dann spielte er *wirklich nicht.* Die Fohlen konnten den Unterschied sehen und spüren, denn es bestand ein auffallender Unterschied in seinem Verhalten. Sein Benehmen war so klar, dass die Fohlen erkennen konnten, wann sie ihn zum Mitspielen bewegen konnten und wann sie keine Regung aus ihm herausbekommen würden, was sie auch anstellten. Buck hatte ein Verhalten, das von anderen in der Herde oft als negativ betrachtet wurde, auf positive Weise geformt – er hatte den Pferdekindern geholfen, erwachsen zu werden.

Wenn ich mir ansehe, wie Buck sich bei vielen Gelegenheiten mir gegenüber verhielt und wie er darauf reagierte, wenn ich Gewalt anwandte, zeigen sich auffallende Ähnlichkeiten zu seinem Verhalten mit den Pferdekindern. Versuchten die Fohlen beispielsweise mit ihm zu spielen, wenn er keine Lust dazu hatte, machte er äußerlich »dicht« und sagte quasi: »Ich spiele heute nicht. Ihr müsst euch jemand anderen suchen.«

Wenn ich von Buck etwas wollte, was er als falsch betrachtete, besonders wenn ein anderes Pferd dabei im Spiel war, verhielt er sich im Grunde genommen ähnlich. Wahrscheinlich sagte er zu mir: »Das wird so nicht gehen. Du musst nach einem anderen Weg suchen.«

Die Pferdekinder in der Herde durften alles Mögliche mit ihm anstellen, besonders wenn sie noch sehr klein oder zwar schon etwas älter, aber noch unreif waren. Er behandelte jedes Pferd, das er »trainierte«, als Individuum. Verhalten und Lehrmethoden wurden auf das jeweilige Pferd maßgeschneidert. Verstand ein junges Pferd, gleich welchen Alters, nicht gleich, was Buck ihm zu zeigen versuchte, war er sehr geduldig, und mit der Zeit begriffen sie, um was es ihm ging.

Nachdem ich einen Schritt zurückgetreten war und die Situation betrachtet hatte, in der Buck und ich uns befanden, konnte ich erkennen, dass er mich sehr ähnlich behandelte. Die Pferdekinder mussten lernen, richtige Pferde zu werden. Ich musste lernen, ein richtiger Pferdemann zu werden. Und auch wenn er schlechtes Benehmen weiß Gott nicht gerade toll fand, so hatte er doch ebenso wenig Lust, darüber zu streiten. Sein unaggressives Verhalten blieb schließlich Sieger.

Wie bei meiner Erfahrung mit Aikido musste ich, bevor Buck mir helfen konnte, erkennen, dass ich in *seiner* Welt ein Anfänger war. Erst ab da war ich offen genug, um von ihm lernen zu können.

Buck brach jedem Streit die Spitze ab, weil er niemals aggressiv wurde, auch wenn ich es war. Schließlich erkannte ich, dass Buck, wenn er dem Augenschein nach meine Zornesausbrüche ignorierte, in Wirklichkeit sagen wollte: »Na denn, mach weiter, wenn es unbedingt sein muss. Du weißt es halt nicht besser. Irgendwann wird es schon klappen, also versuch es ruhig weiter.«

War der Streit wirklich vorbei und von meiner Seite kein Bedürfnis mehr vorhanden, irgendwie Gewalt anzuwenden, versuchte ich, auf verschiedenen Ebenen unsere Kommunikation zu verbessern. Damit aber öffnete sich eine Tür zu einer ganz neuen Ebene des Lernens und Verstehens; es war der Zündfunke, der mir endlich erlaubte, die Lektionen, die er mir präsentierte, auch zu erkennen.

Was mich an Buck immer wieder erstaunte und bis heute erstaunt, ist seine Fähigkeit, Dinge mit Würde zu akzeptieren, sei es eine neue Information von meiner Seite, die Spielfreude der Pferdekinder in seiner Herde oder die gewalttätigen und oft unnötigen Zusammenstöße mit mir. Ein Teil davon war seine Fähigkeit zu geben, ohne etwas dafür zu nehmen. Schon das allein hat mich unendlich bescheiden gemacht.

Jetzt kann ich auf all das zurückschauen, was ich von Buck gelernt habe, und kann erkennen, dass Buck wie der Aikido-Shihan seine Lektionen in wahrlich meisterhafter Manier präsentierte. Es ist klar, mir zumindest, dass Buck mich ohne Zweifel als Anfänger auf dem Gebiet der Horsemanship betrachtete. Er nahm mir dies aber nicht nur nicht übel, er vergab mir meine Unbedachtheiten und half mir, immer besser zu werden.

Ich habe das ganz starke Gefühl, dass der gute alte Buck mir wirklich helfen wollte, ein besserer Pferdemann zu werden – und ebenso ein besserer Mensch. Zu diesem Zweck half er mir bis zu unserem allerletzten gemeinsamen Ritt, indem er mir den Beistand und die Ermutigung gab, die mir halfen, mich in die richtige Richtung zu entwickeln.

Ich bin sicher, er hätte mich gern ein wenig weiter voran auf dieser Straße gesehen, bevor wir uns trennen mussten, aber leider, vielleicht zu unser beider Pech, reichte die Zeit dafür nicht mehr.

Bucks Vermächtnis

Der letzte Ritt

Ich denke in diesen Tagen viel an Buck. Zu sagen, dass ich die Arbeit mit ihm vermisse, wäre ein grobes Understatement. Sehen Sie, nach all den Jahren, die wir zusammen gearbeitet haben, bin ich zu dem Schluss gekommen, dass ich viel abhängiger von ihm war als er von mir.

Vor meinem inneren Auge habe ich immer noch das Bild, wie wir ruhig zusammen die Bergpfade nahe bei unserem Haus entlangreiten oder mit Spitzengeschwindigkeit eine Pferdeherde über die Hügel jagen. Ich erinnere mich daran, wie wir eine Viehherde langsam durch den Fluss getrieben haben und wie meine Kinder als Babys auf ihm im Sattel saßen. All diese Bilder zeigen einen Buck voll jugendlicher Kraft, aber dazwischen gibt es immer wieder Bilder von einem viel älteren Buck. Ein weises, sanftes, altes Pferd, unser Freund und Lehrer, das in seinen späteren Jahren bei uns im Hof stand – bei dem sich die Rippen unter dem Fell abzuzeichnen begannen, mit ergrau-

»Folg' mir«

Partner

Mark auf Quincy, Aaron auf Buck, Lindsey auf Squirt und Tyler auf Smokey beim Ausritt 2002

»Nur keine Angst, ich pass schon auf ihn auf.«

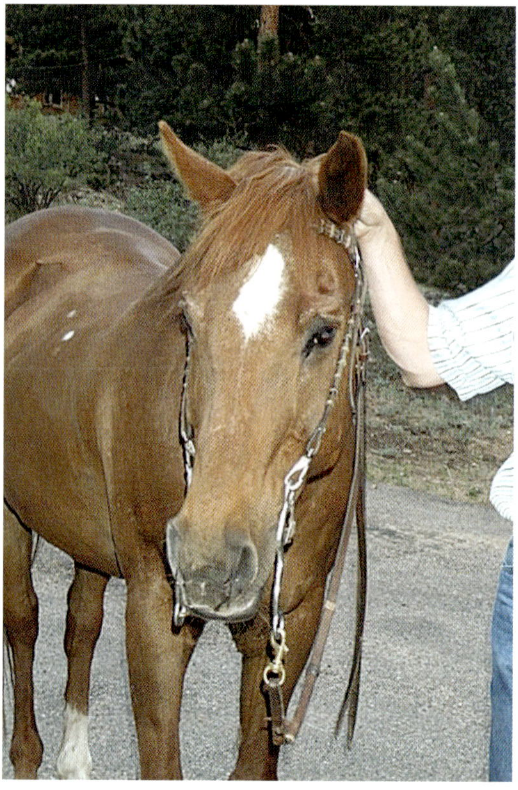

Buck 2002

ten Partien um die Augen, das aber immer noch zufrieden sein immer vorhandenes Heu mampfte.

Vor einiger Zeit gab mir Kim, ein Freund, der wusste, dass meine Söhne und ich Aikido praktizierten, ein Buch des Aikido-Meisters Gozo Shioda. Es ist voll von Fotografien dieses kleinen, kahl werdenden Japaners um die sechzig mit einem sanften und heiter-gelassenen Gesichtsausdruck, wie er mühelos einen Angreifer nach dem anderen hierhin und dahin wirft, indem er einfach Gebrauch macht von dem Gedanken, mit dem gegnerischen Angriff zu verschmelzen, und unter Anwendung von Timing, Schnelligkeit und Gleichgewicht die gegnerische Energie umlenkt. Hinter Aikido steht der Gedanke, dass beide, Angreifer wie Verteidiger, und ob Sie nun dieser oder jener sind, unverletzt davongehen und beide auf positive Weise aus dem Zusammentreffen gelernt haben.

Für mich besteht ein direkter Zusammenhang zwischen diesem Gedanken, im Angesicht des Feindes ruhig zu bleiben, mit der Situation zu verschmelzen und sie zu einem positiven Ausgang zu lenken, und der Art, wie Buck sich Menschen wie anderen Pferden gegenüber verhielt. Unzählige Male habe ich den beruhigenden Einfluss von Buck auf eine Pferdeherde miterlebt, und die Liste seiner erfolgreich verlaufenen Interaktionen mit Menschen ist ebenso eindrucksvoll.

Wie der Aikido-Meister konnte Buck sich mit Leichtigkeit und Selbstvertrauen jeder Situation – auch einer bis dato völlig unbekannten – anpassen. Bucks Verdienst war, dass am Ende des jeweiligen Zwischenfalls der beteiligte Mensch fast immer besser aussah und sich besser fühlte als zuvor.

Vor ein paar Jahren verletzte sich das Pferd unserer Rodeo-Königin, und sie brauchte in letzter Minute einen Ersatz. Die Aufgaben des Pferdes einer Rodeo-Königin – zum Beispiel sie in Höchstgeschwindigkeit um die Arena zu tragen, während sie eine riesige Flagge schwenkt – waren Buck absolut unbekannt. Hinter der Rodeo-Königin her würde, ebenfalls mit Höchstgeschwindigkeit, der Sieger der vorherigen Prüfung galoppieren, während ca. fünftausend Zuschauer wild Beifall klatschten und brüllten.

Bis zu diesem Zeitpunkt hatte Buck hauptsächlich Rancharbeit verrichtet und war, mit Ausnahme der einen oder anderen Parade, so gut wie nie in der Stadt gewesen. Er hatte nie irgendeine Flagge getragen, schon gar nicht mit den Maßen einer Sperrholzplatte, und er hatte mit Sicherheit noch nie fünftausend Menschen auf einem Fleck gesehen, die schrien und klatschten wie eine Horde Verrückter. Auf das Tragen der Flagge war er minimal vorbereitet, auf die vielen Zuschauer überhaupt nicht. Und trotzdem blieb er Herr der Lage und wurde in fünf Rodeos über drei Tage einfach das Pferd der Rodeo-Königin. Er zögerte oder scheute kein einziges Mal, er tat seine Arbeit und sorgte für ihre Sicherheit, bis ihr verletztes Pferd sich erholt hatte und wieder arbeiten konnte.

Im darauf folgenden Jahr hatte dieselbe Rodeo-Königin mit einem neuen Pferd, das ihren alt gewordenen Wallach ersetzen sollte, bei ihrem ersten Auftritt einen schrecklichen Unfall. Sie war mit dem großen Rappwallach einmal mit Höchstgeschwindigkeit um die Arena gebraust und hatte die Flagge geschwenkt. Gerade als sie abwenden und wieder hinausreiten wollte, riss ihr ein Zügel, und der Wallach geriet außer Kontrolle. Er brach aus und schleuderte sie krachend gegen einen Pfosten des Richterhäuschens. Sie brach sich mehrere Rippen und das Handgelenk, von diversen Beulen und blauen Flecken ganz zu schweigen.

Weil dieses Rodeo – und die nächsten fünf, an denen sie teilnehmen sollte – in ihrer Heimatstadt stattfand, die sie als Königin repräsentierte, wollte sie trotz des Unfalls um alles in der Welt nicht aufhören. Aber es stand außer Frage, dass sie mit diesen Verletzungen das neue und noch nicht genügend vertraute Pferd reiten konnte, mit dem sie gerade den Unfall gehabt hatte. Also sprang Buck wieder ein.

Die nächsten fünf Rodeos trug Buck die Königin – viel langsamer, disziplinierter und sicherer als im Jahr zuvor. Sie umrundeten die Arena unter dem donnernden Applaus des heimischen Publikums, das die Tapferkeit und Ausdauer seiner Königin trotz ihres Unfalls feierte. Unter ihr ging das Pferd, das ihr das Dabeisein möglich machte. Und wenn ich auch bezweifle, dass es Buck so oder so etwas ausgemacht hätte, hoffte ich für meinen Teil, dass zumindest ein wenig des herzlichen Beifalls auch ihm galt.

An einem mondbeschienenen Abend läutete einmal um halb elf Uhr das Telefon. Am anderen Ende war ein Ranger des Rocky Mountain National Park.

»Wir haben eine Frau oben in der Nähe des Longs Peak«, sagte die Stimme am anderen Ende in nüchternem Geschäftston. »Sie hat sich heute Nachmittag auf dem Weg hinunter am Knie verletzt und ist nur bis zum Boulder Field gekommen. Sie sitzt in der Nähe des Chasm Lake, gleich oberhalb der Baumgrenze, fest. Können Sie raufreiten und sie holen?«

Longs Peak ist der höchste Berg im Rocky Mountain National Park, über viertausend Meter hoch. Er ist bei Freizeitkletterern wie bei erfahrenen Bergsteigern gleichermaßen beliebt. Der Hauptaufstieg ist die meiste Zeit relativ einfach, wird aber in Gipfelnähe schwierig. Im so genannten *Trough*, dem »Trog«, kommt es oft zu Verletzungen. Offenbar hatte sich die Frau dort das Knie verrenkt. Sie war mit drei Begleitern unterwegs gewesen, und diese hatten sie so weit hinuntergebracht, wie sie konnten. Die Frau befand sich nun in einem Zelt auf einem Grat in der Nähe von Jim's Grove. Vom Ausgangspunkt des Kletterpfads an würde ich zu Pferd vier Stunden hin brauchen – und reiten würde ich Buck.

Buck und ich erreichten etwa eine Stunde später, bereits im Dunkeln, den Ausgangspunkt. Ich lud ihn aus und band ihn am Hänger fest, legte ihm Sattel- und Zaumzeug auf, befestigte Satteltaschen mit diversen Vorräten und einem Erste-Hilfe-Kasten am Sattel und zog meine Chaps, eine dicke Jacke und Handschuhe an. Auf dem Hutrand trug ich eine Art Grubenlampe, die mir beim Aufstieg leuchten sollte. An der Ranger-Station hielt ich kurz an, um mich noch einmal zu vergewissern, wo genau die Frau sich befand. Dann machten Buck und ich uns an den langen Aufstieg durch den stockfinsteren Wald und den Bergpfad hinauf.

Die Aussicht auf einen Mondschein-Ritt auf Ihrem Pferd durch den Rocky Mountain National Park mag zuerst vielleicht verlockend klingen. Ist es auch. Vorausgesetzt allerdings, Sie sitzen auf einem Pferd, dem die meisten Dinge, vor denen sich Pferde sonst fürchten, nichts ausmachen. Dinge wie schattenhafte Hirsche und Elche, die vor, hinter und seitlich von Ihnen durch die Büsche krachen, das Geheul eines Kojoten oder das Brüllen eines Pumas in der Ferne. Ganz zu schweigen von anderen nächtlichen Begegnungen auf dem Pfad.

Während unseres Aufstiegs kamen Buck und ich gelegentlich an Wanderern vorbei, die einen romantischen Mondscheinspaziergang machten und mit Taschenlampen und Wanderstöcken ausgerüstet waren. Wir begegneten auch Bergsteigern mit ausladenden Rucksäcken und ähnlichen Grubenlampen am Kopf wie ich, die so früh wie möglich den Aufstieg zum Longs Peak beginnen wollten.

Jeder, der einmal einen Trailritt gemacht hat und überraschend einem Wanderer mit einem Rucksack begegnet ist, kann Ihnen sagen, wie aufregend das sein kann, besonders wenn das Pferd so etwas noch nie gesehen hat. Nun stellen Sie sich vor, wie aufregend dieselbe Begegnung bei Nacht erst sein kann! Aber Buck zögerte keine Sekunde, so seltsam unsere Begegnungen in dieser Nacht auch sein mochten und obwohl ich ihn in keiner Weise auf solche Bilder und Geräusche vorbereitet hatte. Er befolgte einfach meine Anweisungen und kletterte gelassen aufwärts.

Nach ein paar Stunden überquerten wir einen Bach, ritten einen großen Bogen und kamen aus den Bäumen heraus. Wir waren über dreitausend Meter hoch, oberhalb der Baumgrenze, und über uns strahlte hell der Vollmond. Es war tatsächlich so hell, dass ich meine Lampe ausschalten konnte.

Wir stiegen noch ein Stück weiter bergan und ritten einen Kamm entlang. Wie nicht anders zu erwarten, fuhr uns auf der anderen Seite ein Wind mit einer Geschwindigkeit von ca. achtzig Stundenkilometern entgegen, der Buck beinahe umgeworfen hätte. Nach einer weiteren halben Stunde kamen wir zu einem kleinen Zelt, das sich am höchsten Punkt an eine Felsnase über dem Chasm Lake schmiegte. Darin befanden sich die verletzte Frau und einer ihrer Begleiter, der ihr Gesellschaft leistete und versuchte, sie warm zu halten.

Die vom Wind geschüttelten, wild schlagenden Zeltplanen hätten wohl die meisten Pferde in die Flucht gejagt, aber auch hier blieb Buck ruhig und bei der Sache. Nach einiger Zeit gelang es uns, die Frau aus dem Zelt zu bringen und auf Bucks Rücken zu heben. Ich führte Buck am Zügel, und so machten wir uns auf den Rückweg.

Wir hatten gerade die Baumgrenze erreicht, als die Frau anfing sich zu beschweren, wie unbequem der Sattel sei. Nicht etwa über die Schmerzen in ihrem Knie oder wie schlecht es ihr ging, sondern wie sehr ihr das Hinterteil im Sattel wehtat! Der Pfad war uneben und steinig, aber Buck ging ganz langsam und setzte seine Füße so vorsichtig, wie er im Dunkeln nur konnte, während wir an Wanderern mit Rucksäcken vorbeikamen und andere seitlich am Wegesrand stehen blieben, mit aufgeklappten Wanderkarten, die im Wind flatterten – alles Dinge, bei deren Anblick die meisten Pferde, selbst bei Tageslicht, voller Entsetzen die Flucht ergriffen hätten.

»Dieses Pferd holpert«, jammerte sie.

»Können Sie nicht schneller gehen?«

»Warum ist er so langsam?«

»Ich kann nicht mehr sitzen.«

»Wie viel Uhr ist es?«

»Warum stolpert er so herum?«

Ihr ewiges Gejammer machte eine normale Konversation unmöglich. Schlimmer noch: Je weiter wir nach unten kamen, desto offensichtlicher wurde, dass sie gar nicht so schwer verletzt war. Sie hatte beide Füße in den Steigbügeln, und wenn Buck manchmal einen großen Schritt über ein Hindernis machen musste, wurde sie kräftig durchgeschüttelt, zuckte aber mit keiner Wimper. Stattdessen beschwerte sie sich aber darüber, wie sehr ihr in diesem Sattel der Allerwerteste wehtat!

Wir brauchten fast zwei Stunden den Weg hinunter, den wir in der doppelten Zeit hinaufgegangen waren. Wir waren an zahllosen Dingen vorübergekommen, die Buck hätten erschrecken können, aber er hatte nicht einen falschen Schritt gemacht. Ungefähr einen Kilometer vom Ausgangspunkt des Pfads entfernt brachte das Genöle dieser Frau über ihr schmerzendes Hinterteil und Bucks Unfähigkeit, sie mit der Bequemlichkeit einer Luxuslimousine zu befördern, bei mir das Fass zum Überlaufen.

»Warum geht dieses Pferd so holprig?«, beklagte sie sich ein Mal zu viel.

Ich hielt Buck an, ging zurück zu ihr, hielt ihr die Hand hin und bat sie abzusteigen.

»Was?«, fragte sie überrascht. »Warum sollte ich absteigen? Wir sind doch noch nicht da!«

»Es ist nicht mehr weit, und gleich geht die Sonne auf«, erklärte ich. »Sie waren unzufrieden mit meinem Pferd, seit Sie im Sattel sitzen. Ich dachte, Sie würden vielleicht lieber laufen als reiten.«

Ein paar Sekunden lang war sie still, dann sagte sie: »Nein, es tut mir leid. Ich würde lieber reiten. Er ist ein gutes Pferd.«

Er ist ein gutes Pferd. Mann, er hätte auf dem Hin- und Rückweg mit Fug und Recht ungefähr fünfzig Mal scheuen und durchgehen können. Ein falscher Tritt von ihm, und sie hätte Bodenbekanntschaft gemacht. Dagegen war er sogar mehrmals bewusst unter ihr Gewicht getreten, wenn sie das Gleichgewicht verloren hatte, damit sie nicht herunterfiel! Sie hatte ihm fast die ganze Zeit unbewusst in die Rippen getreten, was andere Pferde mit Zackeln oder sogar Angaloppieren beantwortet hätten. Er und nur ein »gutes Pferd«? Sie hatte keine Ahnung.

Buck hat für mich und andere Leute, die das Glück hatten, ihn reiten zu dürfen, so viel getan, dass es schwierig ist, alles aufzulisten. In jüngeren Jahren hat er Hunderten von Kindern und Erwachsenen, einschließlich meiner eigenen Kinder (und mir, nicht zu vergessen) das Reiten beigebracht. Irgendwann einmal im Laufe seiner Karriere hat er so ziemlich alles und jeden auf dem Rücken getragen, von sechsjährigen Kindern über Filmstars bis zu Profi-Fußballern. Er diente als Jagd- und Packpferd, er ging in Paraden und als Führpferd und arbeitete auf der Ranch. Er hat Rinder und Pferde getrieben, wurde beim Roping eingesetzt und ist sogar ein oder zwei Rennen gelaufen. Ich habe ab und zu junge und auch ältere Pferde als Handpferde mitgeführt, und er hat mich mehr als einmal vor anderen Pferden gerettet.

Einmal waren wir beispielsweise mit einem anderen Pferd und Reiter in einem großen Round Pen. Das andere Pferd war sehr aufgeregt und machte ziemliche Mätzchen. Der Reiter gab sich die größte Mühe, es unter Kontrolle zu halten und auf positive Weise zu dirigieren, aber leider machte es auf den Wallach nicht viel Eindruck. Buck und ich standen ruhig auf der Seite, und wie immer, wenn von ihm nichts verlangt wurde, zeigte er wenig Interesse für das, was zwischen dem anderen Pferd und seinem Reiter vorging. Der Wallach war ungefähr drei Meter von Buck und mir entfernt. Ich gab dem Reiter vom Sattel aus Ratschläge, als das Pferd plötzlich mit gebleckten Zähnen, angelegten Ohren und verdrehten Augen auf mich losging.

Ich hatte keine Zeit zu reagieren und sah hilflos die Pferdezähne auf meinen rechten Schenkel zuschießen. Wie der Aikido-Meister im Buch übernahm Buck ruhig wieder die Kontrolle über die Situation. Ohne sich groß zu bewegen oder seine Haltung zu verändern, verlagerte Buck sein Gewicht auf den anderen Fuß und machte einen halben Schritt auf das angreifende Pferd zu. Dieser halbe Schritt, kaum zwanzig Zentimeter lang, genügte, um seinen Körper so zu drehen, dass die Pferdezähne statt auf meinem Schenkel auf den ledernen Skirts hinter dem Sattelkranz landeten.

Hätte er einen größeren Schritt gemacht, wären die Pferdezähne auf seinem eigenen Hinterteil aufgetroffen. Kürzer, und das Pferd hätte mich ins Bein gebissen. So aber hatte es die Zähne in die lederne Unterlage geschlagen und einen Abdruck der oberen Zahnreihe hinterlassen, der heute noch zu sehen ist. Offenbar überrascht von der harten Oberfläche, in die er gebissen hatte, schoss der Wallach rückwärts, fasste sich wieder, wurde schließlich ruhiger und begann, auf seinen Reiter zu achten.

Unzählige Male schien Buck meine Gedanken lesen zu können. Manchmal kam mir in den Sinn, dass ich ein anderes Tempo reiten könnte. Ohne die leiseste Hilfe meinerseits ging Buck zu dem Tempo über, an das ich gedacht hatte. Ebenso war es mit Richtungswechseln. Ich dachte daran, wo ich hingehen wollte, und Buck ging.

Es konnte auch passieren, dass ich im Haus war und daran dachte, hinauszureiten und nach der Herde zu sehen oder den Zaun zu inspizieren. Buck graste da noch irgendwo in weiter Ferne, aber wenn ich ihn holen wollte, stand er schon gleich neben dem Stall. Wenn wir in späteren Jahren zusammen unterwegs waren, ging ich manchmal umher oder saß im Transporter und dachte plötzlich, ich sollte mal wieder nach ihm sehen. Noch bevor ich zu seiner Box kam, hörte ich ihn oft leise wiehern. Wenn ich dann im Stall um die Ecke ging, stand er schon da und sah mich an, als ob er die ganze Zeit auf mich gewartet hätte.

Seine Kunst des Gedankenlesens war aber nicht nur auf mich beschränkt. Vor ein paar Jahren fuhr ich mit Buck nach Los Angeles, um unser erstes Video aufzunehmen. Zwei Tage lang filmten wir ununterbrochen die üblichen Aufgaben und Lektionen für Reiter und Pferd. Mit der Einleitung hatten wir gewartet, weil wir anfangs noch nicht wussten, was wir aufnehmen würden. Nun kam also die Einleitung dran, in der ich auf den Inhalt des Videos eingehen sollte.

Das Kamerateam traf seine Vorbereitungen. Ich sollte an einem bestimmten Fleck stehen, mit Buck, gesattelt und einsatzbereit, hinter mir. Der Regisseur wies uns unseren Platz zu und fing an, die

Kamera aufzustellen. Er stellte Reflektoren auf, damit die Sonne mein Gesicht ausleuchtete, setzte Filter ein, damit es nicht zu sehr ausgeleuchtet wurde, und einiges mehr, einschließlich Karten mit Stichworten. Das Ganze dauerte gute zehn Minuten, und die ganze Zeit stand Buck mit halb geschlossenen Augen hinter mir und döste. Er hatte nicht einen Muskel gerührt.

Als schließlich alles bereit war und wir mit der Aufnahme beginnen wollten, schaute der Kameramann durch seine Linse und dann, nicht ganz zufrieden mit dem, was er sah, mit besorgtem Blick zu mir auf.

»Könnten Sie dieses Pferd …«, begann er.

Noch bevor der Satz zu Ende war, machte Buck, der sich zehn Minuten lang nicht bewegt hatte, einen Schritt nach vorn, senkte den Kopf und schaltete wieder auf Ruhemodus.

»… einen Schritt vorziehen«, fuhr der Kameramann fort, ein ungläubiges Zögern in der Stimme.

Es standen mehrere Leute in der Nähe, die Zeugen der Szene geworden waren. Nahezu einstimmig sagten sie im Chor: »Das gibt's doch nicht!«

»Willkommen in meiner Welt«, sagte ich lächelnd. »Das macht er andauernd. Komisch, nicht?«

Im Winter stellten wir immer den größten Teil unserer Pferdeherde, auch Buck, auf die Weide. Ich hatte ihn gern da, denn zwei Mal in jedem Winter wurden die Pferde hereingeholt, bekamen die Hufe ausgeschnitten und wurden entwurmt. War Buck in der Nähe, war ich mir immer sicher, dass ich für das Hereinholen ein Pferd zur Verfügung hatte, auf das ich mich jederzeit verlassen konnte. Ohne Wenn und Aber konnte ich jederzeit hingehen, ihn holen, ihn satteln und an die Arbeit gehen.

Dieser Tag begann wie Hunderte anderer, in denen ich auf Buck die Herde zusammengetrieben hatte. Ich fing ihn problemlos ein, und wir machten uns auf den Weg wie immer. Wir hatten die Herde schnell zusammen und trieben sie ans andere Ende der Weide in den kleineren Korral, dessen Tor offen stand. Alles lief so glatt wie immer, als plötzlich eines der neuen Pferde, ein junger Wallach, den wir erst vor kurzem auf einer Auktion gekauft hatten, in Panik geriet, aus der Herde ausscherte und durchging.

Der Wallach hatte noch nicht ganz abgewendet, als Buck und ich schon in Höchstgeschwindigkeit in die Richtung preschten, die er einzuschlagen gedachte. Er rannte etwa zehn Meter vom westlichen Zaun entfernt nach Norden, weg von der Herde und vom Korral. Bei dem Winkel, den wir einschlugen, und der Schnelligkeit, über die Buck verfügte, war ich ziemlich überzeugt davon, dass wir ihn innerhalb von Sekunden eingeholt haben würden.

Wir überholten ihn und schnitten ihm etwa hundert Meter von der Herde entfernt den Weg ab. Er bremste mit aller Macht und drehte um. Ich wollte Buck anhalten und wenden, um den jungen Wallach wie bei tausend Gelegenheiten zuvor zu treiben, aber er schaffte es nicht.

Es war offensichtlich, dass er sich bemühte, aber er konnte seine Beine einfach nicht rechtzeitig sortieren. Statt zu reagieren, pflügte er hilflos voran und wäre beinahe in einen Entwässerungsgraben gerutscht. Zum Glück war er dann immerhin schon so langsam geworden, dass ich versuchen konnte, ihn abzuwenden, aber komischerweise schien auch seine Steuerung defekt zu sein. Er pflügte immer noch vorwärts, aber wenigstens in einem großen Bogen, wenn auch langsam. Als er schließlich gewendet hatte, sahen wir gerade noch, wie der junge Wallach im vollen Galopp am Korral vorbeirauschte und die restliche Herde mitnahm. Sie rannten bis zum anderen Ende der Koppel.

Buck gab sich alle Mühe, sie einzuholen, aber es schien, als sei er, diese enorme Maschine, die er immer gewesen war, plötzlich ausgebrannt. Die mühelose Schnelligkeit, die unermüdliche Ausdauer, über die er immer verfügt hatte, auch noch vor ein paar Monaten, waren plötzlich nicht mehr vorhanden. Eine Stunde lang oder so arbeiteten wir auf einer weit langsameren Basis und brachten die Herde auch auf diese Weise wieder zusammen. Aber von diesem Tag an war Buck nicht mehr derselbe.

Solange ich ihn ritt, hatte Buck noch nie einen »Cut« vermasselt, ob er nun Rinder oder Pferde getrieben hatte. Selbst wenn es einem einmal gelang, an ihm vorbeizukommen, war er nie lang vorbei. Mit seiner Schnelligkeit und Beweglichkeit hatte Buck den Widerspenstigen gewöhnlich mit ein paar Galoppsprüngen eingeholt und dahin zurückgebracht, wo er hingehörte. Dass es ihm an diesem Tag nicht gelungen war, schien Buck seelisch mehr auszumachen als körperlich, und für den Rest des Tages machte er auf mich einen deprimierten Eindruck. Er tat immer noch seine Arbeit, aber ganz deutlich ohne das Engagement und den Spaß, den er sonst dabei gehabt hatte.

Die nächsten paar Jahre hatte Buck immer einmal wieder mit kleineren gesundheitlichen Problemen zu kämpfen. Es war nie etwas Ernstes, aber es nagte an ihm. So war es z. B. schwer, ihn in gutem Futterzustand zu halten, obwohl seine Zähne in Ordnung waren und regelmäßig von einem Pferdezahnarzt nachgesehen wurden, obwohl er regelmäßig entwurmt wurde und nur erstklassiges Futter bekam. Einmal fing er an zu husten, was wir mit einem Antihistaminikum unter Kontrolle brachten, nachdem sich herausstellte, dass er gegen Heustaub allergisch war – etwas, was ihm früher nie etwas ausgemacht hatte. Er fühlte sich auch immer wieder körperlich unwohl.

Ich ließ ihn noch öfter von einem Chiropraktiker einrenken, achtete auf korrekten Beschlag und besondere Pflege auf allen Gebieten. Ich kaufte sogar einen Sattel, der ihm noch besser passte als der, den ich dreizehn Jahre verwendet hatte.

All dies schien ihm zu helfen, aber ich machte mir doch noch ein weiteres Jahr ziemliche Sorgen um ihn, bis mir endlich dämmerte, was los war. Etwas, was ich nie wirklich erwartet hatte und auf das ich auch nicht vorbereitet war – Buck wurde einfach alt.

Im nächsten Jahr lahmte Buck immer einmal wieder auf der Vorhand. Ich ließ ihn von Hufschmieden, Tierärzten, Chiropraktikern und Heilpraktikern ansehen, ohne dass diese einen konkreten Grund für die Lahmheit gefunden hätten. Das ganze folgende Jahr über bemühte ich mich darum, ihn gesund zu erhalten. Auf den Kursen ritt ich ihn nur jeden zweiten Tag und manchmal nur einen halben Tag. Ich verabreichte ihm »Bute«, ein schmerzlinderndes Mittel, wenn es ihm schlecht ging, und suchte weiter nach einer Ursache für die Lahmheit. In diesem Jahr fing ich an, ernsthaft über seine Pensionierung nachzudenken. Er war damals einundzwanzig Jahre alt.

Während der folgenden Auszeit, im Dezember und fast den ganzen Januar, beschloss ich, dass die kommende Saison, das Jahr 2000, höchstwahrscheinlich unser letztes gemeinsames Jahr auf Tournee sein würde. An eine wirkliche Verbesserung seines Zustands glaubte ich nicht mehr, aber ich fürchtete die Konsequenzen. Sehr zu meiner Überraschung zeigte Buck sich in diesem Jahr deutlich verbessert, sowohl was seine Einstellung als auch was seine körperliche Verfassung betraf. Es war fast, als hätte er einmal mehr meine Gedanken gelesen und sich zusammengenommen, sodass wir eins der besten Jahre der jüngeren Vergangenheit zusammen erlebten. Mit Ausnahme der gelegentlichen Lahmheiten blieb er gesund und hielt auch sein Gewicht. Die tägliche Arbeit schien ihm wirklich Spaß zu machen. Ende November, am Ende der Saison, stellte ich

Buck mit großen Hoffnungen für das kommende Jahr wieder auf die Koppel.

Die Saison 2001 begann im Februar mit einer langen Fahrt nach Texas. Wir gaben einige Kurse im südlichen Texas, dann einen in der Nähe von Austin. Das nächste Ziel war Fort Worth, zu einer Benefizveranstaltung zu Ehren des Master Horseman Tom Dorrance, zu der ich schon Monate zuvor eingeladen worden war und auf die ich mich sehr gefreut hatte. Aber als wir in Fort Worth eintrafen, waren wir drei Wochen nonstop auf Achse gewesen, und Buck war sehr müde. Seine Lahmheit schien irgendwo dicht unter der Oberfläche zu lauern, noch nicht sichtbar, aber auch nicht mehr weit weg.

Auf dem Weg zu der Benefizveranstaltung beschloss ich, dort Smokey zu reiten, der ebenfalls dabei war. Ich hatte im Dezember damit angefangen, ihn als Ersatzpferd für Buck zu trainieren, falls dieser nicht einsatzbereit wäre. Er war grün, aber recht solide, und ich nahm an, dass es für ihn eine gute Erfahrung sein würde.

Kaum hatte ich Fort Worth erreicht, konnte ich diesen Plan auch schon vergessen. Eine Kollegin, die ebenfalls eingeladen war, hatte kein eigenes Pferd mitbringen können und fragte, ob sie eines von mir reiten könne. Zuerst war ich nicht gerade begeistert, aber dann lieh ich ihr Smokey. Ich war mir sicher, dass er gute Arbeit leisten würde, und Buck, den ich am Wochenende eigentlich hatte schonen wollen, würde ich unter dem Vorbehalt starten, dass ich ihn sofort zurückziehen würde, sollte es zu viel für ihn werden.

Am Morgen der Benefizveranstaltung waren Buck und Smokey in bester Stimmung. Ungefähr eine Stunde vor der Prüfung sattelten wir sie und ritten zum Abreiteplatz. Mit einigen anderen Teilnehmern arbeiteten wir sie im Schritt, Trab und Lope und ritten ein paar Stops. Die restliche Zeit ritten wir nur so herum und unterhielten uns. Buck war müde, ging aber nicht lahm, und ich war mir ziemlich sicher, dass er die Prüfung gut überstehen würde.

Nichtsdestoweniger sagte ich mir, als wir uns zum Einreiten aufstellten, in aller Deutlichkeit, dass es an diesem Tag für mich nichts Wichtigeres geben würde als mein Pferd. Egal, wie viele Zuschauer wir hätten, egal, welche Aufgaben man uns stellen würde, egal was auch immer – Buck würde an erster Stelle stehen.

Wir ritten mit ungefähr vierzig anderen Reitern ein und wurden von der im Uhrzeigersinn an der Bande bereits entlangwirbelnden Masse von Pferden und Reitern aufgesogen. Von den Tribünen sahen uns etwa elfhundert Menschen zu. Buck war unerschütterlich wie ein Fels in der Brandung, auch wenn dicht neben ihm andere Pferde die Nerven verloren. Ab und zu schaute er sich nach Smokey um, aber davon abgesehen hätte man glauben können, er ginge in der Nähe unserer Ranch spazieren.

Nie zuvor war ich mit Ray Hunt, dem Master Horseman und Autor, zusammen geritten oder hatte ihn auch nur persönlich gesehen. Er leitete die Horsemanship-Prüfung, und ich hatte nicht die geringste Idee, was ich zu erwarten beziehungsweise zu tun hatte. Ich fühlte mich ein wenig verloren, und das wurde nicht gerade besser dadurch, dass die Lautsprecheransagen innerhalb der Arena nur schwer zu verstehen waren. Zum Glück hatte sich Lee Smith, eine Kollegin, hinter uns eingereiht, und half mir mit ein paar ruhigen Anweisungen auf den richtigen Weg.

Die nächsten eineinhalb Stunden stellte Ray uns eine Reihe von Aufgaben, die in der Gruppe zu lösen waren: Schritt, Trab, Lope, Stop, Wendung auf der Hinterhand, Wendung auf der Vorhand, und dann das Ganze auf der anderen Hand. Mehrmals sagte Ray, wir sollten diese Lektionen ausführen, ohne unsere Pferde aufzuregen, und das wurde mein Hauptziel. Unsere Übergänge waren nicht so schnell, wie sie hätten sein können, aber Buck war die Ruhe in Person. Wir hätten bessere Stops hinlegen können, aber Buck blieb ruhig. Unsere Wendungen waren nicht sehr schnell, aber ziemlich sauber, und Buck hatte keine Mühe damit. Oft waren Buck und ich die Letzten, die eine Lektion zu Ende führten, aber ich hatte ein gutes Gefühl, weil wir alles zusammen ausführten, als Team.

Nach ungefähr zwei Drittel der Prüfung spürte ich, dass Buck seine Energie verausgabt hatte, aber er gab immer noch alles, was er hatte. Als die Prüfung vorüber war, ließ Ray uns in einer Reihe antreten, damit er noch ein paar Kommentare geben konnte. Während die anderen sich aufstellten, stieg ich ab, lockerte den Gurt und führte Buck an die Bande, wo wir uns hinstellen sollten. Er hatte während der Prüfung sein Letztes gegeben, und ich sah keinen Sinn darin, ihn jetzt noch als Sitzplatz zu benutzen.

Wir standen aufgereiht da, während Ray seine Kommentare zu jedem Reiter, jeder Reiterin abgab, die er dazu zu sich in die Mitte kommen ließ. Ich stand mit Buck an meiner Schulter da und traf irgendwo in einem stillen Winkel im Kopf die bewusste Entscheidung, dass dies für Buck das letzte Jahr »auf Achse« sein sollte. Kaum hatte ich dies gedacht, als ich einen leisen Stups am rechten Ellbogen spürte. Es war Buck, der sich mit halb geschlossenen Augen auf meinen Arm stützte. Ich strich ihm über die Stirn, und für diesen einen, schwebenden Augenblick waren wir allein in der Arena.

Dieses Jahr, 2001, sollte uns viel Erfolg bringen. Etwa zwei Monate nach der Benefizveranstaltung fanden wir den Grund für Bucks gelegentliche Lahmheiten heraus: Prellungen an den Ballen. Mit einem Spezialbeschlag verschwand das Problem praktisch vollständig, und den Rest der Saison ging er nicht ein Mal mehr lahm. Plötzlich konnte er auch sein Gewicht halten, und das machte ihn wieder erheblich munterer als bisher.

Obwohl er nun gesund zu sein und keine Probleme mehr zu haben schien, war ich immer noch entschlossen, ihn Ende des Jahres in

Pension zu schicken. Damit ich es mir auf keinen Fall mehr anders überlegen konnte, verkündete ich diesen Entschluss bei jedem meiner Kurse.

Ich gebe es nur höchst ungern zu, aber im Verlauf dieses letzten Jahres wurde mir klar, dass ich mich schon fast zu sehr auf Buck verlassen hatte. Unsere Partnerschaft war so eng, dass Hilfen praktisch nicht mehr notwendig waren. Die Aufgaben, die wir zusammen lösten, waren derart einfach geworden, dass es bei mir schon in Selbstgefälligkeit ausartete. Und diese Selbstgefälligkeit war vermutlich auch Schuld daran, dass ich mein Potenzial als Reiter und Horseman nicht mehr voll ausschöpfte.

Ich wusste es, und ich glaube, Buck wusste es auch. Große Lehrmeister wissen immer, dass sie ihren Schülern ab einem gewissen Punkt auf die nächsthöhere Ebene helfen müssen, wie diese auch aussehen mag. Und so sehr ich diese Vorstellung hasste: Unsere Zeit schien gekommen zu sein.

Den letzten Kurs in diesem Jahr hielt ich in Texas ab, nicht weit von dem Ort, wo wir die Saison begonnen hatten. Gastgeber waren Freunde von mir, die wussten, dass Buck in Pension gehen würde.

Eines Abends gaben sie eine improvisierte Abschiedsparty für ihn, einschließlich Karottenkuchen. Buck war großartig bei diesem Kurs, wo wir Arena-Lektionen und Trail-Arbeit vorführten und zum letzten Mal zusammen ein junges Pferd arbeiteten. Außerdem führte er wundervolle versammelte Lektionen, Traversalen und Passage, vor, wie man sie normalerweise nur von Dressurpferden der höheren Klasse gewohnt ist, nicht von dreiundzwanzigjährigen Ranchpferden.

Eigentlich hatte ich ihm am letzten Tag frei geben wollen. Dabei ging es hauptsächlich um Trail-Arbeit, und Smokey brauchte diese Arbeit mehr als Buck. Aber dann sagte eine Teilnehmerin, deren Pferd noch zu jung für den Trail war, sie würde gern mitreiten, und fragte, ob ihr jemand ein Pferd leihen könne. In letzter Minute bot ich ihr Buck an.

Wie immer war Buck draußen unerschütterlich. Zum Schluss versammelten wir uns alle noch einmal zu Pferd in der Arena und besprachen, was sich während des Trails ereignet hatte. Die Reiterin auf Buck bemerkte beiläufig, wie einfach er zu reiten gewesen sei.

»Ich musste eigentlich überhaupt nichts machen«, stellte sie staunend fest. »Er kennt definitiv seinen Job.«

Es war ein Understatement. Als wir so in der Arena saßen, ich auf Smokey, dem »Neuen im Viertel«, und Buck einmal mehr mit einer Schülerin auf dem Rücken, erkannte ich, wie angemessen die Situation war. Wie passend für Buck, dass bei seinem letzten »Job« nicht ich im Sattel saß, sondern jemand, den er überhaupt nicht kannte, jemand, der den Weg, den er mir so viele Jahre entlangzuhelfen versucht hatte, gerade erst betreten hatte.

Ich merkte da auch, wie viel Wegstrecke ich noch vor mir hatte. Aber das erschreckte mich nicht etwa, sondern es erfüllte mich mit einem überwältigenden Glücksgefühl. Mann, ich war immer noch am Anfang! Und einem Anfänger standen alle Türen, alle Möglichkeiten offen. Konnte es das sein, was Buck mir all die Zeit zu sagen versucht hatte? Sagte er: *»Freu dich darüber, wo du bist, mach dir keine Sorgen darüber, wo du nicht bist«*?

Falls es das war, hatte ich es dort in der Arena in Texas, nach vierzehn Jahren und Tausenden von Stunden und fast ebenso vielen gemeinsamen Ritten endlich begriffen.

Heute steht Buck bei uns im Hof und erfreut sich seines Rentnerdaseins. Ab und zu nimmt er unseren zehn Jahre alten Sohn Aaron auf einen Ritt in die Umgebung mit, aber sonst verläuft sein Leben ziemlich ruhig.

Neulich stand ich am Fenster und sah ihm zu, wie er seine Morgenration Heu verputzte. Ich wollte anfangen, meine Gedanken für dieses Buch niederzuschreiben, und grübelte noch über den richtigen Anfang nach. Ich dachte daran, welchen enormen Einfluss dieses Pferd auf mein Leben gehabt hatte und wie wichtig echte Kommunikation ist, zwischen Menschen wie zwischen Menschen und Tieren. Ich hoffte, dieses Anliegen klarmachen zu können, ohne einfältig oder lächerlich zu klingen.

Da hob Buck langsam den Kopf von seinem Heu und sah mich direkt an. Er hatte das Maul voll, kaute aber nicht. Seine Ohren waren gespitzt, seine Augen glänzten wissend, und wir standen da und sahen uns an. Innerhalb von Sekunden verschwanden all meine Befürchtungen.

Es war, als hätte ich einen früheren Lehrer gebeten, mir bei einem Problem zu helfen, das ich nicht allein lösen konnte. Plötzlich, aus dem Nichts heraus, hatte ich das Gefühl, irgendjemanden irgendwo sagen zu hören: *»Gib einfach dein Bestes – der Rest kommt dann von allein.«*

Und so mache ich es nun.

Nachruf

Buck starb friedlich und still in den ersten Stunden des Neujahrstages 2004. Er hatte ein dickes Winterfell, reichlich Futter und Wasser, und er war auch nicht krank. Es war eine kalte Nacht geworden, was aber nichts Ungewöhnliches für diese Jahreszeit war, und sicherlich nicht kälter als Buck das kannte.

Ich hatte in den Monaten vor seinem Tod bemerkt, dass Buck langsam sein Alter spürte. Damals war er 24 Jahre alt, aber trotz allem in einem recht guten Zustand. Als ich ihn an diesem Morgen fand, waren keine Anzeichen von einem Todeskampf zu sehen, wie es bei einem Pferd gewesen wäre, das wegen innerlichen oder äußerlichen Beschwerden gestorben war.

Ich erwähne das alles, weil ich in den Jahren nach seinem Tod oft und oft nächtelang gegrübelt habe, ob da wohl etwas gewesen ist, das ich hätte tun können oder sollen, damit er mir noch für ein oder mehrere Jahre, Monate oder Tage erhalten geblieben wäre. Aber selbst nach allem Durchforschen und schlaflosen Nächten kam ich endlich zu der Einsicht, dass es wirklich nichts gab, was ich hätte tun können oder sollen oder was ich versäumt hätte. Es war einfach nur Bucks Zeit zu gehen, mehr nicht.

Buck und ich waren ganze 17 Jahre unzertrennlich gewesen. Wir arbeiteten mit Fohlen und Rindern, wir trieben Pferde, ritten gemeinsam über tausend Meilen lange Pfade, wir arbeiteten beim Bergsuch- und Rettungsdienst, und wir reisten unzählige Male von der Ost- zur Westküste und wieder zurück. Er brachte sogar all meinen drei Kindern und vielen anderen Kindern und Erwachsenen das Reiten bei. Er hatte ein sehr freundliches Wesen, war ein geduldiger Lehrer und ein einzigartiger Partner, an den ich noch immer jeden Tag denken muss und daran, wie arg ich ihn vermisse.

In den Wochen und Monaten nach Bucks Tod befand ich mich hartnäckig in einem Zustand, für den ich schlecht ausgerüstet war. Diese Zeit der tiefen Trauer war etwas, was ich noch nie zuvor erlebt hatte. Zu sagen, dass ich eine unangenehme Zeit erlebte, ist mehr als untertrieben. Bisher war meine Reaktion in vielen Situationen, unabhängig vom Ernst, der Dringlichkeit oder Wichtigkeit etwa gleich gewesen, nämlich die einer zurückhaltenden Neutralität.

Diese emotionale Neutralität kam daher, dass ich in meinem Leben viel Zeit dafür benutzte, um in den meisten stressigen Situationen emotional ausgeglichen und rational zu bleiben. So entwickelte ich einen gleichmütigen Charakter, zumindest meinte ich das.

Tatsächlich war ich in den Jahren vor Bucks Tod selbst erstaunt über die Normalität von meinen Reflexen und Reaktionen in gewissen Krisensituationen.

Zum Beispiel als ich zu zwei verschiedenen Beerdigungen von zwei engen Freunden ging, die bei Unfällen ums Leben gekommen waren. Ich war ganz bestimmt traurig über ihren Verlust, aber die Traurigkeit, die ich spürte, kam nicht annähernd an die Trauer, die ich bei anderen wahrnahm. Gewiss wusste ich, dass jeder Mensch unterschiedlich auf den Tod reagiert, aber trotzdem, wenn ich auf Beerdigungen von Familienangehörigen und Freunden zurückblicke, ist mir bewusst geworden, dass meine Gefühle immer einem ähnlichen Muster folgten: kurze Betroffenheit und anschließend relative Gleichgültigkeit.

Mit der Zeit merkte ich, dass diese Gleichgültigkeit meine natürliche Reaktion auf bestimmte Situationen war – insbesondere auf das, was andere als besorgniserregend, traurig, dringlich oder ernst empfanden, oder – auf der anderen Seite des Spektrums – als beglückend. Es erstaunte mich, warum meine Reaktion so dramatisch anders war als die anderer Menschen. Reagierten die anderen nun über oder ich unter? Da ich ja schon immer auf meine Weise reagierte, hatte ich wirklich keine Ahnung, ob meine Gefühle normal waren oder nicht.

Mit Bucks Tod veränderte sich alles. Zum ersten Mal in meinem Leben erlebte ich am eigenen Leib solche aufwühlenden Gefühle, wie ich sie zwar bisher bei anderen Menschen bemerkt hatte, aber nie bei mir. Ich erwartete zu der Zeit, dass die Welle der Gleichgültigkeit, die in ähnlichen Situationen immer über mich gekommen war, sich auch jetzt irgendwann einstellen würde, aber es geschah nicht. Tatsächlich aber dauerten diese intensiven Gefühle, die ich an diesem Tag zu spüren bekam, einige Monate an. Und auch etwas noch viel Wichtigeres geschah, das etwas Licht in die Tatsache brachte, warum ich in ähnlichen Situationen solch einen offensichtlichen Mangel an Gefühl empfand.

In den Wochen und Monaten, die auf Bucks Tod folgten, kamen vage, aber nichtsdestotrotz verstörende Kindheitserinnerungen in mir hoch. Ohne weiter ins Detail zu gehen, reicht es zu sagen, dass diese Ereignisse bestimmte traumatische Erlebnisse waren, die ich vor langer Zeit tief in mein Unterbewusstsein verbannt und angenommen hatte, dass sie vergessen wären. Die Erinnerungen kamen langsam hoch, sie stellten sich schon ein paar Tage, nachdem wir Buck beerdigt hatten, ein. Innerhalb einer Woche stellten sich diese Erinnerungen beinahe jeden Tag ein, dann, nach einiger Zeit, täglich und schließlich mehrmals am Tag. Je öfter diese Erinnerungen auftauchten, desto schlimmer und realistischer wurden sie. Ich wachte immer wieder schweißgebadet mitten in der Nacht auf, nachdem ich eines oder mehrere dieser Erlebnisse in Form von extrem lebendigen und beängstigen Alpträumen durchlebt hatte.

Ich wusste zu der Zeit nicht, dass ich vor vielen Jahren eine Posttraumatische Belastungsstörung (PTSD) erlitt. Eines der Symptome, wie ich später lernte, war diese Gleichgültigkeit, die ich in eigentlich emotional aufwühlenden Situationen erlebte. Wenn ich übermäßig traurig und gestresst wurde, griff in mir ein Mechanismus, der dazu führte, dass ich keine Emotion spürte, bis die Situation vorüber war.

Unabhängig von der Ursache ist ein Zudeckeln der Emotionen nicht gut für Körper und Geist. Irgendwann wird sich der Körper wehren, und versuchen, die Dinge wieder ins Lot zu bringen. Alles, was es braucht, ist der richtige Anstoß, um den Ball ins Rollen zu bringen. Für mich war dieser Anstoß Bucks Tod. Sein Tod eröffnete nicht nur die Tür zu den Gefühlen, die lange Zeit verschlossen war, sondern hier begann auch der Prozess, mit meinem Traumasystem aufzuräumen, welches ich als Kind erlebt hatte. Das Reinigen begann mit den Erinnerungen, die ich scheinbar nicht mehr unter Kontrolle hatte.

Diese Erinnerungen, die als vage Kindheitserinnerungen in den Tagen nach Bucks Tod begannen, wurden schließlich zu unkontrollierbaren Flashbacks, die sich zu den unpassendsten Momenten einstellten. Einige dieser Flashbacks waren so real, dass ich das Gefühl hatte, das ganze traumatische Erlebnis erneut zu durchleben, und oft wirkten sie sich zeitgleich lähmend auf mich aus. So manches Mal musste ich das, was auch immer ich gerade tat oder sagte, unterbrechen und warten bis der Flashback vorüberging, um mich dann wieder zurück ins Gespräch zu orientieren oder in die Aufgabe zurückfinden, mit der ich eben beschäftigt gewesen war.

In den nächsten drei Jahren trat dieses Muster von Flashback, Desorientierung und anschließender Wiederorientierung mit einer solchen Häufigkeit und Intensität auf, dass ich mich dazu entschied, Hilfe zu suchen. Allerdings wurden in den Wochen und Monaten, die folgten, die Dinge noch schlimmer. Neben den Flashbacks begann ich nun auch noch unter Panikattacken zu leiden. Weder hatte ich solche Dinge jemals zuvor erlebt oder wusste, was sie waren oder wie man mit ihnen umging, zudem aber schienen sie sich ohne bestimmten Grund einzustellen. Genau wie die Flashbacks wurden die Panikattacken mit der Zeit beinahe unmöglich aufzuhalten, nachdem sie einmal angefangen hatten.

Im Frühling 2007 allerdings, als ich gerade zu denken begann, dass sich die Dinge niemals bessern würden, wurde meine Situation kritisch. Es geschah während eines Kurses im Nordwesten, den ich abhielt. Ich hatte nicht viel gegessen, bevor ich zu dem Kurs aufbrach, ich hatte über 25 Pfund innerhalb zweier Monate verloren, und nur zwei oder drei Stunden Schlaf in der Nacht bekommen. Tatsächlich hatte ich auf der Fahrt zu diesem Ort überhaupt nicht geschlafen, da ich das Zugfahrzeug mit Anhänger 26 Stunden nonstop mit nur einer einzigen kurzen Rast gefahren hatte, um die Pferde für eine Pause aus dem Hänger rauszuholen.

Ich erinnere mich recht wenig an das, was bei dem Kurs geschah. Ich weiß zwar, dass ich am ersten Tag arbeitete, aber ich weiß nichts mehr über die Menschen, Pferde oder was wir mit ihnen taten. Ich weiß, dass es eine Art Auslöser gegeben haben musste, der in mir den Zusammenbruch auslöste, aber ich erinnere mich nicht, was für ein Auslöser das war. Ich bat den Organisator nach dem ersten Tag um die Stornierung meines Restkurses, bin dann am nächsten Tag abgefahren, aber ich erinnere mich nicht an die Fahrt selber.

Das Nächste, an das ich mich klar erinnere, ist, dass ich in der südlichen Wüste von Moab, Utah, war, wo ich und meine Pferde die nächsten drei Tage verbrachten. Das »Herunter kommen«, weg von Menschen und Verantwortung, war scheinbar das, was ich brauchte, um das Schiff wieder neu auszurichten, denn als ich schließlich wieder nach Hause fuhr, waren die hurrikanartigen Stürme, die sich in meinem Kopf die letzten drei Jahre festgesetzt hatten, verschwunden. Weg waren die Panikattacken und die Alpträume; und die Flashbacks, welche mich bis vor ein paar Tagen noch so gelähmt hatten, waren nicht nur weniger geworden, sondern sie hatten auch an Intensivität verloren. Innerhalb der nächsten Monate lösten sie sich in eine vage Erinnerung an eine längst vergangene Zeit auf.

So quälend mein Zustand auch gewesen sein mag, irgendwann verstand ich, dass das, was mit mir geschehen war, nichts Außergewöhnliches ist in Fällen, die ähnlich gelagert sind wie meine.

Meine Flashbacks, Alpträume und lebendigen Erinnerungen waren einfach ein Weg für mein Unterbewusstsein, um die Kindheitserlebnisse, mit denen ich damals nicht hatte umgehen können, wieder hervorzubringen, um sie jetzt als Erwachsener zu verarbeiten.

Die gute Nachricht war, dass, auch wenn noch einiges an Arbeit vor mir lag, um vollständig genesen zu können (und in der Tat arbeite ich noch heute daran), der wirklich schwierige Teil vorbei war. Aber erst als ich endlich fähig war, nach vorne zu zu schauen und das Erlebte aus meiner Kindheit zu heilen begann, konnte ich zum ersten Mal in meinem Leben einen ehrlichen Blick in meine Vergangenheit werfen und die Auswirkungen der Ereignisse erkennen, die schon so weit zurücklagen. Das Verhalten, das ich für mich als normal oder zumindest als Teil meiner Persönlichkeitsstruktur angenommen hatte, stellte sich als Mechanismus meines Unterbewusstseins heraus um zu verbergen wie ich tatsächlich fühlte.

Bis in meine frühen Fünfziger hinein lebte ich sehr aufmerksam und sogar übersensibel gegenüber der Kritik von anderen. Das Ergebnis war, dass ich mich permanent in einem latenten Paranoia-Zustand befand, und traf häufig voreilig Entscheidungen, wenn ich annahm, ob nun berechtigt oder nicht, dass mir jemand »etwas überstülpen« wollte und er mir ansonsten schaden oder mich verletzen würde. Aus dem gleichen Grund wurde ich recht verschlossen fand es mühsam, mich mit Menschen zu unterhalten, die ich nicht kannte.

Einiges in meinem Verhalten wurde impulsiv, zwanghaft und selbstzerstörend, so als ob man zu viel getrunken hätte. Öfters begab ich mich im Laufe der Jahre grundlos in unsichere Situationen, obwohl mir klar war, dass die Verletzungsgefahr sehr hoch war. Oft zahlte ich in dieser Zeit den Preis meiner getroffenen Entscheidungen. Dies und noch mehr ähnliche Verhaltensmuster hinterließen ihre Spuren, insbesondere in den persönlichen Beziehungen zu Freunden und zu meiner Familie. Bedauerlicherweise entfremdete ich mich von einigen Freunden und letztlich sogar von meiner Frau, die in diesen 20 Jahren, in denen wir verheiratet waren, am meisten gelitten hatte, so dass sie schließlich die Scheidung einreichte.

Buck zu verlieren, bewirkte, dass eine Art Reset-Knopf in mir betätigt wurde. Plötzlich hatte ich den überwältigen Wunsch, meine Vergangenheit abzuschütteln und neu anzufangen. Als dann der Prozess erst einmal angefangen hatte, wurde mir klar, dass es kein Zurück mehr geben würde.

Heute fühle ich mich so, als ob ich durch einen riesigen Bildschirm getreten wäre, auf dessen einer Seite alles schwarz und weiß ist, und auf der anderen alles in Farbe. Ich kann nun klar erkennen, wie viel Zeit ich in meinen Beziehungen zu Familie und Freunden vergeudet habe. Inzwischen haben all diese Beziehungen so viel Bedeutung wie nie zuvor für mich gewonnen. Das zwanghafte und schädliche Verhalten anderen gegenüber verschwand gänzlich, an dessen Stelle ist ein gesünderer und bewussterer Lebensstil getreten, der neben anderen Dingen tägliche Gymnastik, viel gesündere Essgewohnheiten und eine bessere Balance zwischen Arbeit und Erholung enthält.

Ich bin inzwischen mit einer wundervollen Frau neu verheiratet, die mir hilft, das Gute in allen Dingen zu finden – mich selbst eingeschlossen – und die mich auf ihre Weise daran erinnert, jeden Tag mit seinen Anforderungen so zu nehmen wie er kommt. Mein ganzes Leben ist viel ruhiger, zielbewusster und bedeutsamer geworden, und die Gespenster der Vergangenheit sind, nun ... Gespenster. Der einzige Unterschied ist, dass diese Gespenster keine Zähne, keine Kraft und keinen Platz mehr in meinem Leben haben.

Als ich dieses Buch über Buck schrieb, hatte ich das Bedürfnis, dem Leser einige der wichtigsten Dinge zu zeigen, die ich während unserer gemeinsamen Zeit von ihm gelernt hatte. Im Nachhinein, ungefähr zehn Jahre später, kann ich aufrichtig sagen, dass ich das Allerwichtigste erst von ihm gelernt habe, nachdem er gestorben war. Buck zu verlieren, lehrte mich zu sehen, dass niemand von uns für immer da ist, und dass die Zeit, die wir haben, wirklich sehr kurz im Vergleich zum großen Ganzen ist. Wir alle haben die Möglichkeit, Entscheidungen zu treffen, was wir mit der Zeit anfangen, die wir haben. Wir können Mauern um uns herum bauen und in unserer Vergangenheit hängen bleiben, so wie ich es viele Jahre getan habe, oder wir können uns dazu entscheiden, das Leben, so wie wir es bekommen haben, zu umarmen und versuchen, uns als einen brauchbaren Teil darin fortzubewegen.

Gar keine Frage, dass Bucks Tod das traurigste und schmerzhafteste Erlebnis in meinem bisherigen Leben gewesen war. Allerdings kann ich ebenfalls sehen, dass sein Tod mir etwas gab, was viele Menschen in dieser Welt niemals erleben werden: nämlich in einer zweiten Chance das Leben zu leben, das ich leben wollte.

Neben all den Dingen, die Buck für mich in diesen Jahren bereithielt, und neben all den Dingen, für die ich ihm dankbar bin, muss ich sagen, dass diese zweite Chance das ist, was für mich am bedeutungsvollsten ist. Ich kann mit grenzenloser Überzeugung sagen, dass dies die Gelegenheit war, die ich nicht länger versäumen durfte.

Mark Rashid

2011

TEIL II –
Dein Pferd, dein Partner

Vorwort

Wie so viele Menschen bezeugen können, ist die erste Begegnung mit Mark Rashid ein Erlebnis, das man nicht vergisst. Als ich im Juli 2001 erstmals bei ihm ritt, empfand ich seine Ruhe und seine freundliche Art des Unterrichts als sehr wohltuend, aber richtig gepackt hat es mich, als er den Unterschied zwischen »leicht« und »weich« erklärte. Die Unterscheidung ist sehr wichtig für dieses Buch: »Leicht« hat mit dem Äußeren des Pferdes zu tun, mit dem »Stoff«, den es schon beherrscht. »Weich« bedeutet Freude. Das Innere des Pferdes ist offen und jederzeit zugänglich. Von diesem Augenblick an war ich nicht nur entschlossen, diesen Weg in Richtung Weichheit weiterzuverfolgen, sondern ich schätzte mich auch glücklich, Mark dabei zusehen zu dürfen, wie er Menschen in aller Welt hilft, diese Freude in ihren Pferden und in sich selbst zu entwickeln und gemeinsam zum Ausdruck zu bringen.

Diese Freude ist keine kleine Sache. In der heutigen Welt der schnellen Resultate und seichten Geplänkel vergessen wir nur zu schnell, dass der Punkt, an dem wir uns gerade befinden, der Gipfel aus vielen kleinen Augenblicken ist, die sich über Jahre angesammelt haben. Ich glaube, einer der vielen Gründe für die Anziehungskraft von Pferden ist ihre Fähigkeit, uns wieder mit uns selbst zu verbinden und diese Augenblicke zu verlangsamen. Die Zeit, die wir mit ihnen verbringen, erweckt von Neuem Gefühle, die viele von uns nicht mehr bemerken, weil wir viel zu schnell unterwegs sind, nach denen wir uns aber im tiefsten Innern sehnen: gesehen zu werden, zu spüren, dass man uns hört, uns zu verbinden. Wie Walter (der »alte Mann«) so viel Zeit damit zubrachte, Marks Entwicklung als Pferdemann zu fördern, so helfen uns auch unsere Pferde zu wachsen. Herz ist ein wesentlicher Teil dieses Prozesses, dieser Verbindung.

Mutter Teresa sagte einmal: »In diesem Leben können wir keine großen Dinge vollbringen. Wir können nur kleine Dinge mit großer Liebe vollbringen.« Meinem Gefühl nach haben Menschen und Pferde das Potenzial, sich zu öffnen und diese große Liebe zu geben und zu empfangen, durch Handlungen, die uns klein vorkommen. In diesem Buch weist Mark auf viele solcher Feinheiten hin. Er macht uns Mut, erst in unser eigenes Inneres zu schauen, um das zu finden, was wir von unseren Pferden haben wollen. Dieser Prozess des Innen-Außen kommt nur dann in Gang, wenn wir unseren Pferden von Anfang an das Beste anbieten, das in uns ist.

Seit Mark und ich verheiratet und zusammen unterwegs sind, sagen uns Menschen immer wieder, wie aus tiefstem Herzen dankbar sie dafür sind, dass es in ihrem Leben die Pferde gibt. Unzählige Male haben wir das Lächeln gesehen, das Pferde und die Gefühle, die sie auslösen, auf das Gesicht ihrer Reiter und Besitzer zaubern. Ich selbst habe Freude empfunden, wenn ich beobachtet habe, wie Menschen und ihre Pferde Dinge getan oder gefühlt haben, die sie nie zuvor getan oder gefühlt hatten. Wir haben erlebt, wie Pferde das Leben eines Menschen verändern können und wie Pferde und Menschen

»weich« werden. Ein paar dieser Geschichten sind in diesem Buch enthalten.

Neben diesen Geschichten stehen auch solche von dem alten Mann, mit dem Mark als Halbwüchsiger gearbeitet hat. Ich hätte Walter gern gekannt. Aber wie so viele von uns kenne ich ihn nur durch Mark und die Geschichten, die er von ihm erzählt. Auf einer unserer Fahrten quer durchs Land hatten Mark und ich Gelegenheit, uns anzusehen, was von Walters Hof übrig geblieben ist.

Der einspurige Kiesweg, den Mark zu Walters Ranch immer entlangradelte, ist heute gepflastert und zweispurig ausgebaut, rechts und links flankiert von niedrigen Bungalows mit adretten Vorgärten. Diese Bungalows stehen um das herum, was von den flachen grünen Weiden übrig geblieben ist, auf denen einst Pferde grasten. Beim Anblick dieses schrumpfenden Fleckchens Erde, von Wildblumen bedeckt, ist es nur schwer vorstellbar, dass es hier einmal Ställe, Scheunen, Paddocks, Zäune und einen Reitplatz gab und einen Mann und einen Jungen, die zusammen mit den vielen Pferden arbeiteten, die hier durchkamen. Als Betrachter würden Sie nicht wissen, dass der Same, der in diesen Jahren gelegt wurde, sich nicht in der Erde befand, sondern in einem schlaksigen Jungen, der Pferde liebte und eines Tages das, was der alte Mann ihn gelehrt hatte, mit so vielen Menschen und ihren Pferden in der ganzen Welt teilen würde.

Hier sind wir also, über 100 Jahre, nachdem Walter seinen eigenen Weg mit Pferden begann. Von außen wirken die Dinge fortschrittlicher als das, was Walter zu seiner Zeit sah. Aber ich glaube, innen drin haben wir uns nicht sehr verändert. Unsere Sehnsüchte, unsere Wünsche für uns und unsere Lieben unterscheiden sich nicht von denen unserer Urgroßeltern. Von außen gesehen haben auch die Pferde sich verändert: Es gibt sie in allen Größen und Formen und zu einer Vielzahl von Zwecken. Im Innern des Pferdes aber lebt derselbe Geist. Für mich liegt deshalb ein Sinn darin, dass das, was der alte

Mann in seiner Jugend lernte, was er an allen seinen Arbeitsstellen praktizierte und schließlich an Mark weitergab, eine Brücke darstellt. Es ist quer durch die Zeit ein breites Band von Wissen, das unter die oberflächlichen Veränderungen sieht und zum Herzen der Dinge vordringt.

Auch Marks Geschichten sind wie diese Brücke oder wie eine Lieblingsmelodie. Auf dieselbe stille Art, in der er Unterricht gibt, zeigt er eine Richtung auf, gibt Ihnen eine Vision des Weges, der zur Weichheit führt, zu diesem Ort der Freude. Auch wenn Sie und Ihr Pferd Ihren ureigensten Weg beschreiten, möchte ich doch, dass Sie diese Geschichten wie Noten zu der bekannten Melodie betrachten – mit Offenheit und der Bereitschaft, Ihre eigene Stimme dem Gesang beizufügen. Mit etwas Nachdenklichkeit, einer kleinen Sehnsucht und ganz viel Herz können Sie die Lektionen, die Mark anbietet, annehmen und mit ihrer Hilfe Ihren eigenen Weg finden.

Alle guten Wünsche für Sie und Ihre Pferde
Crissi McDonald
August 2008
Estes Park, Colorado

Fragen und ihre Antworten

Es ist noch nicht sehr lange her, da wachte ich eines Morgens mit einer Frage auf. In diesem Stadium zwischen Wachen und Träumen hatte ich nicht die leiseste Ahnung, woher die Frage kam oder was sie bedeutete. Die Frage nahm nur langsam Gestalt an, und der Anfang war unschuldig genug. Zuerst waren es nur ein paar Worte, die im Nebel umhertrieben. Dann fügten sie sich zu wirren Satzfetzen und schließlich zu einer schlüssigen Frage, welche lautete:

»Was ist mächtiger – das Gestein, aus dem der Grand Canyon besteht, oder der Fluss, der ihn durchschneidet?«

Das ist leicht, dachte ich in meinem halbwachen Zustand. *Das Wasser ist mächtiger, denn es hat sich durch den Fels gefressen und den Canyon geschaffen.* Schläfrig drehte ich mich zur Seite. Nachdem die Frage nun beantwortet war, dachte ich, ich könnte gut noch zwanzig Minuten dösen, bis die Hunde aufwachten und hinauswollten. Aber kaum hatte ich mich umgedreht, als plötzlich eine andere Antwort auftauchte.

Der Fels ist mächtiger, denn die Wände des Canyons sind immer noch da, sagte mein Unterbewusstsein. *Das Wasser, das die Felsen aushöhlte, ist längst weg und vor Jahrtausenden in den Ozean geflossen.*

Meine Augen gingen auf, schlagartig war ich hellwach. Auf die Frage, die grundlos aus dem Nichts aufgetaucht war, gab es zwei passende Antworten, die man beide als richtig betrachten konnte. Ein Fluss ist mächtig, weil sein Wasser das Gestein aushöhlen kann. Aber so mächtig er auch ist, er kann nicht verhindern, dass das Wasser flussabwärts davonfließt. Schließlich könnte sich ein Wassertropfen, der gerade noch hier war, schon Sekunden später kilometerweit flussabwärts befinden. Er ist seiner eigenen Strömung ausgeliefert.

Ebenso ist der Fels, der den Fluss umsäumt, mächtig, denn er widersteht seit Millionen Jahren dem wütenden Wasser. Aber so stark der Fels auch ist, selbst er wird irgendwann schwach und gibt ganz allmählich nach.

Im frühen Morgenlicht, hier in unserem Schlafzimmer, begann sich langsam der Grund für diese irgendwie unsinnige Frage herauszuschälen. In den letzten Monaten hatte ich Unmengen von Fragen beantworten müssen: ob ich glaubte, dass Pferde besser mit oder ohne Eisen liefen, ob man sie mit oder ohne Sattel reiten sollte, mit Gebiss oder ohne, mit Bodenarbeit oder ohne … Waren Strickhalfter besser als Kunststoffhalfter? Sollte man Pferde impfen oder nicht? Es gab noch mehr Fragen, zu denen ich eine Meinung hatte, aber keine betrachtete ich als Manifest.

Wochenlang nahm diese Fragerei kein Ende. Und nicht nur das: Wenn meine Antwort nicht zu dem passte, was der Fragesteller schon glaubte, bekam ich zu meiner Überraschung einen Wasserfall von Gegenargumenten zu hören, warum meine Meinung falsch wäre. Normalerweise machen mir solche Dinge nichts aus. Im Laufe der Jahre hatte ich mit meinen Schülern viele, viele Diskussionen über die verschiedensten Themen, zu denen es jeweils zwei ausgeprägte

Standpunkte gab. In dieser Zeit kam ich zu dem Schluss, dass es sich nicht lohnt, jemanden überzeugen zu wollen, der nicht überzeugt werden will. Wozu also die Mühe? Aber diese Fragen müssen mich mehr beschäftigt haben, als mir selbst bewusst war. Ich brachte die Fragen nicht nur nicht aus dem Kopf, ich schien auch nichts dazu beitragen zu können, was für einige der Leute, die anderer Meinung waren, einen Sinn ergeben hätte.

Dann tauchte am frühen Morgen diese Frage auf: *Was ist mächtiger – das Gestein, aus dem der Grand Canyon besteht, oder der Fluss, der ihn durchschneidet?* Die Antwort war (jedenfalls meiner Meinung nach) sehr einfach: ein Unentschieden. Ich weiß, das klingt seltsam. Aber wenn wir das große Ganze betrachten, ist es einfach die Art und Weise, wie die Natur die Dinge im Gleichgewicht hält. In der Natur haben auch die mächtigsten Dinge ihre Schwächen, und selbst die schwächsten Dinge haben ihre Stärken.

An diesem Morgen wurde mir klar, dass dies auch auf all die Fragen zum Wohl und Wehe des Pferdes zutraf, die mir ständig gestellt wurden. An diesem Morgen verstand ich ein für allemal, dass es egal ist, ob ein Pferd mit oder ohne Eisen geht, ob es ein Gebiss oder einen Sattel trägt oder nicht. Jedes Argument hatte seine Schwächen und seine Stärken, und im Grunde ist nichts davon endgültig entschieden, sondern bestenfalls persönliche Vorliebe. Außerdem brauchen wir nicht wirklich jemanden, der uns erzählt, was das Beste für unser Pferd ist, denn das sagt uns das Pferd schon selbst, wenn wir nur gut genug zuhören. Der Schlüssel ist das Zuhörenlernen.

Ich bin der Überzeugung, dass die meisten dieser Ideen nicht viel mehr als Ablenkungen sind, die uns von dem wirklich Wichtigen wegführen. Und das wirklich Wichtige ist für mich, einen Weg zu finden, der uns erlaubt, klar und effektiv mit unseren Pferden zu kommunizieren. Zwar kann das Sattel- oder Zaumzeug sich durchaus auf die Güte der Kommunikation auswirken, aber im Vergleich zu dem Gefühl, dem Timing, der Balance, den Gedanken und dem Verständnis, die wir als Pferdeleute in die Gleichung einbringen, ist diese Wirkung ziemlich geringfügig.

Kurz gesagt, ich finde, bevor wir von unseren Pferden erwarten können, dass sie uns ihr Bestes entgegenbringen, müssen wir zuerst einen Weg finden, ihnen von uns das Beste zu geben. Dann macht es nichts aus, ob sie mit oder ohne Eisen laufen, ob wir sie mit Gebiss, mit Halfter oder Halsring reiten. Es ist egal, ob wir im Sattel sitzen oder auf dem bloßen Pferderücken, ob wir mit ihnen Bodenarbeit machen oder nicht. Wichtig ist einzig und allein, dass sie verstehen, was wir ihnen zu sagen versuchen, und dass wir verstehen, was sie uns zu sagen versuchen.

Es ist komisch, aber oft, wenn Menschen versuchen, eine Information an ihre Pferde weiterzugeben, kommt es mir so vor, als ob jemand versucht, einen Schokoriegel zu essen, der noch in seiner Plastikhülle steckt. Das Gute ist innen drin, aber wir haben es so eilig, es entweder in uns selbst oder ins Pferd hineinzustopfen, dass wir nicht mal die Verpackung abmachen! Na schön, wir kauen vielleicht eine Weile darauf herum, und auch unser Pferd kaut vielleicht eine Weile darauf herum. Aber im Endeffekt kommen wir auf keinen Geschmack und spucken das Ganze wieder aus. Es hatte nie eine Chance, ein Teil von uns zu werden.

In diesem Buch haben wir versucht, einige Informationen aus ihrer Verpackung herauszuschälen. Wir haben uns ein paar Themen vorgenommen, die als »heikel« gelten – ein paar Dinge, die uns – und damit auch unsere Pferde –, in negativem Licht betrachtet, manchmal am Wachsen hindern können.

Wenn Sie dieses Buch lesen, werden Sie hoffentlich feststellen, dass viele der Themen, die wir erörtern – Fehler, Grenzen, Energie, Balance und vor allem Weichheit – ihre zwei Seiten haben: eine gute und eine weniger gute. Wir haben uns entschlossen, uns an das zu halten, was gut ist an den Dingen, an das, was uns vorwärtshelfen kann, ganz gleich, welcher Rasse unser Pferd angehört, welche Disziplin wir reiten oder welches Sattel- und Zaumzeug wir verwenden. Außerdem haben wir uns zum Ziel gesetzt, diesen Dingen ganz beiläufig etwas von ihrem Nimbus des Geheimnisvollen zu nehmen, und das wird hoffentlich bei Ihnen auch so ankommen.

Was Sie auch auf dem und für das Pferd verwenden oder nicht verwenden – wenn wir dem Pferd unser ganzes Herz anbieten, bekommen Sie am Ende vielleicht das ganze Pferd als Gegengabe. Und mit diesem Endergebnis erhaschen wir vielleicht auch einen Schimmer der dritten Antwort zu dieser morgendlichen Frage – ob nun die Felsen des Grand Canyon mächtiger sind oder der Fluss, der sie durchschneidet.

Wenn Sie am Rande des Canyons stehen und all die Schönheit ringsum betrachten – was spielt es überhaupt für eine Rolle?

Mark Rashid
August 2008

Die Pferde wahrnehmen

Fehler und ihre Folgen

Ich war ganz schön müde. Vier Monate lang hatten wir Seminare und Lehrgänge abgehalten, und gerade war die letzte Reiterin des letzten Lehrgangs in diesem Jahr auf den Platz gekommen. Sie hatte einen mittelgroßen braunen Quarter Horse-Wallach dabei, mit einem schiefen weißen Strich über der Nase und zwei weiß bestrumpften Hinterbeinen. Im Genick war die Mähne eine Handbreit fast völlig weggescheuert, nur ein paar dünne Haare standen noch in die Höhe – Anzeichen dafür, dass das Pferd viel Zeit damit verbracht hatte, sich unter einer Zaunlatte nach ein paar Grashalmen zu strecken.

Das Pferd war gesattelt, aber sie führte es noch an der Hand. Ich begann mein Gespräch mit ihr wie mit jedem Reiter, der zu einem meiner Lehrgänge kommt.

»Hallo«, sagte ich und nahm die Sonnenbrille ab, um mit dem Taschentuch die dünne Staubschicht abzuwischen, die sich in den letzten Stunden auf die Gläser gelegt hatte.

»Wenn wir mit unserem Pferd etwas machen, das zu einem unerwünschten Ergebnis führt – ist es dann ein Fehler oder eine Gelegenheit zu wachsen?«

»Wie heißen Sie?«

»Hallo«, sagte sie nervös, während der Wallach ihr einen Schubs mit der Nase gab. »Ich bin Jackie, und das ist Arrow.«

Das Pferd stupste sie heftiger und schob sie zwei Schritte zur Seite.

»Er schubst einen manchmal ganz gern«, sagte sie etwas einfältig.

»Okay«, sagte ich lächelnd, um ihr etwas von ihrer Nervosität zu nehmen. »Was können Sie mir sonst noch über ihn sagen?«

Ich setzte die Sonnenbrille wieder auf und steckte mein Taschentuch zurück. Der Wallach schubste sie wieder.

»Na ja«, sagte sie halbherzig und versuchte, den Wallach mit dem Führstrick einen Schritt zurückzuschieben. »Er ist sieben, und er gehört mir seit zwei Jahren. Ich habe ihn in einem Pferch mit sieben oder acht anderen Pferden entdeckt, alle ganz dürr und voller Ungeziefer.«

Der Wallach gab ihr noch einen Stoß, und wieder versuchte sie ohne Erfolg, ihn etwas von sich wegzuschieben.

»Von einem Nachbarn hatte ich gehört, dass sie alle zum Schlachter sollten, und sie taten mir leid«, fuhr sie fort. »Deshalb bin ich ein paar Tage später noch mal hin, um zu sehen, ob einer dabei war, den ich retten konnte. Ich hatte vorher noch nie ein Pferd, aber ich habe mir immer eines gewünscht …«

Vermutlich war es weniger das, was sie sagte, als die Art, wie sie es sagte, was ihrer Geschichte eine seltsame Vertrautheit verlieh – als ob ich sie schon zuvor gehört hätte.

»Ich ging mit dem Nachbarn zu den Pferchen, und der Besitzer sagte, wir könnten reingehen und uns die Pferde anschauen, wenn wir wollten …«

Ich bin nicht sicher, ob es die Müdigkeit nach der langen Zeit unterwegs war oder einfach die Geschichte selbst, die sie erzählte, aber es passierte etwas ziemlich Ungewöhnliches: Mein Geist begann zu wandern.

»Wir gingen also in die Pferche hinein und sahen uns die Pferde an … die meisten … krank oder verletzt … sah Arrow … der Einzige, der zu mir herkam … sanfte Augen … lief mir nach … mich in ihn verliebt …«

Ich glaube wirklich, dass es äußerst wichtig ist, den Geschichten, die Menschen über ihre Pferde erzählen, zuzuhören und sie zu verstehen, wenn man ihnen helfen will, irgendein Fehlverhalten abzulegen. Deshalb war ich selbst einigermaßen erstaunt darüber, dass ich mich nicht nur nicht auf das, was sie sagte, konzentrieren konnte, sondern dass meine Gedanken immer wieder viele Jahre zurück zu einer Zeit und einer Situation wanderten, die damit augenscheinlich nicht das Geringste zu tun hatte.

»Eine Nacht darüber geschlafen – am nächsten Tag wiedergekommen … den Kauf ausgehandelt …«

Ihre Worte wurden immer leiser, bis ich sie buchstäblich überhaupt nicht mehr hörte. Stattdessen erschien nun vor meinem geistigen Auge das vollständige Bild der Erinnerung, das aus meinem Unterbewusstsein ans Licht strebte. Plötzlich stand ich wieder, in meinem zweiten High School-Jahr, an meinem Spind und versuchte zu hören, was zwei Mädchen zwei Spinde weiter sich erzählten.

Sharon Kingstone war ein Mädchen, für das ich schon seit ein paar Jahren geschwärmt hatte, ohne jemals etwas zu unternehmen. Am Wochenende sollte eine Tanzveranstaltung stattfinden, und ich dachte daran, sie anzurufen und zu fragen, ob sie mit mir hingehen würde.

Damals kam es, jedenfalls für mich, überhaupt nicht infrage, ein Mädchen einfach so, im Eingang zur Schule, zu fragen, ob sie mit mir ausgehen wollte. Sehen Sie, aus meiner Sicht der Dinge war es so, dass, wenn ich ein Mädchen persönlich fragte, ob sie mit mir ausgehen wollte, und sie nein sagte, die ganze Schule es innerhalb von Minuten wissen würde – keine gute Sache für einen gehemmten Sechzehnjährigen. Wenn ich sie dagegen anrief und sie nein sagte, wüssten es nur sie und ich. Dabei machte ich mir natürlich überhaupt nicht klar, dass sie ebenso gut am nächsten Tag all ihren Freundinnen davon erzählen konnte, sodass die ganze Schule es so oder so wissen würde. Wahrscheinlich dachte ich mit sechzehn einfach nicht so weit voraus.

Mehrfache Nachforschungen im Telefonbuch in den letzten Monaten hatten mich mit der traurigen Realität konfrontiert, dass Sharons Familie nicht im Telefonbuch stand und es damit so gut wie unmöglich war, mich mit ihr zu verabreden. Zu meinem Glück wurden die Spinde nach dem Alphabet vergeben, und deshalb hatte Sharons Freundin Julie Rush ihren Spind nur zwei weiter von meinem. Und was soll ich sagen: Gerade als ich den Gedanken an eine Verabredung mit ihr aufgeben wollte, stand doch Sharon zwei Spinde weiter und sprach mit Julie über einen Film, den sie sich an diesem Abend ansehen wollten. Meine Hoffnung war, dass Julie ebenfalls keine

Telefonnummer von Sharon hatte und Sharon ihr diese geben würde, wenn ich nur lange genug wartete. Und ich wäre zufällig zur rechten Zeit am rechten Ort, um sie mitzuhören.

Ich stand ruhig da und suchte in den Tiefen meines Spinds nach – na ja – nichts Besonderem, wobei ich mir alle Mühe gab, so zu tun, als ob ich nicht zuhörte. Leider enthielt ihre Unterhaltung wenig, das für mich von Interesse war, und ich wollte schon aufgeben und in meine nächste Stunde, Sozialstudien und aktuelle Ereignisse, gehen (bei Mr. Kocos, einem Oberst a. D., was man seinem Unterricht noch anmerkte. Es war keine gute Idee, bei ihm zu spät zu kommen), als Sharon ganz beiläufig die Information über die Lippen kam, auf die ich so sehnsüchtig wartete.

»Am besten rufst du mich gegen sechs an«, sagte sie und warf ihr fast hüftlanges Haar mit einem Schwung über die linke Schulter. »Hast du meine Nummer?«

»Nein«, sagte Julie. »Warte einen Moment, ich brauche was zu schreiben.«

»Sie ist ganz einfach zu merken«, lächelte Sharon.

Gut, dachte ich, denn ich hatte auch nichts zum Schreiben zur Hand.

Wir lebten in einer Kleinstadt. Alle Telefonnummern hier und in der nächsten Kleinstadt hatten dieselbe Vorwahl, weshalb ich mir wenigstens diese nicht zu merken brauchte, obwohl Sharon sie erwähnte. Sie sprach langsam und deutlich, und als sie die letzten vier Zahlen aussprach – die, auf die es mir ankam –, hätte ich fast einen Luftsprung gemacht.

»0-3-1-1«, sagte sie, gerade als die Glocke zur nächsten Stunde läutete.

Ich konnte mein Glück kaum fassen! Drei-elf war unsere alte Hausnummer, die ich auswendig konnte, seit ich fünf war. *Kinderspiel*, dachte ich.

Ich kam etwa dreißig Sekunden zu spät zum Unterricht bei Mr. Kocos, was mich zwei Tadel kostete und ein paar Extras an Lob, um sie wieder auszugleichen, damit ich nicht nachsitzen und sie abarbeiten musste – mit Tafel abwischen, Fußboden wischen oder Fenster putzen. Kein zu hoher Preis, dachte ich, während Mr. Kocos die Strafe austeilte und meine Klassenkameraden leise vor sich hinkicherten. Sicher waren sie einfach froh, dass es nicht sie getroffen hatte.

Am nächsten Abend, nach ungefähr tausend Proben – Sie wissen schon: Man stellt sich vor, man hat den Telefonhörer in der Hand, und übt, was man sagen soll –, wählte ich schließlich ihre Nummer. Das war lange vor der Handy-Zeit; jeder, der von zu Hause aus anrufen wollte, musste dies vom selben Telefon aus tun, von dem, das im Flur zwischen Wohnzimmer und Küche stand. Für damals waren wir Hightech. Unser Telefon hatte die Wählscheibe im Hörer integriert und eine Schnur, die sich ca. 7 m ausziehen ließ (sodass man sie um die Ecke ins Badezimmer mitnehmen und die Tür hinter sich zumachen konnte) und die sich dann wieder zusammenzog, wenn man fertig war und den Hörer wieder einhängte.

Das Telefon läutete drei Mal, bevor am anderen Ende jemand dran ging.

»Hallo«, sagte eine Mädchenstimme, die klang, als ob ihre Besitzerin in die High School ginge.

»Hallo?«, sagte ich mit dem ganzen Selbstvertrauen, das ich aufbringen konnte. »Sharon?«

»Sharon?«, kam die Stimme am anderen Ende. »Nein, hier ist nicht Sharon.«

Es entstand eine peinliche Pause an beiden Enden.

»Äh«, stammelte ich. »Weißt du, wann sie da ist?«

»Genau genommen«, sagte die Stimme freundlich, »genau genommen gibt es hier überhaupt keine Sharon. Was für eine Nummer wolltest du?«

Ich musste einen Augenblick nachdenken. Welche Nummer hatte ich wählen wollen? Fast ohne nachzudenken, sagte ich die Vorwahl, die ich gewählt hatte, und dann … »Null, drei, eins, eins.«

»Da haben wir das Problem.« In der Stimme klang ein Lächeln mit. »Hier ist Null, *zwei,* eins, eins. Du hast dich um eine Nummer verwählt.«

Der Schock der verwählten Nummer brachte mich schlagartig auf den Reitplatz zurück, auf dem ich gerade stand. Allerdings nur für ein paar Augenblicke. Vor mir stand Jackie, und ihr Pferd schubste sie immer noch herum.

»Dann habe ich ihn in Beritt gegeben … drei Monate dort … wurde nur schlimmer … holte ihn zurück … ritt ihn wieder auf dem Platz …«

Jackies Stimme wurde leiser, und an ihrer Stelle stand ich in unserem damaligen Badezimmer, mit dem Hörer am Ohr.

»Entschuldige die Störung«, stotterte ich und wollte einhängen.

»Warte mal«, sagte die Stimme. »Deine Stimme kommt mir bekannt vor. Kennen wir uns?«

»Glaub' ich nicht«, sagte ich im Bestreben, das Gespräch so schnell wie möglich zu beenden. Es hatte ungefähr fünfzig Minuten gedauert, bis ich den Mut aufgebracht hatte, überhaupt zu wählen. Nachdem dieser erste Versuch schiefgegangen war, stand es in den Sternen, wann ich den Mut zu einem neuen Versuch aufbringen würde. Jedenfalls ging die Zeit, die ich mit diesem Mädchen verplauderte, von der Zeit ab, die ich mit Sharon sprechen konnte, falls ich sie jemals wirklich ans Telefon bekam.

»Nein, wirklich«, beharrte die Stimme. »Deine Stimme kommt mir bekannt vor. In welche Schule gehst du?«

So langsam begann auch mir nun die Stimme am anderen Ende bekannt vorzukommen. Wider besseres Wissen und auf die Gefahr hin, noch mehr Zeit zu verlieren, sagte ich es ihr also. Es stellte sich heraus, dass die Stimme zu Angela Louden gehörte, einem Mädchen, das in dieselbe Schule ging, aber einige Klassen über mir. Außerdem stellte sich heraus, dass Angela mich in der kleinen Band gesehen hatte, in der ich Schlagzeug spielte, und meine Stimme von daher erkannt hatte. Es war äußerst schmeichelhaft, dass ein älteres Mädchen mich am Telefon an der Stimme erkannt hatte.

Angela war ein Cheerleader und ging mit einem älteren Jungen aus dem Football-Team, und zwar schon ziemlich lange. Deshalb war ich mir nicht so sicher, ob es überhaupt in Ordnung war, dass ich mich mit ihr unterhielt. Nichtsdestotrotz ging unsere Unterhaltung einfach weiter. Wir sprachen über Dinge, über die ich bisher noch nie mit jemandem gesprochen hatte – über Politik, Musik, den Krieg in Vietnam, was wir nach der Schule vorhatten, was unsere Lieblingsautos waren. Wir quatschten fast eineinhalb Stunden lang, über Wichtiges und weniger Wichtiges.

Als wir uns endlich verabschiedeten, fühlte ich mich komplett anders als vorher. Ich konnte das Gefühl nicht richtig festnageln, aber irgendwie kam es mir vor, als ob ich ein Stück erwachsener geworden wäre. Als ich den Hörer einhängte, fühlte ich mich leichter und glücklicher und vielleicht ein bisschen klüger als vorher – das Ergebnis eines glücklichen Fehlgriffs, einer leicht verwählten Telefonnummer.

Einen Augenblick spürte ich hier auf dem Reitplatz wieder das gleiche Gefühl wie damals am Ende meines Gesprächs mit Angela, dann war es verschwunden, gerade als Jackie mit ihrer Geschichte, wie es ihr mit ihrem Pferd ergangen war, zu Ende kam.

»Guckig im Gelände … schwer zu bremsen … wendet gut nach links, nicht so gut nach rechts, und manchmal, wenn ich angaloppieren will, fängt er an zu buckeln.«

Jetzt war ich wieder bei ihr, zurück auf dem Reitplatz.

»Ich habe nicht so viel mit ihm gearbeitet, hauptsächlich weil ich keinen *Fehler* und die Dinge nicht noch schlimmer machen wollte.«

Ungefähr hier dämmerte mir, warum diese spezielle Erinnerung mich gerade jetzt überfallen hatte. Irgendetwas in der Art, wie sie sprach, schon ganz zu Anfang, und etwas in der Art, wie das Pferd sich benahm, hatte mir gesagt, dass es darauf hinauslaufen würde, dass sie wenig mit ihm gemacht hatte, weil sie keinen Fehler machen wollte. Diese Aussage hatte ich schon oft gehört, von vielen Menschen auf der ganzen Welt. Früher war mir nie eine passende Erklärung eingefallen, warum ich dachte, dass es nicht so schlimm war, in einer Situation wie ihrer einen Fehler zu machen. Schlimm war, gar nichts zu machen.

Es ist komisch, wie der menschliche Geist arbeitet. Jahrzehntelang war mir dieses Gespräch mit Angela nicht mehr in den Sinn gekommen. Aber genau jetzt, in einer dem Augenschein nach völlig anderen Situation, fiel mir die Lektion aus diesem eineinhalbstündigen Gespräch wieder ein, jetzt, wo sie mir am meisten nützen konnte. Die Lektion hieß: Nicht alle Fehler, die wir machen, müssen unbedingt schlimm sein.

Der Umgang mit Pferden ähnelt in vielem meinem Telefongespräch vor so vielen Jahren. Wie bei einer Telefonnummer, bei der wir eine bestimmte Nummernfolge wählen und dann mit einer bestimmten Person sprechen können, gibt es auch im Umgang mit Pferden oft eine Reihe von Schritten, auf denen wir unser Training aufbauen. Wir gehen Schritt für Schritt vor und erwarten dann ein bestimmtes Endergebnis. Wenn wir aber unbemerkt auch nur eine Zahl falsch wählen oder, bei den Pferden, einen Trainingsschritt auslassen, sprechen wir nicht nur plötzlich mit jemand ganz anderem, wir sind auch an einem ganz anderen Ort, manchmal sogar in einer anderen Stadt oder einem anderen Land!

Viele Menschen haben, besonders bei der Arbeit mit Pferden, Angst davor, einen »Fehler« zu machen, der vielleicht nicht mehr reparabel wäre. Aber wenn wir diesen Gedanken nur ein wenig umdrehen, verstehen wir sehr bald, dass Fehler nicht nur unumgänglicher Teil des Lebens sind, sie können auch sehr viel Gutes bewirken, wenn wir es nur zulassen. Das Problem besteht für manche einfach darin, dass der simple *Gedanke*, einen Fehler zu machen, sie schon in einen lähmenden Zustand der Inaktivität und der andauernden Furcht vor dem Unbekannten versetzt.

Wenn wir uns verwählt haben, entschuldigen wir uns meist nur, hängen auf und denken über die Person am anderen Ende nicht weiter nach. In meinem Fall führte mich die verwählte Nummer – eine einzige falsche Zahl – allerdings zu einem Menschen, der einen so starken Einfluss auf mein Leben hatte, wie wir es uns beide wohl nie vorgestellt hätten.

Die Frage lautet deshalb vielleicht: War dieses Verwählen, im Ganzen gesehen, wirklich ein Fehler, oder war es etwas, das sich ereignen musste, damit meine Persönlichkeit dadurch wachsen konnte? Wenn wir etwas mit unserem Pferd machen, das zu einem unerwünschten Ergebnis führt – ist es dann ein Fehler oder eine Gelegenheit zu wachsen? Wenn wir es nur als schädliches Versehen betrachten, wird es ohne Zweifel auch genau das sein. Wenn wir aber nach dem Guten darin suchen (und es gibt in allem immer etwas Gutes), werden wir auch etwas Gutes finden.

In diesem Zusammenhang finde ich es auch wichtig zu verstehen, dass nur sehr wenige Dinge im Leben *nur* gut und nur sehr wenige Dinge *nur* schlecht sind. Dasselbe Feuer, das unser Heim wärmt, kann einen Wald niederbrennen. Dasselbe Wasser, das eine Stadt überflutet, kann einem Baby als Bad dienen. Mit Elektrizität kocht der Mensch sein Essen, Elektrizität kann aber auch den Menschen töten …

Um beim Bespiel von Jackie zu bleiben: Sie hatte sehr wenig bis gar keine Erfahrung mit Pferden. Deshalb würden sicher viele Leute das, was sie getan hatte, als Riesenfehler betrachten. Ihr erstes Pferd überhaupt wurde ein, wie sich herausstellte, ungerittener Fünfjähriger mit mehr als nur einem Verhaltensproblem, den sie vor dem Schlachter rettete. Aber bedingt durch die Wahl dieses bestimmten Pferdes hatte sie auch einen Crash-Kurs in Tiermedizin, Hufpflege und Fütterung gemacht und sich außerdem, wenn auch mehr gezwungenermaßen, einen ziemlich festen Sitz im Sattel sowie eine recht gute und gefühlvolle Zügelhand erworben. Darüber hinaus hatte sie in sehr kurzer Zeit herausgefunden, in welche Richtung ihr Pferdetraining gehen sollte, und sich die Menschen ausgesucht, die ihr und ihrem Pferd dabei am besten helfen konnten.

Auf den ersten Blick mag Jackies Wahl dieses bestimmten Pferdes daher als Fehler erscheinen, in Wirklichkeit aber hatte sie sich schneller bessere Pferdekenntnisse erworben, als wenn sie sich für ein einfacheres Pferd entschieden hätte (obwohl ich trotzdem keinem Neuling empfehlen würde, sich als erstes ein ungerittenes Pferd mit psychischen und physischen Problemen auszusuchen).

»Wollen Sie es mal versuchen?« fragte ich die Reiterin, mit deren Pferd ich die letzten dreißig Minuten Bodenarbeit gemacht hatte.

Sie hatte geklagt, dass das Pferd extrem hart im Maul und deshalb schwer zu reiten sei. Genau genommen so schwer, dass sie sich nicht mehr hinaufgetraute. Statt sie zu zwingen, in den Sattel eines Pferdes zu steigen, vor dem sie Angst hatte, wollte ich erst sehen, ob ich das Pferd mit etwas Fahren vom Boden aus weicher machen konnte. Wenn er sich dann etwas besser anfühlte, wollte ich sie dazubitten, damit sie ein Gefühl für die Bodenarbeit entwickeln konnte. Ich dachte, wenn ich den Wallach durch die Bodenarbeit etwas durchlässiger machen und der Besitzerin zeigen könnte, wie man das macht, würde es ihrem Selbstvertrauen zugute kommen und sie sich allmählich auch imstande fühlen, aufzusteigen und ihn vom Sattel aus zu arbeiten.

»Ich habe noch nie Bodenarbeit gemacht«, sagte sie, ohne sich auch nur einen Millimeter von ihrem Standplatz außerhalb des Tors fortzubewegen. Es war klar, dass ihr Vertrauen zu ihrem Pferd und zu sich selbst einen Tiefpunkt erreicht hatte.

»Das hatte ich auch nicht, vor meinem ersten Mal«, antwortete ich so entwaffnend wie möglich.

»Na ja, aber bei Ihnen sieht es so leicht aus«, kam es von ihr.

»Ach, wissen Sie, das war nicht immer so«, versicherte ich. Und das war mein voller Ernst. Mein erster Versuch im Fahren vom Boden aus war alles andere als eine Glanzleistung gewesen. Ich war mir nicht mal sicher gewesen, ob wir, Pferd oder ich oder beide, das überleben würden.

Ich hatte Walter Pruitt, dem »alten Mann«, dem ich als Junge bei seiner Arbeit geholfen hatte, einige Male beim Fahren vom Boden aus zugesehen, obwohl er nie sehr viel auf einmal machte. Damit meine ich, dass ich ihn vielleicht im April einmal gesehen hatte, wie er ein Pferd vom Boden aus fuhr, und dann im Juni oder Juli mit einem anderen Pferd und dann wieder monatelang gar nicht. Es sah bei ihm nie sehr kompliziert oder schwierig aus, weshalb ich annahm, es sei auch nicht besonders kompliziert oder schwierig.

Nachdem ich einmal zugesehen hatte, wie er ein Pferd am langen Zügel kreuz und quer über seineWiese geführt hatte, fragte ich Walter, ob ich es auch einmal versuchen dürfte. Er sagte ja, erwähnte aber weder die Zeit, noch den Ort, noch das Pferd für meinen Versuch. Aber er hatte ja gesagt, und das reichte mir. Allerdings muss ich zugeben, dass der alte Mann diese Arbeit vom Boden aus so sporadisch einlegte, dass ich es bald wieder vergaß, einfach weil ich es nicht mehr sah.

An einem Mittsommertag ungefähr zwei Monate, nachdem ich den alten Mann zuletzt bei der Arbeit vom Boden aus beobachtet hatte, fuhr er ein Pferd vom Boden aus, das zu jung war, um geritten zu werden, aber zu alt, um gar nichts zu tun. Üblicherweise fing er damit an, das junge Pferd an das Gefühl der langen Leinen am Körper zu gewöhnen. Das dauerte insgesamt ein paar Stunden, verteilt über mehrere Tage, und das junge Pferd kannte das schon.

Machten dem Pferd die langen Leinen nichts mehr aus, brachte der alte Mann ihm bei, sich auf beiden Händen im Schritt und im Trab longieren zu lassen. Funktionierte dies zu seiner Zufriedenheit, ging er über zum Fahren vom Boden aus, was darin bestand, dass er zwei Fahrleinen rechts und links am Pferdehalfter befestigte, ungefähr auf Backenhöhe, und das Pferd wie beim Longieren um sich herumgehen ließ. Immer mal wieder ließ er das Pferd anhalten, auf die andere Hand oder rückwärts gehen, bis das Pferd sich so anfühlte, wie der alte Mann es sich vorstellte. Dann, gewöhnlich nach einigen Stunden, wieder über mehrere Tage verteilt, ersetzte er das Halfter durch einen Zaum mit Trensengebiss und wiederholte, was er zuvor schon gemacht hatte.

Der alte Mann hatte dieses junge Pferd schon drei oder vier Tage im Halfter gefahren, normalerweise Zeit für den Wechsel zur Trense, aber aus irgendeinem Grund war dies noch nicht erfolgt. Jedenfalls brachte mir der Anblick, wie er das junge Pferd vom Boden aus fuhr, wieder unser Gespräch von vor einigen Monaten in Erinnerung, als er gesagt hatte, ich könnte es irgendwann einmal mit dem Fahren vom Boden aus versuchen.

An diesem Morgen war ich etwas später dran als sonst, weil ich bei einem improvisierten Baseballspiel mit ein paar Freunden die Zeit vergessen hatte. Als ich ankam, fuhr der alte Mann gerade aus dem

»Ich ließ das Pferd antreten, was es auch willig tat, und schon waren wir mitten im Fahren vom Boden aus.«

Tor. »Ich muss Verschiedenes besorgen«, teilte er mir mit, er in seinem alten Pickup, ich auf dem Fahrrad. Er fuhr kaum langsamer und nahm auch die Zigarette nicht aus dem Mundwinkel, sodass aus dem Fenster der Fahrerseite ein blau-weißes Wölkchen entwich, während er vorbeifuhr. Er war schon unten an der Straße, bevor er anhielt und rückwärts zu mir, der ich immer noch am Tor stand, zurückfuhr. »Wenn du willst, kannst du mal das junge Pferd vom Boden aus fahren.« Er nahm die Zigarette aus dem Mund und schnippte die Asche herunter. »Aber nicht zu lang. Fünf oder zehn Minuten sind genug, dann stellst du ihn wieder in den Stall.«

Ohne jegliche Anweisung bezüglich des Fahrens vom Boden aus als solchem legte der alte Mann den Gang ein und fuhr davon. Vermutlich dachte er, ich hätte vom Zusehen genügend gelernt, und in der Rückschau vermute ich, dass ich wahrscheinlich ähnlich dachte.

Schließlich sah es bei ihm so leicht aus, es gab für mich keinen Grund, warum es nicht auch leicht sein sollte.

Als ich meine tägliche Arbeit erledigt hatte, holte ich das junge Pferd von der Weide, brachte es in den Round Pen, holte die Fahrleinen aus der Sattelkammer und hakte sie ins Halfter ein, wie ich es bei dem alten Mann gesehen hatte. Ich ließ das Pferd antreten, was es auch willig tat, und schon waren wir mitten im Fahren vom Boden aus. Anfangs hatte ich meine Mühe mit den langen Leinen und verhedderte mich auch ein paar Mal in den herabhängenden Enden, aber ansonsten ging alles glatt. So glatt, dass ich nach etwa zehn Minuten dachte, vielleicht wäre es eine gute Idee, die Trense zu holen und das Pferd mit Trense zu fahren. Schließlich *war* das der nächste Schritt, und der alte Mann würde sicher nichts dagegen haben, wenn ich ihm dies abnahm.

Also ging ich nach ein paar Minuten wieder in die Sattelkammer. Während ich so dastand und auf die Reihen von Zäumen sah, die an der Wand hingen, und mir überlegte, welcher wohl der passendste für dieses junge Pferd wäre (wobei ich keine Ahnung hatte, nach welchen Kriterien die Wahl zu treffen war), stellte ich mir vor, wie beeindruckt der alte Mann sein würde, wenn er bei seiner Rückkehr feststellen würde, dass er das Pferd nicht mehr mit der Trense zu fahren brauchte, weil ich das schon für ihn erledigt hatte.

Der Kleine protestierte ein bisschen, als ich versuchte, ihm die Trense ins Maul und das Genickstück über die Ohren zu schieben. Ehrlich gesagt protestierte er sogar ziemlich heftig, ich brauchte gute fünfzehn Minuten, bis ich es geschafft hatte. Als er das Gebiss endlich im Maul hatte, versuchte er es die meiste Zeit wieder auszuspucken, etwas, was ich nie gesehen hatte, wenn der alte Mann ein Pferd vom Boden aus mit der Trense fuhr. Damals wusste ich allerdings auch nicht, dass der alte Mann den Pferden immer einige Tage Zeit ließ, sich an das Gebiss zu gewöhnen, bevor er mit ihnen arbeitete. Das wäre ein ziemlich wichtiges Stück Information gewesen.

Schnell hatte ich die Leinen am Gebiss befestigt und lenkte den Kleinen im Round Pen im Kreis wie vorher am Halfter. Es ging alles recht gut, bis ich ihn nach rechts abwenden wollte, der Kleine sich am Gebiss stieß, den Kopf nach links riss, in Panik geriet und losrannte. Ich versuchte ihn wieder nach rechts abzuwenden, diesmal mit mehr Druck, da das, was ich als mäßigen Druck betrachtete, nicht das gewünschte Ergebnis zu bringen schien. Das Ergebnis war diesmal eine noch heftigere Reaktion, so heftig, dass er sogar zu steigen versuchte, ohne mit dem Rennen aufzuhören.

Da es mit dem Abwenden nicht klappen wollte, beschloss ich, das Pferd einfach anzuhalten. Ich nahm also beide Leinen so stark an, wie ich es zuvor getan hatte, als sie am Halfter befestigt waren, aber sehr zu meiner Überraschung brachte es ihn diesmal keineswegs zum Anhalten. Stattdessen schüttelte er nicht nur höchst eindrucksvoll mit dem Kopf, sondern schien auch immer schneller zu werden!

Wieder versuchte ich ihn nach rechts abzuwenden, was mir schließlich auch gelang (ehrlich gesagt war er wahrscheinlich schon von sich aus auf diesem Weg), und sobald er sich nach rechts herumgeworfen hatte, legte er wieder los, so schnell er nur konnte. Er flog um den Round Pen, schüttelte mit dem Kopf, keilte nach den Leinen und schrie der Welt im Allgemeinen in den höchsten Tönen seinen Protest zu.

Eine Weile war ich ganz schön beschäftigt damit, die Leinen im Griff zu behalten und mich nicht darin zu verheddern. Meine Versuche, den Kleinen wieder unter Kontrolle zu bringen, brachten überhaupt nichts. Nach einem großen Bocksprung flog ihm die äußere Leine über den Rücken, sodass mir auch noch meine sowieso schon geringe Einflussmöglichkeit auf dieser Seite ganz abhanden kam. Nach einer halben Ewigkeit hörte das Pferd praktisch von selbst mit der panischen Rennerei auf, fuhr herum und sah mich an, als ob es fragen wollte: *Was willst du eigentlich?* Unbeeindruckt sortierte ich die Leinen neu und fing einfach wieder von vorne an. Es wurde nicht besser. Als Neuerrungenschaften kamen nun hinzu: Steigen auf der Stelle, Abschnellen in die Luft und Bocksprünge, von denen einer so heftig war, dass sich die Leine unter seinem Schweif verklemmte, was der bisher schon äußerst eindrucksvollen Vorstellung ein ganz neues athletisches Bewegungsmoment hinzufügte.

Ich weiß nicht genau, wie viel Zeit vergangen war zwischen meinem Beginn im Round Pen und dem Augenblick, als ich den alten Mann am Zaun stehen sah. Auf jeden Fall war es lang genug, um uns beide, mich und das Pferd, in Schweiß zu baden, ohne dass viel dabei herausgekommen wäre.

»Wie läuft's?«, fragte er nonchalant, während er am Zaun lehnte und sich eine Zigarette anzündete.

»Er lässt sich nicht abwenden, nicht anhalten und gar nichts«, sagte ich und versuchte, nicht gar zu jämmerlich zu klingen.

»Das sehe ich«, sagte er. »Lass ihn doch einfach laufen. Versuch nicht, ihn zu irgendetwas zu bringen, setz ihn nicht unter Druck und warte ab, ob er nicht von allein aufhört.«

Das war leicht gesagt. Vermutlich hatte er nie mit einem derartig blödsinnigen Pferd zu tun gehabt. Aber ich musste zugeben, dass mir auch nichts Besseres mehr einfiel. Also tat ich, was er gesagt hatte, und tatsächlich blieb der Kleine nach vier oder fünf Runden einfach stehen.

»Da«, sagte der alte Mann und kam gelassen in den Pen und auf mich zu. Ruhig nahm er mir die Leinen aus der Hand, und ich nahm an, dass ich mich damit als gefeuert betrachten konnte. Entmutigt ließ ich den Kopf hängen und ging in Richtung Tor.

»Nein«, sagte er. »Bleib hier. Eigentlich war das heute noch nicht dran, aber nachdem wir einmal damit angefangen haben, können wir so nicht aufhören.« Und damit begann der alte Mann mit dem jungen Pferd zu arbeiten, während ich dicht hinter ihm oder etwas seitlich von ihm stand. Er sprach davon, ein Pferd ans Gebiss zu gewöhnen, bevor man erwarten konnte, dass es darauf reagierte, davon, dass man versuchen sollte, einigermaßen die Ruhe zu bewahren, auch wenn das Pferd nervös war. Er sprach von vielen Dingen, während er mit dem Pferd arbeitete und seinen Zauber wirken ließ, nur eines erwähnte er nicht: das Riesenchaos, das ich angerichtet hatte, als ich etwas zu tun versucht hatte, was mich überhaupt nichts anging.

In kurzer Zeit arbeitete der Kleine in der Trense ebenso gut wie am Halfter. Der alte Mann überließ mir sogar eine Weile die Leinen, damit ich mich wieder besser fühlte als am Ende meiner ersten Zusammenarbeit mit dem jungen Pferd. Später, als alles vorbei und das Pferd geputzt und in den Stall gebracht war, ging ich zu dem alten Mann und wollte mich vor allem dafür entschuldigen, dass ich mich nicht an seine Anweisungen gehalten hatte.

»Ich wollte nur sagen, wie leid es mir tut«, sagte ich. Er saß auf seinem Stuhl in der Sattelkammer, rauchte seine ewige Zigarette und schnitt sich ein paar Lederriemen zurecht, die er für irgendwelche Reparaturarbeiten brauchte. »Ich hätte das nicht tun sollen, und es wird auch nie wieder vorkommen. Es tut mir leid.«

Ein paar Sekunden saß er nur da, und ohne auch nur zu mir hochzuschauen, sagte er: »Hast du heute etwas gelernt?«

»Ja, Sir«, sagte ich nach kurzem Nachdenken. Eigentlich wollte ich ausführlich darlegen, dass ich den Kleinen nur am Stallhalfter hätte arbeiten und nicht zur Trense hätte übergehen sollen, und dass ich ihn auch nur zehn Minuten hätte arbeiten sollen, wie er es mir gesagt hatte. Ich wollte ihm sagen, ich hätte das junge Pferd nicht so unter Druck setzen sollen, und noch ein paar andere Gedanken, die mir durch den Kopf gingen. Aber wie sich herausstellte, brauchte es dies alles nicht. Bevor ich auch nur den Mund aufmachen konnte, sah er kurz zu mir auf.

»Gut«, sagte er ruhig und nickte langsam. »Weil, wenn du etwas gelernt hast, dann war es kein Fehler.«

Klar, niemand macht gern schlimme Fehler, besonders bei der Arbeit mit einem Pferd. Auf der anderen Seite geht es einfach nicht ohne ein paar Fehler ab, wenn man irgendetwas richtig machen will. Erstaunlicherweise scheinen Menschen, die Fehler als Teil des Lebens akzeptiert haben, meiner Erfahrung nach insgesamt die wenigsten Fehler zu machen. Im Vergleich dazu haben Menschen, die absolut *keine* Fehler machen wollen und die größten Anstrengungen unternehmen, um sie zu vermeiden, am Ende oft die meisten Probleme.

Nehmen wir Jackies Fall als Beispiel. Als sie das Pferd bekam, ging es ihr nur darum, dafür zu sorgen, dass es ihm körperlich und seelisch besser ging. Es kam ihr überhaupt nicht in den Sinn, sie könnte einen Fehler machen. Sie ließ sich vom Tierarzt ihres Vertrauens beraten und von einem Nachbarn helfen, der viel Erfahrung mit Pferden hatte, und sie erreichte in verhältnismäßig kurzer Zeit, dass es dem Pferd tatsächlich besser ging.

Jackie nahm Reitstunden auf dem Pferd des Nachbarn und lernte die reiterlichen Grundlagen. Mit ihrem Nachbarn zusammen ritt sie den kleinen Wallach an und lernte dabei eine ganze Menge. Erst als der Nachbar kurz darauf wegzog, fing sie an, sich Sorgen zu machen, ihr könnte ein Fehler unterlaufen, obwohl bisher alles wunderbar gegangen war.

Dann schickte sie das Pferd zu einem Ausbilder, der es schneller voranbringen wollte, als es der Verfassung des Pferdes entsprach, worauf es einige schwerwiegende Verhaltensprobleme entwickelte. Als Jackie sah, was mit dem Pferd passierte, wusste sie, dass etwas nicht stimmte und die Dinge aus dem Ruder liefen, und nahm das

Pferd mit zurück nach Hause. Und dann hatte sie, weil sie um alles in der Welt die Dinge nicht noch schlimmer machen wollte, ganz aufgehört, mit dem Pferd zu arbeiten.

Als die beiden in meinen Kurs kamen, benahm der Wallach sich schlecht, schubste sie herum, ließ sich kaum führen, machte Theater beim Satteln und Reiten und war mit der ganzen Welt insgesamt nicht sehr glücklich. Interessanterweise waren Umgang und Training problemlos verlaufen, bevor Jackie sich Gedanken darüber machte, jedweden Fehler zu vermeiden. Erst als sie das Pferd wieder zu Hause hatte und die Dinge nicht noch schlimmer machen wollte, *wurden* sie wirklich schlimmer.

Was Jackie damals nicht verstand und was viele Leute nicht verstehen, ist, dass die meisten Verhaltensprobleme und Untugenden nur so schlimm sind, wie sie uns erscheinen. Meistens sieht es viel schlimmer aus, als es wirklich ist. Wir lassen uns davon einschüchtern, weil wir es nicht verstehen und oft auch nicht wissen, wie wir damit umgehen sollen. Wenn ein Pferd solch eine Untugend entwikkelt, glauben wir, wir hätten irgendwie schon einen Fehler gemacht, denn sonst würde das Pferd sich nicht so benehmen. Also wollen wir nicht noch einen Fehler machen und machen lieber gar nichts.

Wir konzentrieren uns auf diese Weise voll auf das Problem, nicht auf die Lösung. Aber nicht nur, dass die Lösung sehr oft genau vor uns steht – der »Fehler«, den wir gemacht haben und der das Verhalten des Pferdes provoziert hat, ist höchstwahrscheinlich genau der Schlüssel, mit dem sich das unerwünschte Verhalten wieder abstellen lässt! Es ist wie das Wählen einer einzigen falschen Zahl innerhalb einer Nummernfolge, wodurch man jemanden ans Telefon bekommt, mit dem man nicht gerechnet hat. Auch wenn man diesen Jemand nicht wirklich anrufen wollte, ihn oder sie überhaupt nicht kennt, heißt das nicht, dass dieser Jemand nicht vielleicht etwas zu bieten hätte, was uns das Leben ein wenig leichter macht.

Eine aus Versehen gewählte Telefonnummer ist nicht unbedingt eine falsche Nummer. Es ist einfach nicht die Nummer, die man hatte wählen wollen. Wenn wir die Person erreichen wollen, deren Nummer wir ursprünglich anrufen wollten, wählen wir erneut. Ich glaube, dass ein Fehler im Umgang mit einem Pferd oder in seinem Training ebenso wenig falsch ist. Mit einem »Fehler« erzielen wir einfach nicht das Ergebnis, das wir haben wollten. Ein Ergebnis haben wir aber trotzdem erreicht. Ist es nicht das, was wir haben wollten, versuchen wir es erneut. Wir dürfen nicht vergessen, dass das, was das Pferd als Antwort auf unsere Forderung anbietet, einfach eine Information ist – nicht mehr und nicht weniger. Es ist nicht gut oder schlecht, es ist eine Information. Die Reaktion auf eine Forderung ist einfach eine Kompassnadel, die uns die Richtung anzeigt, in die wir gehen sollten. Sie ist nicht das Ende, sie ist oft nur der Anfang. Nicht das, was wir gerade getan haben, sondern das, was wir als Nächstes tun, ist entscheidend dafür, ob wir Fortschritte machen oder nicht.

Es könnte sein, dass die Fehler, die wir begehen (mit Pferden oder im Leben), weiter nichts sind als Gelegenheiten – Gelegenheiten, die nur auf eine Zeit oder einen Ort gewartet haben, um aufzutauchen. Und überhaupt: Wenn wir etwas daraus lernen, sind sie vielleicht sowieso überhaupt keine Fehler.

Grenzen setzen

Ratata – ratata – ratata – ratata … anscheinend hatte ich noch nicht heraus, wie man zu einem einwandfreien Einkaufswagen kommt. Normalerweise war Wendy, einundzwanzig Jahre lang meine Ehefrau, für das Einkaufen zuständig gewesen, hauptsächlich weil ich so viel unterwegs war. War ich einmal zu Hause, war ich meist mit den Tieren oder anderen Dingen beschäftigt, die mich vom Haus fernhielten. Dass wir uns schließlich trennten, lag vermutlich zumindest teilweise daran, dass ich so wenig daheim war. Eine alleinerziehende

Mutter hat es nicht einfach, und noch schwieriger ist es wohl, verheiratet und dennoch alleinerziehend zu sein.

Wir trennten uns freundschaftlich, nachdem Wendy beschlossen hatte, lieber in einer eigenen kleinen Wohnung zu leben. Sie verließ also das Haus, in dem wir die letzten sieben Jahre gelebt hatten, und unsere zwei Jungen und ich übernahmen den Haushalt. Das war jetzt etwas über einen Monat her, und deshalb war nun ich für Hausarbeit zuständig, womit ich ehrlich gesagt nicht viel Erfahrung hatte. Zu meinen Aufgaben gehörte nun einmal die Woche der Lebensmitteleinkauf, zu dem ich gerade unterwegs war, als ich diesen Einkaufswagen entdeckt hatte, der ganz allein gleich hinter der Eingangstür zum Supermarkt stand.

»Wir hatten nie Probleme mit Pferden, die uns beim Führen angerempelt oder umgerannt hätten.«

Der Wagen braucht einen Job, dachte ich, und schob ihn in Richtung Brot und Backwaren. Nach kaum einem Meter verstand ich, warum der Wagen ganz allein dagestanden hatte. Der Rahmen war leicht verzogen, sodass das linke Vorderrädchen etwas abstand und keinen richtigen Kontakt zum Boden hatte. Das Ergebnis war, dass der Wagen nicht richtig spurte und unkontrolliert herumschlingerte, als ich ihn um eine junge Hausfrau herum lenkte, die mir mitfühlend zulächelte.

Ratata – ratata – ratata – ratata, protestierte das Rädchen. Die erfahreneren Einkäufer, diejenigen, die wussten, wie man einen funktionierenden Einkaufswagen findet, nickten wissend in meine Richtung, als wir vorbeischwankten. Die ersten paar Durchgänge waren noch kein großes Problem, abgesehen von dem Krach, den mein Wagen und ich machten. Aber je mehr Waren ich in den Korb legte, desto problematischer wurde es. Beim dritten Regal, nachdem ich zwei Achter-Packungen Limo hineingelegt hatte, bogen wir nach links ab, und das Geräusch, das der Einkaufwagen machte, änderte sich dramatisch.

Krrr … ack – krrr … ack – krrr … ack, protestierte der Wagen und scherte etwas nach links aus, wobei er eine kleine ältere Dame, die gerade eine Flasche Wasser vom Regal nahm, aus dem Weg räumte. »Entschuldigung«, sagte ich mit gezwungenem Lächeln. Sie schüttelte den Kopf, und ihr Gesichtsausdruck sagte: »Anfänger.«

Die nächsten paar Durchgänge waren nicht viel besser. Je schwerer der Wagen wurde, desto mehr hatte er zu kämpfen. Mir taten schon die Handgelenke weh vor lauter Anstrengung, ihn von einem Ende zum anderen zu befördern, wobei unser Weg mehr dem Gehoppse einer Krähe am Boden ähnelte. An der Milch schließlich brauchten wir beide eine kleine Pause. Ich stand neben meinem verletzten Wagen, rieb mir die Handgelenke und sah mir die anderen Leute an, die mit ihren gesunden Wagen so viel eleganter vorankamen. Da fiel mir etwas auf, das ich mit meinem Hintergrund als Pferdetrainer interessant fand.

Als ich die Menschen beobachtete, die an mir vorbeikamen, vor den Regalen standen und Etiketten entzifferten oder Dinge in ihren Korb legten, begann sich ein bestimmtes Muster abzuzeichnen. Wohin ich auch schaute, immer schien ein Käufer vom anderen gleich weit entfernt zu sein. Als gäbe es ein stillschweigendes Übereinkommen, dass niemand im Laden dem nächsten Kunden jemals näher als einen halben Meter auf den Leib rücken dürfte, als sei jeder Kunde von einem Kraftfeld von einem halben Meter umgeben. Noch interessanter: Übertrat jemand aus Versehen die »Grenze« des Nachbarn, was ab und zu vorkam, stellten die beiden, ohne auch nur aufzuschauen, unauffällig die Halbe-Meter-Distanz wieder her.

Der Grund, warum ich dieses Verhalten so interessant fand, besonders aus der Perspektive eines Pferdetrainers, war, dass die Grenzen, an die wir uns im zwischenmenschlichen Verhalten so streng halten – Grenzen, die uns oft nicht einmal bewusst sind –, uns oft total abhanden kommen, sobald ein Tier ins Spiel kommt.

Darüber dachte ich noch nach, während wir, mein Wagen und ich, müde unsere Einkäufe erledigten und krampfhaft versuchten, nichts Kostspieliges anzurempeln, bis wir endlich ratternd und schlingernd die Kasse erreichten.

Ich muss zugeben, dass ich nie über Grenzen zwischen Pferden und Menschen nachgedacht hatte, bevor ich anfing, Kurse zu geben, vermutlich weil es damit nie Probleme gegeben hatte. Auch als ich noch für den alten Mann arbeitete, hatten wir nie Probleme mit Pferden, die uns beim Führen angerempelt oder umgerannt hätten. In all den Jahren der Rancharbeit, wo wir es manchmal mit einem Bestand von über 120 oder 130 Pferden zu tun hatten, kann ich mich an kein einziges derartiges Problem erinnern.

Aber hier stand ich nun in dieser schlammigen Reitbahn. Es schüttete so heftig, dass mein Filzhut schon seit Stunden durchgeweicht war und sogar meine frisch geölte Jacke die Nässe durchließ, und ich beobachtete, wie das vierte Pferd an diesem Tag seine Besitzerin anrempelte.

»Ich glaube, ich muss an seinem persönlichen Freiraum arbeiten«, sagte die Frau über das Geprassel des Regens hinweg. Das Pferd wechselte zwischen zornigem Scharren in den Pfützen zu seinen Füßen und Rammstößen gegen seine Besitzerin. »Ich weiß, Sie haben so etwas heute schon mal gesagt, aber ich konnte Sie vor lauter Regen kaum verstehen.«

Der Regen. Vor zwei Tagen, als dieser Kurs begann, hatte er angefangen und seither nicht wieder aufgehört. Genau genommen war es ein Vier-Tage-Kurs, der in zwei Zwei-Tage-Kurse zerfiel, das heißt eine Reitergruppe machte einen Zwei-Tage-Kurs, und dann kam eine weitere Reitergruppe für die nächsten zwei Tage. Dies war der erste Tag der zweiten Gruppe, und von den fünf Reiterinnen und Reitern, die ich bis jetzt gesehen hatte, hatte nur eine kein »Freiraum-Problem« mit ihrem Pferd gehabt.

Probleme mit dem persönlichen Freiraum hatte ich ziemlich viele gesehen, seit ich vor fünf Jahren mit den Kursen angefangen hatte. Tatsächlich hatte ich in diesen fünf Jahren mehr Pferde und Reiter mit Freiraum-Problemen gesehen als in den fünfunddreißig Jahren zuvor.

»Grenzen sind für Pferde sehr wichtig«, sagte ich und lehnte meinen durchweichten Hut gegen den Wind. »Sie sind so wichtig, dass Sie ein neues Pferd in eine Herde von dreißig Köpfen stecken können, und das Pferd kennt innerhalb von Minuten seine jeweilige Grenze zu jedem einzelnen Herdenmitglied. Es weiß, wem es nahe kommen

»Der Regen. Vor zwei Tagen, als dieser Kurs begann, hatte er angefangen und seither nicht wieder aufgehört.«

kann, wen es herumschubsen kann und von wem es herumgeschubst werden wird.«

Der Wind hatte die Richtung gewechselt und blies mir genau ins Gesicht. Das Pferd, nun noch mehr verärgert, stieß die Besitzerin mit der Nase an und drehte dem Wind dann die Rückseite zu. Das tat ich auch.

»Pferde rempeln Dinge an«, fuhr ich fort, die Hände tief in den Jackentaschen vergraben, um sie einigermaßen warm zu halten; von trocken konnte sowieso schon lange keine Rede mehr sein. »So lernen sie, wo sie im Verhältnis zu dem angerempelten Ding stehen. Gibt das Ding nach, lernen sie, dass es wahrscheinlich auch künftig nachgeben wird. Gibt es nicht nach, hören sie auf, es anzurempeln.«

Der Wind peitschte in das Mikro, das ich an der Wange trug. Das Geräusch, das daraufhin aus dem Lautsprecher kam, der mit einer

Plastikplane abgedeckt neben dem Tor stand, erinnerte stark an Donnergrollen.

»Es ist egal, ob das Ding, das sie anrempeln, ein Mensch, ein Tor, ein Zaun oder ein anderes Pferd ist«, erklärte ich weiter. »Wenn es nachgibt, werden sie weiterrempeln.«

Wie aufs Stichwort langte das Pferd herüber und stieß seine Besitzerin zum vierten Mal heftig mit dem Kopf an, mit solcher Kraft, dass sie das Gleichgewicht verlor und in meine Richtung umfiel. Es war klar, dass ich meine Hände nicht schnell genug aus den Taschen bekommen würde, um sie aufzufangen, also stellte ich mich ihr einfach in den Weg, was genügte, um sie auf den Füßen und aus dem Schlamm herauszuhalten.

»Könnte ich ihn einmal nehmen?«, fragte ich, während ein Schwall Regenwasser von meinem Hutrand schwappte.

»Nur zu.« Bereitwillig streckte sie mir den Führstrick entgegen.

Kaum hatte ich den Strick in der Hand, als das Pferd sich auf mich zu bewegte und Anstalten machte, mir einen Nasenstüber zu verpassen. Ich streckte den Arm ohne Strick aus und erwischte mit den Fingerspitzen das Ende seiner Nase. Überrascht gab er ein lautes Schnarchen von sich, sprang etwas zurück, schüttelte den Kopf und machte Anstalten zu steigen, kam aber nicht sehr hoch.

Weniger als zehn Sekunden später versuchte er es noch einmal, nur um wieder in meine Fingerspitzen zu rennen. Dieses Mal stieg er wirklich und versuchte sogar, nach links auszubrechen. Als das Ende des Führstricks erreicht war, wurde sein Kopf abrupt herumgerissen, sodass er mir nun gegenüberstand. Er ging rückwärts, wobei er drei oder vier Mal mit dem Kopf schlug und jedes Mal gegen den Widerstand des Stricks prallte. Dann blieb er stehen.

Schnell schaltete sich die Besitzerin ein. »Er kann einem schon ganz schön zu schaffen machen«, sagte sie und legte einige Distanz zwischen sich und das Pferd. »Besonders wenn er verrückt spielt.«

»Bevor Sie zu weit weg sind«, warf ich ein. »Können Sie mir sagen, wie Ihre Grenzen bei diesem Pferd aussehen?«

»Wie meinen Sie das?«, fragte sie, immer noch rückwärts gehend.

»Bestehen irgendwelche Grenzen zwischen Ihnen und ihm?«, wiederholte ich. »Wie nah darf er Ihnen jeweils kommen?«

»Oh.« Einen Augenblick zögerte sie, dann streckte sie die Hände aus, als wollte sie zeigen, wie groß der Fisch war, den sie heute gefangen hatte – und es war kein sehr großer Fisch. »Ich weiß nicht, so vielleicht.« Sie schaute auf ihre Hände und nahm sie etwas weiter auseinander. »Vielleicht so – irgendetwas in der Art.«

Zum dritten Mal versuchte der Wallach, mich mit dem Kopf anzurempeln, und zum dritten Mal hob ich die Hand. Diesmal bremste er, kurz bevor er in Kontakt mit meinen Fingern kam, und ging ungefähr eine Armlänge auf Distanz zu mir.

»Wie weit sollte es denn sein?«, fragte sie.

»Ehrlich gesagt ist es gleich, wie Ihre Grenzen aussehen.« Ich drehte den Kopf aus dem Wind und versuchte, das Donnergrollen aus meinem Mikro zu mindern. »Sie müssen nur welche haben, und das konsequent.«

Das Pferd stand nun ruhig da und versuchte nicht weiter, mich herumzuschubsen.

»Meine Grenze ist eine Armlänge.« Ich streckte meinen Arm in Richtung Pferdenase aus; sie war etwa zehn Zentimeter von meinen Fingerspitzen entfernt. »Solange er sich außerhalb dieser Grenze hält, ist alles bestens. Kommt er näher oder versucht auch nur, näher zu kommen, muss ich ein Wörtchen mit ihm reden.«

»Ich versuche, ihn von mir fernzuhalten«, sagte sie. »Aber immer, wenn er mich anrempelt und ich ihn rückwärts richte, kommt er wieder auf mich zu.«

Ich erklärte, der Grund für dieses Zurückkommen sei höchstwahrscheinlich, dass er sie wegschieben konnte, wenn er sie anrempelte. Das hatten wir ja gerade gesehen. Weiter erklärte ich, dass solche Dinge sich oft so allmählich einschleichen, dass wir es gar nicht merken, bis sie sich zu einem größeren Problem ausgewachsen haben, wie in diesem Fall.

»Ein Beispiel«, begann ich. »Sagen wir, wir führen ein Pferd vom Stall auf die Koppel. Auf dem Weg treffen wir einen Freund, bleiben stehen und unterhalten uns eine Weile. Währenddessen rempelt uns das Pferd einmal zufällig an, und wir bewegen uns ein wenig, nur ein bisschen. Wir sind so in unser Gespräch vertieft, dass wir nicht einmal registrieren, dass das Pferd uns angerempelt hat. Aber das Pferd hat es registriert. Und es hat auch bemerkt, dass wir uns bewegt haben. Während wir uns weiter unterhalten, schubst es uns noch einmal, um zu sehen, ob es das gleiche Ergebnis erzielt. Das tut es. Dann schubst es uns vielleicht das dritte oder vierte Mal. Schließlich rempelt es uns möglicherweise mehrfach an, bevor wir überhaupt etwas bemerken.«

Der Wind nahm etwas ab. Ebenso der Regen.

»Ich glaube nicht, dass das bei mir zutrifft«, protestierte die Frau. »Ich weiß sehr wohl, wenn er mich anrempelt.«

»Aha«, nickte ich. »Wissen Sie, wie oft er Sie angerempelt hat, seit Sie ihn in die Arena gebracht haben?«

Eine Sekunde zögerte sie. Sie sah das Pferd an und dann wieder mich. »Nur das eine Mal«, sagte sie dann mit Nachdruck. »Als ich durch sein Anrempeln das Gleichgewicht verloren habe und gegen Sie gefallen bin.«

»In Wirklichkeit hat er Sie vier Mal angerempelt.« Ich wollte sie weder korrigieren noch mit ihr streiten. Sie sollte die Situation nur realistisch sehen lernen. Viele Menschen geben dem Pferd die Schuld an einem solchen Verhalten, obwohl in Wirklichkeit sie selbst es waren, die dem Pferd, wenn auch unabsichtlich, dieses Verhalten beigebracht haben. Wenn sie einsah, dass sie dem Pferd tatsächlich viel öfter erlaubt hatte, sie anzurempeln, als ihr selbst bewusst war, könnte dies der erste Schritt zur Lösung des Problems sein.

»Jedenfalls«, fuhr ich fort. »Bis wir endlich merken, dass das Pferd uns anrempelt, hat es bereits gelernt, dass es dies tun kann. Noch wichtiger: Es hat gelernt, dass es keine Konsequenzen zu befürchten hat. An diesem Punkt ist es schon viel schwieriger, das Problem in den Griff zu bekommen. Nicht weil das Pferd angriffslustig oder respektlos wäre, sondern weil es auf seiner Seite zu einem erlernten und akzeptierten Verhalten geworden ist.« Ich machte eine Pause und drückte das Kinn auf die Brust, woraufhin ein Eimer Wasser von meinem Hutrand platschte. »Und das Interessante daran ist«, erklärte ich weiter, »dass es normalerweise nicht mehr als fünf Minuten dauert, es ihm beizubringen.«

»Wollen Sie damit sagen, das ganze Problem wäre überhaupt nicht erst aufgetreten, wenn ich ihm schon die allererste Rempelei nicht hätte durchgehen lassen?«

»Na ja« sagte ich. »Genau weiß ich es natürlich nicht, aber ich halte es für sehr wahrscheinlich. Schließlich ist es immer einfacher, sich aus Ärger herauszuhalten, als aus Ärger wieder herauszukommen.«

»Ich glaube, ich dachte, er wollte mir seine Zuneigung zeigen«, sagte sie und rückte ein Stückchen näher.

»Vermutlich denken das sehr viele Leute«, nickte ich. »Und in manchen Fällen stimmt es vielleicht auch. Aber ich glaube, es ist auch wichtig zu verstehen, dass Pferde ganz allgemein nicht besonders zärtlich sind.«

Die Frau streckte die Hand aus, um ihr Pferd zu streicheln. Er holte mit der Nase aus zum nächsten Stoß. Bevor er sie erreichen konnte, brachte ich ihn mit einem Ruck am Führstrick zur Räson.

»Wollen Sie sagen, mein Pferd mag mich nicht?« Ihre Stimme klang skeptisch.

»Nein, Ma'am«, schüttelte ich den Kopf und drückte meinen Hutrand nach unten. Noch mehr Wasser floss herab. »Das will ich überhaupt nicht sagen. Ich sage nur, dass Pferde Zuneigung nicht immer in der gleichen Weise ausdrücken wie Menschen.«

Weiter erklärte ich, dass wir Menschen im Allgemeinen eine Spezies sind, die viel auf Körperkontakt und Gefühl gibt. Wir möchten andere Menschen gern berühren, um ihnen besser verständlich zu machen, wie wir zu ihnen stehen. Wir brauchen den Körperkontakt, wenn wir Menschen zeigen wollen, dass wir sie gern haben, wenn wir sie trösten wollen, manchmal sogar wenn wir Grund zum Schimpfen haben. Selbst wenn wir jemand gerade erst kennenlernen, strecken wir die Hand aus und berühren ihn: Wir geben ihm die Hand.

Pferde dagegen berühren sich weniger, wenn es darum geht, sich gegenseitig zu trösten oder Zuneigung oder auch Unmut zu zeigen. Das heißt nicht, dass sie solche Gefühle nicht haben. Sie zeigen sie nur nicht oft in derselben Weise wie Menschen. Wir Menschen scheinen in Schwierigkeiten zu geraten, wenn wir menschliche Wesenszüge auf Pferde oder auch andere Tiere projizieren, oder wenn wir das, was ein Pferd anbietet, missverstehen.

Ein Pferd, das uns anrempelt, um zu sehen, ob es uns nicht in Bewegung versetzen kann, zeigt keine Zuneigung. Er muss auch nicht unbedingt die Dominanz über uns im Sinn haben, obwohl es meiner Meinung nach damit enden kann, wenn wir nicht aufpassen. Ich glaube eher, dass es meistens damit anfängt, dass ein Pferd einfach herauszufinden versucht, ob das Ding, das es anrempelt (der Mensch), sich bewegen lässt. Bewegt sich der Mensch, weiß das Pferd, dass er sich mehr als wahrscheinlich wieder bewegen wird, wenn er erneut angerempelt wird. *Allmählich*, wenn das Verhalten nicht abgestellt wird, verwandelt es sich in eine Angelegenheit der Dominanz.

»Pferde rempeln Artgenossen aus den verschiedensten Gründen an«, führte ich weiter aus. »Einer ist sicher, Dominanz über ein anderes Pferd zu gewinnen oder den persönlichen Freiraum zwischen zwei Pferden zu bestimmen. Es kann aber auch eine Aufforderung zum Spielen sein, es kann dazu dienen, zum Futter oder Wasser oder davon wegzuführen, ein langsameres Pferd anzutreiben, ein schnelleres Pferd abzubremsen, ein anderes Pferd zur Herde zurück oder von ihr weg zu treiben und vieles mehr.«

»Damit wollen Sie also sagen, dass es nicht immer etwas mit Dominanz zu tun hat, wenn ein Pferd ein anderes anrempelt?«, warf die Frau ein.

»Das ist meine Meinung«, nickte ich. »Es ist allerdings auch nicht immer ein Zeichen von Zuneigung. So ist es auch, wenn sie es mit uns machen. Wenn sie uns anrempeln, versuchen sie nicht immer, die Oberhand zu gewinnen, sie versuchen auch nicht immer, zärtlich zu sein. Manchmal ist ein Rempler einfach ein Rempler. Wie wir auf diesen Rempler reagieren – wenn überhaupt –, entscheidet darüber, wie das Pferd uns von da an wahrnimmt.«

Langsam nickte die Frau zustimmend. Ein strahlendes Lächeln glitt über ihr Gesicht.

»Kann ich ihn jetzt wieder nehmen?«, fragte sie höflich. »Ich glaube, mein Pferd und ich sollten vielleicht an *meinen* Freiraum-Problemen arbeiten.«

»Genau.« Ich übergab ihr den Führstrick.

Der Himmel öffnete wieder seine Schleusen. Während die Besitzerin begann, mit ihrem Pferd die Grenzen festzulegen, stellte ich langsam fest, dass die fünf Schichten, die ich unter der Jacke trug, um mich trocken zu halten, nicht reichen würden.

Grenzen beziehungsweise der Mangel an Grenzen ist eines der Themen, denen ich in meinen Kursen wohl mit am häufigsten begegne.

Manche Menschen scheinen Probleme mit der Vorstellung zu haben, dass es zwischen ihnen und ihrem Pferd überhaupt irgendwelche Grenzen geben sollte. Hier einige der Hauptgründe, wie sie sich mir darstellen: Erstens genießen es manche Leute wirklich, ihren Pferden nahe zu sein, und zweitens scheinen sie Angst davor zu haben, die Gefühle ihres Pferdes zu verletzen. Das endet oft damit, dass ich in meinen Kursen Besitzer zu sehen bekomme, die von ihren Pferden gezogen, geschoben, bedrängt, geschubst, herumgezerrt, gekniffen und manchmal sogar umgerannt werden.

Viele Leute bezeichnen diese Art von Verhalten als respektlos oder als mangelnde Rücksichtnahme auf die Person am anderen Ende des Führstricks. Aber bevor wir einem Pferd das Etikett »respektlos« anhängen, ist es meiner Meinung nach wichtig zu verstehen, dass weitaus die Mehrzahl der Verhaltensweisen, die domestizierte Pferde Menschen gegenüber zeigen – ob gut, schlecht oder gleichgültig –, ihnen in irgendeiner Art und Weise von Menschen beigebracht wurden. Für viele Menschen ist das eine Pille, die schwer zu schlucken ist.

Es ist auch irgendwie lustig, denn wenn wir einem Pferd absichtlich etwas beibringen, was es tun oder wissen soll, und damit Erfolg haben, klopfen wir uns selbst auf die Schulter und denken, das haben wir gut gemacht. Wenn wir einem Pferd aber *unabsichtlich* ein Verhalten beigebracht haben, das wir *nicht* gewollt haben (und unerwünschtes Verhalten wird fast immer unabsichtlich erzielt), geben wir dem Pferd die Schuld, dass es dieses Verhalten gelernt hat, und nennen es respektlos. Ich weiß nicht – mir scheint, wir können nicht beides haben.

Interessanterweise läuft dies alles meistens auf *Achtsamkeit* hinaus. Je bewusster wir darauf achten, was das Pferd bezüglich dessen, wie es zu uns steht, anbietet oder tut, desto einfacher ist es, ihm verständlich zu machen, wo es an unsere Grenzen stößt – natürlich immer unter der Voraussetzung, dass solche Grenzen existieren. Wenn wir diese Grenzen für uns definiert haben und besser auf das reagieren, was das Pferd anbietet, können wir unerwünschtes Verhalten schneller erkennen und umdirigieren zu etwas, was für uns und das Pferd bekömmlicher ist.

Es ist schon einmal weniger aufwendig, ein Verhalten umzulenken, solange es noch nicht über das Stadium des Gedankens hinaus ist. Hat sich der Gedanke schon zu einer Handlung entwickelt, wird es immer schwieriger und erfordert viel mehr Energie, die Handlung umzulenken. Wenn wir immer daran denken, dass Training hauptsächlich darauf beruht, ein erwünschtes Verhalten zu beeinflussen oder als Grundlage für den weiteren Aufbau zu benutzen oder unerwünschtes Verhalten so umzulenken, dass es sich in erwünschtes verwandelt, wird klar, dass unser Erfolg in hohem Maße von unserer sehr bewussten Wahrnehmung, nämlich unserer Achtsamkeit abhängt.

Erst als ich meinen alten Buck endgültig als Kurspferd verabschieden wollte, ging mir auf, dass ich keinen richtigen Ersatz für ihn hatte. Im Vorjahr hatte ich die meisten meiner Reitpferde verkauft; geblieben waren mir eine Handvoll Jährlinge, drei gute Zuchtstuten und unser Hengst Snoopy, der damals siebenundzwanzig war. Im Gegensatz zu vielen anderen Hengsten vertrug Snoopy sich problemlos mit anderen Pferden, sodass ich ihn gut bei den Kursen hätte einsetzen können – wäre er nur zehn Jahre jünger gewesen. So aber konnte ich ihm in seinem Alter unmöglich die Strapazen des ständigen Unterwegsseins zumuten. Infolgedessen begann ich etwa im Oktober, mich nach einem Pferd umzusehen, das im nächsten Jahr Bucks Platz einnehmen könnte: Zum Glück musste ich nicht weit suchen.

Shawn und Beth Anne, Freunde in Kalifornien, hatten einen Quarter Horse-Wallach zu verkaufen. Eingetragen war er als *Bearded Seal*, was »Bartrobbe« bedeutet, aber irgendwann hatte ihm irgendwer den Stallnamen Mouse verpasst, höchstwahrscheinlich wegen seiner Farbe: mausgrau mit schwarzen Zebrastreifen an den Beinen und einem schwarzen Aalstrich auf dem Rücken, mit schwarzer Mähne, schwarzem Schweif und schwarzen Ohrenspitzen.

Mouse war damals siebzehn, ungefähr zwölf Jahre älter als mein Ideal. Shawn und Beth Anne hatten ihn nicht sehr lange gehabt, nur etwa eineinhalb Jahre, und Shawn hatte ihn hauptsächlich für *Roping* eingesetzt.

Gelegentlich hatte mir Shawn schon etwas von der Vorgeschichte des Pferdes erzählt. Geboren war Mouse in Oklahoma und war die meiste Zeit Ranchpferd gewesen. Offenbar hatte er öfter den Besitzer gewechselt und war von Oklahoma nach Montana, zurück nach Oklahoma, dann nach Kalifornien, hinunter nach Neumexiko und wieder zurück nach Kalifornien gegangen, wo er schließlich bei Shawn gelandet war.

Allem Anschein nach hatte Mouse kein leichtes Leben gehabt. Auf der rechten Halsseite hatte er einen tellergroßen Fleck Narbengewebe unter der Haut, und die Fesselbeugen wiesen Narben wie von Fußfesseln auf. Wenn er gähnte, konnte man eine große Narbe quer über die Zunge sehen; anscheinend hatte ihm ein scharfes Gebiss fast die Zunge durchgeschnitten. Ein kleines Stück Zunge fehlte überhaupt. Mouse war teilnahmslos und defensiv, konnte sehr schreckhaft sein und war im Umgang mit Menschen nicht unbedingt zuverlässig. Aber irgendetwas hatte er, was mich interessierte. Und im Endeffekt kaufte ich ihn.

Anfangs stand unser Zusammenleben auf ziemlich wackligen Füßen. Mouse ließ sich kaum einfangen, stellte sich beim Satteln fürchterlich an und schien, wie eine meiner Schülerinnen später sagte, ständig zu summen wie eine dieser Hochspannungsleitungen, unter denen man besser nicht leben sollte.

Auch die Arbeit mit Mouse erwies sich, besonders bei Kursen, als kleine Herausforderung. Ständig war er umgeben von Menschen, die er nicht kannte, an Orten, die ihm nicht vertraut waren – beides Dinge, die ihm anscheinend ziemliche Angst einjagten. Machte jemand, den er nicht kannte, den Fehler, ihn anfassen oder streicheln zu wollen – besonders wenn er angebunden war –, geriet er sofort in Panik und warf sich explosionsartig nach hinten, wobei er heftig mit dem Kopf schlug und Geräusche von sich gab, als sei er am Ersticken. Jede arme Seele, die während einer dieser Episoden zufällig hinter ihm vorbeikam, wurde entweder umgestoßen oder musste um ihr Leben rennen. Damals nahm ich so manche tief empfundene Entschuldigung von Leuten an, die auf die harte Tour lernten, dass man das Pferd eines Cowboys nicht ungefragt anfassen sollte.

Wenn er sich erschreckte, war sein Bedürfnis nach Selbstschutz fast immer stärker als seine Fähigkeit, sich von Menschen fernzuhalten, die sich zufällig in seiner Nähe befanden. Es war keine böse *Absicht*, dass er Menschen umrannte, wenn er Angst bekam. Es war mehr, als ob er zeitweilig blind würde und dann aus Versehen in Menschen hinein oder über sie wegrannte.

Ich habe Mouse nie für seine Unzuverlässigkeit bestraft. Stattdessen behandelte ich ihn wie jedes andere Pferd in meinem Stall. Wenn er beim Führen meine Armlängen-Distanz unterschritt, führte ich ihn entweder wieder hinaus, indem ich ihn mit dem Führstrick in aller Freundschaft rückwärts richtete oder indem ich, falls es etwas mit Panik zu tun hatte, einfach den Arm ausstreckte, damit er wusste, wo ich war. Anfangs rannte er bei solchen Gelegenheiten blindlings in meinen Arm hinein, was damit endete, dass ich ihn nachdrücklich von mir wegschickte. Aber mit der Zeit schaute er, wenn er scheute, tatsächlich erst, wo ich war, und sprang dann in die andere Richtung weg.

Manchmal bedeutet eine Grenze nicht mehr, als dass das Pferd immer weiß, wo Sie sich befinden. Sie sind einfach da, und das war es, worauf ich mich zu Anfang mit Mouse konzentrierte. Er kannte beim Führen eigentlich seine Grenzen sehr genau und respektierte sie auch – solange er sich nicht erschreckte. Abstand zu halten zu demjenigen, der gerade mit ihm umging, wenn er Angst bekam, war eine andere Sache gewesen. Auch wenn er jetzt zuerst nach mir schaute, bevor er scheute, hatte er immer noch Probleme, sich von anderen Leuten in der Nähe fernzuhalten. Infolgedessen verbrachte ich viel Zeit damit, ihn von anderen Leuten wegzudirigieren, wenn er in Panik geriet.

Auch nach zwei Jahren als Kurspferd war ich mir nicht wirklich sicher, ob Mouse sich jemals mit seiner Aufgabe würde anfreunden können. Oh, es hatte Augenblicke gegeben, wo er sich sichtlich Mühe gegeben hatte, nicht aus der Rolle zu fallen, aber immer noch konnte ich mich nicht völlig auf ihn verlassen. Dann passierte eines Tages etwas Interessantes.

Am Ende eines langen Kurstages führte ich Mouse zwischen unserem Transporter und einem Zaun auf die Koppel, wo er momentan zu Hause war. Meine Assistentin Kathleen folgte mit ihrem eigenen Pferd. Wir unterhielten uns über dies und das, und ohne es zu merken, rückte Kathleen bis auf etwa einen Meter an die linke Hüfte von Mouse heran. Rechterhand war der Zaun, unter dem dichtes Unkraut wucherte.

Kurz bevor wir auf einen Kiesweg abwenden konnten, der zur Koppel führte, flitzte irgendein kleines Getier, Ratte, Maus oder sonst etwas, auf der anderen Seite aus dem Unkraut heraus. Na ja, das war genau das, womit Mouse die ganze Zeit zu kämpfen gehabt hatte, und wie aufs Stichwort bekam er eine seiner Panikattacken. Er sprang nach vorn, bremste kurz vor mir und sprang dann nach links in Richtung Kathleen. Ich war in keiner guten Position, um ihn von ihr wegzulenken, und musste damit rechnen, dass er höchstwahrscheinlich genau in sie hineinspringen würde. Aber zu unserer Überraschung bremste er auch kurz vor ihr abrupt ab. Er schnellte zurück in seine ursprüngliche Position, den Kopf hoch erhoben, die Augen weit aufgerissen. Zwei oder drei Mal schnarchte er in Richtung Zaun, zögerte einen Augenblick, senkte den Kopf, drehte sich dann um und sah mich an. Als sei nichts geschehen, atmete er tief aus, und wir setzten in aller Ruhe unseren Weg fort.

Von diesem Tag an bis zu seinem letzten Atemzug machte Mouse kein einziges Mal mehr auch nur Anstalten, jemanden umzurennen, und er scheute auch kaum noch. Seine Nervosität verschwand fast vollständig, und er wurde eines der zuverlässigsten Pferde, die wir hatten. Ich weiß nicht genau, was damals bei ihm einklickte, aber irgendetwas muss es gewesen sein.

Wenn ich raten sollte, würde ich sagen, es könnte etwas so Einfaches wie ein bisschen Führung gewesen sein, Führung, als er sie gerade brauchte. Vielleicht war es die Zeit, die wir ihm gelassen hatten, um ihm zu helfen, als er sich nicht selbst zu helfen wusste, oder dass wir ihm geholfen hatten zu verstehen, dass genau das, wovor er solche Angst hatte – verletzt oder getötet zu werden –, auch das war, wovor wir Angst hatten. Irgendwie verstand er, dass in dem Augenblick, als er scheute, weil er dachte, er müsse sich verteidigen, ich aus denselben Gründen Grenzen um mich und andere in der Nähe zog. Aber eigentlich ist es auch egal. Wichtig ist nur, dass ein Pferd, das jedem Tag voller Angst und Sorge entgegensah, sich nicht länger Sorgen machte.

»Ich weiß nicht mehr weiter.« Die Stimme der Frau am anderen Ende der Leitung klang traurig. »Ein paar Tage sah alles ganz prima aus, aber jetzt ist es wieder wie am Anfang, eher noch schlimmer.«

»Wirklich?«, sagte ich und versuchte, meine Überraschung zu verbergen. »Das ist aber komisch.«

»Gibt es eine Möglichkeit, dass Sie zurückkommen und noch einmal mit ihm arbeiten?«, flehte sie. »Sicher mache ich irgendetwas falsch.«

»Aber gern«, sagte ich. »Wie wär's mit Freitagmorgen um zehn?«

Den Anruf dieser Frau als Überraschung zu bezeichnen wäre eine Untertreibung gewesen. In der Woche zuvor war ich bei ihr gewesen, weil sich ihr fünfzehnjähriger Morgan-Wallach, den sie erst seit einem halben Jahr hatte, schlecht einfangen ließ. Der Wallach, ein wunderbares kleines Pferd, ließ sich absolut problemlos einfangen – zumindest von mir. Bei seiner Besitzerin sah die Sache allerdings ganz anders aus.

Wir hatten damals fast eine Stunde zusammen gearbeitet, und ich verließ die beiden mit einem ziemlich guten Gefühl. Das Pferd ließ sich auch von ihr einfangen und schien sich dabei recht wohlzufühlen. Aber nun hatte sie gerade angerufen und gesagt, dass sie ihn wieder nicht einfangen konnte – dass er sie nicht einmal in seine Nähe kommen ließ und sie nicht mehr weiterwusste. Ich verstand es nicht.

Amy war eine sehr reservierte, eher zierliche Frau Mitte bis Ende dreißig, mit kurzem, dunklem Haar. Ihre Familie hatte Pferde besessen, seit sie ein Kind war, und ihr Mann hatte eine kleine Farm irgendwo im Osten gehabt. Sie war hierhergezogen, kurz nachdem ihr Mann bei einem Autounfall ums Leben gekommen war. Amy hatte Familie in der Umgebung, und ihre Verwandten hatten sie überredet, die Farm im Osten zu verkaufen und sich stattdessen hier, am Rande der Vororte, anzusiedeln, damit sie näher beieinander waren. Als sie vor sechs Monaten hierhergezogen war, hatte die kleine Farm noch weit weg von den Vororten gelegen. Jetzt nicht mehr.

Am Freitagvormittag parkte ich wie versprochen meinen Pickup vor ihrem Haus auf dem Drei-Acre-Grundstück, am Rand dessen, was innerhalb von Jahresfrist eine höchst betriebsame neue Siedlung im Süden von Denver sein würde. Ich hatte in irgendeiner Zeitschrift gelesen, dass um größere Städte herum Neubaugebiete von sieben- bis zehntausend Acres entstehen sollten, und so, wie es um das Haus meiner Klientin herum aussah, musste ich es wohl glauben.

Ich ging um das Haus herum und klopfte drei oder vier Mal an die Hintertür. Soweit ich sehen konnte, waren sämtliche Vorhänge und Rollos im Haus zugezogen, etwas, was mir schon letztes Mal aufgefallen war. Amy machte die Tür zuerst immer nur einen Spalt breit auf. Sie spähte dann aus dem Dunkel heraus, und erst wenn sie mich erkannte, öffnete sie wirklich die Tür.

»Morgen, Amy«, sagte ich. »Wie geht's Ihnen?«

Sie griff nach einer leichten Jacke, die neben der Tür hing, und als sie herauskam, schlüpfte sie schnell hinein und zog den Reißverschluss hoch. So beschäftigt, wie sie damit war, hätte ich ihr unmöglich die Hand schütteln können, hätte ich dies je vorgehabt. Hatte ich aber nicht. Ich hatte bei meinem letzten Besuch schon gelernt, dass sie sich wohl nichts aus Händeschütteln machte.

Schon bei meinem ersten Besuch war mir aufgefallen, dass Amy anscheinend einen etwas größeren persönlichen Freiraum um sich herum brauchte als die meisten anderen Menschen. Für die meisten von uns genügt ein Abstand von einem halben bis zu einem knappen Meter zu unserem Nächsten. Amys »Blase« war eher über einen Meter bis zu eineinhalb Meter groß, und als sie mir jetzt rasch zum Paddock vorausging, die Schultern leicht zusammengezogen und die Arme fest um den Leib geschlungen, als sei es eisig kalt (was es jetzt, im Frühsommer, nicht war), legte sie mühelos die Grenze zwischen uns fest.

Der kleine Paddock maß nur etwa fünfundzwanzig Meter im Quadrat. In der Nordwest-Ecke stand ein kleiner rot-weißer Schuppen, der nach Osten hin offen war. Neben dem grünen Metalltor befand sich ein großer Wassertank. Der Zaun bestand aus drei Balkenreihen übereinander, an der Innenseite verstärkt durch einen

Maschendraht. Der Pferch konnte höchstwahrscheinlich auch als großer Hundezwinger dienen, aber soweit ich wusste, hatte sie keinen Hund.

Wir gingen durch das Tor in den Paddock. Der Wallach stand allein in der Nähe des Schuppens und mampfte von dem Heubüschel, das Amy am Morgen für ihn ausgelegt hatte.

»Ich habe keine Ahnung, was mit ihm los ist«, brach Amy das Schweigen. »Meine Nachbarin kann ihn einfangen, meine Schwester kann ihn einfangen, meine Mutter und mein Vater können ihn einfangen, sogar mein Bruder kann es, und der macht sich nicht mal was aus Pferden! Nur mich lässt er nicht mal in seine Nähe. Ich habe versucht, ihn mit Karotten und Hafer zu bestechen, aber das funktioniert auch nicht.«

»Schön«, sagte ich. »Dann wollen wir mal sehen.« Ich ging zu dem Wallach hinüber, und als ich noch ca. sieben Meter von ihm entfernt war, hob er langsam den Kopf aus dem Heu und sah mich mit gespitzten Ohren an. Immer noch kauend, drehte er sich um und kam auf mich zu.

»Sehen Sie?« Amy hob die Hand und zeigte in unsere Richtung. »Zu Ihnen kommt er von allein.«

Ich streichelte dem Pferd den Kopf und ging zu Amy zurück. Das Pferd folgte mir ein Stück, blieb dann stehen und schaute Amy mit gespitzten Ohren aufmerksam an. »Versuchen Sie es doch einfach noch mal«, sagte ich und zeigte auf das Pferd.

»Okay.« Es klang alles andere als zuversichtlich. »Aber er wird nicht stehen bleiben.«

Sie hatte Recht. Kaum hatte sie sich in seine Richtung in Bewegung gesetzt, als der Wallach sich umdrehte und zu seinem Heu zurückkehrte. »Sehen Sie?« Sie wendete sich mir zu und sah mich an.

»Machen Sie weiter«, wies ich sie an. »Versuchen Sie es noch mal. Wir müssen sehen, was passiert.«

Amy setzte sich wieder in Bewegung, und das Pferd ging mitten durch seinen Heuhaufen hindurch, wendete sich nach rechts und ging am Zaun entlang, von ihr weg. Sie ging weiter, das Pferd auch.

»Okay«, sagte ich. »Kommen Sie zurück.«

Sie kam zu mir zurück, und der Wallach ging wieder zu seinem Heu, fraß aber nicht. Er drehte sich nur um und sah uns an. Amy blieb etwa eineinhalb Meter vor mir stehen und kreuzte wieder die Arme vor der Brust. Sie sagte nichts, schaute mir nur gerade in die Augen. Sie sah so traurig aus, dass ich richtig erschüttert war. Obwohl ich hier in der warmen Morgensonne stand, fröstelte mich plötzlich.

Genau in diesem Augenblick wurde mir das Problem zwischen Amy und ihrem Pferd schmerzlich bewusst. Wie sie dastand und mich ansah, war sie die Verkörperung von Niederlage und Hoffnungslosigkeit – die Art, wie sie sich bewegte, wie sie sprach, wie sie sich hielt, ihr Gesicht, ihr Blick, einfach alles. Einen Hauch davon hatte ich schon bei meinem letzten Besuch verspürt, aber damals hatte ich gedacht, sie sei einfach besorgt oder nervös wegen der Probleme mit ihrem Pferd. Das dachte ich jetzt nicht mehr, nicht nach diesem Blick. Das war anders – ganz anders. Was von ihr jetzt ausging, war geradezu greifbar, und wenn ich es spüren konnte, gab es auf Gottes ganzer grüner Erde keinen Grund, warum ihr Pferd das nicht ebenfalls spüren sollte. Und nicht nur das. Ich dachte, ihm war so unwohl dabei, dass er Amy einfach nicht in seiner Nähe haben konnte.

»Amy«, sagte ich nach ein paar Sekunden beklommenen Schweigens. »Ich glaube nicht, dass dies ein Trainingsproblem ist.«

Ein paar Augenblicke stand sie nur da. Tränen stiegen ihr in die Augen. Dann begann sie zu weinen, still zuerst, aber bald wurde ein herzzerreißendes Schluchzen daraus. Mit einer Hand nahm sie die Brille ab, legte dann den Kopf in die Hände und weinte, wie ich noch keinen Menschen habe weinen sehen. Ein paar Sekunden (die mir vorkamen wie Jahre) stand ich hilflos da und hatte nicht die leiseste

Ahnung, was ich tun sollte. Dann, auf die Gefahr hin, in ihre »Blase« einzudringen, ging ich zu ihr hinüber, nahm sie vorsichtig beim Arm, führte sie zum Wassertank und half ihr, sich auf den Rand zu setzen. Das Schluchzen wurde heftiger.

Beinahe hätte ich sie gefragt, ob sie okay war, aber das kam mir dann doch ein bisschen dämlich vor. »Amy«, sagte ich, unsicher, ob sie mich überhaupt hören würde. »Soll ich jemanden rufen?«

Keine Antwort, nur dieses Schluchzen. Ich kniete mich nieder, um ihr ins Gesicht sehen zu können, das sie mit den Händen bedeckt im Schoß vergraben hatte.

»Ich bleibe bei Ihnen«, versicherte ich. »Sagen Sie mir, was ich tun kann.« Ich hatte nicht den Schimmer einer Idee. Mir blieb nur, hilflos zuzusehen, wie sie in einen See von Tränen zerfloss. Ich stand auf und sah hinüber zum Haus der Nachbarin. Vielleicht würde von hier Hilfe kommen.

Aus dem Augenwinkel sah ich plötzlich den Wallach, der langsam auf uns zukam, immer nur ein paar Schritte auf ein Mal. Zwei, drei Schritte, dann senkte er den Kopf und sah direkt auf Amy, mit gespitzten Ohren. Ein oder zwei Sekunden Stillstand, dann wieder ein paar Schritte. Bald stand er neben mir, sah aber auf Amy. Ohne mich auch nur zur Kenntnis zu nehmen, ging er an mir vorbei und hin zu Amy. Einen Augenblick blieb er stehen und horchte auf ihr Schluchzen, dann seufzte er leise und senkte die Nase auf ihr Haar, das sich in seinem Atem leicht bewegte. Noch einmal seufzte er tief.

Immer noch schluchzend und ohne aufzusehen, hob Amy die linke Hand und legte sie an der linken Nasenseite des Wallachs an. So blieben sie lange Zeit, ohne sich zu bewegen.

Plötzlich fühlte ich mich als Eindringling. Ich drehte mich um, ging durchs Tor und ließ die beiden im Paddock allein.

Danach hörte ich lange nichts mehr von Amy. Dann, während eines Kurses, den ich Jahre später in Santa Fe, Neumexiko, gab, stand sie plötzlich da. Ich erkannte sie nicht gleich, weil sie sich so verändert hatte, und mir fiel ihr Name nicht ein. Aber sie kam mir irgendwie bekannt vor, keine Frage. Amy sah gut aus. Gesund war der richtige Ausdruck. Sie war Arm in Arm mit einem sympathisch aussehenden Cowboy, und die beiden wirkten glücklich.

Den ganzen Morgen rätselte ich, wer sie war, kam aber nicht darauf. In der Mittagspause kam sie her und stellte sich erneut vor. Von dem Tag im Paddock wurde sehr wenig gesprochen. Sie sagte, das Erlebnis habe ihr Leben verändert. Nach dem Tod ihres Mannes war sie in tiefe Depressionen verfallen und hatte sich ganz zurückgezogen. Dass ihr Pferd sich nur von ihr nicht einfangen ließ, brachte sie dazu, sich ihrem Leben zu stellen. Sie wusste, dass es mit ihren eigenen Gefühlen zu tun hatte, wenn der Wallach nichts mit ihr zu tun haben wollte. Sie wollte ja nicht einmal selbst etwas mit sich zu tun haben, wie sie sagte. Sie machte eine Psychotherapie, bearbeitete ihre Probleme und kehrte ihr Leben um, und je besser es ihr ging, je offener sie der Umwelt begegnete, desto einfacher wurde auch der Umgang mit dem Pferd.

Vor ein paar Jahren hatte sie wieder geheiratet, und sie und ihr jetziger Ehemann, der Mann, der sie begleitete, hatten immer noch den Morgan-Wallach, der jetzt schon Ende zwanzig war und auf ihrer Ranch hier in Neumexiko das Gnadenbrot bekam. Wir unterhielten uns noch eine Weile, dann gab sie mir die Hand, etwas, was ihr das letzte Mal, als ich sie gesehen hatte, absolut unmöglich gewesen wäre, und mitten im Händeschütteln breitete sie plötzlich die Arme aus und drückte mich kurz, aber herzlich.

»Wir können leider nicht bleiben«, sagte sie und trat etwas zurück. »Arbeit und so, Sie wissen schon. Aber ich wollte wenigstens vorbeikommen und mich bei Ihnen für Ihre Hilfe bedanken.«

»Ich hab' wirklich nicht viel gemacht«, sagte ich ganz ehrlich.

»Trotzdem vielen Dank«, lächelte sie.

Wenn es um das Festlegen von Grenzen geht, denken wir meistens hauptsächlich daran, das Pferd so ausgeglichen zu machen, dass es nicht dauernd das Gefühl hat, uns auf den Schoß springen zu müssen. Manchmal geht es aber auch darum, Grenzen um uns so weit zu öffnen, dass das Pferd weiß, es darf uns nahe sein, wir haben nichts dagegen.

Trauma-Energie verbrauchen

Ich weiß nicht genau, wie lange ich schon gearbeitet hatte. Zwei Stunden, vielleicht drei, es war schwer zu sagen. Genau wusste ich nur, dass ich schon sehr lange draußen war. Angefangen hatte es noch ganz unschuldig, als der alte Mann mich am Morgen fragte, ob ich ein gebrochenes Brett draußen an der Futterkrippe reparieren könnte. Die Futterkrippe war ein schweres hölzernes Trumm, das ein bisschen aussah wie ein Sarg in Übergröße. Sie stand mitten im Paddock und bestand aus rohen Holzbrettern, wie sie bei dem alten Mann überall herumlagen und von denen er ein paar zu einem Rechteck zusammengenagelt hatte, das zwei Meter vierzig lang und ca. einen Meter breit und einen Meter hoch war.

Wenn ich sage, die Krippe war zwei Meter vierzig lang, ist das nicht ganz genau. Sie war eher zwei Meter und fünfzig lang, auf der Innenseite gemessen. Alle Zwei-Meter-vierzig-Bretter, die ich gefunden hatte und mit denen ich das gebrochene Brett – das obere auf der Scheunenseite der Krippe – ersetzen wollte, waren etwa zehn Zentimeter zu kurz. Drei Mal hatte ich es versucht und erst eines der schweren Bretter aus dem Holzhaufen zweihundert Meter weit zur Krippe geschleift, dann ein anderes und dann noch eines, bevor ich es merkte.

Als mir aufging, dass die meisten Bretter auf dem Haufen nicht nur ziemlich genau gleich lang waren, sondern auch zu kurz, hörte ich damit auf. Stattdessen zog ich Bretter aus dem Haufen und legte sie neben die drei, die als mögliche Kandidaten bereits ausgeschieden waren. War das Brett genauso lang oder kürzer, ließ ich es daneben liegen. War es länger, legte ich es beiseite. Nachdem ich praktisch den ganzen Holzhaufen geprüft hatte, blieben ganze fünf Bretter als möglicherweise lang genug übrig. Zwei davon waren allerdings verbogen und verworfen, wurden also ebenfalls ausgesondert und zum großen Haufen der anderen gelegt.

Eines der längeren Bretter hatte ich zur Futterkrippe geschleift und in Ermangelung eines Maßbandes (das ich mit elf sowieso nicht richtig hätte benutzen können) neben das gebrochene gelegt, das ich bereits herausgestemmt und neben die Krippe auf den Boden gelegt hatte. Die geborstenen Enden legte ich so gut wie möglich wieder aneinander, damit es mehr oder weniger wieder die korrekte Länge hatte, die ich brauchte. Dann kratzte ich mit einem Nagel eine Markierung in das neue Brett: So lang war das alte.

Ich lehnte das neue Brett gegen die Krippe, nahm die Handsäge, die mir der alte Mann zu diesem Zweck gegeben hatte, und sägte das Brett sorgfältig an der Markierung ab. Da ich auch keine Erfahrung mit Handsägen hatte, brauchte ich dafür schon fast eine halbe Stunde. Als ich endlich fertig war, legte ich das neue Brett auf die Krippe und wollte es annageln – aber ich hatte es zu kurz geschnitten.

Also zurück zum Holzhaufen und Neustart mit einem neuen Brett. Zum Glück hatte ich drei längere Bretter gefunden, als ich den Haufen durchsucht hatte, denn ich brauchte alle drei, bevor ich das richtige Maß traf und anfangen konnte zu nageln.

Das Brett, das endlich die richtige Länge hatte, auch anzunageln erwies sich als weitere Herausforderung. Schnell fand ich heraus, dass ich zwar das neue Brett auf das darunterliegende setzen konnte, wo es dann gefährlich herumbalancierte. Beim ersten Hammerschlag aber hüpfte das Brett in die Luft und landete auf meinem Knie (erster Versuch), auf meinem Fuß (zweiter Versuch) oder schrammte mir den Oberschenkel auf (dritter Versuch). Daraufhin beschloss ich, das

Brett auf den Boden zu legen und die Nägel ungefähr dort einzuschlagen, wo sie auf die senkrechten Pfähle an der Krippe treffen sollten, und es dann noch einmal zu versuchen. Ich schlug die Nägel an beiden Enden fast ganz durchs Brett, sodass die Chance bestand, dass der eine Nagel beim ersten Schlag so weit fassen würde, dass das Brett am Platz blieb, bis ich das andere Ende annageln konnte.

Es funktionierte. Ich setzte das neue Brett an die Stelle des alten und schlug mit dem Hammer auf einen der Nägel. Sehr zu meiner Überraschung drang er in den senkrechten Pfahl ein und hielt das Brett am Platz. Vorsichtshalber schlug ich noch einmal zu und ging dann zum anderen Ende, das noch lose war. Ich zielte sorgfältig und schlug kräftig auf einen der Nägel.

Das Problem damit, wie ich damals Nägel einschlug, bestand darin, dass ich nicht wusste, wie man einen Hammer richtig benützt. Ich wusste nicht, dass man einen Nagel am effektivsten einschlägt, wenn man den Hammergriff am Ende packt und den Hammer die Arbeit tun lässt. Stattdessen packte ich den Griff weiter unten, näher am Hammerkopf, wodurch der Schlag weniger effektiv wurde, von der Genauigkeit ganz zu schweigen.

Mit der linken Hand hielt ich das Brett in meiner Meinung nach sicherer Distanz vom Nagel fest und schwang mit der rechten den Hammer. Der Hammerkopf glitt vom Nagel ab, der Nagel verbog sich, und der Hammerkopf landete platt auf meinem linken Daumen. Für den Bruchteil einer Sekunde war es, als sei nichts passiert. Kein Schmerz, kein Blut – nichts. Aber dann, einen *halben Bruchteil später,* tanzte ich mit hoch gehaltenem Daumen herum und kreischte wie ein Mädchen. Ohne es auch nur zu merken, rannte ich mehrmals um die Krippe herum. Schließlich, als der Schmerz etwas nachließ, wurde ich langsamer und hörte auf zu brüllen. Endlich blieb ich stehen und schüttelte abwechselnd meine Hand, starrte auf meinen Daumen und fluchte halblaut vor mich hin.

Der alte Mann kam aus dem Stall heraus, um nachzusehen, was der ganze Tumult sollte. Als er sah, dass ich mir nur mit dem Hammer auf den Daumen gehauen hatte, zuckte er die Schultern und sagte: »Wird nicht das letzte Mal gewesen sein, wenn du nicht lernst, den Hammer anders anzupacken.« Natürlich gab er mir nicht etwa einen Rat, *wie* anders ich ihn anpacken sollte. Nur *dass* ich vielleicht sollte.

»Wenn du dieses Brett noch vor dem Dunkelwerden eingesetzt hast«, sagte er halb im Scherz, halb im Ernst, »dann hol die neue Stute aus dem Stall und bring sie auf die Weide.«

»Die neue Stute?«, fragte ich leicht überrascht.

»Jep«, sagte er, zündete sich eine filterlose Camel an und ging zum Stall zurück. »Bring sie auf die Koppel.«

Es erschien mir keine so gute Idee. In meinen Augen war diese Stute schlicht verrückt. Ich dachte, wenn wir sie auf der Koppel freiließen, würde sie sich nie wieder einfangen lassen. Schließlich hatte sie seit ihrer Ankunft vor drei Tagen nichts anderes gemacht, als nervös die Holzbalken an ihrem Paddock zu benagen – die ich, wenn sie nicht damit aufhörte, ebenfalls würde ersetzen müssen, und wie lange das dauern würde, wusste der Himmel –, hektisch auf der Innenseite des Zauns entlangzulaufen, der nur drei auf sieben Meter maß, oder einfach dazustehen und zu zittern wie Espenlaub. Nicht um alles in der Welt konnte ich mir vorstellen, warum der alte Mann sie überhaupt gekauft hatte. Besonders hübsch war sie auch nicht – einfach eine kleine Fuchsstute ohne Abzeichen, nicht besonders groß, vielleicht 1,45 Stock, und um die 800 Pfund schwer. Aber da stand sie in ihrem Paddock, total plemplem, und wäre ganz offensichtlich überall lieber gewesen als hier.

Auch mit elf Jahren kam es mir sicher nicht zu, dem alten Mann sein Geschäft zu erklären, und wenn er die ihm noch verbleibenden Jahre seines Lebens damit verbringen wollte, hinter dieser Stute herzulaufen, wenn ich sie einmal losgelassen hatte, war das vermutlich einzig und allein sein Bier. Wer war ich schon? Schließlich konnte ich nicht mal ein Brett an der Futterkrippe ersetzen, ohne mich halb umzubringen.

Ungefähr eine halbe Stunde später hatte ich das Brett endlich festgenagelt und brachte das Werkzeug zurück in den kleinen Schuppen hinterm Stall. Ich ging zum Paddock und fing die Stute ohne allzu viel Mühe ein. Als ich hineinging, zeigte sie zwar mehr als deutlich, dass sie keine Lust hatte, sich von mir fangen zu lassen, und schoss einige Male vor mir davon, aber da der Paddock nicht viel Raum bot, gab sie schließlich auf und ließ sich aufhalftern.

Die Stute folgte mir zur Koppel ohne größeres Theater. Nur ab und zu blieb sie stehen, schaute um sich und wieherte laut. Als ich zu der zwanzigtausend Quadratmeter großen leeren Koppel an der Südseite kam, führte ich sie durchs Tor und ließ sie los. Sie wartete keinen Augenblick: Kaum hatte ich das Halfter abgestreift, als sie auch schon losschoss, was ihre Beine hergaben. Es war, zugegeben, spektakulär, wie sie da zuerst in die südöstliche Ecke raste, ohne abzubremsen umdrehte und zurück in die nordwestliche Ecke galoppierte.

Was mir wirklich auffiel, war ihr raumgreifender Galopp, erstaunlich für ein so kleines Pferd, und wie flüssig und schnell sie galoppierte. Ihre Hufe schienen kaum den Boden zu berühren, während sie im vollen Galopp die Koppel durchmaß, nicht ein Mal, sondern viele Male, und zwar innerhalb von Sekunden. Ich musste zugeben, für ein verrücktes Pferd war sie eine Schau. Etwa fünf Minuten stand ich außerhalb der Koppel und sah ihr zu, dann beschloss ich, wieder an die Arbeit zu gehen.

Als ich ungefähr eine Stunde später nach Hause fuhr, rannte die Stute immer noch auf und ab, wenn auch nicht mehr ganz so schnell. Heute würde der alte Mann sie wohl nicht mehr einfangen, dachte ich. Und damit hatte ich vermutlich Recht, denn als ich am nächsten Morgen wieder auftauchte, war die Stute immer noch allein auf ihrer

Koppel, wo ich sie gestern zurückgelassen hatte. Der einzige Unterschied zum vorigen Tag war, dass sie nicht mehr rannte. Sie stand ruhig am Tor, den Kopf gesenkt, die Augen geschlossen, und genoss die warme Morgensonne.

Ich ging an meine Arbeit und dachte kaum noch an die kleine Stute, bis der alte Mann mich am Nachmittag beauftragte, zur Koppel zu gehen, sie einzufangen und in ihren Paddock zurückzubringen. Ich war mir sicher, dass ich den Rest des Tages und wahrscheinlich auch noch den nächsten damit verbringen würde, das verrückte kleine Ding einzufangen. Zu meiner Überraschung stand sie aber immer noch friedlich am Tor, als ob sie auf mich gewartet hätte.

Ich ging durch das alte Holztor und auf sie zu. Die Stute rührte keinen Muskel, drehte nur den Kopf und schaute gelangweilt in meine Richtung. Ich ging zu ihr hin und wartete darauf, dass sie wie gehabt losgaloppieren würde. Ich hielt ihr das Halfter genau vor den Kopf, und zu meinem Ärger steckte sie ruhig die Nase hinein.

Als ich sie zu ihrem Paddock zurückführte und dort freiließ, ging sie einfach hinüber zur Futterkrippe und widmete sich dem Heu, das ich vorher schon hineingelegt hatte. Ich stand da und versuchte, die Verwandlung der Stute zu begreifen, als der alte Mann herankam, die Zigarette zwischen den nikotingelben Fingern. »Manchmal«, sagte er und zog an seiner Zigarette, »muss ein Pferd sich einfach mal auslaufen können, um sich wohlzufühlen.« Damit drehte er sich um und ging davon.

Damals dachte ich über das, was er da am Paddock gesagt hatte, nicht übermäßig viel nach. Tatsächlich dauerte es Jahre, bis ich begriff, was in dieser einfachen Erklärung alles inbegriffen war.

Wie viele Leute hatte ich gehört, dass es bei der Arbeit mit Pferden darauf ankam, »das Falsche schwierig und das Richtige leicht zu machen«. Das bedeutet, dass wir es einem Pferd, das etwas falsch macht, einfach schwerer machen, es weiterhin falsch zu machen.

Lässt sich zum Beispiel ein Pferd im Round Pen nicht einfangen, scheuchen wir es umso mehr herum. Die Idee dahinter lautet, dass das Pferd mit der Zeit schon begreifen wird, dass seine Idee – wegzurennen – sehr viel mühsamer zu realisieren ist als unsere, das heißt still zu stehen. Also wird das Falsche schwierig und das Richtige leicht.

Als ich dieses Prinzip zum ersten Mal hörte, fand ich es sehr einleuchtend und wendete es selbst einige Zeit an. Manchmal tue ich das sogar heute noch. Im Laufe der Jahre habe ich jedoch festgestellt, dass dieses »das Falsche schwer und das Richtige leicht machen« bei manchen Pferden im Training und für die Kommunikation nicht nur hinderlich, sondern auf lange Sicht sogar äußerst schädlich sein kann. Das liegt, glaube ich, an dem, was der alte Mann vor so vielen Jahren gesagt hat: »Manchmal muss ein Pferd sich einfach mal auslaufen, um sich wohlzufühlen.«

Der Tag war sehr glatt verlaufen. Ich hatte vor der Mittagspause mit vier Pferden und Reitern arbeiten können, was ein wenig ungewöhnlich war. Normalerweise schaffe ich während meiner Kurse drei Reiter-/Pferdepaare am Morgen und vier am Nachmittag, also sieben Teilnehmer am Tag. Vorgesehen ist immer eine Stunde pro Pferd und Reiter, aber meist muss ich pro Paar eine halbe Stunde zugeben, manchmal mehr.

An diesem Tag hatte es keine Probleme gegeben, ich war leicht im Zeitplan geblieben. Um zwölf Uhr machten wir Mittagspause, um ein Uhr ging es wieder weiter. Dann brachte eine Frau einen sehr unruhigen Fuchswallach mit einer großen Blesse und drei weiß gefesselten Beinen (an beiden Hinterbeinen und vorne rechts). Als ich fragte, an was sie arbeiten wolle, antwortete sie, er ließe sich schlecht einfangen.

Ich sagte ihr, sie solle ihn in den Round Pen bringen und frei laufen lassen. »Ihn laufen lassen?« Ihre Stimme klang leise warnend. »Sind Sie sicher? Dieser Round Pen ist ganz schön groß.«

»Das ist schon okay«, versicherte ich. »Es wird alles gut gehen.«

Eine Sekunde zögerte sie, dann ging sie in den Round Pen hinein. Kaum jenseits des Tores drehte sie sich um und sah mich an: »Mit Halfter oder ohne?«, fragte sie. Ihrer Stimme nach war sie wohl mehr für »mit«.

»Ohne«, nickte ich.

»Okay …« Sie widersprach nicht, aber es war klar, dass sie es für einen großen Fehler hielt.

Sie nahm das Halfter ab, und der Wallach preschte sofort los. Am anderen Ende des Round Pen schnoberte er ein bisschen am Boden herum, wieherte ein paar Mal und ging dann in einen eindrucksvollen Imponiertrab über, Kopf und Schweif hoch erhoben und laut schnarchend.

Die Frau erklärte, sie habe das Pferd vor etwa einem Jahr aus miserablen Verhältnissen »gerettet«. Das ganze Jahr über hatte sie ihn nur einfangen können, wenn sie ihn zuerst in einen kleinen Paddock im Hof trieb und ihn dort einschloss. Selbst dann dauerte es manchmal noch eine halbe Stunde oder mehr, bis sie ihn aufhalftern konnte.

Noch einer, der sich nicht einfangen lässt, dachte ich. *Das sollte nicht allzu lang dauern.* Damals hatte ich schon mit einer Menge Pferden gearbeitet, die sich angeblich schwer einfangen ließen, und mit recht gutem Erfolg die »das Falsche schwierig, das Richtige leicht«-Methode angewandt. Es gab keinen Grund, warum es bei diesem Pferd anders sein sollte. Dann ging ich in den Round Pen hinein.

Kaum war ich drinnen, als der Wallach losrannte, als gelte es das Leben. Er rannte halb um den Round Pen, aber da ich immer noch am Tor stand, wirbelte er kurz vor mir herum und galoppierte in die andere Richtung, bis er wieder bei mir anlangte, wieder kehrt mach-

»Statt wegzulaufen, drehte er sich nur mir zu und sah mich an.«

te und wieder in die andere Richtung rannte. Das machte er drei Mal und brauchte dafür nur Sekunden. Als ich mich nun gelassen zur Mitte bewegte, rannte er rund um den ganzen Round Pen.

»So macht er das immer«, sagte die Frau, und in ihrer Stimme schwang ein »ich hab's ja gleich gesagt« mit.

Dieses Pferd noch anzutreiben, damit das Falsche schwierig wurde, wäre dumm gewesen. Es war ziemlich klar, dass das Falsche schon schwierig genug war. Leider traf das aber auch auf das Richtige zu. Als ich zusah, wie das Pferd Runde um Runde drehte, so schnell die Füße trugen, fiel mir plötzlich ein, was der alte Mann damals im Paddock gesagt hatte: »Manchmal muss ein Pferd sich einfach mal auslaufen, um sich wohlzufühlen.«

Da mir sowieso nichts Besseres einfiel, um dem Pferd zu helfen, tat ich genau dies: Ich ließ ihn laufen. Er rannte etwa zehn oder fünfzehn Runden rechtsherum, bevor er umdrehte und in die andere Richtung lief. Nach weiteren zehn oder fünfzehn Runden in dieser Richtung drehte er erneut um. Nach mehreren solcher Handwechsel fiel er vom Renngalopp in einen langsameren Lope, dann in Trab und schließlich in Schritt. Nach wenigen Sekunden Schritt blieb er stehen und sah mich an.

Ich ließ ihn etwa eine Minute in Ruhe zu Atem kommen und ging dann langsam auf ihn zu. Sehr zu meiner Überraschung blieb er einfach stehen, den Kopf gesenkt, den Blick ganz entspannt. Ich streichelte ihm den Kopf und ging dann langsam in Richtung auf seine Hüfte, um zu sehen, was er tun würde. Ein Pferd, das sich wirklich nicht fangen lassen will, prescht normalerweise wieder los, wenn man seitlich von ihm steht, aber das tat dieser Bursche nicht. Stattdessen drehte er sich nur zu mir und sah mich an. Ich ging um seinen Kopf herum auf die andere Seite, und wieder folgte er mir.

»Er lässt mich wirklich gut aussehen«, scherzte ich halb im Ernst. Schließlich hatte ich buchstäblich nichts weiter getan, als in der Mitte zu stehen und ihn rennen zu lassen.

Ich beschäftigte mich noch ein bisschen mit dem Wallach, der nicht die geringsten Anstalten machte davonzulaufen. Dann bat ich die Besitzerin herein. Seine Reaktion war dieselbe wie bei mir. Nicht nur das, sondern für den Rest des Kurses und praktisch von da an immer ließ er sich von jedem ohne Probleme einfangen und war leicht zu handhaben.

Nun denken vielleicht manche Leute, wenn sie so etwas beobachten, ich hätte so etwas wie Zauberkräfte – wo doch meine reine Gegenwart im Round Pen genügt hatte, um dieses wild gewordene Ross zu zähmen. In Wirklichkeit bin ich einfach dagestanden und habe ihn rennen lassen. Was auch immer er für Probleme hatte – er hatte sie allein gelöst, während er in Bewegung war, genau wie die kleine Stute damals vor vielen Jahren bei dem alten Mann.

Dieses Pferd brachte mich wirklich ins Grübeln und dazu, meine Arbeit im Round Pen zu überdenken. Bei Pferden, die sich angeblich schwer einfangen ließen, gab ich allmählich den Gedanken des »das Falsche schwierig machen« auf und experimentierte damit, ihnen einfach zu erlauben, sich zu bewegen. Zu meiner großen Überraschung stellte sich schnell heraus, dass manche Pferde zwar immer noch rannten, aber doch sehr viel weniger, als wenn ich sie auch noch antrieb. Und nicht nur das: Manche Pferde rannten gar nicht erst!

Ein paar Jahre später arbeitete ich gerade wieder einmal im Round Pen mit einem Pferd, das sich schwer einfangen ließ, und erklärte meinen Kursteilnehmern über das Mikro, dass Pferde sich oft schon viel besser fühlten, wenn sie sich einfach einmal auslaufen durften. Dieses Pferd, von dem hier die Rede ist, war ein paar Runden im Round Pen gelaufen und dann ein paar Mal von mir weggetrabt, bevor es anhielt, um herauszufinden, was ich von ihm wollte. Von da an war der Einfang-Teil einfach.

In der Mittagspause kam ein Mann, der den ganzen Vormittag zugesehen hatte, zu mir und fragte nach ein wenig höflicher Konversation beiläufig, wo ich gelernt hätte, so gut mit traumatisierten Tieren umzugehen.

»Wie meinen Sie das?«, fragte ich.

»Das Pferd, das Sie im Round Pen hatten«, sagte er ganz sachlich. »Die meisten Leute bringen es nicht fertig, solche Tiere ihre Energie einfach verausgaben zu lassen, ohne sie noch zu verstärken.« Er sei Psychologe, setzte er hinzu, und erforsche u. a. die Auswirkungen von Traumata auf Menschen und Tiere. Er erklärte, dass Tiere in

Freiheit sehr wenig unter Traumata zu leiden hätten, im Gegensatz zu vielen domestizierten Tieren, besonders Menschen.

Ich lernte, dass sich bei einem Lebewesen, das irgendwie traumatisiert ist, die Energie des Traumas im Körper aufstaut. Wild lebende Tiere sind sehr gut darin, diese Trauma-Energie zu verbrauchen, oft nur durch Laufen oder zitternd auf der Stelle stehen. Bei einem Trauma durchläuft der Körper verschiedene Stadien. Im ersten Stadium, erklärte der Psychologe, bereitet sich der Körper darauf vor, entweder zu kämpfen oder zu fliehen. Dazu werden bestimmte chemische Stoffe sowie physiologische Veränderungen (z.B. Beschleunigung von Puls und Atmung) ausgelöst. Im zweiten Stadium tut der Körper das, was notwendig ist – er läuft davon oder kämpft. Das dritte Stadium ist die Erfahrung des Traumas, gefolgt vom vierten Stadium, wenn sich der Körper »entschleunigt« und seine Funktionen normalisiert.

Sind diese Stadien durchlaufen, können Wildtiere ihr Leben weiterführen, das Trauma hinterlässt wenig oder gar keine schädlichen Nebenwirkungen. Im Gegensatz dazu verbrauchen traumatisierte Menschen selten die Energie des Traumas, die sich dann im Körper aufspeichert. Mit der Zeit wird dies zu einem Thema für uns, entweder in Form einer seelischen Krankheit oder physischer Probleme wie Geschwüre oder vieler anderer mehr oder weniger schwerwiegender Probleme. Menschen verbrauchen die Energie des Traumas (ob eingebildet oder echt) nicht, weshalb wir uns ständig in einer geringgradigen Stufe von Panik befinden. Weil wir den natürlichen Fluss unterbrechen, den unser Körper durchlaufen müsste, um diese Trauma-Energie zu verbrauchen, neigen wir dazu, allem, was Stress auslöst, auch wenn es nur geringfügig ist, viel mehr Bedeutung zuzumessen, als es eigentlich verdient. Mit anderen Worten: Weil wir stets am Rande des Abgrunds leben, braucht es nicht viel, um uns hinunterzustoßen.

Was nun domestizierte Tiere – beispielsweise Pferde – betrifft, so erlauben wir ihnen, im Versuch, sie immer unter Kontrolle zu haben, selten bis nie, ihre Trauma-Energie zu verbrauchen, ob das Trauma nun von Menschen ausgelöst, real oder eingebildet ist. Infolgedessen zeigen sich bei ihnen oft dieselben emotionalen und physischen Probleme wie bei uns Menschen.

»Ich habe mir schon viele Kurse mit Pferden angesehen«, sagte der Psychologe, »aber dies war der erste, bei der ein Pferd einfach laufen durfte, ohne gejagt zu werden.« Wie er erklärte, verstärkt sich bei Pferden, die sich traumatisiert fühlen, durch das Antreiben das traumatische Gefühl nur noch weiter. Obwohl sie sich bewegen, verbrauchen sie dennoch nicht ihre Trauma-Energie. Die Folge ist, dass das Pferd zwar irgendwann aus schierer Erschöpfung anhält und sich einfangen lässt, sich deshalb aber emotional kein bisschen besser fühlt. Deshalb kommt das unerwünschte Verhalten auch zurück, manchmal schon am selben Tag.

Plötzlich ergab vieles, was ich im Laufe der Jahre bei Pferden gesehen hatte, einschließlich des Verhaltens der kleinen Stute damals beim alten Mann, eine Menge Sinn. Sie hatte bisher kein besonders schönes Leben gehabt, und als der alte Mann sie kaufte, stellte er sie wie die meisten seiner Neuzugänge erst einmal allein in einen Paddock. Sie hatte keine Gelegenheit gehabt, ihre Energie zu verbrauchen, bevor wir sie auf der Koppel freiließen und sie sich nach Herzenslust auslaufen konnte. Allein dies hatte anscheinend schon erheblich dazu beigetragen, dass es der kleinen Stute deutlich besser ging, und dies wiederum machte aus ihr ein sehr liebes, umgängliches Pferd, mit dem die Arbeit Spaß machte.

Normalerweise hätte die Fahrt mit dem Pferdetransporter zweieinhalb Tage gedauert. Aber nicht dieses Mal. Wir – meine Verlobte Crissi und ich – waren von den letzten achtundvierzig Stunden sechsunddreißig gefahren, nicht weil wir es wollten, sondern weil wir mussten.

Es war Mitte Februar, und seit wir vor zwei Tagen von Colorado in Richtung Georgia gefahren waren, war uns ein Wintersturm nach dem anderen auf den Fersen gewesen. Wir konnten dem Wetter nur entkommen, wenn wir uns bewegten – und das taten wir denn auch. Als wir an unserem Zielort in der Nähe von Savannah ankamen, war es ein Uhr nachts. Der Veranstalter des Kurses kam heraus, als wir in den Hof fuhren, und schlug vor, die Pferde über Nacht in der Reitbahn zu lassen. Am Morgen, wenn es hell genug war, dass sie den Zaun sehen konnten, könnten wir sie dann auf die Koppel bringen, wo sie während des Kurses bleiben sollten. Todmüde von der Fahrerei waren wir einverstanden.

Nach ausgiebigem Schlaf holten Crissi und ich am Morgen unsere Pferde und führten sie von der Reitbahn zu der nahe gelegenen Weide, wo wir sie freilassen wollten. Beiden Pferden, Pi und Rocky, waren die Strapazen der Fahrt anzusehen. Beide waren müde und lustlos, als wir sie aufhalfterten und die vielleicht zweihundert Meter bis zur Koppel führten.

Am Koppeltor schnarchten die beiden müden Krieger plötzlich laut und sprangen nicht ein Mal, sondern mehrmals herum – was sie kaum je taten, auch wenn sie nicht so müde waren, und was äußerst ungewöhnlich für sie war, wenn sie wie jetzt wirklich müde waren! Die Weide war groß, ca. zwei Hektar, und von einem soliden Zaun umgeben. An der Oberkante des Zauns lief ein Elektrodraht entlang, der am Tor in die Erde ging, unter dem Eingang in der Erde verlief und auf der anderen Seite wieder am Torpfosten hinaufführte. Die letzten paar Tage hatte es heftig geregnet, am Vortag zwar aufgehört, der Boden war aber immer noch sehr feucht. Unbemerkt hatte der Strom unterirdisch zu einem Kurzschluss geführt. Für die Pferde war die elektrische Ladung durch das Gras fühlbar, für uns nicht.

Pi und ich waren schon halbwegs durchs Tor, bevor mir aufging, was los war. Die »Schock-Zone« schien ein Kreis von ca. drei Metern Durchmesser rund um das Tor zu sein. Crissi und Rocky folgen mir auf dem Fuße, aber ich sagte ihr, sie solle zurückbleiben und Rocky vom Tor wegführen. Mit Rocky auf einer Seite vom Tor und Pi auf der anderen hatte ich nur die eine Option, Pi durch die Schock-Zone hindurch zurück und dann beide Pferde in die Arena zu bringen, bis das Problem gelöst war. Unmöglich konnte ich Pi allein in der Koppel mit dem unter Strom stehenden Tordurchgang zurücklassen.

Ich versuchte, Pi so schnell wie möglich durch die Schock-Zone zu führen, aber er hüpfte und schnarchte trotzdem, als wir das Tor passierten.

Wir führten die beiden Pferde zurück in die Reitbahn, und auf dem Weg dorthin fielen sie wieder in den lustlosen Zustand von vor dem Schock zurück. In der Reitbahn nahmen wir ihnen die Halfter ab. Beide Pferde standen ein paar Sekunden regungslos da, lange genug für Crissi und mich, um uns von ihnen weg in Richtung Eingang zu bewegen. Kaum hatten wir einen Sicherheitsabstand erreicht, als Pi und Rocky gleichzeitig explodierten, als hätte jemand einen Schalter umgelegt.

Sie quietschten und bockten, rannten dann von einem Ende der Bahn zum anderen und wieder zurück und buckelten wieder, und das etliche Male, bevor sie endlich langsamer wurden und in einen erst raumgreifenden und schließlich langsamen Trab und dann endgültig in Schritt fielen. Zum Schluss blieben beide stehen, ließen die Köpfe sinken und schliefen ein, als ob überhaupt nichts passiert wäre.

»Du denkst also, wenn Pferde in Freiheit ihre Trauma-Energie loswerden, sieht das so aus wie hier?«, fragte Crissi und schaute mitfühlend auf unsere müden Rösser.

»Weiß ich nicht«, war meine Antwort. »Aber ich denke, dass es hier danach aussah.«

Es ist komisch, wie man manchmal Jahr um Jahr etwas ansehen kann, und das Bild ändert sich nie. Dann kommt aus heiterem Himmel eine neue Information dazu, und obwohl das Bild sich nicht verändert, sehen wir die Szene plötzlich in neuem Licht.

So war zum Beispiel früher für mich ein Pferd, das blindlings im Round Pen herumraste, ein Pferd, das sich nicht fangen lassen wollte. Deshalb nahm ich unbewusst eine Art gegnerische Haltung ein. Mit anderen Worten: Ich wollte ihn fangen, und er wollte sich nicht fangen lassen – eine »Er-gegen-mich«-Mentalität. Heute dagegen würde ich das herumrasende Pferd mit mehr Mitgefühl betrachten. Statt es so zu sehen, dass er sich nicht fangen lassen wollte, würde ich mich fragen, warum er überhaupt so herumrasen musste. Und das nur wegen einer etwas anderen Information, die mir zuvor nicht zugänglich gewesen war.

Ich muss mich fragen, wie viele Dinge, die wir mit Pferden – oder im Leben überhaupt – machen, in dieselbe Kategorie fallen. Heute wirkt ein Verhalten auf eine bestimmte Art und Weise auf uns, und wir reagieren entsprechend. Morgen jedoch, mit einem anderen Verständnis, sieht dasselbe Verhalten anders aus, und wir reagieren anders darauf.

Vielleicht wird es schlussendlich unser Mitgefühl für das Pferd sein, zusammen mit dem Bewusstsein, dass solche Unterschiede bestehen, was uns dazu bewegt, lange genug hinzusehen, um sie herauszufinden.

Den Pferden Führung geben

Verhalten ist Information

Im Japanischen gibt es den Ausdruck *misu no kokoro*, was übersetzt etwa heißt: eine Geisteshaltung wie stilles Wasser. Das bedeutet: Wenn man auf einen stillen Teich oder sonstigen Wasserspiegel sieht, wirkt diese Oberfläche wie ein Spiegel. Das andere Ufer spiegelt sich glasklar auf dieser Oberfläche. Man sieht Grashalme, Bäume und Büsche, vielleicht sogar einen Vogel, der daraus auffliegt.

Wenn jedoch irgendetwas das Wasser aufrührt, wenn wir zum Beispiel Steine hineinwerfen oder nur einen Finger hineinstecken, entstehen sofort kleine Wellen, und das Bild verzerrt sich. Natürlich kommt es zurück, wenn wir lange genug sitzen bleiben und keine Steine mehr hineinwerfen. Dann sehen wir die Dinge auf der anderen Seite wieder so, wie sie wirklich sind. Letztendlich geht es darum, Wellen gar nicht erst entstehen zu lassen.

In vielen Kampfsportarten besteht das Langzeit-Trainingsziel darin, *misu no kokoro* zu entwickeln – eine Geisteshaltung wie stilles

Wasser. Ist der Geist still wie die Wasserfläche, spiegelt sich alles, was uns widerfährt, darin klar und wie in Wirklichkeit, nichts wird verzerrt. Und wenn wir ein wirklich klares Bild von einer Situation haben, können wir eine informierte und ruhige Entscheidung treffen, wie mit ihr umzugehen ist.

Ein Geist jedoch, der sich mit diesem und jenem beschäftigt oder Dinge zu beurteilen versucht, ist wie ein Wasser, in das man Steine geworfen hat – man sieht die Dinge verzerrt. So wird die Situation immer verzwickter und schwerer zu lösen, wenn überhaupt.

Einfach gesagt, bedeutet ein stiller Geist, dass wir Informationen klar und unverzerrt aufnehmen und verarbeiten und dann auf eine Weise reagieren können, die der Situation entspricht – falls diese überhaupt eine Reaktion erfordert.

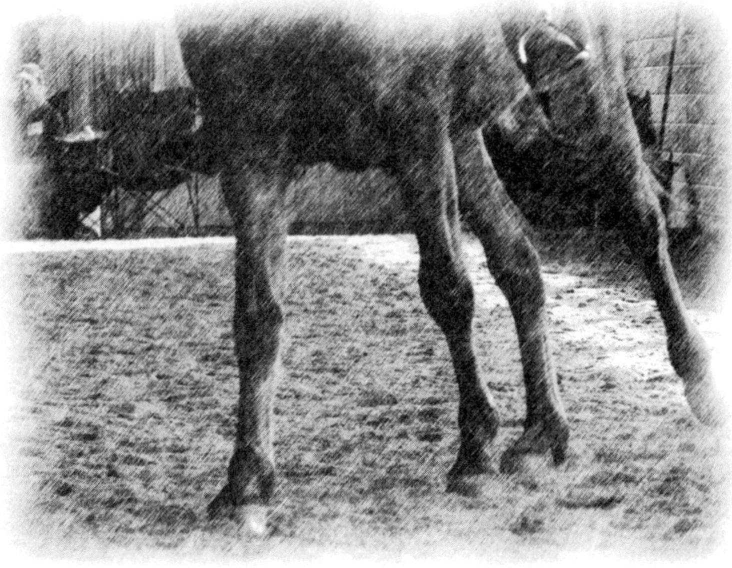

»So ist er die ganze Zeit«, sagte die Frau. Ihr Pferd warf sich nervös in eine Richtung, hielt an, wieherte laut und warf sich herum in die andere Richtung.

»So ist er die ganze Zeit«, sagte die Frau. Ihr Pferd warf sich nervös in eine Richtung, hielt an, wieherte laut und warf sich herum in die andere Richtung. Sie ritt das Pferd gut und ging geschmeidig mit, als er eine perfekte, wenn auch höchst dynamische Wendung auf der Hinterhand vollführte. Trotzdem war klar, dass sie sich mehr als nur ein bisschen Sorgen machte. »Auf einem fremden Platz ist es immer noch schlimmer.«

Es war der erste Tag eines Drei-Tage-Kurses. Trotz des schönen Wetters arbeiteten wir in der großen Reithalle, weil der Außenplatz für eine Dressurprüfung gebraucht wurde. Was dieses Pferd anging, hatte ich nicht den Eindruck, dass ihm die Umgebung etwas ausmachte. Sein Tag hatte offensichtlich schon schlecht begonnen und wurde nur noch schlechter, und zwar schnell. Zu diesem Zeitpunkt war eines ganz klar: Es würde ihm so schnell nicht besser gehen, wenn wir nicht rasch etwas unternahmen.

»Schauen wir mal, ob wir ihn ein bisschen regulieren können«, schlug ich vor.

Für den Anfang ließen wir Reiterin und Pferd auf dem Zirkel reiten, dann Schlangenlinien und Achter anlegen, in der Hoffnung, den Wallach etwas zu beruhigen und von seiner Rennerei abzubringen. Der positive Effekt war, dass nach etwa zwanzig Minuten die Arbeit etwas zu bringen schien. Das Schlechte daran war, dass es nicht viel war, was sie brachte. Das Pferd wieherte weiter dem anderen Pferd zu, mit dem Kathleen am anderen Ende beschäftigt war. Diesem galt seine ganze Konzentration.

»Jedes Mal, wenn wir in eine ähnliche Situation wie heute geraten«, erklärte die Frau weiter, »macht er genau das. Er sieht ein anderes Pferd und dreht durch. Er kann sich dann anscheinend auf nichts anderes mehr konzentrieren.«

»Was machen Sie dann normalerweise?«, fragte ich, als die beiden an mir vorbeirauschten.

»Normalerweise gebe ich ihm Paraden, etwa so.« Sie zog ein paar Mal kräftig die Zügel an und ließ sie dazwischen kurzzeitig wieder los. »Wenn das nichts bringt, wie heute, stoppe ich ihn mit einem Zügel.« Zur Demonstration zog sie dem Pferd den Kopf scharf nach rechts, sodass die Hinterhand nach außen schwang, was den Wallach tatsächlich zum Stehen brachte. Solange sie seine Nase an ihrem Stiefelschaft festhielt, stand er still da, aber sobald sie losließ, streckte er sich gerade, warf den Kopf hoch und fing wieder an zu wiehern.

»Ich kann einfach nichts mit ihm anfangen, wenn er so ist«, sagte die Frau und zog ihm den Kopf in die andere Richtung. »Ich habe alles versucht.«

»Haben Sie versucht, zu dem Pferd, nach dem er ruft, hinüberzureiten?«, fragte ich.

»Natürlich nicht«, war die Antwort. »Wozu sollte das gut sein? Das ist so ziemlich das Einzige, was ich nie tue.«

»Na gut«, sagte ich achselzuckend. »Dann haben wir wohl doch noch nicht *alles* versucht.«

»Na ja«, protestierte sie, während sich der Wallach wieder einmal im Kreis drehte. »Aber wenn ich das mache, hat er gewonnen! Er kriegt seinen Willen!«

»Verstehe«, nickte ich. »Aber dieses eine, was er möchte, ist das Einzige, was er nie bekommt, und deshalb hört er auch nicht auf, es sich zu wünschen. Weil er dieses eine nicht bekommt, kann er an nichts anderes mehr denken, und das kommt dann dabei heraus.«

Das Pferd raste wieder im Kreis herum.

Ich schlug vor, sie solle so ruhig wie möglich zum anderen Ende der Bahn reiten, dort so lange halten, dass Kathleen Gelegenheit hatte, ihm den Kopf zu streicheln, ein oder zwei Minuten in der Nähe des anderen Pferdes bleiben und dann zurückkommen und sehen, ob es ihm dann besser ging. Das Gesicht, das die Reiterin machte, sagte mir überdeutlich, dass sie das für überhaupt keine gute Idee hielt. Sie zögerte sogar einige Sekunden und sah mich an, als sei sie nicht sicher, ob das mein Ernst gewesen war.

»Tun Sie mir den Gefallen«, lächelte ich sie an. »Schließlich ist das Schlimmste, was passieren könnte – dass wir ihn noch weniger im Griff haben?«

Obwohl es ihr ganz offensichtlich nicht einleuchtete, wendete die Frau das Pferd und ritt im Schritt zum anderen Ende. Fast im selben Augenblick, als sie in diese Richtung anritt, wurde der Wallach ruhiger. Er marschierte in einem passablen Schritt die ganze Strecke bis zu Kathleen, wo die Frau ihn durchparierte, worauf er auch willig anhielt.

Sie waren zu weit weg, als dass ich hätte verstehen können, was die Frau zu Kathleen sagte, aber Kathleens Gesichtsausdruck nach musste es etwas Gutes gewesen sein. Kathleen sah zu mir, grinste, winkte und strich dem Pferd über die Nase. Dann wandte sie sich wieder ihrer eigenen Schülerin und deren Pferd zu, während die Frau und der Wallach noch einige Minuten dort standen.

Als die Frau zu mir zurückgeritten kam, blieb der Wallach zur allgemeinen Überraschung ruhig bei mir stehen. Ab und zu warf er zwar noch einen Blick zum anderen Ende der Arena, aber ansonsten schien er nicht allzu erpicht darauf, wieder dorthin zurückzukehren. Tatsächlich wieherte der Wallach in den nächsten beiden Tagen noch ein oder zwei Mal nach anderen Pferden, aber er drehte nie mehr so durch wie zu Beginn des ersten Tages.

Gegen Ende der letzten Übungsstunde machte die Frau die Bemerkung, dass sie – so, wie das Pferd sich benahm – gedacht hätte, es würde alles nur noch schlimmer werden, wenn sie es zu dem anderen Pferd gelassen hätte. Außerdem sei alles, was sie bisher über Pferde gelernt habe, darauf hinausgelaufen, einem Pferd nie seinen Willen zu lassen. »Woher wussten Sie, dass es funktionieren würde?«, fragte sie am Ende.

»Wusste ich nicht«, grinste ich und hob die Schultern.

Sie kicherte ein bisschen. »Nein, im Ernst«, wiederholte sie. »So, wie er sich aufgeführt hat, wäre mir im Traum nicht eingefallen, ihn dorthin zu lassen, wo er hinwollte. Woher wussten Sie, dass es funktionieren würde?«

»Wusste ich nicht«, wiederholte ich. Aber ihr Gesichtsausdruck sagte mir, dass sie gern eine richtige Antwort gehabt hätte, also versuchte ich es so gut wie möglich zu erklären.

»Für viele Menschen ist solch ein unerwünschtes Verhalten, wie er es am ersten Tag gezeigt hat, *schlechtes* Benehmen. Aber wenn wir verstehen, dass bei Pferden Gefühle und Handlungen nicht voneinander zu trennen sind, können wir einsehen, dass unerwünschtes Verhalten gar kein *schlechtes* Benehmen ist. Eher ist es Ausdruck dessen, was das Pferd in diesem Augenblick eben fühlt. Es gibt uns eine Information, das ist alles. Wie wir diese Information wahrnehmen, entscheidet darüber, wie wir darauf reagieren.«

Die Frau verlagerte ihr Gewicht leicht von einem Fuß auf den anderen, ließ die Zügel langsam durch die Finger gleiten, sah mich an und nickte.

»Meistens betrachten wir das Benehmen als schlecht«, fuhr ich fort. »Also reagieren wir entsprechend darauf. Wenn wir es so sehen, dass das Pferd uns einfach etwas zu sagen versucht, handelt es sich nur noch darum zu entscheiden, ob das, was es sagt, wichtig ist oder nicht.« Ich machte eine Pause, um zu sehen, ob das, was ich sagte, einen Sinn ergab. »Verstehen Sie?«, fragte ich, weil ich mir ihr Gesicht nicht deuten konnte.

»Nicht wirklich«, gab die Frau zu.

Ich erklärte, dass dies wichtig sei. Das eine, was das Pferd wollte, war in diesem Augenblick das einzig wirklich Wichtige in seinem Leben. Dass er es nicht durfte, es im ganzen Leben noch *nie* gedurft hatte, setzte ihn derartig unter Stress, dass er einfach nicht funktionieren konnte. Ihm seinen dringenden Wunsch wenigstens halbwegs zu erfüllen schien zumindest einen Versuch wert.

Ich bin zwar nicht unbedingt dafür, Pferde tun und machen zu lassen, was ihnen einfällt, während wir im Sattel sitzen, aber im Fall dieses Pferdes schien es so zu sein, dass er einfach an nichts anderes denken konnte als an das, was er sich so sehr wünschte. Deshalb war es richtig, ihm das, was er wollte, für kurze Zeit zu gönnen, denn sobald er es hatte, war er willens und fähig, seine Arbeit zu tun.

»Aber um die Wahrheit zu sagen«, lachte ich, »ich habe wirklich nicht gewusst, ob es funktioniert, bis ich es probiert habe.«

»Es war also«, sagte sie mit einem schelmischen Lächeln, »ein Experiment?«

»So könnte man es wohl nennen.« Ebenfalls leise grinsend setzte ich hinzu: »Aber jedenfalls wissen wir es jetzt.«

Wäre es nicht so windig gewesen, hätte es ein wirklich angenehmer Tag sein können, besonders für diese Jahreszeit. Allerdings kann man sich im Spätherbst in der Front Range von Colorado sowieso nicht auf das Wetter verlassen. Eben kann noch die Sonne vom Himmel brennen, und im nächsten Moment schneit es. Es war und ist immer ein Glücksspiel.

Wenigstens scheint die Sonne, dachte ich, als ich auf den Waschbrettrillen einer Schotterstraße nördlich von Windsor dahinratterte. So würde sich die Luft trotz des Windes nicht allzu sehr abkühlen. Allerdings würde dies in Anbetracht des mit 50 km/h daherpfeifenden Windes nichtsdestotrotz wahrscheinlich ein eher kurzer Besuch werden.

Ich war auf dem Weg, mir ein Pferd anzusehen, das ich eventuell kaufen wollte. Vor zwei Monaten hatte ich in einer kleinen Lokalzeitung eine Anzeige gesehen, die seither jede Woche wieder erschienen war:

13-jähriger Quarter-Wallach, 1a-Qualität,
1,52 Stock, 1150 Pfund
Eingesetzt in Rindermast-Station und für Ausritte
in den Bergen. $ 3.500

Ich war auf der Suche nach einem Pferd gewesen, das ich auf meine Touren mitnehmen konnte. Im vorigen Sommer hatte nämlich eine Frau an einem meiner Kurse teilgenommen, die mit ihrem Pferd nicht zurechtkam. Sie hatte die Stute noch nicht lange und jede Menge Probleme mit ihr. Sie wollte mir nicht so recht glauben, dass sie das unerwünschte Verhalten umso eher würde korrigieren können, je mehr Zeit sie sich mit der Stute ließ.

»Geduld ist das A und O«, sagte ich zu ihr, als sie gerade wieder besonders frustriert war.

»Sie haben leicht reden«, schnappte sie zurück. »Sie haben das Pferd aufgezogen, auf dem Sie sitzen. Ich habe diesen Haufen Probleme *gekauft*.«

Zuerst war ich einigermaßen verblüfft über diese Antwort. Noch nie hatte mir jemand während eines Kurses so etwas gesagt. Aber als ich länger darüber nachdachte, merkte ich, dass sie recht hatte. Ich *saß* auf einem Pferd, das ich selbst gezogen hatte, ein Pferd mit sehr wenigen Verhaltensproblemen, wenn überhaupt welchen – das genaue Gegenteil zu dem Derwisch, mit dem sie sich abkämpfte. Ich *hatte* leicht reden, wenn ich einem Kursteilnehmer Geduld predigte. Schließlich hatte ich bei meinem Pferd nicht tagein, tagaus mit dieser Art von Problemen zu kämpfen und musste gar keine Geduld dafür aufwenden. Zwar hatte ich längere Zeit (fünf Jahre, um genau zu sein) fast ausschließlich mit gestörten Pferden gearbeitet, aber das war schon einige Zeit her.

Was die Frau gesagt hatte, brachte mich ins Grübeln. Vielleicht war es an der Zeit, mich mit einem eigenen nicht ganz unproblematischen Pferd zu beschäftigen, einem Pferd, wie es Kursteilnehmer anbrachten, und mit dem Pferd während des Kurses zu arbeiten. So könnten die Teilnehmer sehen, dass ich mit meinem Pferd an den gleichen Problemen arbeitete wie sie mit ihrem. Es würde mir auch Gelegenheit geben, das zu praktizieren, was ich predigte.

Als ich die Anzeige sah, hatte ich das Gefühl, dies könne das Pferd sein, nach dem ich suchte. Die Anzeige erschien jede Woche wieder, aber jedes Mal war der Preis gefallen. Über zwei Monate war der Preis für den Wallach von $ 3.500 auf $ 3.200, auf $ 2.800, $ 2.500, $ 1.800 und schließlich auf $ 1.200 gesunken. Da hatte ich angerufen und mich nach ihm erkundigt.

Das Tor zur Ranch lag am Ende einer langen, langen Sackgasse und war daher kaum zu verfehlen. Als ich in den Hof fuhr, kam ein kleiner, stämmiger Mann mit einem Cowboy-Hut, der mehr Meilen gesehen hatte als mein Pickup, auf mich zu. Die Hände hatte er tief in den Taschen seines abgetragenen Overalls vergraben und den Hut so tief über die Ohren gezogen, dass sie unter dem Rand verschwanden. Die graumellierten Bartstoppeln waren mehrere Tage alt, und auf seiner Nase thronten fleckige Brillengläser. »Sie der Mann, der den Wallach anseh'n will?«, fragte er mit verblüffend hoher Stimme.

»Ja, Sir«, nickte ich und kletterte aus dem Wagen. Bevor ich mich vorstellen konnte, hatte er sich schon umgedreht und ging voraus zum Stall. Mir fiel auf, dass zwar ich gegen den Wind zu kämpfen hatte, der mir stärker vorkam als die vorhergesagten 50 km/h, sein Hut dagegen bombenfest zu sitzen schien.

»Tochter zeicht'n Ihnen«, quietschte er. »Hab' noch zu tun. Ist da drin.« Mit dem Kinn zeigte er auf die Stalltür, die Hände blieben in den Taschen.

»Danke«, sagte ich, als ich an ihm vorbei in die angezeigte Richtung ging.

»Wenn Sie'n wollen«, fügte er hinzu, »nehmen Sie'n besser gleich mit, weil Mittwoch geht er zur Auktion nach Fort Collins.« Damit drehte er sich um und ging auf einen Schuppen zu, der für sich in der Nähe meines Pickups stand.

Schnell ging ich aus dem Wind heraus und in den Stall. Da stand die Tochter, ein Mädchen mit freundlichem Gesicht, vielleicht 18, 19 Jahre alt, und putzte den Wallach, dessentwegen ich gekommen war. Er war wirklich stämmig und hatte sicher 1,52 m Stockmaß, wie in der Anzeige angegeben. Die Brust war breit, eine kräftige Kruppe wölbte sich über starken, klaren Beinen und Hufen, die zu seiner Größe passten (obwohl sie um einiges länger waren, als sie sein sollten).

»Hi«, sagte die Tochter und gab mir die Hand. »Sie kommen wegen dem Pferd?«

»Ja«, sagte ich und schüttelte ihr die Hand. »Ich bin Mark.«

»Ich bin Lennie.« Sie drehte sich zu dem Pferd um. »Und das ist Bill.«

»Was kannst du mir über ihn erzählen?«, fragte ich.

»Na ja«, fing sie an. »Er ist wirklich ein nettes Pferd. Wir haben ihn ungefähr seit sechs oder sieben Jahren. Ich habe ihn in Jugendcamps eingesetzt, bin viele Trails mit ihm geritten, und mein Bruder hat mit ihm einige Jahre in einem Rindermastbetrieb gearbeitet.« Sie fuhr ihm mit der Bürste über den Bauch und dann schnell über den Rücken, obwohl er schon ziemlich sauber war. »Meistens hat er die Ruhe weg«, fuhr sie fort. »Er kann sich manchmal aber auch ganz schön aufführen, besonders wenn er von einem Trail nach Hause kommt. Wegreiten – kein Problem, aber sobald er merkt, dass es Richtung Heimat geht – na ja, sagen wir, es kann nicht schaden, wenn Sie fest im Sattel sitzen. Wir würden ihn ja behalten, aber ehrlich gesagt hat keiner von uns hier noch große Lust, ihn zu reiten. Wir haben eine Menge Nachwuchspferde. Was wir brauchen, sind ein paar ruhige Ältere. Deshalb muss er weg.«

Lennie warf ihm eine alte, abgewetzte Satteldecke auf den Rücken, gefolgt von einem ebenso alten Westernsattel. Trotz des Getöses, das der Wind auf dem Zinndach veranstaltete, stand der Wallach stockstill, als ob nichts wäre. Dann zog sie ihm ein altes, ausgetrocknetes Kopfstück mit einer billigen Kandare über den Kopf und führte ihn hinaus.

Hinter dem Stall befand sich ein Round Pen von ca. 20 Metern Durchmesser, eingefasst von Kieferbohlen in fünf Reihen übereinander. Der Stall hielt den Wind etwas ab, aber nicht sehr. Lennie führte Bill in den Round Pen, zog den Gurt an, setzte den Fuß in den Steigbügel und schwang sich mit einer einzigen fließenden Bewegung mühelos in den Sattel. Als hätte jemand einen Schalter umgelegt, wachte der Wallach, der bis jetzt so still gewesen war wie ein Mäuschen, mit einem Schlag auf.

Kaum hatte Lennies Rückseite den Sattel berührt, da schoss Bill los wie eine Rakete. Die beiden sausten halbwegs um den Pen, dann wendete Lennie ihn auf der Hinterhand, und sie kamen zurückgerast. Wieder eine halbe Runde in Weltrekordzeit, wieder ein Rollback, eine Wendung auf der Hinterhand, und wieder in die Gegenrichtung. Das vollführten sie einige Male, bevor Bill etwas langsamer wurde, sodass sie ihn durch die Mitte reiten konnte, anstatt immer außen herumzurasen.

»Das macht er manchmal«, sagte sie, als sie im Lope, dem langsamen Galopp an mir vorbeikamen. Langsamer war Bill geworden, aber er keuchte wie ein Güterzug, und sein Auge, das vor ein paar Minuten noch sanft gewesen war wie bei einem Rehkitz, war nun groß wie eine Untertasse und ließ das Weiße sehen.

Lennie führte einige Sliding Stops aus, wendete und ließ ihn einige Male seitwärts gehen, erst auf der einen, dann auf der anderen

Hand. Nach etwa fünf Minuten hielt sie ihn in der Mitte des Round Pen an. Er blieb am Fleck, aber seine vier Füße waren nie alle gleichzeitig am Boden.

Im Laufe der Jahre hatte ich mit vielen Pferden zu tun gehabt, die im Viehtrieb eingesetzt waren, und ich wusste mit Sicherheit, dass ein Pferd, das sich so benahm, die Arbeit keine zwei Jahre ausgehalten hätte. Nicht dass ich Lennie nicht glaubte, was sie mir über die Vorgeschichte des Pferdes erzählt hatte. Sie war sicher ehrlich, aber er verausgabte sich einfach derartig in so kurzer Zeit (und war offenbar noch keineswegs am Ende angelangt), dass ich dachte, kein Cowboy, der Rinder zu treiben hatte, würde diesen Zirkus jeden Tag mitmachen wollen.

»Wie lange, hast du gesagt, hat dein Bruder ihn in der Rindermast geritten?«, fragte ich.

»Zwei Jahre«, antwortete sie, während der Wallach immer noch auf der Stelle herumzappelte.

»Und er hat sich da so aufgeführt?«

»O nein.« Sie drehte ihn wieder herum. »Damit hat er vor einem Jahr oder so angefangen. Davor hatten wir nie die geringsten Probleme mit ihm. Wir hatten einfach nicht die Zeit, es ihm wieder auszutreiben. Ein paar nasse Satteldecken, und er wäre vermutlich wieder der Alte.« Damit meinte Lennie, wenn Bill lange genug hart genug rangenommen würde, würde er dieses Benehmen schnell sein lassen. Ich war nicht dieser Meinung, sagte aber nichts.

Stattdessen fragte ich mich, ob das Verhalten vielleicht davon kommen konnte, dass die Kammer des alten Westernsattels voll auf seinem Widerrist aufsaß und der Sattel selbst zu schmal war für seinen Rücken. Oder davon, dass Lennie ihn bei jeder Bewegung unabsichtlich mit den Sporen stupste, oder von seiner geschwollenen Lendenpartie, die ich bemerkt hatte, bevor der Sattel aufgelegt wurde, und die ihm vermutlich ziemlich wehtat.

Es konnte auch davon kommen, dass seine Hufe zwei Mal so lang waren, wie sie hätten sein sollen, oder dass er in der Hüfte sehr steif war, weshalb er mit seinem linken Hinterbein kürzer trat als mit dem rechten. Oder sogar davon, dass der hintere Gurt nicht fest gemacht war, sodass er nach hinten rutschte und die Flanken berührte.

Jedenfalls waren genügend »äußere« Faktoren vorhanden, die für das Verhalten verantwortlich sein konnten, dass ich dachte, mit ein wenig Zeit und Mühe würde ich das schon hinkriegen. Wenn es so war, würde vielleicht das »wirklich nette Pferd«, das Bill laut Lennie früher einmal war, wieder zum Vorschein kommen.

»Geht noch was mit dem Preis?«, fragte ich und versuchte, nicht allzu interessiert zu klingen.

»Ehrlich gesagt«, entgegnete sie und bemühte sich, den Wallach zum Stillstehen zu bringen, »mein Vater will ihn am Mittwoch zur Auktion bringen und notfalls zum Schlachtpreis verkaufen. Wenn Sie ihm ein bisschen mehr bieten, wird er vermutlich zuschlagen, Hauptsache, er muss ihn nicht weiter durchfüttern.« Nachdem sie Bill beinahe Kopf voran in den Zaun geritten hatte, war es ihr endlich gelungen, ihn zum Stehen zu bringen.

»Wollen Sie ihn mal reiten?«, fragte sie, als er ein paar Sekunden still stand.

»Nö«, antwortete ich. »Ich glaube, ich habe alles gesehen, was ich sehen wollte. Machen wir, dass wir aus dem Wind herauskommen, und dann sehen wir mal, was Ihr Dad für Preisvorstellungen hat.«

Es war nicht schwer, Lennies Vater von den $ 1.200 in der Anzeige abzubringen. Er feilschte zwar noch ein bisschen, aber eher halbherzig. Es war von Anfang an klar, dass er den Wallach loswerden wollte, und ich vermute, dass er mir, wenn ich weitergehandelt hätte, noch etwas draufgezahlt hätte, nur um ihn aus dem Stall zu haben.

Als ich Bill zu Hause hatte, rief ich sofort meinen langjährigen Freund, den Chiropraktiker Dr. Dave Siemens an und bat ihn, sich den Wallach anzusehen. Dave renkte ihn in zwei Wochen drei Mal ein und konnte so gut wie alle Steifheiten beseitigen, von denen Bill mehr hatte als anfangs gedacht. Es waren nicht nur die Hüft- und die Lendenpartie betroffen, sondern auch beide Sprunggelenke und die Halswirbel, der Widerrist und die linke Schulter. Bill war wirklich sehr steif und litt unter ziemlichen Schmerzen.

Mein Hufschmied kümmerte sich um Bills Hufe, wozu er drei Sitzungen im Verlauf von sechs Monaten brauchte. Außerdem bekam er einen Sattel, der passte. Ich war verblüfft, welche Verwandlung allein diese Dinge bereits im Benehmen und der Haltung des Pferdes bewirkten. Als ich ihn etwa eineinhalb Monate, nachdem ich ihn gekauft hatte, erstmals ritt, war von dem Benehmen, das er unter Lennie gezeigt hatte, sehr wenig übrig.

Trotzdem lag Bill noch immer schwer auf der Hand, und jedes Mal, wenn ich einen Stopp, eine Wendung oder ein Rückwärtsrichten von ihm verlangte, kam als Antwort zuerst ein kräftiger Stoß, der sich anfühlte, als ob er am Schweif anfinge, durch den ganzen Körper nach vorn liefe und in seinem Maul endete. Ich arbeitete ein paar Wochen daran, diesen Stoß abzumildern, mit mäßigem Erfolg, bevor ich Bill erstmals mit auf die Reise nahm.

Auf unserem ersten gemeinsamen Kurs gab ich vom Sattel aus Unterricht, arbeitete ein paar Fohlen und nahm eine zweijährige Stute als Handpferd mit. Wir trieben sogar ein paar Rinder nach Hause, die beim Nachbarn über den Zaun gesprungen und bei uns auf dem Parkplatz gelandet waren. Der zweite Kurs verlief ähnlich, mit Ausnahme der Rinder, und der dritte desgleichen. Ich stellte bald fest, dass Bill ein wirklich nettes Pferd war, arbeitswillig und im Allgemeinen sehr umgänglich.

Wenn ich »im Allgemeinen« sage, meine ich damit, dass er zwar gut arbeitete, wenn es darauf ankam, dass ich aber immer so etwas wie ein »verborgenes Problem« zu spüren glaubte, das wir nicht in den Griff zu bekommen schienen und das wir auch nicht richtig festmachen konnten. Es war nicht unbedingt etwas, was er tat oder nicht tat, sondern mehr ein Gefühl, das von Zeit zu Zeit von ihm ausging. Es war ein Gefühl, als ob er bei der geringsten Gelegenheit sofort durchdrehen würde, obwohl er nie wirklich etwas tat, was mich darin bestärkt hätte. Seltsam …

Ungefähr nach einem Monat gaben wir im südlichen Arizona einen Drei-Tage-Kurs, der von einem Freund veranstaltet wurde, auf dessen Ranch ich vor Jahren gearbeitet hatte und der vor Kurzem nach Tucson umgezogen war.

Wie bei den anderen Kursen arbeitete Bill gut und problemlos an allen drei Tagen. Am Ende des dritten Tages fragte mein Freund, ob ich vor dem Abendessen noch Lust auf einen kurzen Ausritt in die Wüste hätte. Im Gelände benahm sich Bill nicht anders als in der Arena – ruhig, willig und verhältnismäßig durchlässig (obwohl er immer noch etwas unempfindlich im Maul war, was ich nicht ganz hatte beheben können).

Die Sonne schien warm am Nachmittag, und mein Freund und ich wechselten uns in der Führung ab, während wir kreuz und quer durch die Wüstenlandschaft ritten. Wir schlängelten uns zwischen Saguaro-Kakteen durch und wateten durch Sandkuhlen, und nichts in Bills Verhalten wies auf das hin, was da kommen sollte. Nach zwei, drei Kilometern beschlossen wir, wieder nach Hause zu reiten, um rechtzeitig zum Abendessen zurück zu sein.

Kaum hatten wir umgedreht, als das kleine verborgene Problem, das ich nie hatte festmachen können – das ich aber immer gespürt hatte, seit ich angefangen hatte, Bill zu reiten –, plötzlich und unerwartet zum Vorschein kam. Mit einem lauten Schnarcher katapultierte er sich mit allen vieren in die Luft. Es hätte nicht viel gefehlt, und er wäre fast fünf Meter weiter auf meinem vorausreitenden Freund gelandet.

Mein erster Gedanke war, dass ihn etwas erschreckt oder gebissen hatte, denn die Explosion war ohne jede Vorwarnung gekommen. Aber als er sich nach fünf Minuten immer noch nicht beruhigt hatte, ging mir auf, dass es wohl etwas anderes war. Während wir uns im Kreis drehten, losschossen, seitwärts oder auf der Stelle galoppierten und er immer wieder in die Luft sprang, fiel mir etwas ein, was Lennie gesagt hatte, als ich damals, vor einigen Monaten, hingefahren war, um ihn mir anzusehen. »Er kann sich manchmal ganz schön aufführen«, hatte sie gesagt. »... besonders wenn er von einem Trail nach Hause kommt. Wegreiten – kein Problem, aber sobald er merkt, dass es Richtung Heimat geht – na ja, sagen wir, es kann nicht schaden, wenn Sie fest im Sattel sitzen.«

Sie hatte recht. Er konnte sich wirklich aufführen, und was ich auch versuchte, um ihn zu beruhigen, es half alles nichts. Er hörte den ganzen Rückweg lang nicht auf, und selbst als wir wieder zu Hause waren, schien er sich noch mehr aufzuregen als im Gelände. Daraus schloss ich, dass es nicht etwa »Stalldrang« war, dass er nicht einfach nur nach Hause wollte. Wäre es das gewesen, hätte er sich höchstwahrscheinlich beruhigt, als wir wieder am Stall angelangt waren.

Ich ritt ihn trocken, denn er tropfte nur so von Schweiß, brachte ihn in den Stall und ging zum Essen. Als ich ihn später am Abend noch einmal besuchte, schien er immer noch leicht aufgeregt, aber am Morgen sah er aus wie immer.

Die Fahrt zu unseren nächsten Kursen nördlich von Dallas, Texas, verlief ohne besondere Vorkommnisse, ebenso wie der erste Kurs. Zwar hatte ich nach wie vor das Gefühl, ein verborgenes Problem nicht gelöst zu haben, aber nichts in Bills Verhalten wies (wie zuvor) auf ein Problem hin.

Das einzige körperliche Problem, um das ich mich zu Hause nicht hatte kümmern können, waren Bills Zähne. Zwischen unserem ersten und dem zweiten Vier-Tage-Kurs hatten wir einen freien Tag, und ich wusste, dass es im Nachbarort einen Tierarzt gab, den ich früher schon ab und zu auf der Durchreise bemüht hatte. Doc Browne war ein älterer Mann mit jahrelanger Erfahrung und einer umgänglichen Art. Er hatte in späteren Jahren noch eine Zusatzausbildung als Pferdezahnarzt gemacht und war verflixt gut darin.

Seiner Meinung nach gehörten Bills Zähne gerichtet. Wir erörterten, ob seine schlechten Zähne schuld sein konnten an dem unerwünschten und unerwarteten Verhalten, das ich erlebt hatte.

»Sie wissen ja, dass Zahnprobleme die Ursache für Verhaltensprobleme sein können«, sagte der Doc in seinem schleppenden texanischen Tonfall. »Aber das sind gewöhnlich kleinere Probleme wie Kopfschlagen. Dass ein Pferd derartig Rodeo spielt nur wegen der Zähne, kann ich mir nicht vorstellen.«

Der Wallach war noch sediert und stand im Zwangsstand, in den der Doc ihn für die Behandlung gestellt hatte. Wie bei allen Wallachen, deren Zähne er behandelte, fing er routinemäßig an, den Schlauch zu säubern. »Ich glaube nicht, dass die Zähne das Problem waren«, sagte er, während er mit den in Gummihandschuhen steckenden Fingern in Bills Schlauch herumgrub. »Aber das kann es gewesen sein.« Mit einiger Mühe zog er eine »Bohne« – ein relativ rundes, steinhartes Objekt, bestehend aus Schmutz und Absonderungen, die sich im unsauberen Schlauch eines Pferdes ansammeln können – aus Bills Schlauch. Die »Bohne« hatte einen Durchmesser von ca. vier Zentimetern!

»So große habe ich bis jetzt nur in Büchern abgebildet gesehen«, sagte er und legte die Bohne auf ein weißes Tuch. »Ich nehme an, dass ihm das schon ab und zu ein bisschen die Laune verdorben haben kann.« Der Doktor machte weiter mit der Säuberung des Schlauchs und brachte zu unserem größten Erstaunen eine weitere Bohne von der gleichen Größe zum Vorschein. »Dong«, sagte er, als er sie neben die erste auf das Tuch legte. »Armer Kerl.« Beim dritten Versuch zog er drei weitere Bohnen, allerdings viel kleiner, heraus und legte sie neben die anderen.

»Das war's wohl.« Er zog sich die Gummihandschuhe aus. »Ich wette, ihm geht's jetzt erheblich besser.«

Während bei Bill langsam die Sedierung nachließ, rief der Doc sein Personal zusammen, damit sie sich die Riesenbohnen ansehen konnten. Es gab viele Aahhs und Oohhs, als sie daran vorbeidefilierten. Dann ließ er sich seinen Fotoapparat bringen, arrangierte die Bohnen auf dem Tuch und stellte verschiedene andere Gegenstände wie eine Kaffeetasse, einen Golfball und eine Münze zum Größenvergleich daneben.

Vermutlich gehörten diese Bohnen seit Langem zu den größten Ereignissen im Dorf, denn es dauerte nicht lang, und diverse Nachbarn kamen vorbei, um sie ebenfalls anzusehen, dazu ein paar Rancher, die einen Bullen mit einem Abszess zur Behandlung gebracht hatten. Sogar der Typ von der Holzhandlung gegenüber kam herüber und staunte.

Als die Sedierung abgeklungen war, verlud ich Bill auf den Anhänger und fuhr zurück zu unserem Veranstaltungsort. Der Unterschied im Verhalten des Wallachs nach dieser Behandlung war verblüffend. Über Nacht war er weich geworden wie Butter und führte willig alles aus, was ich von ihm verlangte. Das verborgene Problem, das ich bei ihm gespürt hatte, war verschwunden und kehrte niemals wieder.

Drei Monate ritt ich Bill noch in Kursen und stellte ihn dann Teilnehmern zur Verfügung, die ihn den Sommer über in den Wochenkursen reiten konnten. Er war so ruhig und zuverlässig geworden, dass wir buchstäblich jeden daraufsetzen konnten, vom absoluten Anfänger bis zu wirklich fortgeschrittenen Reitern. Tatsächlich

»Über Nacht war er weich geworden wie Butter und führte willig alles aus, was ich von ihm verlangte. Das verborgene Problem, das ich bei ihm gespürt hatte, war verschwunden und kehrte niemals wieder.«

war er so ruhig geworden, dass ich ihn schließlich an einen Freund verkaufte, der in der Nähe von unserem Zuhause einen Verleihstall betrieb. Bill wurde bald eines der zuverlässigsten Pferde im Stall und zeigte nicht ein einziges Mal mehr das Fehlverhalten, das er bei seinen früheren Besitzern und bei mir auf dem Heimweg gezeigt hatte.

Was die Wahrnehmung von unterschiedlichem Verhalten bei Pferden betrifft, habe ich im Laufe der Jahre ein interessantes Phänomen kennengelernt. Die meisten Menschen stopfen das Verhalten in drei Kategorien: gutes Verhalten (die Art, die wir mögen), schlechtes Verhalten (die Art, die wir nicht mögen) und beunruhigendes Verhalten (die Art, die uns beunruhigt, ohne dass wir etwas dagegen unternehmen).

Ein Beispiel für gutes Verhalten ist ein Pferd, das zufrieden seine Arbeit tut, seinen Job versteht und ihn gern tut und seinem Besitzer selten bis nie Probleme bereitet. Ein Beispiel für schlechtes Verhalten könnte so etwas wie das von Bill sein – wenn das Verhalten des Pferdes unvorhersehbar, explosiv und/oder offensichtlich gefährlich ist. Beunruhigend ist ein Verhalten, wenn ein Pferd zwar meistens tut, was es soll, aber mit den Zähnen knirscht, den Kopf schüttelt, scharrt, mit dem Schweif schlägt oder andere relativ unbedeutende, aber ärgerliche Verhaltensweisen zeigt, ob unter dem Sattel oder an der Hand.

Das Interessante daran ist, dass manche Menschen diese Verhaltensweisen, vielleicht unbewusst, als getrennte Sachlagen empfinden und daher unterschiedlich darauf reagieren, während sie für mich alle ein und dasselbe sind. Einfach gesagt sind all diese Verhaltensweisen nicht mehr und nicht weniger als Informationen, die das Pferd anbietet. Ein Pferd, das sich »gut« benimmt, sagt uns einfach, dass es sich mit dem, was in diesem bestimmten Moment seines Lebens abläuft, im Einklang befindet. Ein Pferd, das sich »schlecht« benimmt, sagt uns, dass ein Problem – größer, wie bei Bill, oder kleiner – existiert, das gelöst sein will. Ein Pferd, das sich »beunruhigend« benimmt, sagt uns, dass es etwas nicht versteht und damit zu kämpfen hat.

Wir Menschen neigen dazu, gutes Benehmen auszunutzen, das heißt über die guten Dinge, die Pferde tun, denken wir nicht weiter nach, weil sie unseren Erwartungen entsprechen. »Schlechtes« Benehmen dagegen wird von uns als irgendwie feindlich wahrgenommen, hauptsächlich weil es uns Angst macht. Deshalb reagieren wir oft defensiv darauf und denken nicht wirklich über die Ursache nach. Bei »beunruhigendem« Benehmen besteht die Tendenz, es überhaupt nicht bewusst wahrzunehmen, weshalb wir oft auch nicht wirksam darauf eingehen können.

Gewöhnlich kommunizieren Pferde durch ihr Verhalten mit uns. Auch hier bin ich der Meinung, dass Pferde nicht unterscheiden zwischen dem, was sie fühlen, und dem, was sie tun. Wenn sie also etwas Bestimmtes tun, spiegelt diese Handlung ihre Gefühle wider. Der Körper des Pferdes wird zum Spiegelbild seiner Emotionen. Also ist es der Körper, der uns über das informiert, was im Innern des Pferdes wirklich abläuft.

Wenn dies jedoch der Fall ist, dann fällt *jegliches* Verhalten des Pferdes, ob gut, schlecht oder unbedeutend, unter ein und dieselbe Kategorie: Das Pferd liefert Informationen darüber, wie es sich fühlt. Können wir also das Wort »Verhalten« durch das Wort »Information« ersetzen, dann sprechen wir über eine *gute* Information, eine *schlechte* Information oder eine *unbedeutende* Information, die das Pferd anbietet.

Vom menschlichen Standpunkt aus ist eine *gute* Information gewöhnlich etwas, was uns als nützlich erscheint. Wenn jemand uns von einem tollen Restaurant erzählt, in dem er essen war, ist das für uns eine gute Information. Eine *schlechte* Information ist für uns alles, was uns schaden könnte. Gibt man uns zum Beispiel eine falsche Wegbeschreibung zu diesem tollen Restaurant, sodass wir zu spät für unsere Reservierung eintreffen, könnte man dies als schlechte Information bezeichnen. Unter einer *unbedeutenden* Information ist alles zu verstehen, was wir nehmen oder auch lassen können, was uns nützen kann oder auch nicht. Wenn uns jemand erzählt, in dem tollen Restaurant würden auch fantastische vegetarische Gerichte serviert, wir aber gar keine Vegetarier sind, dann könnte man dies als eine unbedeutende Information betrachten.

Gehen wir nun aber einen Schritt zurück und betrachten die Information als Ganzes, sehen wir, dass nur eines diese Information gut, schlecht oder unbedeutend macht, und zwar unsere Wahrnehmung und die Bedeutung, die wir ihr zumessen. Jemand erzählt uns von einem tollen Restaurant, aber wir haben die Wahl, hinzugehen oder nicht. Jemand beschreibt uns den Weg, aber wir haben die Wahl, der Beschreibung zu folgen oder nicht. Jemand erzählt uns von der Speisekarte, aber es liegt an uns, ob wir etwas davon bestellen. Wie Sie sehen, ist alles nur neutrale Information, bis wir ihr einen Wert beimessen. Dann wird sie gut, schlecht oder unbedeutend.

Das Gleiche gilt für das Verhalten von Pferden. Das Verhalten eines Pferdes ist einfach nur Information, bis wir ihm einen Wert beimessen. Das Pferd andererseits bewertet sein Verhalten oder die Art, wie wir es auffassen, nicht. Es versorgt uns einfach mit einer Rückmeldung. Das Pferd der Frau, das unbedingt zum anderen Ende der Reitbahn musste, bevor es an die Arbeit gehen konnte, gab uns einfach eine Information. Bills Affentanz auf dem Trail gab uns eine Information. Ein Pferd, das mit dem Schweif schlägt, den Kopf schüttelt oder scharrt, bietet eine Information an. Davon, wie wir diese Information wahrnehmen – welchen Wert wir ihr beimessen –, hängt unsere Reaktion ab.

Die gute Nachricht ist natürlich, dass die Wahl letztendlich bei uns liegt. Wir können ein Verhalten entweder in Ruhe betrachten und es als das sehen, was es ist, oder wir können es anders sehen. Wie auch immer – am Ende werden wir entsprechend reagieren, und davon wird unser Erfolg abhängen – so oder so.

Tempo, Richtung, Ziel

Bevor man mich bat, Kurse zu geben, hatte ich auf vielen Ranches und Reitbetrieben im Gebirge gearbeitet. Während dieser Zeit war ich sehr isoliert von dem, was »draußen« in der Pferde- und Reiterwelt vor sich ging. Ich wusste nichts von anderen Trainern und ihren Methoden oder Techniken, und mir waren auch nicht viele der üblichen Probleme begegnet, mit denen »Hinterhof-Pferdeleute« im täglichen Umgang mit ihren Pferden zu kämpfen hatten.

»Er geht nicht geradeaus?«, fragte ich in der Hoffnung, den Mann missverstanden zu haben.

Oh, gesehen hatte ich auf den Ranches jede Menge gestörte Pferde und hatte an den Problemen zwischen ihnen und ihren Reitern gearbeitet, aber was ich sah, ergab für mich einen Sinn und erschien mir ziemlich unkompliziert. Einiges von dem, was ich auf den Kursen zu sehen bekam, ergab für mich keinen Sinn, und ehrlich gesagt hatte ich Mühe zu begreifen, wieso die Leute überhaupt Probleme hatten. Das führte dazu, dass ich im Laufe der Zeit im Schnelldurchgang eine Menge Dinge lernen musste, die ich besser schon viel früher gewusst hätte.

Eines dieser Probleme tauchte auf einem der ersten Kurse auf, die ich gab. Ein Mann Mitte fünfzig brachte zu Fuß einen hübschen Apfelschimmel, halb Araber, halb Quarter Horse, in die Reitbahn, gesattelt und aufgetrenst. Der Mann hatte den Wallach vor einigen

Jahren von einer Ranch gekauft und ritt ihn hauptsächlich im Gelände, aber auch in der Reitbahn.

»Wie kann ich Ihnen helfen?«, fragte ich.

»Na ja«, sagte er und klopfte dem Pferd den Hals. »Die meiste Zeit kommen wir ziemlich gut miteinander aus, aber manchmal geht er einfach nicht geradeaus, ganz gleich, was ich tue.«

Ich war mir nicht sicher, ob ich ihn richtig verstanden hatte. Wieso konnte es ein Problem sein, geradeaus zu gehen – für ihn oder für das Pferd? Damals hatte ich schon ca. dreißig Jahre mit Pferden gearbeitet und in all dieser Zeit niemals ein Pferd gesehen, das nicht geradeaus gehen konnte. Klar, es hatte Jungpferde gegeben, die beim Anreiten mit dem Gleichgewicht zu kämpfen gehabt hatten, und auch ein paar junge, aber schon länger gerittene Pferde, die ihr Gleichgewicht noch nicht gefunden hatten und nicht geradeaus gegangen waren. Normalerweise wackelten diese Pferde ein paar Tage herum, und mit der Gewöhnung an das Reitergewicht verging das Problem allmählich von selbst.

Aber dies war kein junges Pferd, das gerade erst angeritten wurde. Dieser Wallach war zwölf Jahre alt, ein erfahrenes Trail- und Ranchpferd von der Art, mit der ich seit Jahren gearbeitet hatte. Dass er keine gerade Linie laufen konnte oder wollte, erschien einfach nicht auf meinem Radar.

»Er geht nicht geradeaus?«, fragte ich in der Hoffnung, den Mann missverstanden zu haben.

»Genau«, kam die Antwort. »Ziemlich oft schwankt er herum wie ein betrunkener Seemann.«

»Könnten Sie mir mal zeigen, wie das aussieht?«

»Sicher.« Er saß auf und ritt im Schritt quer durch die Reitbahn.

Mit den ersten paar Schritten wich das Pferd erst in die eine, dann in die andere Richtung von der geraden Linie ab, dann wieder in die eine und die andere und so fort, bis sie die andere Seite erreicht hatten.

Dort drehten sie um und kamen zurück, wieder von einer Seite zur anderen schwankend.

»Könnten wir das noch mal versuchen?«, fragte ich.

»Sicher«, sagte der Mann und wendete das Pferd.

Wieder ritten sie durch die Reitbahn, sogar noch langsamer und noch schwankender als zuvor.

Mir ging ziemlich schnell auf, warum ich diese Art von Verhalten in der Vergangenheit nicht oft gesehen hatte. Da, wo ich herkam, setzten wir Pferde ein, um einen Job zu erledigen, ob es sich darum handelte, Vieh oder Pferde zusammenzutreiben, Trailritte zu führen, Reitstunden zu geben, Packpferde zu beladen oder um sonstige Aufgaben, die Pferd und Reiter gemeinsam ausführten, um ein bestimmtes Ziel zu erreichen. Wie auch immer die Aufgabe lautete, unsere Reiterei diente immer einem Zweck, was dem Pferd die Anleitung gab, die es brauchte, um seine Arbeit zu tun.

Dieser Reiter jedoch schien seinem Pferd so gut wie keine Anleitung zu geben. Er gab ihm die allgemeine Richtung vor, in die er gehen wollte, hörte dann irgendwie total auf zu reiten und ließ das Pferd umherwandern. Während der Reiter nur im Sattel saß und auf den Hinterkopf seines Pferdes starrte, schien das Pferd selbst völlig uninteressiert an dem, was vorging, und setzte einfach einen Fuß vor den anderen, und so mäanderten sie vorwärts und rückwärts durch die Reitbahn.

»Das ist es also, was er macht?«, fragte ich, als die beiden langsam und unzeremoniös vor mir zum Stehen kamen.

»Das ist es«, sagte der Mann achselzuckend. »Mein Trainer sagt, er ist faul. Ich denke, er langweilt sich vielleicht einfach in der Reitbahn. Was glauben Sie?«

»Na ja«, sagte ich, während das Pferd einzunicken schien. »Ich glaube, er tut genau das, was Sie von ihm verlangen, was, entschuldigen Sie bitte, nicht eben viel ist.«

»Was soll das heißen?« Der Mann verlagerte sein Gewicht im Sattel. »Ich wollte, dass er einigermaßen dynamisch geradeaus geht, und das hat er nicht getan.«

»Ich weiß«, nickte ich. »Das war vielleicht, was Sie wollten, es war aber nicht das, was Sie verlangt haben. Verlangt haben Sie aus seiner Sicht, dass er irgendwo da drüben hingeht.« Ich zeigte mit dem Arm in die Richtung, aus der sie gerade gekommen waren. »Und die Art, wie Sie ihn geritten haben, sagte ihm, dass Ihnen *jedes* Tempo recht wäre.« Der Mann saß ein paar Sekunden still, als müsse er erst verdauen, was ich gesagt hatte. »Also«, fuhr ich fort, »wenn Sie wollen, dass er anders geht, reiten Sie ihn einfach anders.«

Aus seinem Gesichtsausdruck war zu entnehmen, dass er nicht wirklich verstand, was ich ihm zu sagen versuchte.

»Sehen Sie die Kegel dort drüben?« Ich zeigte auf ein paar orangefarbene Hütchen, die in einer Ecke aufeinandergestapelt waren. Der Mann musste sich im Sattel fast völlig umdrehen, um sie zu sehen. »Reiten Sie dort hinüber, so schnell Sie können.«

»Jetzt?«, fragte er und sah zu den Hütchen hin.

»Jawoll«, antwortete ich. »Jetzt sofort.«

Der Mann drehte sich zu mir herum, rührte sich aber nicht.

»Los!«, forderte ich mit spielerischer Dringlichkeit auf.

Der Mann sah zuerst etwas verblüfft aus, dann wendete er das Pferd und ritt in einem Schritt, der nicht viel schneller war als der, mit dem sie gerade gekommen waren, auf die Kegel zu.

»Los!«, wiederholte ich. »Kein lahmer Schritt! Reiten Sie, als ob die Kühe am Ausbrechen wären!«

Der Mann trieb das Pferd an. Es reagierte, aber nicht sehr.

»Los!«, sagte ich wieder. »*Go!*«

Plötzlich richtete sich der Mann im Sattel auf, gab dem Pferd mit dem Absatz einen tüchtigen Stoß in die Seite, und die beiden verfielen in einen kleinen Jog-Trab.

»Los!« rief ich noch einmal.

Er drückte dem Pferd noch einmal die Absätze in die Flanken, und das Pferd galoppierte in einem schnellen, aber kontrollierten Lope durch die Reitbahn. Sie ritten auf einer hübsch geraden Linie, und als sie noch ein paar Meter von den Kegeln entfernt waren, kommandierte ich »Stopp!« Das Pferd stoppte, schnell und verhältnismäßig weich.

»Na also«, sagte ich über das Mikro, das ich trug. »Kommen Sie jetzt zu mir zurück, so schnell Sie können.«

Wieder wendete der Mann das Pferd und kam im Schritt – komm ich heut' nicht, komm ich morgen – auf mich zugeritten.

»Los!«, rief ich, aber mit der Andeutung eines Lachens in der Stimme. »Der Tag verbrennt!«

Wie der Blitz kamen die beiden auf mich zugaloppiert. Ich sagte, sie sollten an mir vorbeireiten und dann ohne anzuhalten zurück zu den Kegeln. Kurz bevor sie bei den Kegeln ankamen, kommandierte ich einen Stopp, ließ ihn wenden und so schnell er konnte zu einer hölzernen Aufsteighilfe am anderen Ende der Arena reiten. Das tat er. Dann ließ ich ihn den ganzen Vorgang wiederholen, bevor er sein Pferd bei mir zum Stehen bringen sollte.

»Finden Sie ihn immer noch faul?«, fragte ich, nachdem das Pferd einen nahezu perfekten *Sliding Stop* von fünfzehn Zentimetern kurz vor mir hingelegt hatte.

»Das ist das Beste, was er je in der Reitbahn geleistet hat, seit ich ihn habe.« Der Mann lächelte, beugte sich vor und klopfte seinem Pferd den Hals. »Ich hätte nicht gedacht, dass er das drin hat.«

»Wahrscheinlich denkt er dasselbe von Ihnen«, ulkte ich.

»Tja«, stimmte der Mann zu. »Da haben Sie wahrscheinlich recht.«

»Schön«, grinste ich. »Warum schauen Sie nicht mal, ob er Ihnen jetzt eine schöne gerade Linie hinlegt?«

Der Mann wendete den Wallach und ritt im Schritt zum gegenüberliegenden Zaun, ganz wie am Anfang. Diesmal aber waren die beiden viel mehr zusammen und auf ihre Aufgabe konzentriert. Sie gingen gezielt los, auf gerader Linie zum Zaun und zurück. Während des restlichen Kurses hatte der Mann keinerlei Probleme mehr, das Pferd auf geraden Linien und in dem jeweils gewünschten Tempo zu reiten. Anscheinend hatte es genügt, dem Pferd eine gewisse Anleitung zu geben, wohin sie in welchem Tempo gehen wollten, um die Situation beträchtlich zu klären.

Als ich nach diesem Kurs wegfuhr, dachte ich, wie eigenartig es doch gewesen war, dass es dem Reiter solche Mühe gemacht hatte, sein Pferd auf einer geraden Linie zu reiten. Ich konnte mir einfach nicht vorstellen, warum dies für irgendjemanden ein Problem sein sollte, und ehrlich gesagt dachte ich wohl, es sei wahrscheinlich einfach Zufall gewesen.

Aber mit der Zeit merkte ich, dass dies nicht nur kein Zufall gewesen war, sondern dass es sich um eines der üblichsten »Probleme« handelte, mit denen ich in vielen meiner Kurse noch zu tun bekommen sollte.

Zwar begegnete mir dieses spezielle Problem zwischen Pferden und Reitern bei zahlreichen Gelegenheiten, aber damals wusste ich noch nicht, dass in so gut wie jedem der Fälle das Problem dieselben Ursachen zu haben schien: eine von drei oder die Kombination von drei unterschiedlichen, aber sehr charakteristischen Missverständnissen zwischen Mensch und Pferd.

Einfach gesagt laufen diese drei Missverständnisse darauf hinaus, dass das Pferd vom Reiter nicht genügend Informationen erhält, um die geforderte Aufgabe auch ausführen zu können. Mit anderen Worten: Der Reiter zeigt dem Pferd weder Tempo noch Richtung oder Ziel an, das Pferd weiß nicht, was es tun soll.

Wahrscheinlich gehe ich jetzt besser einen Schritt zurück und erkläre, dass, wie die meisten Pferdeleute bereits wissen, Pferde die geborenen Mit- oder Nachläufer sind. Eine Herde von beispielsweise dreißig Pferden besteht höchstwahrscheinlich aus einem Führer und neunundzwanzig, die ihm nachlaufen. Und im Gegensatz zur landläufigen Meinung ist dieser Führer selten das Alphatier.

In Wirklichkeit wird eine Herde wild lebender Pferde in den meisten Fällen von einer älteren Stute angeführt. Bei Hauspferden kann die Rolle auch einem Wallach zufallen. Bei den wilden Herden kommen und gehen die männlichen Tiere. So kann ein Hengst übernehmen, nachdem ein anderer ausgestoßen wurde. Aber die Stuten bleiben gewöhnlich ihr Leben lang bei der Herde, natürlich immer

»In Wirklichkeit wird eine Herde wild lebender Pferde in den meisten Fällen von einer älteren Stute angeführt. Bei Hauspferden kann die Rolle auch einem Wallach zufallen.«

vorausgesetzt, sie werden nicht von einem rivalisierenden Hengst gestohlen. Aus diesem Grund haben die älteren Stuten die lebenslange Erfahrung, die zur Führung einer Herde notwendig ist. Sie kennen die guten Wasserlöcher, wo das beste Futter wächst, wo sie bei extremer Witterung Schutz finden und so weiter. So ist es natürlich, dass diese älteren Stuten Tempo, Richtung und Ziel der Herde bestimmen.

Trabt die alte Stute (Tempo) vom Weideland zum Wasserloch, folgt die Herde im Trab. Wendet sie sich nach links (Richtung), laufen auch alle anderen Pferde nach links. Hält sie an (Ziel), halten alle an. Selbst in einer kleinen Herde von Junghengsten wird einer gewöhnlich von der ganzen Herde zum Führer »ernannt«, und die anderen folgen diesem bestimmten Pferd, wie sie in einer großen Herde der Leitstute folgen würden. Eine Junghengstherde ohne bestimmten Führer folgt der Ursprungsherde (natürlich in sicherem Abstand) und wird also in gewissem Sinn immer noch von dieser einen Stute angeführt.

Es ist daher leicht einzusehen, wie wichtig diese drei Komponenten – Tempo, Richtung, Ziel – für ein Pferd unter den meisten Gegebenheiten sind. So lebt die große Mehrheit der Pferde, so kommt sie durch den Alltag: indem sie der Führung und Leitung anderer Pferde mit mehr Erfahrung folgt. Nicht nur das, sondern wenn es einer der Anführer – ob Mensch oder Pferd – an einer dieser drei Komponenten fehlen lässt, wird das Pferd unausweichlich die Lücke selbst füllen und selbst das Tempo, die Richtung und/oder das Ziel wählen. Trotzdem: Wenn die Gelegenheit besteht, wird ein Pferd lieber folgen als führen und sich selten um Führerschaft bemühen, wenn dies nicht unumgänglich ist.

Allerdings besteht das Problem mit Pferden, die die Lücke füllen, wenn sie geritten werden, und Tempo, Richtung und/oder Ziel selbst wählen, darin, dass ihre Wahl meistens nicht dem entspricht, was der Reiter sich vorgestellt hat. Dann haben wir ein Pferd, das entweder zu langsam oder zu schnell läuft, den einen Weg einschlägt, wenn wir den anderen wollten, unvermittelt anhält und ebenso unvermittelt wieder antritt, nicht still stehen bleibt oder sich nicht vom Fleck bewegt oder uns mit jeder Menge ärgerlicher und anscheinend unlösbarer Probleme konfrontiert, die wir irgendwie nicht in den Griff bekommen können. Diese Probleme können sich bei der Bodenarbeit ebenso zeigen wie unter dem Sattel.

Wir Menschen sind dagegen ganz anders gestrickt. In der Regel denken wir nicht stundenlang darüber nach, wenn wir ausgehen. Ein Mensch allein wählt sein Tempo, seine Richtung und sein Ziel, ohne groß darüber nachzudenken.

Wenn wir einen Spaziergang oder eine Wanderung vorhaben, steht das Tempo, das wir einzuhalten gedenken, schon fast von Anfang an fest. Wir nehmen uns einen bestimmten Weg vor (Richtung) und entscheiden oft schon vor Beginn, wie weit wir gehen wollen (Ziel), bevor wir umkehren und zurückgehen.

Während die meisten Pferde also Entscheidungen lieber delegieren, entscheiden die meisten Menschen lieber für sich selbst. Seltsamerweise besteht jedoch das häufigste Problem bei Reitern oder Menschen, die mit Pferden umgehen, darin, dass sie, sobald Pferde ins Spiel kommen, mit dem Pferd die Rollen tauschen. Plötzlich ist es das Pferd, das die Entscheidungen trifft, und der Mensch derjenige, der folgt.

Das Interessante daran ist, dass sich weder Pferd noch Mensch in diesen vertauschten Rollen wohlfühlen. Aber sie stecken drin! Und obendrein weiß der Mensch oft nicht einmal, dass dieser Rollentausch stattgefunden hat, weil er meist langsam und über längere Zeit erfolgt. Oft merkt der Reiter nicht einmal, dass er ein Problem hat, bis das Problem so groß ist, dass man es nicht länger ignorieren kann. Hätten wir allerdings dem Pferd zur rechten Zeit die richtige Richtung gezeigt, wären die Probleme höchstwahrscheinlich gar nicht erst entstanden. Und selbst wenn sich das Problem nicht ganz hätte vermeiden lassen, wäre es mit ziemlicher Sicherheit sowohl von Seiten des Pferdes wie des Reiters sehr viel leichter zu lösen gewesen, hätte man es früher angepackt.

Viele Jahre lang habe ich mich bemüht, den Menschen in meinen Kursen das Konzept *Lieber ein Gramm Vorbeugung als ein Pfund Heilung* nahezubringen. Vielleicht war es die Art, wie ich das Konzept vorstellte, vielleicht habe ich mich auch nicht präzise genug ausgedrückt, jedenfalls konnte ich in vielen Fällen nicht klarmachen, dass für uns und das Pferd alles viel leichter wird, je früher wir damit anfangen, unsere Führerschaft zu etablieren.

Dann, wie es der Zufall so will, passierte außerhalb meines Lebens mit Pferden etwas, das mir die Tür öffnete. Es geschah während eines Aikido-Seminars in unserem Dojo. Früher im Jahr hatte ich Gelegenheit gehabt, in einem wunderbaren kleinen Dojo in Flagstaff, Arizona, zu trainieren. Die Lehrer dort waren extrem erfahren, klug und hilfsbereit. Nach zwei Stunden anregenden Trainings fragte ich einen der Lehrer, Sensei Trent Boudreaux, ob er daran interessiert sei, in unserem Dojo in Estes Park ein Seminar über einige der Konzepte zu geben, an denen ich hier mit ihm gearbeitet hatte. Nach kurzer Diskussion der möglichen Daten und Themen, die er außerdem bearbeiten wollte, stimmte er zu.

Einige Monate später waren wir alle in unserem kleinen Dojo in Estes Park versammelt, und Sensei Trent hielt eine animierte Lehrstunde ab über Aikido-Techniken, vertraute und weniger vertraute. An einem Punkt rief er mich vor die Klasse, um mit mir eine bestimmte Technik zu demonstrieren. Er brauchte mich als *uke*, der ihm einen Stoß in die Körpermitte versetzen sollte, woraufhin er die Aikido-Technik einsetzen würde (in Aikido ist *uke* die Person, die angreift, während *tori* (oder *nage*) derjenige ist, der die Technik ausführt.). Zur gegebenen Zeit setzte ich also zu einem meiner Meinung nach kräftigen Hieb auf seinen Magen an. Sensei Trent verlagerte sein Gewicht um Millimeter nach hinten, und meine Faust kam überhaupt nicht in Berührung mit seinem *gi* (der traditionellen »Uniform« bei den Kampfsportarten), geschweige denn mit seinem Magen.

In den letzten Monaten hatten wir daran gearbeitet, die Techniken, an denen wir in unseren Klassen arbeiteten, in Einzelschritte zu zerlegen. Infolgedessen hatten die meisten unserer Hiebe und Stöße wenig Leben in sich, was es für die niedrigeren Gürtel einfacher machte, die Techniken langsam zu verarbeiten. Wie bei allem – Übung macht den Meister, und ich war allem Anschein nach Meister darin geworden, leblose Hiebe zu verteilen.

»Was war denn das?«, sagte Sensei, als ich mit ausgestrecktem Arm vor ihm stand, die Hand harmlos vor seinem Bauch herunterhängend. Er tippte mir mit den Fingerspitzen der rechten Hand leicht an die Stirn und schickte mich zurück auf meine vorherige Position. Nächster Versuch. »Schlag zu, so fest du kannst«, wies er mich an und zeigte auf den Punkt auf seinem Magen, den ich treffen sollte.

Ich schlug erneut zu, diesmal mit viel mehr Kraft, wie ich dachte. Wieder verlagerte Sensei sein Gewicht, und es kam nicht einmal zu einer Berührung. »Du bremst, bevor es zur Berührung kommt«, erklärte er. »Versuch's noch mal. Und schlag diesmal richtig zu.«

Ich ging zurück an meinen Platz und schlug wieder zu, diesmal mit deutlich mehr Kraft. Wieder verlagerte er sein Gewicht, und mein Hieb ging ins Leere.

»Okay«, erläuterte Sensei der Klasse. »Das ist das Problem, das ich bei allen Schlägen an diesem Nachmittag sehe.« Ich stand noch immer in der Position da, in der ich zugeschlagen hatte – den Arm ausgestreckt, die Faust, die ihn nicht berührte … wie zum Standbild erstarrt (ziemlich typisch für einen *uke*, wenn der Lehrer etwas erklären will, was gerade geschehen ist). »Sie enden vor dem Ziel. Sie kommen nicht durch.« Er schob meine Faust von seiner Mitte weg. »In einem halbherzigen Schlag steckt keine Energie. Er ist zu nichts gut. Wer lässt sich auf der Straße in einen Kampf ein und schlägt zu, ohne irgendjemanden zu treffen?«

Er winkte mir zu, zurückzutreten und es noch einmal zu versuchen. Dieses Mal schlug ich zu, als ob ich die Absicht hätte, ihn zu treffen, und endlich konnte er die Technik vorführen. Mit einer leichten Körperdrehung ging er aus dem Weg, und als ich an ihm vorbeischoss, berührte er meinen Arm und lenkte ihn leicht nach unten. Dann nahm er meine Faust und bog den Arm nach hinten, sodass ich rückwärts umfiel, woraufhin er meinen Arm festhielt, bis ich abklopfte (das Signal, dass die Technik erfolgreich gewesen und ich »außer Gefecht« war). Sein Timing war makellos, und in seiner Technik war eine Weichheit, die ich nie zuvor gefühlt hatte, obwohl ich diese spezielle Technik im Verlauf der Jahre Hunderte Male ausgeführt hatte.

»Wenn der *uke* seine Aufgabe richtig macht«, sagte Sensei, als er mühelos von mir wegglitt, »ist alles einfach.« Er stand auf und sah die Klasse an. Ich kniete in der Nähe.

»Als *uke*«, fuhr er fort, »könnt ihr nicht einfach zuschlagen oder -stoßen und dann abwarten, dass der Zauber wirkt. Ihr müsst dem *tori* etwas geben, mit dem er arbeiten kann. Ihr müsst euch engagieren. Das ist Aikido! Es dreht sich alles um Harmonie, um zwei Personen, die zusammenarbeiten – richtungweisend und ineinander übergehend. Es ist sehr schwer, etwas, das nicht da ist, eine Richtung zu geben!«

Während der nächsten Wochen dachte ich viel über das nach, was Sensei dort auf der Matte gesagt hatte, und kam zu dem Schluss, dass das Gleiche manchmal zwischen Reiter und Pferd passiert. Sensei hatte erwartet, diese wunderbar fließende Technik vorführen zu können, aber ich hatte ihm nichts gegeben, mit dem er arbeiten konnte.

Ich lieferte Schläge ohne Leben ab und wartete dann auf den Zauber, der da kommen sollte. Ich war nicht »dabei«.

Das ist genau das Gleiche, was wir bei Pferd und Reiter sehen. Vom Pferd werden Wunderdinge erwartet, wir dagegen bringen oft nicht genug Engagement auf, um diese Wunderdinge auch zutage zu fördern. Wir geben eine Hilfe oder ein Signal, lehnen uns zurück und warten auf das Wunder, das da kommen soll. Daraus folgt, dass wir in unserer Kommunikation mit dem Pferd Lücken lassen, manchmal sogar gähnende Lücken, und deshalb ist das Pferd gezwungen, Entscheidungen ohne uns zu treffen.

Es ist komisch, aber ich glaube, als ich anfing, Kurse zu geben, stellte ich mir wohl vor, dass ich hauptsächlich mit Leuten aus der Western-Szene zu tun haben würde. Schließlich war das mein eigener Hintergrund, hier lag mein Hauptinteresse. Sehr zu meiner Überraschung jedoch dauerte es nicht lange, bis Reiter aller Disziplinen einschließlich Springen und Dressur in meinen Kursen auftauchten.

Nun habe ich nie so recht begriffen, warum jemand ein Pferd – absichtlich – über ein Hindernis springen will. Es wollte mir nicht einleuchten, warum man über etwas springen sollte, wenn man auch genauso gut darum herum reiten konnte. Aber auch das bin natürlich wieder einfach ich. Nicht nur das, ich habe wirklich keine Ahnung vom Springen, jedenfalls nicht im klassischen Sinn.

Wenn also Reiter zu meinen Kursen kamen, die mit ihren Springpferden nicht zurechtkamen, versuchte ich nicht zu bluffen, sondern erklärte gleich zu Anfang, dass ich ein gutes Springpferd nicht von einem schlechten unterscheiden könne, außer dass ein gutes wohl dasjenige sei, das auch wirklich über den Sprung komme. War das geklärt, sah ich einfach zu, was sie gerade machten, fragte sie, ob sie das gewünschte Ergebnis erzielt hätten, und wenn dies nicht der Fall war, begannen wir mit der Arbeit mehr aus einer Kommunikations- als aus einer »Spring«-Perspektive heraus.

Einmal war eine Frau mit einem großen braunen Vollblüter zwei Mal über eine Folge von drei Hindernissen gesprungen. Nach jedem Sprung landeten sie weiter und weiter von der Ideallinie zum nächsten Sprung entfernt. Am letzten Hindernis der Dreier-Folge musste die Frau erheblichen Druck ausüben, um das Pferd zurück auf die Linie zu bringen, damit sie den Sprung überhaupt noch trafen.

Nach dem zweiten Durchgang kam sie zu mir herüber geritten und sagte leicht außer Atem: »Meine Trainerin glaubt, dass er nicht genügend ausbalanciert ist, um die Linie zu halten. Sie kann ihn steuern, aber sie ist auch viel stärker als ich.«

»Eigentlich«, zuckte ich die Schultern, »wirkt er auf mich recht gut ausbalanciert, jedenfalls jetzt.« Ich ließ den letzten Durchgang vor meinem geistigen Auge ablaufen. Es hatte alles recht gut ausgesehen, mit Ausnahme von einer Art leichtem Schwanken nach jeder Landung. Nichts wirklich Großes, ich konnte auch nicht genau sagen, was es war, aber nach jedem Sprung schien irgendetwas bei den beiden nicht zu stimmen.

»Er gerät nach dem Sprung ein bisschen ins Schwimmen«, sagte ich. »Ein kleines bisschen am ersten, dann ein bisschen mehr am zweiten, sodass Sie ziemlich weg von der Linie sind, wenn Sie zum dritten kommen.«

»Ich weiß«, lächelte sie. »Aber was kann ich dagegen tun?«

»Springen Sie noch mal.« Ich nickte in Richtung der Sprünge. »Ich glaube, es ist nur eine Kleinigkeit, aber ich weiß noch nicht genau, was.«

Die Frau wendete das Pferd, trabte ein Mal außen herum und ritt dann das erste Hindernis, einen niedrigen Kreuzsprung auf der anderen Seite der Arena an. Ich stellte mich in der Platzmitte auf, um sie aus einem anderen Blickwinkel als vorher zu beobachten. Die zwei überwanden das Hindernis mit Leichtigkeit. Gleich nach der Landung zeigte sich wieder die minimale Schwankung, die mir aufgefallen war. Diesmal jedoch konnte ich aufgrund des veränderten Blickwinkels das Gesicht der Reiterin während des Sprungs erkennen. Zwischen dem Absprung und der Landung hatte sich in ihrem Gesichtsausdruck etwas verändert. Nicht viel, aber irgendetwas war anders.

Die zwei hatten den ersten Sprung in einem frischen Galopp genommen, aber auf den zweiten Sprung zu waren sie fast einen Meter neben der Ideallinie. Trotzdem kamen sie ohne größere Probleme hinüber. Als sie landeten, war wieder das minimale Schwanken zu sehen und der Wechsel im Gesichtsausdruck der Reiterin. Er hatte sich von ruhiger Bestimmtheit verändert zu einem Ausdruck von – mangels eines besseren Wortes – Erleichterung. Vor dem dritten Hindernis waren sie gut zwei Meter neben der Ideallinie, und das Pferd hatte einige Mühe, hinüberzukommen.

»Beantworten Sie mir eine Frage«, sagte ich, als die beiden zu mir hergeritten kamen. »Was denken Sie, wenn Sie landen?«

»Was ich denke?« Die Frau überlegte. »Ich weiß nicht – nichts, vermutlich.«

»Na gut, versuchen wir's noch einmal«, lächelte ich wieder und nickte in Richtung Sprünge. »Und achten Sie diesmal darauf, was Ihnen durch den Kopf geht, wenn Sie über dem Sprung sind. Ich glaube, da liegt die Antwort, nach der wir suchen.«

Sie ritt wieder an und absolvierte die Sprungfolge ziemlich ähnlich wie die vorigen Male. Nach dem letzten Sprung ritt die Frau zu mir herüber und lachte über das ganze Gesicht.

»Na?«, fragte ich.

»Das klingt jetzt wahrscheinlich komisch«, sagte sie mit einem halben Lächeln. »Aber wenn ich lande, denke ich: *Wow, ich hab's geschafft!*«

»Ich habe mich gefragt, ob es so etwas ist.«

»Ach«, sie lächelte immer noch ein wenig, »sieht man es mir so deutlich an?«

»Na ...« Ich strich dem Pferd über die Stirn. »Kann sein, dass Ihr Pferd das findet.«

»Wirklich?« Ihr Lächeln verblasste. »Wie kann das, was ich bei der Landung denke, Einfluss darauf haben, wie ich den nächsten Sprung anreite?«

»Zuallererst«, sagte ich und streichelte immer noch das Pferd, »zuallererst ist es wahrscheinlich weniger das, *was* Sie denken, als das, was Sie *nicht* denken. Wenn Sie daran denken, ob Sie den Sprung geschafft haben oder nicht – und Sie haben ihn bereits geschafft –, denken Sie nicht daran, wo und wie Ihr Pferd gerade galoppiert.« Ich hatte den Eindruck, sie wollte etwas einwerfen, also legte ich eine Pause ein, aber sie sagte nichts. »Mit anderen Worten«, fuhr ich fort, »das Pferd macht ein paar Galoppsprünge, ohne dass Sie wirklich reiten.«

»Nicht reiten?«, fragte sie. »Wie meinen Sie das?«

»Schön, betrachten wir es mal so.« Ich trat einen Schritt zurück und sah hinüber zum ersten Sprung. »In der Zeit, in der Sie zu sich selbst sagen »*Wow, ich hab's geschafft!*, was ein paar Sekunden dauert, ist ein Pferd von dieser Größe im Galopp zehn Meter weiter.« Ich deutete auf den Sprung und zeigte den Abstand von zehn Metern an. »Wenn Sie in dieser Zeit keine Anweisung geben, muss er raten, in welche Richtung er gehen soll – und auf zehn Metern hat er jede Menge Gelegenheit, von der Linie abzuweichen und nicht richtig an den nächsten Sprung heranzukommen.«

Die Frau sah zum ersten Sprung und den zehn Metern Abstand, die ich aufgezeigt hatte.

»Wie lösen wir das?«, fragte sie. »Angenommen, es stimmt.«

»Hören Sie nach dem Sprung nicht auf zu reiten«, antwortete ich. »Konzentrieren Sie sich auf die Linie, die Sie reiten wollen, und dann reiten Sie das Pferd auf dieser Linie, noch bevor Sie über den ersten Sprung sind.«

Um ihr zu helfen, nahm ich ein paar Kegel, die in der Nähe standen, und stellte einen ein paar Meter hinter den ersten und einen weiteren etwa im gleichen Abstand hinter den zweiten Sprung. Gleich nach der Landung sollte sie die Kegel jeweils auf der äußeren Seite passieren und sehen, ob es einen Unterschied ausmachte.

Der Wallach sprang das erste Hindernis mit Leichtigkeit und blieb auf den zweiten Sprung zu auf der Linie. Als sie den ersten Kegel passierten, war klar, dass sie passend zum zweiten Sprung kommen würden. Sie sprangen auch diesen problemlos, blieben auf der Linie zum dritten und überwanden diesen ohne jede Mühe.

»Wie war das?«, fragte ich, als sie zu mir hergeritten kam.

»Das waren die besten Sprünge, die wir seit ungefähr einem Jahr gemacht haben«, sagte sie mit einem breiten Lachen. »Aber so einfach kann das doch gar nicht sein.«

»Versuchen Sie's noch mal«, zuckte ich die Achseln. »Dann wissen wir es.«

Die Runde verlief wie die zuvor, nur vielleicht noch etwas flüssiger, und der Vollblüter wirkte eher noch mehr im Gleichgewicht als zuvor.

»Wenn Sie wüssten, wie viel Geld ich schon für Trainer ausgegeben habe, um dieses Problem in den Griff zu bekommen«, sagte die Frau, als sie das Pferd neben mir zum Stehen brachte. »Und ein Cowboy löst es innerhalb von zehn Minuten – indem er mir sagt, ich solle nach dem Sprung weiterreiten …« Sie schüttelte den Kopf. »Jetzt weiß ich, wie es Dorothy im »Zauberer von Oz« zumute gewesen sein muss, als sie merkte, dass sie nur die Absätze zusammenschlagen musste, um nach Hause zu kommen.«

Nur zu gern befassen wir uns mit dem Training unseres Pferdes. Das beginnt ja schon damit, dass wir ihm ein Halfter anlegen. Aber uns auf Dauer einsetzen – das ist eine andere Geschichte. Wie schon gesagt lassen sich die meisten dieser Probleme einfach auf mangelnde Kommunikation zwischen Pferd und Reiter zurückführen. Und bei der großen Mehrheit dieser Fälle von mangelnder Kommunikation läuft es darauf hinaus, dass der Reiter dem Pferd nicht die Hinweise gibt, die es braucht, um seine Aufgabe richtig zu erledigen, oder dass er, wie im Fall der Springreiterin, unbewusst eine kleine mentale Auszeit nimmt, während das Pferd noch bei der Arbeit ist.

Bitte missverstehen Sie mich hier nicht. Ich will damit nicht sagen, dass Pferde nicht intelligent genug seien, die von uns gewünschte Aufgabe auch ohne ständige Anweisung zu erledigen, denn sie sind intelligent genug. Die Welt ist voller Geschichten von Pferden, die ihre Aufgabe so gut kannten, dass sie unerfahrenen Menschen als Lehrmeister dienen konnten. Versteht das Pferd (oder der Mensch) jedoch die Beziehung zwischen beiden nicht richtig, braucht das Pferd meiner Meinung nicht nur ein bisschen mehr Führung, es fühlt sich damit auch viel wohler.

Überlassen wir zufällig oder unbemerkt die meisten Entscheidungen dem Pferd, können wir ihm auch die Rolle des Führenden übertragen. Das kann dazu führen, dass das Pferd für uns Entscheidungen trifft, die es aus unserer Sicht besser nicht getroffen hätte, und damit beginnt der Ärger.

Die entsprechenden Anweisungen, damit dies nicht passiert, sind überraschend einfach. Der Reiter braucht sich bei der Arbeit mit dem Pferd nur drei kleine Fragen zu stellen:

1. *Entspricht das Tempo dem, was ich mir wünsche?*
2. *Bewegen wir uns in die von mir gewollte Richtung?*
3. *Kommen wir dort hin, wo ich hinwollte?*

Lautet die Antwort auf eine dieser Fragen nein, wäre es an der Zeit, etwas dagegen zu unternehmen. Leider stellen wir uns diese Fragen selten bis nie, und deshalb merken wir es vielleicht nicht einmal, wenn die Dinge anfangen, ein wenig schiefzulaufen. Und selbst wenn wir es merken, lassen wir oft zwischen dem, was das Pferd getan hat, und dem, was wir dagegen zu tun versuchen, so viel Zeit verstreichen, dass es dem Pferd schwerfällt, eine Verbindung herzustellen zwischen dem, was es getan hat und dem, was wir eigentlich von ihm wollten.

Es gibt verschiedene Gründe, warum es uns so schwerfällt, dem Pferd zur rechten Zeit die richtige Anweisung zu geben. Einer ist schlicht mangelnde Aufmerksamkeit unsererseits. Manchmal erkennen wir nicht, was das Pferd tut, obwohl wir genau danebenstehen und ihm dabei zusehen. Ich weiß, das klingt unmöglich, es kommt aber erstaunlich oft vor, öfter als man sich vorstellen kann.

Ein weiterer Grund könnte eine Art Gleichgültigkeit des Reiters sein. Nicht wenige Pferdeleute sind einfach glücklich, wenn sie mit ihren Pferden zusammen sein können, und was das Pferd auch tut und wie es dies tut, es ist ihnen recht. Für mich ist dagegen überhaupt nichts einzuwenden, solange es das ist, was die Menschen in ihrer Beziehung zum Pferd suchen. Pferde zu halten und zu besitzen sollte für beide Teile ein Quell der Freude und des Glücks sein, und ich finde in dieser Hinsicht alles wunderbar, solange niemand dabei in Gefahr gerät.

Was den Menschen außerdem zu schaffen macht, sind einige der Ideen, die heutzutage bezüglich des Umgangs mit und der Haltung von Pferden im Schwange sind. Eine dieser Ideen besagt, dass das Pferd, sobald es sich unter dem Reiter oder bei der Bodenarbeit in Bewegung gesetzt hat, für die Einhaltung von Gangart, Tempo und Richtung selbst verantwortlich ist. Dieser Gedanke ist keineswegs ganz abwegig, besonders wenn das Pferd seine Arbeit im Schlaf kennt, aber es kann zu unnötigen Problemen führen, einem Pferd schon in einem frühen Stadium der Ausbildung so viel Spielraum zu lassen, und es kann ziemlich lange dauern, bis diese Probleme wieder ausgeräumt sind.

Über die größten Probleme, die ich mit dieser Einstellung habe, haben wir bereits gesprochen. Zu viel Spielraum kann leicht zu Missverständnissen zwischen Mensch und Pferd führen. Besonders wenn wir dem Pferd beizubringen versuchen, dass es für die Einhaltung von Gangart, Tempo und Richtung selbst verantwortlich ist, könnte es nicht nur versagen (was sehr wahrscheinlich ist), sondern es könnte auch dazu führen, dass wir das Pferd andauernd korrigieren müssen, was für das Pferd beträchtlichen Stress bedeutet.

Sehen Sie, gewöhnlich läuft es doch so, dass wir das Pferd in einem gewissen Tempo in eine gewisse Richtung losschicken und ihm dann, damit es lernt, Verantwortung für sein Tun zu übernehmen, keine weiteren Anweisungen mehr geben. Praktisch ohne jeden Kontakt zu uns macht das Pferd nach einer Weile, was Pferde eben so machen: Es trifft eine Entscheidung und macht etwas anderes. Vielleicht wird es langsamer oder es hält an oder es ändert die Richtung … Erst nachdem das Pferd eine Entscheidung getroffen und diese Entscheidung schließlich in die Tat umgesetzt hat, schreiten wir endlich ein und erklären ihm, dass es das Falsche gemacht hat.

Diese Art der Ausbildung – ob mit oder ohne Absicht – kann für das Pferd nicht nur sehr viel Stress bedeuten, sie ist auch sehr verwirrend. Schließlich sagen wir ihm (durch unsere Untätigkeit), dass uns alles, was es tut, recht ist, und wenn es dann etwas tut, greifen wir ein und erklären ihm, dass es falsch war!

Natürlich glauben wir in diesem Fall, dass das Pferd von sich aus Tempo, Richtung und Gangart aufrechterhalten sollte, bis ein neuer Befehl von unserer Seite kommt. Das Pferd seinerseits glaubt, dass es ihm, ohne Kontakt zu uns, so ziemlich freigestellt ist, seine eigenen Entscheidungen zu treffen – als ob es allein auf der Weide wäre. Und so verhält es sich dann.

Ein weiteres Problem bei dieser Art von Ausbildung besteht darin, dass das Pferd unsere Untätigkeit leicht als Mangel an Führung sehen und sich genötigt fühlen könnte, die Führungsrolle selbst zu übernehmen. Wenn der Mensch nicht Anführer sein will, muss es eben jemand anders sein! Außerdem kann das Pferd schließlich niemandem folgen, der gar nicht führt. Und nicht nur das: Hat das Pferd erst einmal das Gefühl, dass der Führerschaft des Menschen nicht zu trauen ist, kann es für den Menschen sehr schwierig werden, dieses Vertrauen und damit die Führungsrolle zurückzugewinnen.

Im Verlauf der Jahre haben sich viele Kursteilnehmer darüber beschwert, dass das Pferd im Allgemeinen gut geht, solange sie zu Hause sind, aber völlig durchdreht, wenn es in eine andere Umgebung kommt. Solange das Pferd sich in vertrauter Umgebung befindet, auf dem heimischen Platz oder in der näheren Umgebung des Stalls, fühlt es sich in seiner Führungsrolle wohl. In einer fremden Umgebung dagegen, wenn das Pferd nicht weiß, was es tun oder wohin es gehen soll, kann es leicht zum völligen Zusammenbruch des Systems kommen.

Aus der Sicht des Pferdes hat der Mensch nicht geführt, als die Dinge gut liefen. Warum also sollte es uns die Führungsrolle anvertrauen, wenn sie schlecht laufen?! Innerhalb kürzester Zeit gerät das Verhalten des Pferdes außer Kontrolle, der Mensch weiß nicht mehr, was er tun soll, und die Situation verschlimmert sich immer weiter.

Dieses Verhalten ist auch bei anderen Haustieren zu beobachten. Wie oft haben wir schon gesehen (oder selbst erlebt), dass Hunde ihre Besitzer an der Leine hinter sich herziehen, wegen nichts und wieder nichts in wahre Bellorgien verfallen, an anderen Menschen hochspringen, obwohl sie das nicht tun sollen, nicht kommen, wenn sie gerufen werden … Sie wissen schon, was ich meine. In den meisten Fällen kommt dies daher, dass der Besitzer dem Tier nicht genügend Anleitung gegeben hat, was richtig und falsch ist, und es dauert dann nicht lange, bis diese Art von Hunden, selbst die Allerkleinsten, den ganzen Haushalt übernehmen!

Und doch können Hunde, die für Agility trainiert sind, unangeleint in hohem Tempo einen höchst anspruchsvollen Hindernisparcours absolvieren, wobei sie sich oft nur nach der Körperhaltung ihres Halters oder dem Tonfall seiner Kommandos richten. Schon bevor sie das eine Hindernis vollständig bewältigt haben, wissen sie, wie und wo es weitergeht. Mensch und Hund stehen in ständiger Kommunikation miteinander, und wenn dies gut klappt, ist es ein erstaunliches Schauspiel. (Interessante Randnotiz: Die Anleitung, die die Besitzer während eines solchen Agility-Parcours geben, lassen sich in drei Worten zusammenfassen: Tempo, Richtung und Ziel.)

Meistens sind die Leute sehr überrascht, wenn sich herausstellt, dass ihre Probleme mit den Pferden sich ganz einfach lösen lassen. Eingreifen und dem Pferd zum richtigen Zeitpunkt eine Führung geben kann nicht nur ein ängstliches Pferd sehr schnell beruhigen, es kann auch dazu beitragen, dass das Pferd uns als Anführer sieht, dem es vertrauen kann – und das ist alles, was die meisten Pferde wollen. Die Erfahrung lehrt, dass es in der Ausbildung keine Probleme mehr gibt, wenn diese Verbindung zwischen Mensch und Pferd erst hergestellt ist.

Schlussendlich glaube ich, dass es bei Lösungen nicht darum geht, herumzusitzen und darauf zu warten, dass der Zauber wirkt. Auch nicht darum, die neuesten Hilfszügel und -geräte auf dem Markt zu erwerben oder eine perfekte Technik zu erlernen. Es gibt keinen Zauber, und Hilfszügel und Techniken sind nur so gut wie der Mensch, der sie einsetzt. Für mich geht es darum, dass man sich selbst einsetzt und dem Pferd eine Anleitung gibt – sich Mühe gibt, Fehler macht, sich korrigiert … hinfällt, schnell wieder aufsteht … und vor allem *Teil der Entwicklung* wird. Kurz gesagt: Lernen, wie wir unser Sehen, Tun, Fühlen und Verstehen verbessern können.

Für einige klingt das vielleicht zu viel des Guten. Anderen mag es einfach erscheinen. Auf jeden Fall glaube ich, bevor wir von den Pferden erwarten können, dass sie uns ihr Bestes bieten, müssen wir den besten Weg finden, um ihnen von uns aus das Beste bieten zu können. Und da innen drin – in dem Raum, in dem jeder sein Bestes gibt – ist vielleicht der Ort, wo die Harmonie uns erwartet.

Energie

Wenn es etwas gibt, was ich an meinem Heimatort in Colorado weniger schön finde, dann ist es der unaufhörliche Wind, der im Winter durch unser Gebiet fegt. Er beginnt meist schon gegen Ende September und kann bis März oder manchmal sogar bis April oder Mai anhalten.

Im Winter brechen Stürme von Kalifornien, von Washington oder Montana über Colorado herein und bringen riesige Schneemengen sowie eine unbarmherzig kalte Luft aus Kanada mit sich. Die Winterstürme aus Kalifornien sammeln Kraft und Feuchtigkeit, wenn sie über die Sierras streichen. Dann rasen sie durch Nevada und Utah, rennen gegen die Colorado Rockies an und bleiben dort meistens hängen, wobei sie ihre Schneelasten auf das westliche Colorado abladen, wo sich die Skigebiete befinden.

Stürme aus Washington oder Montana gewinnen bei ihrer Passage durch Idaho, Utah und Wyoming an Tempo und Feuchtigkeit. Auch sie werden von den Bergen abgeblockt und laden riesige Schneemassen an den westlichen Hängen ab.

Für uns bedeutet Schnee im Allgemeinen kein großes Problem. Zu uns und unseren östlichen Hängen gelangt die Feuchtigkeit nur selten; die Rockies, die große kontinentale Wasserscheide, halten sie auf. Was aber durchkommt, ist der Wind. Tagelanger, manchmal wochenlanger Wind, grauenhafter, durch Mark und Bein dringender Wind, der mit Milchkannen und Fensterläden scheppert. Windgeschwindigkeiten von bis zu über hundert Stundenkilometern sind

»Es stimmte: Gimble hatte praktisch so gut wie überhaupt kein Tempo.«

keine Seltenheit, genug, um kleinere Laster und Wohnwagen von der Straße zu wehen und die von Nord nach Süd verlaufenden Highways unpassierbar zu machen. Zu diesen Winden gehört natürlich auch Eiseskälte, und wenn der Wind mit über zweihundert Stundenkilometern daherheult, braucht es gar keine besonders tiefen Temperaturen, um *wirklich* kalt zu sein.

Deshalb hatten wir schon ziemlich früh beschlossen, dass der Winter die perfekte Zeit für Kurse im südlichen Teil der Staaten war – überall, wo es einigermaßen warm ist, wo die Sonne sich wenigstens ab und zu sehen lässt und wo einen der Wind nicht umbläst, wenn man auf die Straße geht.

Deshalb hielten wir diesen speziellen Kurs nun in Südkalifornien ab – zum Teil, um aus dem Wind herauszukommen, zum Teil auch, weil wir dorthin schon seit Jahren eingeladen waren, es terminmäßig aber vorher nie geschafft hatten.

Am ersten Tag schlingerte als zweite Teilnehmerin eine Dame auf einem großen braun-weißen Paint Horse namens Gimble in die Bahn. Mary war eine freundliche, zierliche Mittdreißigerin und sah im Sattel ihres gescheckten Riesen von über 1,60 Meter Stockmaß noch kleiner aus, als sie war. Das lange braune Haar war zu einem Pferdeschwanz gebunden und hing ihr unter einer Baseball-Kappe mit der Aufschrift *BUBBA GUMP SHRIMP COMPANY* auf dem Rücken.

»Was kann ich für Sie tun?«, fragte ich, nachdem wir uns vorgestellt hatten.

»Gimble und ich haben ein Tempoproblem«, antwortete sie mit einem Lächeln.

»Aha«, nickte ich. »Was für eine Art Tempoproblem?«

»Wir haben kein Tempo.« Sie lächelte immer noch. »Haben Sie gesehen, wie schnell wir in die Bahn gekommen sind?«

»Ja.« Es war Schritt gewesen, aber gerade noch.

»Na ja. Das war eine unserer zwei Gangarten.«

»Aha. Und was ist die zweite?«

»Der Halt.«

Alle lachten, und ich bat Mary, mit Gimble um den Platz zu reiten, damit wir uns ansehen konnten, wie sie miteinander zurechtkamen. Es stimmte: Gimble hatte praktisch so gut wie überhaupt kein Tempo. Sein Schritt sah kaum anders aus als der Halt, nur dass seine Beine sich bewegten.

»Das ist alles?«, fragte ich, nachdem sie etwa zwanzig Meter zurückgelegt hatten.

»Das ist eigentlich sogar ein bisschen besser als sonst«, sagte sie, immer noch lächelnd, und trieb Gimble an, indem sie ihm kraftlos die Absätze in die Flanken drückte, im Sattel vor und zurück schaukelte und ihm mit den Zügeln auf den Hals schlug. »Ich denke, weil er in der neuen Umgebung ein bisschen aufgeregt ist.«

»Das ist bei ihm aufgeregt?« Ich versuchte, nicht allzu überrascht zu klingen.

»Ja.« Mary versuchte immer noch, ihn in Bewegung zu bringen, aber er wurde jetzt nur noch langsamer. »Ob Sie es glauben oder nicht.«

Ich ließ Mary anhalten, damit wir darüber sprechen konnten. Es stellte sich heraus, dass sie sich vor einigen Jahren beim Sturz von einem anderen Pferd verletzt und einige Zeit gebraucht hatte, um seelisch darüber wegzukommen. Sie hatte das Pferd verkauft und später, als sie nach einem neuen, sichereren Pferd suchte, eine Verkaufsanzeige für Gimble gesehen. In der Anzeige wurde er als »so ruhig wie eine tote Maus« bezeichnet, und da dies klang, als ob es Marys Vorstellungen entsprechen könnte, fuhr sie hin und sah ihn sich an.

Der Besitzer ritt Gimble vor, und er ging in allen drei Grundgangarten offensichtlich problemlos vorwärts. Bevor sie ihn kaufte, hatte auch Mary ihn geritten und ihn so ruhig gefunden, wie es in der Annonce stand, auf dem Platz ebenso wie im Gelände.

In den drei Jahren, die sie das Pferd jetzt hatte, war sie hauptsächlich im Schritt im Gelände spazieren geritten und hatte ein paar Reitstunden bei einem dortigen Reitlehrer genommen. Inzwischen hatte sie ihr Selbstvertrauen wieder zurückgewonnen und war bereit, sich auch in schnelleren Gangarten zu versuchen, aber in den vergangenen drei Jahren hatte sie Gimble zu verstehen gegeben, dass sie langsam gehen wollte, und das hatte er perfekt verinnerlicht.

Mary erzählte, dass die Reitlehrerin, die versucht hatte, ihr mit Gimbles mangelndem Vorwärtsdrang zu helfen, sie zu Gerte und Sporen überredet hätte, es hatte aber nicht viel gebracht. Er ging zwar schneller, aber nicht sehr lange und nicht sehr weit. Mary war mit ihrem Gimble zum Kurs gekommen, weil sie hoffte, ihren toten Punkt überwinden und endlich wieder in Bewegung kommen zu können.

Es war von Anfang an klar, dass Gimble ein wirklich nettes Pferd war, sehr gutmütig und mehr als bereit, alles zu tun, was Mary wollte. Allerdings passte das, was Mary wirklich wollte, nicht so recht zu der Art, wie sie es verlangte. Damit will ich sagen, dass sie zwar die Signale für »vorwärts« gab, dabei aber eine Energie aufwandte bzw. nicht aufwandte, die sagte: »Bleib hier stehen.« So ergeht es einem Kind im Supermarkt: Es möchte Süßigkeiten, aber Mama und Papa haben nein gesagt, und nun sitzt es da und brüllt, was das Zeug hält. Das heißt es macht eine Menge Lärm, aber es kommt nichts dabei heraus.

Bei ihren Versuchen, Gimble zu schnelleren Gangarten zu bewegen, klopfte Mary mit den Absätzen, schaukelte im Sattel vor und zurück und schlug mit den Zügeln auf den Pferdehals – sie machte eine Menge Lärm, aber es kam nichts dabei heraus. Was das Pferd wollte und brauchte, war, dass Mary *sich selbst* einbrachte, und das war das Einzige, was sie nicht tat.

Für den Anfang verzichteten wir auf zwei der körperlichen Hilfen, die Mary einsetzte, und beschränkten uns auf eine einzige. Im Sattel schaukeln und mit den Zügeln schlagen war passé, was blieb, war die Schenkelhilfe. Dann arbeiteten wir daran, die Hilfe etwas klarer und präziser zu entwickeln, und tatsächlich reagierte Gimble nach einer Weile besser. Allerdings beschränkte sich dieses »besser« auf den Übergang vom Halt zum Schritt. Der Schritt selbst war nicht wirklich schneller – noch nicht.

»Ich möchte, dass Sie etwas versuchen«, sagte ich zu Mary, als die Stunde zu Ende ging. »Ich möchte, dass Sie den restlichen Tag, immer wenn Sie von einem Ort zu andern gehen – nicht wenn Sie reiten –, dass Sie dann darauf achten, wie Sie gehen und wie viel Energie Sie dafür aufwenden.«

»Ich bin nicht sicher, was Sie meinen«, sagte sie leicht verwirrt.

Ich erklärte, wie wir Menschen als Kinder die Kunst des Gehens meistern lernen. Später denken wir dann nie mehr darüber nach, *wie* wir gehen oder was genau wir machen, wenn wir schneller oder langsamer werden wollen. Wir denken nur dann darüber nach, wie wir gehen, wenn wir uns den Zeh anstoßen, den Knöchel verstauchen oder uns das Knie aufschlagen. Dann *müssen* wir darüber nachdenken. Ansonsten laufen – oder vielmehr gehen – wir mehr oder weniger auf Autopilot.

Weil wir nicht darüber nachdenken, wie wir gehen und wie viel Energie wir dafür aufwenden, sind wir uns der Veränderungen, die in unserem Inneren stattfinden, damit wir je nach Bedarf schneller oder langsamer werden, nicht immer voll bewusst. Es gibt diese Veränderungen aber. Wenn uns bewusst wird, was sich da in uns verändert und wie sich die Energie in unserem Inneren verlagert, können wir diese Verlagerungen von Energie dazu benutzen, mit unserem Pferd auf diesem Niveau zu kommunizieren.

Im Anschluss an den Kurs und den Morgen über sah ich immer mal wieder Mary mit und ohne Pferd herumgehen, Freunde besuchen, beim Kurs zuschauen und sich sonst wie beschäftigen. Ich konnte nicht sicher sein, ob sie die Hausaufgabe, die ich ihr gegeben hatte, ernst genommen hatte, jedenfalls deutete äußerlich nichts darauf hin. Ich dachte daran, sie daran zu erinnern, fand aber dann, wir würden es sowieso bald merken, ob sie etwas getan hatte oder nicht. Wenn sich zwischen ihr und ihrem Pferd am nächsten Tag etwas verändert hätte, wüsste ich, dass sie daran gearbeitet hatte. Hätte sich nichts verändert, hätte sie vermutlich auch nichts dafür getan.

Aber dann sah ich Mary gegen Mittag wieder, drüben am Paddock, in dem ihr Pferd stand. Sie hatte Gimble ein paar Lagen Heu gebracht und war im Begriff, zu uns anderen, die wir unter einem großen Zeltdach beim Essen waren, zurückzukehren. Sie schloss das Tor, drehte sich um, als wolle sie in unsere Richtung gehen, und blieb dann abrupt stehen. Mit dem Blick starr auf ihre Füße geheftet, als könnten sie sich nicht bewegen, stand sie sekundenlang regungslos da.

Dann ging sie sehr langsam und mit Bedacht einen Schritt zurück bis zu dem Tor, das sie gerade hinter sich geschlossen hatte. Am Tor schaute sie wieder ein paar Sekunden auf ihre Füße und machte dann langsam und bedächtig mit dem rechten Fuß einen Schritt nach vorn. Bevor sie ihn jedoch am Boden aufsetzte, verhielt sie auf halbem Wege in der Luft und setzte ihn langsam wieder zurück. Sie wartete ein paar Sekunden und hob dann wieder den Fuß, verhielt aber wieder auf halbem Wege und setzte ihn zurück.

Das machte Mary einige Male, bevor sie endlich wirklich einen Schritt vom Tor wegging. Danach blieb sie wieder stehen, als ob sie die Muskeln studieren müsste, die sie für diese spezielle Bewegung eingesetzt hatte. Dann hob sie mit der gleichen bedächtigen Sorgfalt den linken Fuß. Es folgte der rechte Fuß … dann wieder der linke. Nach weiteren drei langsamen Schritten blieb sie erneut stehen, ging rückwärts zum Tor und wiederholte den Vorgang.

Eine andere Reiterin, die nach dem Essen an der Reihe war, kam zu mir her und fragte, womit sie in ihrer Stunde beginnen sollte. Als wir alles besprochen hatten, wandte ich meine Aufmerksamkeit wieder Mary zu, die inzwischen fast den ganzen nicht unbeträchtlichen Weg zwischen Paddock-Tor und Essenszelt zurückgelegt hatte. Jetzt aber wechselte sie ab, ging einmal langsam, einmal schneller, blieb stehen, ging weiter und joggte sogar eine Strecke.

Am nächsten Tag ritten Mary und Gimble in einem Schritt, der viel schneller und zielbewusster war als alles, was wir am Vortag gesehen hatten, auf den Platz. »Das sieht ein bisschen anders aus«, sagte ich, als die beiden an mir vorbeikamen.

»Ja!«, rief Mary aus. »Ist das nicht toll?« Sie ritt einen großen Kreis um mich und mein Pferd Buck herum, ohne dass Gimble auch nur ein Mal an Tempo verloren hätte. »Ich habe ihn im Gelände abgeritten, bevor ich herkam«, lachte sie übers ganze Gesicht. »Schauen Sie sich das an.«

Die beiden gingen auf die lange Seite der Bahn und ritten am Zaun entlang. Nach wenigen Metern trabten sie mühelos an und umrundeten fast den ganzen Platz in einem hübschen kleinen Jog, wie ich ihn schon länger nicht mehr gesehen hatte.

»Jetzt passen Sie auf«, sagte sie, als sie auf mich zukam. Gimbles Trabtritte wurden länger und schneller, sodass Mary gezwungen war leichtzutraben. Wieder rauschten sie an mir vorbei und die lange Seite hinunter. Am Ende wendeten sie und kamen wieder in meine Richtung, und gerade, als sie aus der Wendung kamen, galoppierte Gimble an und zeigte einen schönen, mühelosen Lope. Mary konnte sich das Kichern nicht verbeißen, als sie an mir vorbeigaloppierte.

»Ich brauche nur zu denken, und er tut es!«, rief sie, als sie wendeten und wieder zurückkamen. Die Zuschauer brachen in spontanen Beifall aus.

Als ich später mit Mary sprach, erklärte sie, wie mühsam es anfangs für sie gewesen sei, ihre eigene Bewegung in Einzelschritte zu zerlegen, wie ich es verlangt hatte. Tatsächlich hatte sie es so schwierig gefunden, dass sie es fast sofort wieder aufgegeben hatte, und das war kurz nach ihrer Reitstunde am Vortag gewesen. Wenn es ihr aber ernst war mit dem Wunsch, besser zu werden, kam sie, das wurde ihr bald klar, nicht umhin, es mit etwas anderem als bisher zu versuchen, und deshalb hatte sie kurz vor dem Mittagessen wieder angefangen. Dabei hatte ich sie beobachtet.

»Es ist erstaunlich, was alles im Körper abläuft, wenn man etwas so Einfaches tut wie den Schritt zu beschleunigen.« Sie lachte. »Ich hatte keine Ahnung.«

»Ich weiß«, entgegnete ich. »Aber schauen Sie, was passiert, wenn Sie anfangen, darauf zu achten, und es dann an Ihr Pferd weitergeben. Es wird alles so viel einfacher.«

»Mann, da haben Sie Recht«, sagte sie, immer noch lächelnd. »Es ist verblüffend. Als es bei mir klick machte und ich anfing zu spüren, was vorging, habe ich den ganzen Tag gestern daran gearbeitet, dann die ganze Nacht und heute den ganzen Morgen, bevor ich zu Gimble gegangen bin. Schon bevor ich ihn aus dem Paddock geholt habe, hat er mich anders angesehen. Als ob er sagen wollte: *Okay, jetzt sind wir im Gespräch. Dann mal an die Arbeit!* Als ich aufsaß, fühlte er sich total verändert an. Er war viel wacher als sonst, als ob er sofort loslegen wollte. Also haben wir losgelegt!« Sie machte eine Pause. »Wie cool ist *das* jetzt?«

Für die meisten Leute ist es eine Überraschung, wenn sie feststellen, welchen Einfluss ihre Energie, ob zu viel oder zu wenig, auf die Reaktionen ihres Pferdes hat. In Marys Fall brachte sie zu wenig Energie auf, und das Pferd reagierte entsprechend. Wer zu viel Energie einbringt, bekommt vom Pferd meist mehr Energie zurück, als er wirklich wollte. Mir scheint, die meisten Leute suchen nach so etwas wie einem Mittelweg.

Das Problem ist, dass unser Fokus und unsere Absicht leicht ablenkbar sind, sodass unsere Energie am falschen Platz ankommt. Hier ein Beispiel, mit dem wir immer wieder zu illustrieren versuchen, worauf es ankommt. Sagen wir, Sie stehen nachts auf einem Parkplatz, und plötzlich kommt jemand, packt Sie beim Handgelenk und versucht, Sie wegzuziehen. Bei den meisten Menschen zielen Fokus und Absicht einzig und allein auf die Tatsache, dass man sie beim Handgelenk gepackt hat, weshalb sie versuchen, sich von dem Angreifer loszureißen. Weil sie darin ihre ganze Energie investieren, bleibt ihnen keine mehr für die wirkliche Aufgabe: sich zu verteidigen oder wegzulaufen.

Je mehr sie sich auf ihr Handgelenk konzentrieren und versuchen, sich loszureißen, umso mehr Macht verleihen sie dem Angreifer. Was die meisten Menschen in solch einer Situation nicht verstehen, ist, dass der Angreifer zwar ihr Handgelenk hat, sie selbst aber frei über alles andere verfügen. Sie haben ihre Füße, die Beine, den Kopf, die Stimme, den anderen Arm mit Hand – sie haben sogar den Arm und die Hand, die zu dem gepackten Handgelenk gehört. Weil all unser Fokus, unsere Absicht dem Handgelenk gilt, das der Angreifer gepackt hält, geben wir im Grunde alles andere auf und überlassen es dem Angreifer.

Wenn sich ein Pferd zu schnell oder, wie in Marys Fall, zu langsam bewegt, gelten unser Fokus und unsere Absicht größtenteils der Tatsache, dass das Pferd zu schnell oder zu langsam ist. Daraufhin setzen wir irgendwelche Hilfen oder Signale ein, um das Pferd entweder langsamer oder schneller zu machen. Das einzige Problem ist, dass sich Fokus und Absicht dann oft fast ausschließlich auf die Hilfen richten, die wir geben, und dahin geht dann auch der Großteil unserer Energie.

Wohin unsere Energie *nicht* geht, ist dahin, wo sie gebraucht wird. In Marys Fall hätte die Energie in die Vorwärtsbewegung gehen sollen, die sie von ihrem Pferd verlangte. Dafür aber hatte sie keine Energie. Die ging ausschließlich in so seltsame Dinge wie mit den Armen flappen, im Sattel herumschaukeln und mit den Beinen rudern.

In manchen Ausbildungskreisen wird diese Art von Bewegung tatsächlich gelehrt, unter dem Motto: *Leben hineinbringen*, also Leben in ein faules Pferd bringen, es dazu bringen, sich schneller und ausdrucksvoller zu bewegen. Leider trägt diese Art von Bewegung nur selten dazu bei, Leben in Reiter oder Pferd zu bringen, sondern kann in Wirklichkeit sogar mehr Probleme verursachen, als sie löst.

Denken Sie immer daran: Je besser im Gleichgewicht ein Tier ist, desto effizienter und besser kann es sich bewegen. Umgekehrt kann es sich umso weniger effizient und gut bewegen, je weniger es im Gleichgewicht ist. Das bedeutet, je mehr Bewegung vonseiten eines nicht ausbalancierten Reiters auf dem Pferderücken stattfindet, desto mehr gerät auch das Pferd aus dem Gleichgewicht und desto schwerer fällt es ihm, sich zu bewegen. Je schwerer dem Pferd die Bewegung fällt, desto langsamer wird es. Je langsamer es geht, desto mehr bewegt sich der Reiter – für beide Beteiligten ein Teufelskreis, der gewöhnlich damit endet, dass der Reiter zu Sporen und/oder Gerte greifen muss, um das Pferd überhaupt in Bewegung zu setzen. Selbst dann bringt das Pferd bestenfalls unwillig so etwas wie Leistung.

Wenn davon die Rede ist, dass ein Reiter mehr Energie (oder wie manche es nennen würden, mehr Leben) aufbringen soll, muss ich sagen, dass ich für meinen Teil nicht daran glaube, dass Energie (oder Leben) von seltsamen und oft bedeutungslosen Bewegungen im Sattel kommt. Eher glaube ich, dass Leben/Energie im *Innern* des Reiters entsteht und sich dem Pferd über Fokus und Absicht des Reiters mitteilt.

Allerdings sind viele Pferde schon so ausgebildet worden, dass sie Fokus und Absicht des Reiters nicht beachten, sondern *ausschließlich* auf mechanische Hilfen oder Signale reagieren. Das bedeutet, dass ein Reiter, der damit anfängt, Fokus und Absicht (Energie) einzusetzen, die Absicht zunächst vielleicht noch mit einem mechanischen Signal, das dem Pferd vertraut ist, untermauern muss, zum Beispiel mit einer Schenkelhilfe. Vorausgesetzt, die Hilfen werden klar und präzise gegeben, wird es jedoch sehr bald zu Ergebnissen wie im Fall von Mary kommen.

Die Frage lautet dann: Wie bringt man diese innere Energie auf? Nun, ein ganz einfacher Weg ist das, was ich Mary empfohlen habe. Fangen Sie damit an, Ihren Gang zu studieren: was es braucht, damit Sie schneller oder langsamer gehen, zunächst allein, ohne Pferd. Spüren Sie den inneren und äußeren Veränderungen nach, wenn Sie schneller gehen. Wenn wir wirklich auf unseren Körper achten, können wir diese Veränderungen fühlen, besonders die im Innern. Dann geht es nur noch darum, diese Veränderungen kontrolliert abrufen zu lernen und sie dann dem Pferd vom Sattel aus zu vermitteln.

Die Fähigkeit, diese inneren Veränderungen willentlich beeinflussen zu können, ohne dass der Körper sich sichtbar bewegt, ist für viele das Geheimnis, wie man die Energie, das »Leben« eines Pferdes steigert oder absenkt. Ich weiß, das klingt seltsam: die inneren Veränderungen willentlich beeinflussen, ohne dass der Körper sich sichtbar bewegt. Aber wenn Sie auf einem Stuhl sitzen und überlegen, was Ihr Körper bräuchte, wenn Sie jetzt ganz schnell durchs Zimmer gehen würden, würden Sie wahrscheinlich spüren, wie sich die Energie, von der wir gerade sprachen, in Ihnen aufbaut.

Die meisten Menschen sagen, dass dieses Gefühl im unteren Brustbereich beginnt, etwas unterhalb vom Brustbein und ein wenig oberhalb vom Magen. Einmal beschrieb jemand – eine fanatische Basketballspielerin – das Gefühl als ähnlich der Erregung, wenn sie ein gutes Baseballspiel ansah. Obwohl sie nicht aktiv am Spiel teilnahm, baute sie allein vom Zuschauen innerlich so viel Energie auf, dass sie selbst hätte spielen können.

Ein anderer meiner Schüler sagte, wenn er sein Pferd schneller machen wolle, ohne eine Hilfe dafür zu geben, stelle er sich vor, dass jemand eine Handvoll Geldscheine in die Luft geworfen hätte und er zur Stelle sein müsse, um die Hundert-Dollar-Noten aufzufangen, bevor jemand anders sie erwischte. Ein anderer stellte sich vor, dass er zu einer Scheune sprinten müsse, um das Tor zu schließen, weil ein Sturm im Anzug wäre. Wie ihre Begründung auch aussah: Diese Leute hatten die Energiequelle angezapft, die jeder von uns besitzt. Sie stellen eine Verbindung zu sich selbst her und präsentieren diese Verbindung dann ihrem Pferd. Es endet mit einem Gefühl, als ob wir einen mühelosen, langen Spaziergang in frischem Tempo machen würden, nur dass die Bewegung von den Pferdebeinen kommt statt von den unseren.

Es gibt in der Welt viele Kulturen, die glauben, dass im Universum alles auf die eine oder andere Weise mit allem anderen in Verbindung steht. Wenn zum Beispiel eine Tierart ausstirbt, betrifft dies auf die eine oder andere Weise auch alle anderen Tierarten. Ich glaube es war Einstein, der einmal sagte, der Planet Erde würde in weniger als fünf Jahren zur Wüste werden, falls die Honigbiene plötzlich ausstürbe.

Auf jeden Fall ist einer der größten Vorteile unseres Menschseins auch eine unserer größten Gefahrenquellen. Wir Menschen besitzen die Fähigkeit, uns auf unsere eigene kleine »Insel« zurückzuziehen, und so ohne viel Verbindung zu anderen existieren zu können. Zu unserem Unglück haben wir aber auch die Fähigkeit, die Verbindung zu uns selbst zu verlieren, ja, unsere innere Verbindung regelrecht zu kappen (was der Grund dafür ist, warum es uns so schwerfällt, unsere eigene Energie je nach Bedarf an- oder abzuschalten).

Ich finde es interessant, dass eines der erstrebenswertesten Ziele (vielleicht *das* größte Ziel überhaupt) für viele Menschen offenbar darin besteht, ihre Reiterei so weit zu vervollständigen, dass sie einen Weg der Verbindung zu ihrem Pferd finden. Manche nennen dies Harmonie mit dem Pferd. Andere sprechen von Partnerschaft. Wie wir es auch nennen, meiner Meinung nach ist es äußerst schwierig, wenn nicht gar unmöglich, eine *echte* Verbindung zum Pferd herzustellen, wenn wir nicht vorher irgendwie die Verbindung zu uns selbst schaffen. Außerdem dürfen wir nie vergessen, dass die Verbindung, über die wir hier sprechen, niemandem fehlt. Bei den meisten ist sie nur nicht an ihrem Platz und muss einfach wiederentdeckt werden.

Die gute Nachricht dabei ist natürlich, dass dies, im Gegensatz zu so vielen Dingen, über die wir keine Kontrolle haben, etwas ist, was wir selbst tun. Haben wir erst einmal bewusst die Entscheidung getroffen, uns genauer damit zu befassen, wie unser Körper arbeitet, wie wir unsere Energie einsetzen oder auch nicht einsetzen und wie sich dies auf unser Pferd auswirkt, ist dies auch der erste Schritt zu der harmonischen Beziehung zu unseren Tieren, nach der so viele von uns streben.

Wie das alte chinesische Sprichwort sagt: »Auch die längste Reise beginnt mit einem ersten Schritt.« Allerdings hat jede Reise, die es überhaupt wert ist, unternommen zu werden, auch ihre Höhen und Tiefen. Sicher wird es gute Tage geben, die ein Lächeln auf unsere Züge zaubern, aber nicht immer wird unser Weg nur glatt und schnurgerade verlaufen – und schon gar nicht ohne Wind.

Gleichgewicht

Bis jetzt war der Mittsommertag ziemlich ereignislos verlaufen. Am Vortag war eine Warmfront durchgezogen, und nun war es zu heiß, um irgendwie mit den Pferden zu arbeiten. Wenn die Hitze sich sogar im Durchgang der alten Holzscheune (die normalerweise auch bei höheren Außentemperaturen einigermaßen kühl blieb) staute, wusste ich, dass es wirklich schlimm war. Und dies war unbedingt solch ein Tag.

Nichts deutete auf baldige Abkühlung hin, und so ließ ich mir Zeit mit meinen Routinearbeiten. Blödsinn, sich zu beeilen, dachte ich. Herumzurennen würde mich nur noch mehr ins Schwitzen bringen. Aber so viel Zeit ich mir auch ließ, es war erst halb zwölf, als ich mit allem, was getan werden musste, fertig war. Also beschloss ich, wieder nach Hause zu fahren und vielleicht mit ein paar Freunden schwimmen zu gehen.

Der alte Mann war nach hinten gegangen und hatte nachgesehen, ob die Wassertanks voll waren, was ich bereits zwei Mal getan hatte, aber er war ein Pedant, was frisches Wasser für die Pferde anging, und doppelt besorgt, wenn es so zum Auswachsen heiß wie heute war. In einem ärmellosen, schweißnassen T-Shirt kam er in die Scheune zurück, sein langärmeliges, ebenfalls durchgeschwitztes Jeanshemd über dem Arm.

»Sinnlos, hier herumzuhängen«, sagte der alte Mann und zog ein rotes Taschentuch aus der Gesäßtasche. Sein Hemd hängte er an einen Nagel an der Wand, er nahm den Hut ab und wischte sich mit dem Taschentuch den Schweiß von der Stirn. Dann wischte er auch den Innenrand seines verwitterten Strohhuts trocken, bevor er aufsah und an mir vorbei aus dem offenen Scheunentor zur Straße schaute. »Da ist jemand«, sagte er, stopfte das Taschentuch zurück und setzte den Hut wieder auf.

Ich hatte niemanden durchs Tor kommen hören, aber es stimmte: Als ich mich umdrehte und ebenfalls hinaussah, kam gerade ein zweifarbiger Kombi die Auffahrt herauf.

»Du kannst heimgehen, wenn du willst«, sagte der alte Mann, nahm sein Hemd vom Nagel und zog es wieder an. Ich staunte immer wieder, dass er selbst bei der größten Hitze langärmelige Hemden trug, aber das tat er. Das Hemd klebte an seinem verschwitzten Körper, als er es anzog.

Wer da auch kam, musste höllisch in Eile sein, denn er verlor keine Zeit vom Tor bis zur Scheune. Das Aufheulen des Vierzylinders, als der Fahrer den Gashebel durchtrat, war nicht zu überhören. Mit kreischendem Motor bog das Fahrzeug einige Hundert Meter entfernt von der Straße ab. Erde und Steine spritzten gegen das Holztor, und eine riesige Staubwolke erhob sich in die Luft und verharrte dort noch, als der Wagen längst weitergebraust war.

Im Nu war der Ford vor der Scheune und schlitterte seitwärts zum Halten. »Hmm«, sagte der alte Mann, während er sein Hemd fertig zuknöpfte und es in die Jeans stopfte. Er zog ein Päckchen Zigaretten aus der Hemdtasche, aber die Zigaretten waren ebenfalls von Schweiß durchtränkt und ließen sich nicht anzünden. Er verzog das Gesicht, als ihm klar wurde, dass es mit dem Rauchen nichts werden würde, schob die feuchte Packung in die Tasche zurück und ging nach draußen.

Mittlerweile stapfte der Fahrer des Wagens in Richtung Scheune. Er war nicht groß und leicht untersetzt, nicht wirklich dick, aber auch nicht dünn, und trug knielange Shorts, braune Slipper mit weißen Socken und ein kurzärmeliges, rot-weiß gestreiftes Hemd offen über einem weißen T-Shirt. Beide Hemden waren schweißnass. Das dunkle Haar klebte ihm am Kopf, ob vor Schweiß oder vor Pomade, war schwer zu sagen.

»Sind Sie hier der Besitzer?«, fragte der Bursche ziemlich ruppig und laut, als der alte Mann an ihm vorbei zu seinem bejahrten Pick-up ging. So eilig hatte er es, dass er an dem alten Mann vorbeischoss und den Schritt verhalten musste, um umdrehen und ihm folgen zu können.

»Je mehr Bewegung vonseiten eines nicht ausbalancierten Reiters auf dem Pferderücken stattfindet, desto mehr gerät auch das Pferd aus dem Gleichgewicht.«

»Jep«, sagte der alte Mann ruhig und ging weiter.

»Dann hab' ich ein Hühnchen mit Ihnen zu rupfen.« Der Mann war wütend und wurde immer wütender.

»Also …« Der alte Mann öffnete die Fahrertür und holte ein Päckchen Zigaretten heraus, das auf dem Sitz gelegen hatte. »Schießen Sie los.«

»Sie haben meiner Frau ein Pferd verkauft«, brüllte der Mann, als der alte Mann sich lässig zu ihm umdrehte, eine Zigarette aus der Packung zog und sie anzündete. »Und ich will, dass sie es zurücknehmen.«

»Welches?«, fragte der alte Mann ruhig und entließ eine blaue Rauchwolke.

»Was?«, fragte der Mann ärgerlich.

»Welches Pferd?«, wiederholte der alte Mann.

»Was?«, fragte der Mann wieder.

»Welches Pferd habe ich ihr verkauft?« Der alte Mann ging wieder zurück zur Scheune.

»Welches Pferd? Himmel, weiß ich doch nicht …«

»Macht's Ihnen was aus, wenn wir uns in der Scheune weiterunterhalten?«, unterbrach der alte Mann. »Nicht viel kühler da drin, aber wenigstens aus der Sonne.«

Der Mann blieb abrupt stehen, als ob er nicht wüsste, was er sagen sollte. Der alte Mann drehte sich zu ihm um und winkte ihm zu folgen, was er schließlich auch tat.

»Es ist braun«, blaffte der Mann, als sie in der Scheune im Schatten waren. »Und ich will, dass Sie es zurücknehmen.«

»Stute oder Wallach?«

»Was?«, blaffte der Mann.

»Das Pferd«, sagte der alte Mann ruhig. »Ist es eine Stute oder ein Wallach?«

Der Mann guckte verständnislos.

»Männlein oder Weiblein?« Der alte Mann lächelte.

»Weiß ich nicht«, brummte der Typ. »Ich weiß nur, dass es braun ist.«

»Aha.« Der alte Mann ging hinüber zu einem Heuballen und setzte sich darauf, was mich immer nervös machte, wenn er dabei rauchte. »Also dieses braune Pferd, das Ihre Frau gekauft hat – stimmt etwas nicht damit?«

»Weiß ich nicht«, schnappte der Mann. »Ich will nur …«

»Wie war doch gleich Ihr Name?«, unterbrach der alte Mann.

»Was?«, platzte der Mann heraus.

»Ihr Name …«, wiederholte der alte Mann ruhig. »Wie heißen Sie?«

»Wheeler«, sagte der Mann, als ob er sich dessen selbst nicht ganz sicher sei. »George Wheeler. Meine Frau heißt Maggie. Sie haben ihr vor ein paar Monaten ein Pferd verkauft … ein braunes Pferd.«

»Ja … vor ein paar Monaten, ich erinnere mich«, nickte der alte Mann. »Einen Fuchswallach namens Booker.« Er machte eine Pause. »Nettes Pferd. Ihre Frau schien gut mit ihm zurechtzukommen, als sie ihn hier angesehen hat. Hat sie ein Problem mit ihm?«

»Nein«, kam es kurz und knapp von Wheeler. »Ich will nur, dass Sie ihn zurücknehmen.«

»Er ist nicht lahm oder krank oder so?«, fragte der alte Mann.

Wheeler war eine Sekunde still und sah von seinem erhöhten Standpunkt gleich innerhalb des Scheunentors auf den alten Mann herab. »Nicht dass ich wüsste …« Seine Stimme klang ruhiger, als ob er schließlich versuchte, sich in die Gewalt zu bekommen.

»Na denn«, sagte der alte Mann und wischte sich mit dem bereits schweißnassen Hemdärmel den Schweiß von der Stirn. »Sie wissen sicher auch, dass ich ein Pferd nicht ohne Grund einfach so zurücknehmen kann … besonders ein Pferd, das in gutem Glauben ge- und verkauft worden ist.« Er zog das Taschentuch aus der Gesäßtasche und wischte den Innenrand seines Strohhuts noch einmal trocken. »Wenn sie einen guten Grund hätte, den Wallach zurückzugeben, würde ich wohl gern mal darüber nachdenken, und wir kämen vielleicht zu einer Einigung, die für uns beide von Vorteil wäre.«

Es dauerte eine ganze Weile, bevor Wheeler wieder etwas sagte. »Es geht darum«, kam es schließlich von ihm, »dass sie ihn gekauft hat, ohne mich vorher zu fragen.«

»Aha«, nickte der alte Mann. »Hat Ihr Geld ausgegeben, ohne Ihnen etwas davon zu sagen, hmm?«

»Ähh, nein – es war ihr Geld.« In seiner Stimme schwang plötzlich ein leicht dümmlicher Unterton mit. Der alte Mann nahm einen Zug aus seiner Zigarette und sah Wheeler fest und gezielt in die Augen. Diesen Blick kannte ich nur zu gut. Ich hatte ihn in der Vergangenheit viele Male gesehen, meistens wenn ich mich in einem Disput mit ihm festgefahren hatte. Der Blick sagte: »Wie wär's, wenn du erst ein bisschen darüber nachdenken würdest, was du hier sagst, bevor wir weiterreden?«

Es vergingen ein paar Sekunden in peinlichem Schweigen, während der alte Mann auf eine Erklärung dafür wartete, warum Wheeler ein Problem damit hatte, dass seine Frau ihr eigenes Geld ausgab. Es kam nichts.

»Nun, Mr. Wheeler.« Langsam erhob sich der alte Mann von seinem Heuballen und ging auf den rot angelaufenen Mann am Tor zu. »Hat mich sehr gefreut, dass Sie den langen Weg nicht gescheut haben, hierherzukommen.« Er legte ihm die schwielige Hand auf die Schulter und drehte ihn sanft in Richtung Kombi. »Ich bin sicher, Sie und Ihre Frau werden in dieser Angelegenheit zu einer vernünftigen Lösung kommen.« Ruhig führte er Wheeler den ganzen Weg zurück zu seinem Wagen, und Wheeler sah genau so aus, wie ich mich fühlte, wenn mir der alte Mann mal wieder klarmachte, wie lächerlich das war, was ich gerade gesagt hatte.

Der alte Mann öffnete die Fahrertür, und Wheeler schob sich hinters Steuer. »Das ist ein wirklich hübscher Wallach, den sie sich da gekauft hat. Und wenn ich mich recht erinnere, reitet sie ihn auch wirklich gut. Ich bin keiner, der sich gern in anderer Leute Angelegenheiten mischt, aber eines weiß ich: dass man mit Honig mehr Fliegen fängt als mit Essig.« Der alte Mann schloss die Wagentür. »Nochmals vielen Dank für Ihren Besuch und beste Grüße an ihre Frau.«

Der alte Mann drehte sich um, bereit zum Gehen, als Wheeler, mit einem Gesicht wie ein junger Hund, der ausgeschimpft wurde, weil er eine Pfütze auf den Teppich gemacht hat, den Motor anließ.

»Ach, und übrigens ...« Der alte Mann wendete sich wieder dem Wagen zu, als ob ihm gerade noch etwas eingefallen wäre. »Ich wäre Ihnen sehr dankbar, wenn Sie etwas langsamer wegfahren würden, als Sie gekommen sind.«

Als Wheeler wendete und langsam die Auffahrt hinunter zur Straße fuhr, ging der alte Mann in Richtung Scheune.

»Aus dieser Ruhe heraus konnte ich dirigieren, ohne emotional zu werden.«

»Einfach zu heiß zum Streiten heute.« Als er an mir vorbeiging, sah ich so etwas wie den Anflug eines breiten Grinsens auf seinem Gesicht.

Immer habe ich an dem alten Mann bewundert, mit welcher Leichtigkeit er angespannte oder möglicherweise instabile Situationen, ob mit Menschen oder mit Pferden, entspannen konnte. Je mehr Wheeler sich aufregte, desto ruhiger schien der alte Mann zu werden. Das Interessante daran ist aber, dass der alte Mann bei dem Treffen mit Wheeler zwar die Ruhe behielt, dies aber nicht bedeutete, dass er aufgegeben hätte, überrollt worden wäre oder sich hätte herumschubsen und einschüchtern lassen. Stattdessen hatte er sich von Wheelers Wut weder anstecken noch provozieren lassen, war bei seinem Standpunkt geblieben und hatte das Gespräch auf produktive Weise geleitet bis zu einem friedlichen Abschluss.

Es sollte mich viele Jahre kosten, bis ich in der Lage war, diese spezielle Lektion des alten Mannes in die Praxis umzusetzen. Als Teenager und junger Mann verlor ich bei hitzigen Debatten eher die Beherrschung und ging an die Decke, als nach einer friedlichen Lösung zu suchen. Natürlich war dies nie eine bewusste Reaktion, ich hatte nie vor, meinen Gefühlen auf diese Art und Weise freien Lauf zu lassen. Vermutlich hatte es mehr mit dem damaligen Stand meiner Fähigkeit zu tun, mit solchen Situationen umzugehen.

Irgendwann im Verlauf der Jahre und mit dem Älterwerden schien sich dies zu ändern. Ich weiß, dass ich nie bewusst beschlossen habe, mich zu ändern. Es passierte einfach allmählich. Mit der Zeit setzte ich mich bei Streitgesprächen immer öfter hin, während andere stehen blieben – wieder nicht bewusst, sondern eher instinktiv. Ich ließ die anderen sagen, was sie zu sagen hatten, bevor ich etwas sagte, und gewöhnlich blieb mir so massenhaft Zeit, mir eine durchdachte Antwort zurechtzulegen. Außerdem stellte ich fest, dass ich immer ruhiger wurde, je mehr andere sich aufregten. Nicht immer, das nicht, aber immer öfter.

Etwa um die gleiche Zeit stellte ich fest, dass ich mit Pferden ziemlich ähnlich umging. Zeigte ein Pferd ein übersteigertes Verhalten oder regte sich über irgendetwas ungebührlich auf, fing ich beinahe instinktiv an abzuwiegeln, was mir half, selbst ruhiger zu bleiben. Aus dieser Ruhe heraus konnte ich dirigieren, ohne emotional zu werden und ohne mich vom Drama der Situation einbinden zu lassen.

Jahrelang habe ich versucht, meinen Schülern zu vermitteln, wie man eine möglicherweise gefährlich zugespitzte Situation am besten mit Ruhe entschärft, zugegeben ohne großen Erfolg. Jemandem einfach zu erzählen, er oder sie solle ruhig bleiben, wenn am anderen Ende des Führstricks gerade ein hochexplosives Pferd herumtobt, schien nie sehr hilfreich zu sein. Jemandem zu sagen, er oder sie solle die Energie herunterfahren, während er oder sie auf einem Pferd saß, das kurz vor dem Durchgehen war, wollte auch nie so recht funktionieren. Ich habe lange vergeblich versucht, irgendwie den Vorteil begreiflich zu machen, der darin liegt, dass Reiter oder Führpersonen, sobald das Pferd seine Energie hochfährt, ihre Energie herunterschalten, ohne deshalb jedoch ihre Führungsfunktion aufzugeben. Bei den meisten Menschen, fürchte ich, ist der Groschen trotz all meiner Bemühungen wohl doch nicht gefallen, jedenfalls gelang es mir nicht, dauerhafte Erfolge zu erzielen.

Dann erklärte Sensei Bob Frumhoff während eines von ihm geleiteten Aikido-Kurses in Flagstaff, Arizona, wie man den Schlag eines Angreifers so annimmt, dass während des gesamten Angriffs die Energie im Gleichgewicht bleibt, ganz gleich, wie viel oder wenig Energie der Angreifer einsetzt.

Er erklärte, dass im Idealfall die Summe der Energie zwischen einem Angreifer (*uke*) und dem, der die Aikido-Technik anwendet (*nage*), einen Wert von zehn betragen sollte. Ginge es korrekt zu, würde Uke eine Fünf in den Angriff einbringen und Nage eine Fünf in der Technik, sodass sie sich zu einer ausgeglichenen Summe von Zehn ergänzten. Setzte jedoch Uke weniger Energie ein – zum Beispiel eine Drei statt einer Fünf –, sei Nage dafür verantwortlich, mit einer Sieben dafür zu sorgen, dass sich in der Summe wieder die Zehn ergebe. Wende dagegen Uke mehr Energie auf – etwa eine Neun statt einer Fünf –, sei es an Nage, mit einer Eins dafür zu sorgen, dass die Gesamtmenge der Energie zwischen ihnen bei zehn bliebe, dem Punkt, in dem ein Gleichgewicht der Kräfte herrsche.

Sensei demonstrierte, was er meinte, indem er die Technik drei Mal mit einem Schüler vorführte. Zuerst setzte der Schüler im Angriff eine Fünf ein, dann eine Neun, dann eine Eins. Sensei begegnete jedem Angriff mühelos und beendete ihn mit Uke in perfektem Gleichgewicht. Auch die Technik erschien in jedem der Fälle mühelos.

Mir dämmerte, dass das, was Sensei demonstriert hatte, genau das Gleiche war wie das, was der alte Mann in einer instabilen Situation zu tun pflegte. Er hatte ein Gleichgewicht der Kräfte entwickelt. Zum Beispiel Mr. Wheeler: Als er bei dem alten Mann auftauchte, brachte er in Energiebegriffen leicht eine Acht oder Neun mit. Sofort senkte der alte Mann seine Energie auf eine Zwei oder eine Eins ab und glich die Menge aus. Dann begann der alte Mann, genau wie Sensei bei dem Schüler, der ihn angegriffen hatte, Wheeler – wenn in diesem Fall auch nur mit Worten – zu dirigieren, und brachte die Situation zu einem ruhigen Abschluss.

Bei Pferden dreht sich alles um Gleichgewicht: um körperliches Gleichgewicht, seelisches Gleichgewicht oder Gleichgewicht in der Herde. Ich glaube, einer der Gründe, warum sie so lange überlebt haben, besteht in dem makellosen Gleichgewicht, das sie das ganze

Leben aufrechterhalten. Sie sind glänzend ausgestattet dafür, Pferde zu sein.

Wir Menschen dagegen haben anscheinend etwas zu kämpfen, wenn es um Gleichgewicht geht, sei es körperlich, seelisch oder sonst wie. Nicht dass wir nicht im Gleichgewicht wären oder sein könnten. Anscheinend ist es bei all den täglichen Ablenkungen, Unterbrechungen, Brüchen, Störungen und Aufregungen, die uns umgeben und bombardieren, für uns nur fast natürlicher, aus dem Gleichgewicht zu sein als im Gleichgewicht. Tatsächlich müssen wir, um mit uns selbst im Gleichgewicht zu sein, nur zu oft richtig daran *arbeiten*.

Meiner Meinung nach ist es dieser unser Mangel an innerem Gleichgewicht, der es uns so schwer macht, bei einem unerwarteten Vorfall mit dem Pferd die Kontrolle zu behalten. Schließlich kann es ziemlich schwierig sein, ein Schiff zu steuern, wenn das Ruder gebrochen, beschädigt oder nicht vorhanden ist. Wahrscheinlich liegt es sehr oft am mangelnden Gleichgewicht beim Menschen, wenn ein Pferd scheut und der Reiter dann ebenfalls erschrickt. Was eigentlich für Pferd und Reiter eine Bagatelle sein sollte, entwickelt sich dann plötzlich sehr schnell zu einem Riesenproblem.

Die Frage ist also, wie gewinnt ein Mensch, der innerlich aus dem Gleichgewicht ist, sein Gleichgewicht zurück? Na ja, ich vermute, es wäre nicht unwichtig zu wissen, inwieweit wir, wenn überhaupt, aus dem Gleichgewicht sind, bevor wir versuchen, wieder ins Gleichgewicht zu kommen. Nehmen wir die Idee des Gleichgewichts der Kräfte (angesetzt wieder bei der Zahl Zehn) und wenden wir sie bei den zwei Dingen an, die in der Arbeit mit Pferden eine Hauptrolle spielen: unserem emotionalen und unserem körperlichen Zustand. Beide – Gefühl wie Körper – sollten jeweils bei einer Fünf sein, damit sie zusammen eine Zehn ergeben und wir uns im Gleichgewicht befinden.

Zuerst müssen wir uns darüber klar werden, ob wir gefühlsmäßig bei einer Fünf sind oder nicht. Wenn nicht – wo sind wir dann? Bei

Eins, Sieben, Neun? Den emotionalen Faktor müssen wir zuerst bestimmen, denn der körperliche folgt diesem fast immer. Mit anderen Worten: Wenn wir emotional aufgedreht sind auf eine Neun, sind wir es körperlich fast immer ebenso. Jeder, der einmal miterlebt hat, wie im Restaurant ein Ober ein Tablett voller Schüsseln und Teller fallen ließ, weiß, was ein emotionaler/physischer »Knalleffekt« ist. Wir hören Geschirr klirrend zu Bruch gehen, erschrecken und zucken zusammen. Unser Geist fährt hoch, dann folgt der Körper.

Das Interessante daran ist nun, dass manche Menschen zwar emotional aufdrehen, die körperlichen Folgen aber verbergen können. Sie können das körperliche Zusammenzucken tatsächlich so gut verbergen, dass man ihnen ihr Erschrecken nicht ansieht. Und für jemanden, der versucht, ins Gleichgewicht zu kommen, ist das kein schlechter Ausgangspunkt, denn während ein körperliches Zusammenzucken fast immer auf ein emotionales Zusammenzucken folgt, kann auch umgekehrt ein Schuh daraus werden: Das Gefühl kann dem Körper folgen. Anders gesagt, wenn wir den Körper ruhig halten können, haben wir gute Chancen, auch die Gefühle im Zaum zu halten.

Pferde dagegen verbergen ihre Gefühle so gut wie nie. Sie machen keinen Unterschied zwischen dem, was sie fühlen, und dem, was sie tun. Wenn also Pferde emotional aufdrehen, drehen sie fast ausnahmslos auch körperlich auf. Können wir jedoch das Körperliche kontrollieren und ausbalancieren, können wir so gut wie immer auch die Emotionen wieder ins Gleichgewicht bringen.

Entdeckt habe ich dies vor Jahren, fast nur durch Zufall. Ich ritt einen älteren Halbblut-Wallach, den der Besitzer nicht langsam reiten konnte. Im Schritt ging es noch einigermaßen, aber sobald man antraben wollte, riss er den Kopf hoch, drückte den Rücken weg und rannte im schnellsten und unbequemsten Trab, den ich je erlebt habe, kopflos auf und davon.

Als ich zum ersten Mal antrabte, schoss er los, dass ich mir fast die Zunge abgebissen hätte. Mehr aus Selbsterhaltungstrieb denn aus irgendwelchen anderen Gründen wendete ich ihn ab und ritt kleine Zirkel, Schlangenlinien, Achter – alles, nur keine geraden Linien. Zu meiner Überraschung wurde er nach verhältnismäßig kurzer Zeit deutlich langsamer. Sofort ließ ich ihn geradeaus gehen. Aber sobald er auf gerader Linie war, rannte er wieder los, sodass ich ihn wieder abwenden musste, und das Ganze begann von vorne.

Das Interessante daran war, dass der Wallach in nicht mal fünfzehn Minuten nicht nur langsamer trabte und die langsame Gangart auch beibehielt, wenn ich ihn geraderichtete, sondern auch deutlich ruhiger war. Ich kann Ihnen gar nicht sagen, wie glücklich ich war, weil ich damit auf eine neue und sehr wirkungsvolle Trainingsmethode gestoßen zu sein schien. Tatsächlich war sie so wirkungsvoll, dass ich sie seither bei Hunderten von Pferden angewendet habe, mit sehr ähnlichen Ergebnissen.

Jetzt allerdings verstehe ich natürlich, dass es sehr wenige wirklich neue Trainingsmethoden gibt, wenn überhaupt. Diese war einfach neu für mich, aber eigentlich hatte ich nur dem Wallach geholfen, sich auszubalancieren, indem ich die Energie zwischen uns beiden ins Gleichgewicht brachte. Kurz gesagt: Wenn wir beide Schritt gingen, war unsere Energie einigermaßen ausgeglichen, sagen wir bei zehn: eine Fünf von mir, eine Fünf von ihm. Wenn ich ihn antrabte, schoss seine Energie von fünf auf acht. Wenn er seine Energie aufdrehte, schaltete ich meine Energie (damals noch unbewusst) von einer Fünf auf eine Zwei, sodass die Gesamtmenge der Energie wieder bei einer Zehn lag. Gleichzeitig hatte ich ihm durch das Abwenden eine Richtung gewiesen, was ebenfalls dazu beitrug, dass er sich mental wieder stabilisierte.

Schließlich ist es für ein Pferd schwierig, kopflos davonzurennen, wenn es mal in die eine und dann in die andere Wendung gelenkt wird und nicht richtig weiß, wohin es seine Füße als Nächstes setzen wird. Über kurz oder lang *musste* der Wallach an seine Füße denken, und als dies passierte, begann seine Energie zu sinken, von einer Acht zu einer Sieben, zu einer Sechs und schließlich zu einer Fünf. Gleichzeitig verlor er an Tempo. Und so kam er wieder mit sich – und mit mir – ins Gleichgewicht. Als wir den Gleichgewichtspunkt erreicht hatten, lief alles viel glatter und ruhiger, und nach einer Weile begann er den Vorteil zu sehen, der für ihn dabei heraussprang: dass er sich einfach besser fühlte.

Und warum sollte er sich schlecht fühlen, wenn es auch besser ging?

Vor einiger Zeit habe ich den Gedanken dieses Gleichgewichtspunkts, des Punktes, an dem ein Gleichgewicht der Kräfte besteht, mit meinem Aikido-Lehrer erörtert. Er sprach davon, wie sehr die Praxis der Kampfsportarten auf einem Gleichgewicht der Kräfte zwischen einzelnen Personen beruht. Bei einem Angriff sind Kampfsportler (infolge ihres Trainings) in der Lage, Geist und Körper zu entspannen und so die vom Angreifer aufgebrachte Energie auszugleichen. In diesem entspannten Zustand kann der Kampfsportler sich bewegen, reagieren, dirigieren, die Situation kontrollieren und sie so zu dem friedlichsten Abschluss bringen, der möglich ist – sehr ähnlich einem Menschen, der es mit einem gestörten Pferd zu tun hat.

Am schwierigsten ist dabei für die meisten Menschen, sich der Energie bewusst zu werden, die sie als Reaktion auf ein Verhalten des Pferdes einsetzen. Nur zu oft erleben wir, dass ein Reiter, sobald das Pferd seine Energie hochfährt, die seine ebenfalls steigert, sodass Pferd wie Reiter aus dem Gleichgewicht sind. Das Gleiche geschieht, wenn bei einem Pferd die Energie abfällt: Der Reiter lässt die seine ebenfalls absinken, woraufhin wiederum beide aus dem Gleichgewicht geraten. Mit anderen Worten: Anstatt dass *wir* unsere Reaktion auf eine Situation kontrollieren, übernimmt dies das Pferd für uns. Ohne es zu merken, folgen wir dem Pferd, statt dass das Pferd uns folgt.

Man kann es auch noch anders betrachten. Wenn wir auf einer Wippe stehen, einen Fuß rechts und einen links vom Balancepunkt, können wir die Wippe mit ganz kleinen Gewichtsverlagerungen im Gleichgewicht halten, beide Enden der Wippe im gleichen Abstand zum Boden. Die Wippe könnte sich nach jeder Seite senken, sie ist in keiner Weise festgelegt. Sie tut einfach, was wir wollen. In diesem Sinn ist sie völlig damit einverstanden, sich im Gleichgewicht zu befinden oder sich nach der einen oder anderen Seite zu senken. Alles, was wir dazu tun müssen, ist, ihr den Anstoß dazu zu geben. Mit

»Wenn also Pferde emotional aufdrehen, drehen sie fast ausnahmslos auch körperlich auf.«

kleinen Veränderungen bleibt sie im Gleichgewicht. Nur ein Haar mehr Gewicht auf einer Seite, und sie fängt an, sich auf diese Seite zu neigen. Je weiter sie absinkt, desto größer sind die Gewichtsverlagerungen, mit denen wir gegensteuern müssen, um sie wieder ins Gleichgewicht zu bringen. Bringen wir unser ganzes Gewicht (Energie) auf eine Seite, kippt die Wippe auf diese Seite und bleibt so.

Wenn ein Pferd seine Energie hochfährt, ist es ziemlich ähnlich wie auf einer Wippe. Je länger wir warten, um sie zu regulieren (falls wir es nicht vorziehen, überhaupt nichts zu regulieren, sondern unsere Energie gleichfalls hochzufahren), desto weiter kippt das Pferd und desto schwieriger wird es, es zurückzuholen. Je schneller und fließender wir eine Regulierung vornehmen, desto kleiner kann sie ausfallen und bringt uns doch ins Gleichgewicht zurück.

Dasselbe gilt, wenn die Energie eines Pferdes absinkt. Je länger wir mit dem Regulieren warten, desto schwieriger wird es, das Pferd zurück ins Gleichgewicht zu bringen. Je schneller die Regulierung, desto einfacher das Zurückholen.

Der Vergleich mit der Wippe gefällt mir deshalb so gut, weil ich mich noch deutlich daran erinnern kann, wie ich als Kind einmal versucht habe, eine Wippe auszubalancieren. Überhaupt angefangen hatte ich hauptsächlich, weil ich eines schönen Tages auf dem Spielplatz ein paar ältere Kinder auf einer Wippe herumspielen gesehen hatte. Sah nach einem Riesenspaß aus. Bei diesen älteren Kindern sah es ganz einfach aus. Sie kletterten hinauf und hatten die Wippe innerhalb von Sekunden ins Gleichgewicht gebracht. Dann wetteten sie, wer sie am längsten in diesem Zustand halten könnte.

Zuerst hatte ich wirklich zu kämpfen. Ich kam schon kaum hinauf, ohne dass das Ding mit dem einen oder dem anderen Ende hart am Boden aufschlug und die Vibration mich zwang, wieder herunterzuspringen. Das gefiel mir gar nicht. Aber mit viel Übung brachte ich den Dreh schließlich heraus. Nicht lange und ich war fasziniert von dem Gefühl, wenn ich in der Mitte der Wippe den Balancepunkt gefunden hatte. Es war spannend, wie lange ich die Enden der beiden grün lackierten Balken in der Schwebe halten konnte, bevor mir das Gefühl abhanden kam. Dann krachte das eine oder das andere Ende zu Boden. Je mehr ich übte, desto länger blieb der Balken in der Schwebe, und selbst wenn er auf dem Boden aufschlug, wurde der Aufprall allmählich leiser.

Mein Gefühl, wenn ich mit dem Pferd den Gleichgewichtspunkt erreicht habe, erinnert mich sehr an das auf der Wippe. Es mag anfangs mühsam sein, dorthin zu gelangen, und manchmal können Sie es vielleicht nicht sehr lange genießen, aber eines ist sicher – wenn Sie dort angekommen sind, ist das Gefühl mit nichts in der Welt zu vergleichen. Und zumindest für mich wird das den Versuch immer wert sein.

»Der Schwarze stand mit dem Kopf in der hinteren Ecke seines Paddocks, die Hinterhand dem Tor zugewandt.«

Das Pferd in seiner Ganzheit gewinnen

Beständigkeit

Vielleicht eine Stunde lang waren rund um das Lagerfeuer angeregt Geschichten erzählt worden. Nun flaute die Unterhaltung plötzlich ab. Das Gelächter wurde leiser, die Gespräche der etwa fünfzehn Menschen, die um das Feuer herum saßen, die Gesichter vom Feuer in ein dunkles Orange getaucht, verebbten.

Nachdem ich als Kursleiter fast den ganzen Tag nonstop geredet hatte, war ich für meinen Teil absolut zufrieden damit, einfach hier zu sitzen, mich etwas zu entspannen und den Geschichten zuzuhören, die die Leute von sich und ihren Pferden erzählten. Manche der Geschichten waren lustig gewesen. Manche waren ein bisschen traurig. Aber alle waren interessant gewesen.

Als die Stille sich über den kleinen Kreis Menschen am Feuer senkte, verlor ich mich ein wenig in den Anblick der Flammen. Mir fiel ein Stückchen Holz in der Glut auf, nicht viel länger als fünfundzwanzig Zentimeter. Durch die Mitte lief der Länge nach ein Riss.

Die brennenden Holzscheite hatten meist einen orange-gelben bis rötlichen Schimmer, aber aus diesem Riss flackerte ein paar Sekunden etwas Blaues heraus und zog sich wieder ins Holz zurück. Nach ein paar Sekunden blitzte das Blau wieder auf, tanzte ein wenig herum und verschwand wieder. Ich versuchte mir gerade vorzustellen, was in diesem Stückchen Holz so heiß brennen konnte, dass die Flamme blau wurde, als jemand eine Frage stellte und das Schweigen brach.

Ich war so fasziniert von dieser kleinen blauen Flamme, dass ich die Frage nicht wirklich gehört hatte und auch nicht wusste, an wen sie gerichtet war, aber ich wurde doch aufmerksam, als sie noch einmal wiederholt wurde. Diesmal glaubte ich meinen Namen gehört zu haben und sah auf in die orange glühenden Gesichter, um zu sehen, ob jemand mich wirklich angesprochen hatte oder nicht. Zuerst sagte niemand etwas. Ich sah nur fünfzehn Personen, die mich erwartungsvoll ansahen.

»'tschuldigung«, sagte ich aufgeschreckt. »Hat jemand etwas zu mir gesagt?«

Ein leises Kichern lief durch die Gruppe. Dann meldete sich Lizzie, eine Reiterin, die schon früher am Tag eine hübsche Rappschimmelstute vorgestellt hatte. »Sie haben den ganzen Tag geredet und sind wahrscheinlich völlig ausgequetscht«, fing sie an. »Wenn Sie also nichts mehr sagen wollen, haben dafür sicher alle Verständnis. Aber ich habe mich gefragt, was wohl die größte Veränderung gewesen sein mag, die Sie je bei einem Pferd erlebt haben.«

»Die größte Veränderung?«

»Ja«, fuhr sie fort. »Sie wissen schon, ein Pferd, das wirklich schwer gestört war und mit dem Sie gearbeitet haben, bis eine wunderbare Verwandlung eintrat. So in etwa.« Sie schwieg einen Augenblick. »Fällt Ihnen da etwas ein?«

Ich brauchte ein Weilchen, bis die Frage bei mir ankam. Vermutlich war ich im Geiste immer noch mit der blauen Flamme beschäftigt. Ziemlich lange saß ich nur da und ging in der Erinnerung all die Pferde durch, mit denen ich im Laufe der Jahre gearbeitet hatte. Ein paar fielen mir ein, aber ich war mir nicht sicher, ob ihre Geschichten so dramatisch waren, wie meine Zuhörer offensichtlich erwarteten.

»Junge, Junge«, sagte ich schließlich. »Das ist schwer. Ein paar fallen mir ein, aber …«

»Ich hatte mal ein Pferd«, unterbrach mich eine Dame links von mir, »das war wirklich das Verrückteste, das ich je gesehen habe …«

Der Druck war weg, ich konnte wieder weiter ins Feuer starren. Inzwischen war die blaue Flamme breiter und länger geworden, und ich hatte immer noch keine Idee, was der Grund dafür sein könnte.

Obwohl ich eigentlich dachte, ich sei um das Geschichtenerzählen noch einmal herumgekommen, war, mir unbewusst, mein Geist anscheinend immer noch damit beschäftigt, solch eine Geschichte aufzuspüren. Beinahe im selben Augenblick, in dem ich wieder ins Feuer sah, tauchte aus meinem Unterbewusstsein – als wollte es sagen: »Hey, weißt du noch?« – eines der ersten wirklich traumatisierten Pferde auf, denen ich je begegnet bin.

Nicht lange nachdem ich angefangen hatte, für den alten Mann zu arbeiten, kam ich eines Morgens hin und fand ein kleines, mageres schwarzes Pferd, das vorher nicht da gewesen war und nun in einem der Paddocks ganz hinten auf dem Anwesen stand. Es war ganz allein, kein anderes Pferd in der Nähe, wohl aber einige in Sicht- und Hörweite. Ich kann mich nicht erinnern, dass das Pferd einen Namen hatte, und wenn, habe ich ihn vergessen. Ich weiß nur noch, dass der alte Mann es immer The Black, den Schwarzen, nannte.

Der Schwarze stand mit dem Kopf in der hinteren Ecke seines Paddocks, die Hinterhand dem Tor zugewandt. Er war nicht gerade eine Schönheit, hatte überall Beulen und Schrammen, die Rippen stachen aus dem glanzlosen schwarzen Fell hervor, Mähne und

Schweif waren lang und total verfilzt. Seine kurzen Hufe waren eingerissen, und der Stirnschopf hing ihm so weit über die Augen, dass sie kaum noch zu sehen waren.

Der alte Mann sagte, er würde den Schwarzen selbst füttern, ich solle mich von diesem Paddock fernhalten. Da er ganz allein am hinteren Ende des Anwesens stand, bestehe für mich auch kein Grund, zu ihm hinzugehen, fügte er hinzu. Er legte klar fest, wie er es haben wollte. Das »Warum« verstand ich zwar nicht, aber ich war damals noch so grün, was Pferde anbetraf, dass es für mich keinen Grund gab, seine Anweisungen anzuzweifeln. Ich konnte kaum ein gutes Pferd von einem schlechten unterscheiden (und hatte ehrlich gesagt schon gerade genug damit zu tun, das Ende, das ich füttern sollte, von dem zu unterscheiden, das hinterher gesäubert werden musste).

»Der Stirnschopf hing ihm so weit ins Gesicht, dass die Augen kaum noch zu sehen waren.«

Später fand ich heraus, dass er das Pferd von der Nachbarin des Vorbesitzers bekommen hatte. Der Vorbesitzer war für seinen brutalen Umgang mit Pferden berüchtigt. Als er das Pferd nicht »brechen« konnte, wollte er es herausholen und erschießen. Aber bevor es dazu kam, hatte die Nachbarin Wind davon bekommen, was er vorhatte, und hatte ihn überredet, ihr das Pferd zu überlassen. Sie gab den Schwarzen dann weiter an den alten Mann, und so war er hier bei uns gelandet.

Der alte Mann wollte mich nicht an das Pferd heranlassen, weil es unberechenbar war. Man konnte vorher nie wissen, ob es einen angreifen oder nur kehrtmachen und versuchen würde, über den Zaun zu springen. Das kam davon, wie er be- bzw. misshandelt worden war.

Deshalb kümmerte sich der alte Mann selbst um das Pferd. In den ersten paar Monaten sah ich nur, dass der alte Mann ihm Futter brachte und den Wassertank nachfüllte. Sonst machte er nichts mit ihm. Zu dieser Zeit hatte ich keine Ahnung, dass er viel mehr tat, als nur zu füttern und zu tränken. Es ging eigentlich überhaupt nicht darum, dass er *nur* fütterte und tränkte, es ging darum, *wie* er fütterte und tränkte. Er fütterte und tränkte jeden Tag um genau die gleiche Zeit – gerade genug Futter und Wasser, dass der Schwarze alles auffressen und austrinken würde und dann einige Stunden warten musste, bis die nächste Ration auftauchte.

Am Anfang stand der Schwarze, wenn der alte Mann zum Füttern kam, entweder zitternd am Ende des Paddocks und hängte den Kopf über den Zaun, oder er vergrub den Kopf in einer Ecke und »versteckte sich«, wie es kleine Kinder tun, wenn sie sich die Hände über die Augen legen und »verschwinden«. Was man nicht sehen kann, ist wohl auch nicht da. Nach ungefähr zwei Wochen stand der Schwarze zwar immer noch hinten am Zaun, wenn der alte Mann zum Füttern kam, aber er riskierte kurze Blicke in seine Richtung, anstatt den Kopf abzuwenden.

Wieder ein paar Wochen später begrüßte er den alten Mann mit kurzem Wiehern, blieb aber immer noch im hinteren Bereich stehen. Auch mit dem »Verstecken« hörte er um diese Zeit auf. Nach ungefähr zweieinhalb Monaten stellte er sich mitten im Paddock auf, wenn das Futter kam, anstatt hinten stehen zu bleiben.

Eines schönen Morgens, kurz bevor meine Sommerferien zu Ende waren und fast drei Monate, nachdem der Schwarze zu uns gekommen war, ging ich wieder zu dem alten Mann und wollte ihm wie üblich bei der Arbeit helfen. Inzwischen hatte ich so etwas wie eine Morgenroutine entwickelt. Ich ging herum, warf den Pferden Heu vor, überprüfte das Wasser in den Tanks und mistete aus. Gerade war ich halb durch mit dem Füttern, als der alte Mann herbeikam.

»Heute Morgen hat der Schwarze am Tor auf mich gewartet.« Seine Stimme klang fröhlicher als sonst, und auf seinem Gesicht lag ein leises Lächeln.

Zu der Zeit war ich immer noch reichlich naiv, was Pferde anbetraf, und hatte deshalb nicht die leiseste Idee, was für eine Errungenschaft dies bedeutete. Hier war ein Pferd, das vor wenigen Monaten entweder versucht hätte, jeden umzubringen, der sich ihm näherte, oder aber über den Zaun zu springen und auf und davon zu laufen. Jetzt wartete er am Tor. Aus meiner heutigen Sicht würde ich so etwas natürlich für eine ziemliche Großtat halten, für das Pferd wie für den Menschen, aber damals konnte ich nicht erkennen, was so großartig daran sein sollte. Mann, schließlich warteten alle seine Pferde am Tor.

»Oh«, war alles, was ich dazu zu sagen wusste.

Der alte Mann zögerte ein paar Sekunden und sah mich an, als ob er noch mehr von mir erwartet hätte … es kam aber nichts. Mit einem leichten Kopfschütteln wandte er sich ab und ging.

Was ich damals noch nicht wusste, war, dass der alte Mann durch die Art, wie er den Schwarzen fütterte, diesem auf ganz leise Art einen

Grund gab, Menschen als Quelle von angenehmen Dingen zu betrachten, anstatt als etwas, das man fürchten und meiden musste. Er gab dem Pferd gerade genug Futter, dass es satt wurde, und wenn das Futter zu Ende war, gerade genug Zeit, wieder Hunger zu bekommen. Und genau dann kam die nächste Mahlzeit daher.

»Ein weiteres Pferd ging irgendwo im Osten vor dem Buggy einer älteren Dame.«

So entdeckte der Schwarze, dass immer um die Zeit, in der er Hunger bekam, ein Mensch auftauchte und ihn, als könne er Gedanken lesen, fütterte, anstatt ihn zu quälen. Langsam aber sicher legte das Pferd ein wenig von seiner Furcht ab. Durch die bewiesene Beständigkeit hatte der alte Mann das Eis gebrochen.

Viele Jahre später habe ich mich dieses Konzepts bedient, um frisch eingefangenen Mustangs wieder eine Richtung im Leben aufzuzeigen. Nachdem man sie zusammengetrieben und von dem Leben in der Wildnis, dem einzigen, das sie kannten und verstanden, weggeholt hatte, war es eine Möglichkeit, mit ihnen in Verbindung zu treten. Dadurch, dass wir sie jeden Tag um genau die gleiche Zeit fütterten und tränkten, konnten wir dazu beitragen, dass sie sich auf den Kontakt mit Menschen freuten, etwas, das ihnen so vollständig fremd war, dass sie sich vorgekommen sein müssen, als seien sie auf einem anderen Planeten gelandet.

In beiden Fällen, bei dem Schwarzen und bei den Mustangs, war es die Beständigkeit, gezeigt einfach durch die Art unseres Fütterns, die es den Pferden erlaubte, uns freudig entgegen- statt von uns wegzusehen. In ihren Augen verwandelten wir uns von etwas, das man fürchten musste, zu etwas, auf das man sich freuen konnte.

Einige Wochen, bevor meine Ferien zu Ende gingen und ich wegen der Schule nicht mehr so viel Zeit auf dem Anwesen des alten Mannes verbringen konnte, beschloss er, es sei nun Zeit, ihm beim Füttern des Schwarzen zu helfen. Wie er erklärte, fing das Pferd an, sich wegen seiner Mahlzeiten auf ihn zu verlassen. Wenn ich es nun fütterte, würde dies dem Pferd zeigen, dass es sich auch auf andere Menschen verlassen konnte.

In den ersten paar Tagen stand der Schwarze wie ganz zu Anfang mit dem alten Mann wieder hinten im Paddock, wenn ich mit seinem Heu kam. Um ehrlich zu sein: Ich weiß nicht, wer mehr Angst hatte, er oder ich. Die ominöse Warnung des alten Mannes, mich von dem Pferd fernzuhalten, hatte sich mir offenbar eingeprägt. Trotzdem stand der Wallach nach drei oder vier Tagen mitten im Paddock und wartete schließlich am Tor auf mich, wie er es bei dem alten Mann getan hatte.

Obwohl ich in seiner Nähe immer noch etwas nervös war, fütterte ich den Schwarzen morgens und abends, bis ich wieder zur Schule musste. Und dann nahm die Schule mich derartig in Anspruch, dass ich erst Monate später wieder die Zeit erübrigen konnte, überhaupt zu dem alten Mann hinauszufahren.

Zuverlässigkeit

Es wurde Mitte Juni, etwa zwei Wochen nach Ferienbeginn, bevor ich mich endlich wieder auf den Weg zu dem alten Mann machen konnte. Ich hätte wohl schon früher kommen können, aber jedes Mal, wenn ich mich gerade auf mein Fahrrad schwingen und hinausfahren wollte, kam irgendein Kumpel aus der Nachbarschaft dazwischen und schlug etwas anderes vor. Diese ersten zwei Wochen gingen für »Kinderkram« drauf, vom Herumfahren mit dem Rad, mit Spielkarten in den Speichen, damit es klang wie ein Motorrad, bis zu einem Drei-Mann-Baseballspiel.

Drei-Mann-Baseball war das Spiel, das wir spielten, wenn wir nicht genug Kinder für ein richtiges Spiel zusammenbekamen. Es war ziemlich einfach. Als Erstes zeichneten wir mit Kreide so etwas wie ein Quadrat auf die Ziegelmauer einer Schule in unserer Nähe. Es war groß genug, eine *Strike Zone* darzustellen. Ein Kind war der Schlagmann (*batter*), eines der Werfer (*pitcher*) und eines war im Feld. Jeder Schlagmann bekam drei *strikes* und drei *outs*, wie bei einem richtigen Spiel. Kam ein Wurf herein und der Schlagmann holte nicht aus, der Ball landete aber innerhalb des Kreidequadrats,

»Vertraut er Ihnen, kann er seinen Frieden mit Ihnen machen. Aus dem Gefühl von Ruhe und Frieden heraus kann er weich werden.«

war das ein *strike*. Wenn zwar geschlagen, aber der Ball verfehlt wurde, war das ein *strike*. Ein Wurf, der außerhalb des Quadrats landete, war ein *ball*. Wenn man den Ball schlug und der Werfer oder der Feldspieler fing ihn, war es ein *out*.

Das Spiel machte Spaß und konnte stundenlang weitergehen, was es oft auch tat. Aber auch so hatte ich nach ein paar Wochen »Kinderkram« Lust, mal wieder Pferde zu sehen. Also stand ich einmal etwas früher auf, sprang auf mein Rad, bevor meine Kumpels auftauchen konnten, und machte mich auf zum Anwesen des alten Mannes. Ich weiß noch, dass mein erster Tag zurück in jenem Jahr ziemlich unzeremoniös verlief. Ich fuhr in den Hof, als der alte Mann gerade eine Schubkarre Mist von einer Box am nördlichen Ende zum Misthaufen im Süden schob. »Es sind noch drei Boxen auszumisten«, sagte er, fast ohne aufzuschauen und ohne »Hallo« zu sagen. Aber besonders redselig war er ja nie gewesen. Also ging ich in den Stall, packte eine Mistschaufel und machte mich ans Werk.

Wie im vergangenen Jahr waren einige der Pferde, die ich gekannt hatte, nicht mehr da, verkauft an Leute, die ein gutes Reitpferd gesucht hatten. An ihrer Stelle standen neue, junge und ältere. Alle würden irgendwann verkauft werden und ein neues Zuhause finden. Das war ziemlich sicher.

Der Schwarze war noch da, aber ich erkannte ihn kaum wieder. Sein Fell war glatt und glänzend, die Beulen und Schrammen waren verschwunden, Mähne, Schweif und Stirnschopf waren gekürzt und entfilzt. Außerdem war er ungefähr 150 Pfund schwerer. Aus noch einem Grund hatte ich ihn zuerst nicht gleich erkannt: Er war nicht mehr in seinem alten Paddock. Er war in überhaupt keinem Paddock, sondern stand mit einigen anderen Pferden auf der Koppel, etwas, was ich nie für möglich gehalten hätte.

Der erste Morgen verging, ohne dass ich viel von dem alten Mann gesehen hätte. Dass ich da war und ein paar Routinearbeiten erledigen konnte, ließ ihm Zeit für die Arbeit mit ein paar Pferden, und genau dem widmete er sich. Erst am späten Morgen begegnete ich ihm, als er im Stall gerade einen jungen braunen Wallach absattelte, den er eine Stunde oder so geritten hatte. Ich nützte die Gelegenheit und erkundigte mich nach einigen der Pferde, die ich im Vorjahr gekannt hatte und die nun nicht mehr da waren. Eine nette kleine Stute namens Betty, die ich recht gern gehabt hatte, war an ein kleines Mädchen gegangen, das sie in Jugendprüfungen einsetzen wollte. Ein großer Wallach namens Max war zu einem Mann unten im Süden gegangen. Ein anderer war nun Familienpferd ganz in der Nähe, und ein weiteres Pferd ging irgendwo im Osten vor dem Buggy einer älteren Dame.

»Und was ist mit dem Schwarzen?«, fragte ich. »Ist er das da draußen auf der Koppel?«

»Das ist er«, sagte der alte Mann ruhig und warf den Sattel über eine halbhohe Zwischenwand.

»Sieht gut aus«, meinte ich. Mein Wissen über Pferde reichte gerade dazu aus, das zu erkennen.

»Hatte einen guten Winter.« Der alte Mann band den Braunen los und führte ihn aus dem Stall. Ich nahm an, damit war unsere Konversation über den Schwarzen zu Ende. Der alte Mann machte das nächste Pferd fertig und ich – nun, ich hatte noch mehr Mist zu schaufeln. Keiner von uns hatte Zeit für leeres Gerede.

Es vergingen einige Tage. Die vom Vorjahr vertraute Routine spielte sich wieder ein. Für mich bedeutete dies, Stallarbeit am Morgen, ein wenig Reiten am Nachmittag, gefolgt von weiterer Stallarbeit. Der alte Mann arbeitete mal mit diesem, mal mit jenem Pferd, manchmal vom Sattel, manchmal im Round Pen vom Boden aus. Immer aber folgte ein Pferd dem anderen, dazwischen blieb kaum Zeit.

Eines Nachmittags wollte ich ein Pferd holen, das mit dem Schwarzen zusammen auf einer Koppel stand. In diesem Sommer war es das erste Mal, dass ich zu dieser speziellen Koppel ging, und ich dachte (oder vielleicht hoffte ich auch), der Schwarze würde ans andere Ende rennen, sobald ich die Koppel betrat. Nach allem, was im letzten Sommer passiert war, hatte ich schließlich keinen Grund, irgendetwas anderes anzunehmen.

Das Pferd, das ich an diesem Nachmittag reiten sollte, war eine Paint-Stute mit einem blauen Auge. Sie stand nur ein paar Meter vom Tor entfernt, und im Nu hatte ich sie aufgehalftert. Als wir fast am Tor waren, hörte ich, wie von hinten ein Pferd angetrabt kam. Einschließlich dem Schwarzen standen noch drei weitere Pferde auf der Koppel, und ich dachte, eines der beiden anderen käme uns nach, um zu sehen, was los war. Wahrscheinlich deshalb war ich auch so verblüfft, als ich mich umdrehte und den Schwarzen hinter uns hertraben sah.

Vergessen Sie nicht, die letzten Anweisungen bezüglich des Schwarzen hatten im letzten Jahr gelautet, ich solle mich von ihm fernhalten, weil er unberechenbar und gefährlich sei. Auch als ich ihn gegen Ende des Sommers gefüttert hatte, hatte ich immer auf einen erheblichen Sicherheitsabstand vom Zaun geachtet. Und jetzt kam er hinter mir her, und ich war auf der falschen Seite vom Zaun!

Ohne einen weiteren Gedanken ließ ich den Führstrick fahren und rannte so schnell ich konnte zum Tor. Verzweifelt fummelte ich am Riegel herum, aber vor lauter Eile bekam ich ihn nicht auf. In Panik sah ich einige Male zum Riegel und über die Schulter wieder zum Schwarzen, der nun vom Trab zum Galopp überging. Mir schien, es war höchste Zeit, den Riegel zu vergessen und zu Plan B überzugehen.

»*Whoaaah!*« Ich warf mich über das Tor, wie mir schien, nur noch Zentimeter vom Schwarzen entfernt. Meine Landung auf der anderen Seite verlief nicht ganz nach Plan. Ich hatte wohl gehofft, auf den Füßen zu landen, aber stattdessen kam ich mit der linken Ferse zuerst auf, dann mit der rechten Seite meines rechten Fußes, dann mit dem Rükken und zuletzt mit dem Kopf. Ich rollte mich herum und krabbelte auf Händen und Knien so schnell es ging vom Tor weg. Ich krabbelte ziemlich weit, bevor ich mich traute, über die Schulter zurückzuschauen, was der Schwarze machte. Sehr zu meiner Überraschung stand er einfach am Tor und sah mit gespitzten Ohren in meine Richtung, als wolle er sagen: »Hmmm, so was habe ich ja noch nie gesehen.«

Ich verlangsamte mein panisches Krabbeln zu einem Kriechen und hielt schließlich an. Außer Atem, aber endlich in sicherer Entfernung, drehte ich mich um und saß ein paar Minuten nur da, um wieder zu Atem zu kommen und darüber nachzudenken, wie ich zurück in die Koppel kommen und meine Paint-Stute holen könnte – die im Übrigen noch mein Halfter trug und den Führstrick, den ich losgelassen hatte, hinter sich herzog.

Als ich so im Dreck saß und über meine Situation nachdachte, kam der alte Mann vorbei, ein breites Grinsen im Gesicht. »Er wollte doch nur Hallo sagen.«

Und tatsächlich, als der alte Mann ans Tor kam, hängte der Schwarze ganz lieb den Kopf über den Balken, damit der alte Mann ihn streicheln konnte. Was dieser auch tat.

Der alte Mann drehte sich zu mir um. »Er hatte wirklich einen guten Winter.«

Damals wusste ich es noch nicht, aber den Winter über hatten der alte Mann und der Schwarze das durchlaufen, was ich jetzt die zwei ersten Stadien auf dem Weg zur Weichheit nennen würde. Meiner Meinung nach gibt es fünf Stadien. Das erste ist Beständigkeit. Ob mit Menschen oder Pferden, je beständiger Sie dem anderen gegenüber sind, desto zuverlässiger erscheinen Sie diesem. Weiß der andere erst einmal, dass er sich auf Sie verlassen kann, kann er anfangen, Ihnen zu vertrauen. Vertraut er Ihnen, kann er seinen Frieden mit Ihnen machen. Aus dem Gefühl von Ruhe und Frieden heraus kann er weich werden.

Der Schwarze hatte die Beständigkeit des alten Mannes durch dessen Verhalten und das reglementierte Futterprogramm im vorigen Sommer erlebt. Als er verstanden hatte, dass er sich auf den alten Mann verlassen konnte, kam er allmählich aus der Deckung, wenn dieser in der Nähe war. Als es so weit war, ging der alte Mann zum Ausmisten in den Paddock hinein. Wie er mir später erzählte, war er einfach hineingegangen, als sei das Pferd gar nicht vorhanden. Er hatte den Schwarzen total ignoriert und sich einfach ans Ausmisten gemacht. Nach einer Weile hatte die Neugier gesiegt, und der Schwarze war hergekommen, um ihn zu beschnuppern.

»Je näher er heranzukommen versuchte«, der alte Mann kicherte, als er mir die Geschichte an einem verregneten Nachmittag erzählte, »je näher er heranzukommen versuchte, desto weiter bewegte ich mich weg von ihm. So sehr er sich auch bemühte, er konnte anscheinend nie nahe genug an mich herankommen.«

Ich hörte ihm gern zu. Es war eine der wenigen Gelegenheiten, wo der alte Mann einmal lebhaft wirkte. Normalerweise war er ziemlich gedämpft, aber irgendetwas an diesem Pferd schien ihn wirklich in Hochstimmung zu versetzen, und es fiel ihm schwer, dies zu verbergen.

»Aber dann«, fuhr er fort und zog an seiner allgegenwärtigen Zigarette, »hab' ich an einem Nachmittag mal wieder seinen Paddock sauber gemacht, und der Schwarze hat wie immer versucht, mich zu beschnuppern. Und ich bin immer wieder von ihm weggegangen. Er dachte, ich wüsste nicht, wo er war, weil ich ihm den Rücken zukehrte, aber ich wusste es die ganze Zeit. Jedenfalls, ich stehe also da und sammle Pferdeäpfel ein, und plötzlich bekomme ich einen Mordsstoß in den Rücken. Wäre fast umgefallen.« Er machte eine Pause und gluckste leise vor sich hin, bis das Glucksen in einen leichten Hustenanfall überging. »Vermutlich konnte er es keine Minute länger mehr aushalten.« Es war schwer zu sagen, wo der Husten des alten Mann aufhörte und das Gelächter begann, oder ob es umgekehrt war. »Von da an war er viel leichter zu haben. Und ist es seitdem auch geblieben.«

Der alte Mann streichelte immer noch dem Schwarzen den Kopf, während ich am Boden saß. »Komm 'rüber«, sagte er. »Er wird dich schon nicht beißen.«

Zwar war der alte Mann für den Schwarzen beständig und zuverlässig gewesen, und der Schwarze war beständig und zuverlässig für den alten Mann gewesen, ich dagegen gehörte hier nicht dazu. Mit anderen Worten, der alte Mann und der Schwarze hatten vielleicht diese ersten beiden Stadien auf dem Weg zur Weichheit durchlaufen, der Schwarze und ich jedoch nicht. Und ich sage es nur sehr ungern – ich hatte einige Mühe, in dem Wallach etwas anderes als das schmutzige, verängstigte, halb gefährliche Pferd in dem Paddock ganz hinten zu sehen, auch wenn er jetzt völlig anders aussah und mir der alte Mann versicherte, dass er auch anders war.

Ich kam auf die Füße und bewegte mich widerwillig in Richtung Tor, wo der alte Mann mit dem Schwarzen stand. »Komm her, streichle ihn, wenn du willst«, sagte der alte Mann.

In sicherem Abstand – oder was ich bei einer möglichen Beißattacke des Schwarzen dafür hielt – blieb ich stehen und versuchte, mir nicht anmerken zu lassen, dass ich Angst hatte. Eine lange Zeit, wie mir schien, standen wir drei nur da.

»Ich sag' dir was«, sagte der alte Mann ruhig, nahm seinen Gürtel ab und legte ihn dem Schwarzen sanft um den Hals. »Ich muss ihn mitnehmen in den Stall und ihn füttern. Warum gehst du nicht rein und holst dir Ginger raus. Sie sieht aus, als hätte sie ein bisschen Bewegung nötig.« Der alte Mann öffnete das Tor und führte den Schwarzen hinaus. Ich ließ den beiden reichlich Platz.

Wir waren an einem interessanten Punkt, wir drei. Der alte Mann hatte unzählige Stunden damit verbracht, dem Schwarzen seine Beständigkeit zu beweisen, und das hatte dazu geführt, dass der Schwarze ihn tatsächlich als beständig betrachtete und nun anfing, ihm zu vertrauen. Und dies wiederum hatte dazu geführt, dass der Schwarze nicht länger verängstigt und unberechenbar war.

Jetzt allerdings war der Spieß umgedreht: Der Schwarze hatte keine Angst mehr, aber dafür ich. Trotzdem gab es auch eine gute Nachricht. Bevor dies alles zu Ende war, würde der Schwarze das, was der alte Mann für ihn getan hatte, für mich tun.

Vertrauen

Ich befand mich in einer Zwickmühle. Bisher war der Schwarze tagsüber auf der Weide gewesen, und ich hatte überhaupt nichts mit ihm zu tun gehabt. Das war auch gut so, denn meine Furcht vor ihm hatte irgendwie die Oberhand über mich gewonnen. Es ist komisch, dass die Tatsache, dass der alte Mann mich einmal vor dem Pferd gewarnt hatte, mir solch einen Todesschrecken einjagen konnte, aber so war es nun mal. Er hatte mich nie zuvor vor einem Pferd gewarnt, und als er es ein Mal doch tat, hatte es mich wohl auch entsprechend beeindruckt.

Eines schönen Morgens jedenfalls hatte ich gerade eine Schubkarre voll Heu um die Stallecke geschoben, als ich mich plötzlich Auge in Auge dem Schwarzen gegenübersah, der in einem der Paddocks stand. Ich blieb stockstill stehen.

Es kam völlig unerwartet. Wenn er in einem der Paddocks stand, war es meine Aufgabe, ihn zu füttern, zu tränken und diesen Paddock mit ihm darin auszumisten, wie bei allen Paddocks in dieser Reihe, wenn Pferde darinstanden. Ich stand da und sah ihn an, so wie er mich ansah, und mein Mund wurde trocken, meine Handflächen wurden feucht, und meine Knie begannen zu zittern. Als ich so dastand und dieses Pferd ansah, wurde mir eines sehr schnell sehr klar. Mir blieb nur eine einzige Option – ich würde gehen müssen.

Der alte Mann lebte in einer Hütte etwa drei Meilen entfernt, und er war auf der Ranch heute noch nicht aufgetaucht. Wenn ich also meine Karten richtig ausspielte, würde er nie wissen, dass ich überhaupt hier gewesen war. Ich hatte nichts weiter zu tun, als die Schubkarre zurück zum Heuschober zu bringen, das Heu neben den Ballen zu legen, von dem ich es genommen hatte, mich auf mein Fahrrad zu schwingen und die Fliege zu machen. Und genau das tat ich. Es tat mir leid, dass ich die Pferde, die sich schon leise bullernd auf ihr Frühstück gefreut hatten, enttäuschen musste, aber vermutlich auch wieder nicht so leid, dass es die Aussicht, zu dem Schwarzen in den Paddock gehen zu müssen, wettgemacht hätte. Allein bei dem Gedanken daran wurde mir schon fast übel. Außerdem würde der alte Mann bald genug eintreffen und sich um sie kümmern.

»Der Braune und die Paint-Stute hatten die Tortur verhältnismäßig schnell überstanden und waren nach wenigen Tagen schon wieder auf der Koppel.«

Als ich so schnell ich konnte nach Hause radelte, rechtfertigte ich mein Vorgehen vor mir selbst damit, dass ich sowieso nicht unbedingt dort sein musste. Der alte Mann und ich hatten nie eine formelle Vereinbarung getroffen, was meine Anwesenheit dort betraf. Ich trudelte einfach gelegentlich ein, blieb, solange ich wollte, und ging heim, wenn mir danach war. Manchmal war ich den ganzen Tag da, manchmal nur ein paar Stunden, und manchmal überhaupt nicht. Dies würde einer der Überhaupt-nicht-Tage sein, der morgige vielleicht auch, und der danach möglicherweise ebenfalls.

Eine der Regeln im Drei-Mann-Baseball lautete, dass man nach dem dritten *Out* vom Schlagmann zum Werfer wurde. Der Feldspieler kam herein und wurde Schlagmann, und der vormalige Werfer ging nach draußen. Ich war Feldspieler und erwischte den Ball, der für

Speedy Denslow das dritte Out war. Als ich mich für meine ersten paar Schläge bereit machte, hörte ich ein sehr vertrautes Geräusch die Straße herunterkommen, einen 1949er Ford Pickup mit einem kaputten Auspuff – der Pickup des alten Mannes.

Meine Aufmerksamkeit wanderte genau in dem Augenblick zu dem Pickup, als der erste Wurf an mir vorbeizischte und mitten in der *Strike Zone* landete, zur lautstarken Begeisterung meiner beiden Mitspieler. Es war der ideale Wurf für mich gewesen, einer, den ich normalerweise weit über den Kopf des Feldspielers hinweg geschlagen hätte. Ihr wenn auch freundschaftliches Hohngelächter war verdient.

Der alte Mann hielt in vielleicht fünfzig Metern Entfernung von unserem Spielfeld an. Ich konnte ihn hinter dem Steuerrad sitzen und rauchen sehen. Plötzlich rauschte der zweite Wurf an mir vorbei. Zum Glück war er ein wenig verzogen und zählte nicht als *Strike*. Ich schaute hinüber zu dem alten Mann. Es war drei Tage her, dass ich in schierer Panik den Stall verlassen hatte, und ich konnte mir nicht vorstellen, warum er hier war.

Der dritte Wurf heulte heran, und ich probierte einen halbherzigen Schlag, der ihn pfeilgerade in die Luft beförderte, nur wenige Meter von mir entfernt. Es würde für Speedy ein Leichtes sein, die kurze Entfernung zwischen dem Werfer und mir zurückzulegen, bevor der Ball wieder herunterkam. War es auch. Mein erstes Out.

Ich sah wieder zurück zum Pickup. Der alte Mann hatte sich nicht gerührt. Er saß einfach nur da und zog an seiner Zigarette. Je länger er dort saß, desto neugieriger wurde ich.

War er nur zufällig vorbeigekommen und hatte mich gesehen? Wusste er, dass ich vor drei Tagen dort gewesen und weggelaufen war? War er sauer auf mich? Es war seltsam. Er war noch nie hierhergekommen, wo ich lebte.

Jedenfalls siegte die Neugier, und bevor Speedy wieder auf Position war, rief ich eine Auszeit aus.

»Wo gehst'n hin?«, rief Jimmy Parks vom Feld. Je schneller ich meine drei Outs bekam, desto schneller würde er schlagen können. Alles, was ihn am Schlagen hinderte, war traditionsgemäß für ihn ein Ärgernis.

»Nur 'ne Minute«, rief ich. »Bin gleich wieder da.«

Ich nahm den Schläger mit – es war der einzige, den wir hatten, und ich wollte nicht, dass Jimmy auf dumme Gedanken kam, während ich weg war –, und trottete zum Pickup hinüber. »Hi«, sagte ich, als ich an die Beifahrertür herantrat, allerdings nicht allzu nah.

»Bist länger nicht mehr da gewesen«, sagte er und schnippte die Asche seiner Zigarette auf den Wagenboden (was nichts ausmachte, weil der größte Teil einfach durch die Löcher im Fußraum durchfiel). »Wollte nur sehen, ob du okay bist.«

»Jep«, sagte ich. Ich lehnte an der Wagentür und tippte mit dem Schläger auf meine Zehen. »Ich spiel' nur ein bisschen Baseball mit meinen Freunden.«

Er nickte langsam, als ob sagen wollte: Stimmt, das tust du. »Haste vor, bald mal wieder vorbeizukommen?«

»Ähh«, sagte ich und sah zurück zu Speedy und Jimmy. Jimmy warf die Hände hoch, als wollte er sagen: *Komm schon, wir haben nicht den ganzen Tag Zeit!* »Wir sind gerade mitten in einem Spiel.«

Er nickte wieder und nahm einen weiteren Zug. »Ich frage nur, weil ich da draußen 'n kleines Problem hab, das ich nicht so einfach allein lösen kann. Ich könnte deine Hilfe brauchen.«

»Was für ein Problem?«, fragte ich.

»Ich glaub', das muss ich dir zeigen«, antwortete er. »Ist schwer zu beschreiben.«

Sehr lange kannte ich den alten Mann noch nicht, aber in dieser Zeit hatte ich noch nie erlebt, dass er mit einem Problem nicht allein fertig geworden wäre. Eigentlich hatte ich sogar manchmal gedacht, dass er mich nur bei sich behielt, damit er etwas zum Lachen hatte.

Der ganze Blödsinn, den ich, ohne es zu wollen, dort angestellt hatte, musste ihm sehr viel Spaß gemacht haben. »Wann würden Sie mich denn brauchen?«, fragte ich schließlich.

»Je früher, je besser.« Er drückte die Zigarette mitten auf dem Lenkrad aus.

»Komm schon!«, schrie Jimmy vom Feld her. »Spielen wir nun oder was?«

»Ich komme!«, brüllte ich, und anscheinend hatte ich den alten Mann mit meinem Stimmvolumen überrascht, denn als ich mich zu ihm umdrehte, hatte er eine Augenbraue hochgezogen.

»Ich kann gleich danach kommen«, sagte ich, etwas ruhiger.

»Gut«, nickte er. »Bis dann.«

Er legte den Gang ein und fuhr an. »Je früher, je besser«, wiederholte er im Wegfahren.

Okay, ich ging also nicht gleich zu dem alten Mann. Wir beendeten das Spiel, das im Gange gewesen war, und fingen das nächste an. Als auch dieses vorüber war, ging ich nach Hause, aß etwas zu Mittag, hing ein Weilchen im Haus herum, fuhr mit dem Rad hinunter zu dem kleinen Gemischtwarenladen an der Ecke und kaufte mir ein paar Bonbons. Dann fuhr ich zu einigen Freunden nach Hause und sah nach, ob sich dort irgendetwas tat, aber es war niemand daheim. Als mir gar nichts mehr einfiel, was mich daran gehindert hätte, zu dem alten Mann zu fahren, radelte ich schließlich los.

Als ich in seinem Anwesen ankam, galt mein erster Blick der Koppel: Der Schwarze stand nicht darauf. Ich lehnte mein Rad wie immer gegen die Wand der Sattelkammer und ging um den Stall herum zu den Paddocks. Auch hier kein Schwarzer. Schon ging es mir etwas besser. Wenn ich Glück hatte, war er inzwischen verkauft oder aus dem Paddock gesprungen und verschwunden oder sonst was. Mir war alles recht, solange er nur nicht da war.

»Hier drin«, kam die Stimme des alten Mannes aus dem Stall.

Ich ging die Stallgasse zwischen den Anbindeständern hinunter, konnte aber nichts Außergewöhnliches feststellen. Auf halber Höhe zweigte ein Gang ab, der zu einem Boxenstall führte. Dort war der alte Mann.

Als ich um die Ecke und in diesen Teil des Stalls kam, sprang mich das Problem, von dem der alte Mann gesprochen hatte, geradezu an. In der Box links stand der Schwarze, ihm gegenüber die Paint-Stute mit dem einen blauen Auge und neben ihr ein kleiner brauner Wallach. Alle drei Pferde waren verschwollen und sahen wie aufgepumpt aus, am schlimmsten aber der Schwarze.

»Wow«, war alles, was ich sagen konnte. »Was ist passiert?«

»Soweit ich's mir zusammenreimen kann, sind sie drüben bei den Bäumen in ein Hornissennest geraten«, sagte der alte Mann.

Ich ging hinüber zur Box der kleinen Stute und schaute hinein. Sie hatte am ganzen Körper, besonders aber am Hinterteil, Beulen von der Größe eines Golfballs. Bei dem Braunen war es ähnlich, aber der Schwarze sah schlimm aus – wirklich schlimm. Sein Gesicht war so geschwollen, dass er kaum die Augen öffnen konnte, seine Nase schien fast komplett zugeschwollen, und er atmete mühsam. Der ganze Körper war von Hunderten großer Knoten übersät, manche so groß wie ein Golfball, aber viele mehr wie meine Faust. Er sah wirklich zum Erbarmen aus.

Ich stand an der Tür zu seiner Box. Wegen der maßlosen Angst, die ich früher vor ihm gehabt hatte, war ich ihm noch nie so nahe gekommen. Als er jetzt so dastand, den Kopf fast bis auf Kniehöhe gesenkt und mit pfeifendem Atem, sah er allerdings nicht allzu Furcht erregend aus. »Wird er das überstehen?«, fragte ich.

»Der Tierarzt hat ihm irgendwas gespritzt.« Der alte Mann öffnete die Boxentür und ging zu dem Schwarzen hinein. »Und er hat mir diese Salbe gegeben, die ich auf die Stiche schmieren soll.« Er ging zum Ende des Stalls und holte von einem schmalen Regalbrett einen kleinen Glastopf mit einem Deckel herunter.

»Hab' sie alle eingeschmiert«, sagte er und brachte den Salbentopf mit. »Bis auf die in seinen Ohren und in der Nase. Meine Finger sind zu dick. Er ist so zugeschwollen, und wenn ich versuche, meine Finger hineinzustecken, tut es ihm scheinbar weh:«

Der alte Mann schraubte den Deckel ab und streckte mir langsam den Topf entgegen. »Könntest du versuchen, ihm etwas von der Salbe in die Ohren und in die Nase zu schmieren?«

Ich hatte keine Angst mehr, ich hatte nur einfach schreckliches Mitleid für beide: für den Schwarzen, weil er solche Schmerzen hatte, und für den alten Mann, der ihm nur zu gern geholfen hätte, aber nicht konnte. Ich nahm den Topf und ging langsam hinüber zu dem schwarzen Wallach. Er rührte keinen Muskel.

»Wie soll ich es machen?«, fragte ich und drehte mich um zu dem alten Mann.

»Nimm ein bisschen Salbe auf den Daumen.« Mit der Hand machte er eine Bewegung, als ob er den Daumen ins Glas tauchen wollte. »Dann fährst du ihm einfach mit dem Daumen ins Ohr, da hinein, und reibst die Salbe innen hinein. Nicht viel drücken, aber streich die Stiche möglichst dick ein.«

Als ich dem Wallach die Salbe ins Ohr rieb, bewegte er ein wenig den Kopf, aber nicht viel. Seine Ohrmuscheln waren so geschwollen, dass mein Daumen kaum hineinpasste. Ich konnte also verstehen, dass der alte Mann seine Mühe gehabt hätte. Ich brachte so viel Salbe ins Ohr hinein, wie ich konnte, was nicht allzu viel zu sein schien, bevor ich mich dem anderen Ohr zuwandte. An diesem schien er noch etwas empfindlicher zu sein, aber nach einem schwachen Protest ließ er mich machen.

Der Schwarze hatte auch einige Stiche auf der Innenseite der Nüstern, und auch diese strich ich mit Salbe ein.

»Ich muss ihn ein paar Tage lang mehrmals am Tag mit dieser Salbe einreiben«, sagte der alte Mann, als ich fertig war. »Meinst du, du könntest herkommen und seine Ohren machen?«

»Ja«, erklärte ich zuversichtlich. »Das kann ich machen.«

»Gut«, nickte der alte Mann. Ich glaube, dieses Nicken galt zweifach, einmal als Anerkennung, dass ich es wirklich *konnte*, und vielleicht außerdem als kleines Dankeschön.

Der Braune und die Paint-Stute hatten die Tortur verhältnismäßig schnell überstanden und waren nach wenigen Tagen schon wieder auf der Weide. Die Hornissen hatte der alte Mann noch am selben Tag ausgerottet. Der Schwarze aber hatte nicht so viel Glück. Er hatte eine massive Reaktion auf die Stiche und nahm drei Tage lang nichts zu sich, weder Futter noch Wasser. Der alte Mann sprach es nie aus, aber ich glaube, er machte sich große Sorgen um ihn.

Jeden Morgen und jeden Nachmittag gingen wir zwei getreulich ans Werk und rieben den Schwarzen mit der Salbe ein. Der erste Salbentopf hielt nicht lange, wir brauchten einen zweiten und dann einen dritten. Anfangs war kaum eine Besserung zu sehen, aber nach ungefähr einer Woche schien die Schwellung teilweise zurückzugehen, und er hatte wieder mehr Appetit.

In dieser Zeit sah ich drei oder vier Mal am Tag nach dem Schwarzen, abgesehen von dem zweimaligen Verarzten. Alle paar Stunden ging ich zu ihm in die Box, streichelte ihn und sprach ein paar Minuten mit ihm, bevor ich wieder an meine Arbeit ging. Es war komisch, wie schnell meine Angst vor dem Wallach sich verflüchtigte. Ich stellte fest, dass er eigentlich ein sehr nettes Pferd war. Jedenfalls nicht annähernd das Monster, zu dem mein Unterbewusstsein ihn gemacht hatte. Natürlich hatte es auch etwas damit zu tun, dass er krank war. Nichtsdestotrotz trug die Ruhe, die er in meiner Gegenwart zeigte, einiges dazu bei, mein Vertrauen zu ihm aufzubauen.

Sobald die Schwellungen zurückgingen, holte ich den Schwarzen auf Geheiß des alten Mannes jede Stunde heraus und führte ihn ein paar Minuten herum. Die ersten paar Male bewegte er sich langsam und mit Mühe; es kostete ihn seine ganze Kraft, nur aus der Hintertür hinaus, um den Stall herum, zur Vordertür wieder hinein und in seine Box zu gehen. Aber auch wenn diese Spaziergänge körperlich noch so anstrengend für ihn waren, schien er sie doch auch zu genießen. Wenn ich ihn holen kam, stand er schon an der Boxentür und grummelte.

Ein paar Mal hatte er sich sogar, wenn ich ihn in die Box gebracht und das Halfter abgenommen hatte, umgedreht, hatte den Kopf an meinen Arm gelehnt und war eine ganze Weile so stehen geblieben. Schließlich hatte ich ihm über den Hals gestrichen, hatte ihm ver-

»Ich ließ den Schwarzen los und erwartete, dass er auf und davon galoppieren würde, besonders als eines der anderen Pferde uns schließlich entdeckte und wieherte.«

sprochen, bald wiederzukommen, und war zurück an meine Arbeit gegangen.

Nach ein paar Wochen ging es dem Schwarzen viel besser, und wir stellten ihn um von der Box in einen Paddock. Ironischerweise war es derselbe Paddock, in dem er an dem Morgen gestanden hatte, als ich in Panik davongerannt war. Als wir ihn in den Paddock brachten, mussten nur noch wenige Stellen mit der Salbe behandelt werden, und das erledigte ich selbst, weil ich den alten Mann nicht damit behelligen wollte.

Bald merkte ich, dass der Schwarze jedes Mal, wenn er mich sah, ob ich nun zu seinem Paddock kam, um ihn zu füttern, zu verarzten oder ihn zum Spazierengehen herauszuholen, oder ob ich einfach nur vorbeiging, ans Tor kam und mich angrummelte. Das war ein gutes Gefühl, hauptsächlich weil mich noch nie zuvor ein Pferd auf diese Weise begrüßt hatte, aber auch, weil er das nicht einmal bei dem alten Mann machte.

»Dieses Pferd mag dich wirklich«, sagte der alte Mann eines Nachmittags, als er sah, wie der Schwarze am Tor stand und wieherte. »Vergiss das nicht, weil was dieses Pferd dir gibt – also, das passiert nicht alle Tage.«

Innerhalb eines Monats ging ich mit dem Schwarzen auf dem ganzen Anwesen spazieren, auch dann noch, als es ihm so gut ging, dass es eigentlich nicht mehr nötig war. Wir gingen durch die weiten Felder hinter dem Stall, die Wanderwege oder die aufgelassenen Bahngleise entlang und an den kleinen Bach. So ziemlich überallhin, wo es mir einfiel. Manchmal war ihm irgendetwas nicht ganz geheuer, aber mit etwas Überredung ging er dann doch mit. Und manchmal war ich mir nicht ganz sicher, und dann übernahm er die Führung und brachte uns beide durch.

Es war und ist verblüffend für mich, wie weit wir beide zusammengekommen waren. Vom schieren Schrecken des Anfangs war es so weit gekommen, dass ich freiwillig Tag für Tag gerade mit ihm spazieren gehen wollte. Das Komische daran war, dass alles so leicht und natürlich vonstatten gegangen war, dass ich es kaum gemerkt hatte. Vermutlich war es die Beständigkeit, die wir uns gegenseitig erwiesen, die schließlich dazu führte, dass wir uns vertrauen lernten. Am Ende half zwar ich ihm, aber gleichzeitig half auch er mir.

Eines schönen Morgens hielt mich, bevor ich noch das Frühstücksheu fertig machen konnte, der alte Mann auf. Während ich noch Heu auf die Schubkarre packte, sagte er: »Ich glaube, dem Schwarzen geht es in letzter Zeit ziemlich gut. Warum holst du ihn nicht heraus und bringst ihn auf die große Weide?«

»Nur für den Morgen?«, fragte ich. Auf die große Weide stellte er normalerweise Pferde, mit denen er sich voraussichtlich eine Weile nicht beschäftigen würde. Meist standen sie tage- oder wochenlang dort herum, bis er Zeit fand, mit ihnen zu arbeiten. Der alte Mann hatte doch sicher nicht vor, den Schwarzen für längere Zeit dort draußen zu lassen.

»Nö«, war die Antwort. »Er kann eine Weile dort draußen bleiben. Wird ihm gut tun, aus dem kleinen Paddock herauszukommen – mal die Beine strecken.«

Die große Weide lag am weitesten weg vom Stall, links von der Zufahrt, direkt an der Straße. Den Großteil meiner Arbeit verrichtete ich im und um den Stall herum, es würde für mich also schwierig werden, einfach mal vorbeizukommen und ihn, wie ich es bisher getan hatte, für einen unserer Spaziergänge herauszuholen. Als ich dies dem alten Mann gegenüber erwähnte, drückte er mir einfach das Halfter in die Hand und sagte nur: »Wir haben auch noch andere Pferde.«

Als ich den Schwarzen zur großen Weide brachte, standen dort schon fünf oder sechs andere Pferde, ein paar Hundert Meter entfernt. Ich ließ den Schwarzen los und erwartete, dass er auf und davon galoppieren würde, besonders als eines der anderen Pferde uns schließlich entdeckte und wieherte. Der Schwarze spitzte die Ohren, hob den Kopf und wieherte Antwort, woraufhin auch die anderen Pferde auf der Weide aufhörten zu grasen und die Köpfe hoben.

Ich trat zurück, um ihm Platz zu lassen, denn ich erwartete, dass er lospreschen würde. Zu meiner großen Überraschung drehte er sich aber zu mir um und legte mir kurz den Kopf auf den Arm, wie er es im Stall getan hatte, als er krank war. Er blieb nur ein oder zwei Sekunden so stehen, dann trat er ein paar Schritte zur Seite und raste los, so schnell er nur konnte.

Er raste an den Pferden vorbei, die ihm entgegengaloppiert kamen und nun auf dem Absatz kehrtmachten. Alle drehten um und rannten mit ihm von einem Ende der Weide zum anderen und wieder zurück, eine Woge fliegender Mähnen, im Winde wehender Schweife und hoch erhobener Köpfe. Einmal kamen sie voll auf mich zu, der Schwarze vorneweg. Ich sah sie kommen und dachte nur, wie wunderbar sie alle aussahen. Ich rührte mich nicht vom Fleck, und die Woge teilte sich und floss um mich herum wie um einen Felsen im Fluss, den das Wasser umspült.

Als ich wieder meiner Arbeit am Stall nachging, kam der alte Mann her zu mir. »Der Schwarze hat sie ganz schön in Fahrt gebracht, was?«

»Jep«, antwortete ich. »Ich glaube, er war sehr froh, mal wieder herauszukommen.«

»Sah aus, als ob sie dich da draußen fast überrannt hätten.« In seiner Stimme klang ein kleines bisschen Besorgnis mit, aber nur ein kleines bisschen.

»Nö«, antwortete ich lässig und schichtete Heu auf die Schubkarre. »Der Schwarze war vorne, und er würde mich nie umrennen.«

»Ja?«, sagte der alte Mann in fragendem Ton. »So viel Vertrauen hast du zu ihm?«

Ich legte die letzte Lage Heu auf die Schubkarre, drehte mich dann zu ihm um und sah ihn an. »Jep«, sagte ich achselzuckend. »Ich glaub', das hab' ich.«

Mit der Andeutung eines Lächelns drehte sich der alte Mann um und ging.

Innere Ruhe

Drei Wochen waren schnell vergangen, nachdem ich den Schwarzen auf die große Koppel gebracht hatte. Ich wollte, ich könnte sagen, ich hätte mir oft die Zeit genommen, ihn zu besuchen, aber die Wahrheit ist, dass ich ihn überhaupt nicht gesehen habe. Gleich nachdem ich ihn auf die Koppel gebracht hatte, brachte Johnson, von dem der alte Mann sein Heu kaufte, seinen ersten Schnitt herein, und wir waren mehr als beschäftigt damit, das Heu in die Scheune einzulagern.

Wir bekamen das Heu auf zwei verschiedene Arten. Entweder der alte Mann und ich fuhren zu Johnson hinüber, beluden den alten Pickup mit Heu und fuhren wieder heim. In diesem Fall ging die meiste Zeit damit drauf, das Heu wieder aufzusammeln, das der alte Mann auf dem Weg unbemerkt verloren hatte, weil er es nie festbinden wollte. Oder aber, manchmal beluden Johnson und seine Jungens ein paar Kipplader und brachten uns das Heu damit herüber. Bei uns kippten sie das Heu einfach neben das Tor des Heuschobers und fuhren wieder weg. Aufeinanderschichten mussten wir es selbst.

Gut war, dass um diese Zeit ein paar High School-Jungs auftauchten und uns mit dem Heu halfen. Einer hieß Mike, der andere Spitter (zu deutsch: Spucker), ein, wie ich fand, ungewöhnlicher Name für jemanden, der nicht wirklich so viel spuckte oder sabberte. Vermutlich war es einfach einer von diesen unglücklichen Spitznamen, die manchen Kindern früh angehängt werden und die sie nie mehr loswerden. Ich kann mich erinnern, dass ich ihn immer fragen wollte,

»Er hatte damals wirklich eine Menge Pferde.«

wie er zu diesem Namen gekommen war, aber dann habe ich mich doch nie getraut. Manche Dinge bleiben wohl besser für immer ein Geheimnis, und diese Geschichte gehörte wahrscheinlich dazu.

Jedenfalls waren Mike und Spitter wohl immer mal wieder vorbeigekommen. Ich hatte sie früher schon ein paar Mal gesehen und hatte sogar den Eindruck, dass einer oder beide für das, was sie taten, Geld bekamen, im Gegensatz zu mir. Sie kamen jedoch bestenfalls sporadisch vorbei, meistens wenn eine größere Arbeit wie Heu einlagern oder Zäune reparieren anstand. Oder wenn dem alten Mann sein Pferdebestand über den Kopf wuchs und er Leute brauchte, die sie reiten konnten. Deshalb halfen die beiden, wenn das Heu erledigt war, dem alten Mann bei der Arbeit mit einigen seiner Pferde. Damals stand eine ganze Menge davon herum, und der alte Mann hatte schon etwas von »Herde verkleinern« gebrummelt. »Sie fressen mir noch die Haare vom Kopf«, hatte er eines Tages gebrummt, als er gerade eine Fuhre Heu bezahlen musste.

Er hatte damals wirklich eine Menge Pferde, ungefähr vierzig oder fünfzig Stück. Da meine reiterlichen Fähigkeiten zu dieser Zeit noch ziemlich begrenzt waren, ritt ich immer die älteren oder gut ausgebildeten Pferde, die einfach nur Bewegung brauchten. Wirklich *geritten* sind nur der alte Mann und die beiden High School-Jungen. Sie ritten junge Pferde ein und korrigierten ältere, die irgendwelche Probleme hatten.

Nun war der alte Mann immer der Einzige gewesen, den ich jemals dort hatte reiten sehen, und bei ihm sah Reiten so mühelos aus, dass ich einfach annahm, so gut könnte ich nie werden. Dann kamen Mike und Spitter dazu, und auch sie ritten wirklich gut. Ich erinnere mich, wie ich sie beobachtet habe und zum ersten Mal dachte, wenn sie so reiten konnten, könnte ich das auch. Schließlich waren sie nicht viel älter als ich, auch wenn sie schon beide ihr eigenes Auto hatten und aussahen, als ob sie sich schon rasierten.

Jedenfalls war eines der Pferde, mit denen der alte Mann arbeitete, der Schwarze. Wie es anfangs ging, bekam ich leider nicht mit, weil ich entweder mit dem Heu beschäftigt war, Routinearbeiten erledigte oder einfach morgens nicht früh genug ankam, um noch zu sehen, wie der Schwarze geritten wurde. Wenn ich zu meiner üblichen Zeit in den Stall kam, hatte der alte Mann den Schwarzen schon gearbeitet. Deshalb sah ich ihn erst Wochen später unter Mike gehen, auf dem kleinen Platz im hinteren Teil des Anwesens. Es sah recht gut aus, so wie Mike ihn im Schritt, Trab und Lope ritt. Vielleicht nicht ganz so gut wie bei einigen anderen Pferden im Stall, aber wenn man bedachte, was er durchgemacht hatte, dann doch ziemlich gut. Ein paar Tage später sah ich, wie Spitter ihn auf der Weide ritt, und auch da sah er recht gut aus.

Mike, Spitter und der alte Mann ritten den Schwarzen den nächsten Monat oder so ziemlich ausgiebig, ihn und ein paar andere Pferde. Dann, ungefähr als alle Pferde eigentlich recht schön gingen, kamen Mike und Spitter nicht mehr, und ich war wieder allein mit dem alten Mann. Ich muss zugeben, dass es mir sehr viel besser gefiel, wenn ich mit ihm allein war. Mike und Spitter waren nicht übel, man konnte gut mit ihnen auskommen, aber es war doch nicht dasselbe, wenn sie da waren. Aus irgendeinem Grund war der alte Mann wesentlich stiller, wenn sie da waren. Er war sowieso nicht gerade der gesprächige Typ, aber wenn die Jungs (wie er sie nannte) hier waren, kam er mir noch viel stiller vor als sonst.

Bei dem alten Mann war ich eher unter der Woche. An den Wochenenden kam ich weniger hinaus. Am Samstagmorgen war ich meist mit Rasenmähen beschäftigt, etwas, was mir als Privileg vorgekommen war, solange ich noch klein war und meinem Dad helfen durfte. Aber als ich älter wurde und die Arbeit allein erledigen konnte, übertrug mir mein Dad die ganze Verantwortung dafür, und ich muss zugeben, mit der Zeit entwickelte es sich zu einer ziemlich öden und eintönigen Angelegenheit – vermutlich der Grund, weshalb sie mir überhaupt übertragen wurde.

Als ich an einem Montag, nicht lange, nachdem »die Jungs« nicht mehr kamen, wieder zur Ranch kam, stellte ich fest, dass einige der Pferde, die der alte Mann und die Jungs geritten hatten, nicht mehr da waren. Sie waren am Wochenende, als ich mit anderen Dingen beschäftigt war, an verschiedene Leute verkauft worden. Das eine Pferd, das immer noch da war, war der Schwarze.

Anscheinend hatten einige Leute ihn sich angesehen, aber er war dann doch nicht ganz das, was sie sich vorgestellt hatten. Jedenfalls war es das, was mir der alte Mann erzählte. Mir war das nur Recht, denn weil der Schwarze immer noch da war, hatte ich eine Chance, ihn zu reiten, selbst wenn es anfangs nur im Schritt im Round Pen war.

Mit meiner Reiterei war es damals wie gesagt noch nicht weit her, ich war keineswegs auf dem Stand der Jungs und des alten Mannes.

Deshalb zögerte der alte Mann auch, als ich ihn fragte, ob ich den Schwarzen reiten dürfe. Erstaunlicherweise zögerte er aber nicht zu sehr und nicht zu lange. Als ich den Schwarzen das erste Mal im Round Pen herumlenkte, konnte ich kaum glauben, wie angenehm er sich anfühlte. Er war sehr ruhig, ließ sich leicht wenden und stoppte auf den Punkt. Auch rückwärts ging er ohne größere Probleme und reagierte prompt auf jede Hilfe.

Der erste Ritt dauerte nur etwa eine halbe Stunde, dann wurde ich vom alten Mann zu anderen Arbeiten abberufen, aber ich muss gestehen, dass ich nach dem Ritt auf ihm ein ganz anderes Gefühl hatte als bisher auf anderen Pferden. Ich kann es nicht anders beschreiben als: Ich fühlte mich einfach wohl, vor, während und nach dem Ritt. Und nicht nur das, dieses Wohlgefühl, was den Schwarzen betraf, blieb mir, bis ich ihn nur drei Tage später wieder reiten durfte.

»Warum sattelst du dir nicht den Schwarzen?«, fragte der alte Mann, als er an mir vorbei in die Sattelkammer ging. »Du kannst den reiten, und ich nehm' den Orangen. Wir gehen mit ihnen ein Weilchen auf den Trail.« »Der Orange« war eigentlich ein Rotfalbe, und genau so sah er auch aus, wenn der Himmel bewölkt war. Schien aber die Sonne, schimmerten sein Fell, die Mähne, der Schweif und sogar seine Augen aus unerfindlichen Gründen in einem unheimlichen Orange-Ton. Ich wusste nie so recht, was ich von ihm halten sollte.

Der alte Mann und ich ritten hinten hinaus durch das kleine Tor, durch das man von seinem Anwesen in die Wildnis kam. Diese Wildnis bestand zum größten Teil einfach aus Bäumen, Büschen, Unkraut und ein paar Bächen. Durchzogen wurde das Gelände meilenweit von Pfaden, die wir nun gemächlich im Schritt entlangritten. Ungefähr eine Stunde waren wir unterwegs, immer im Schritt, und beide Pferde benahmen sich wirklich anständig, scheuten kaum und versuchten auch nicht, irgendwelchen Blödsinn zu machen. Ich genoss den Ritt, aber ich war auch immer wieder damit beschäftigt, »den

Orangen« die Farbe wechseln zu sehen, wann immer sich eine Wolke vor die Sonne schob: von Rotfalb zu irisierendem Orange und wieder zurück zu Rotfalb. Komisch.

Zurück im Stall spürte ich wieder ein überwältigendes Gefühl von Ruhe, genau wie bei meinem letzten Ritt auf dem Schwarzen. Ich fühlte mich einfach gut – nichts, was mich und das Pferd betraf, machte mir irgendwelchen Kummer oder Sorgen. Es war, als passten wir beide zusammen wie eine Hand in ihren Handschuh. Sobald ich in seinem Sattel saß, war es, als wären wir unser ganzes Leben zusammen gewesen. Ich weiß, das klingt ein wenig seltsam aus dem Mund eines Reitanfängers, wie ich es damals war, aber es war wirklich ein wunderbares Gefühl.

Ungefähr eine Woche später, als ich alles erledigt hatte, was anlag, fragte ich den alten Mann, ob ich mit dem Schwarzen ein bisschen ausreiten dürfe.

»Das wird schon okay sein«, nickte er und zündete sich eine Zigarette an. »Wo willst du hin?«

»Ich dachte, ich reite ein bisschen da herum, wo wir das letzte Mal waren, und komm dann wieder zurück.«

Der alte Mann nahm den ersten Zug aus der Zigarette und ließ den Rauch langsam über die Lippen rollen. »Nicht mehr als das, was wir letztes Mal gemacht haben. Dann kommst du zurück.«

»Ja, Sir.« Ich war schon auf dem Weg zur Koppel, um den Schwarzen zu holen.

Eine halbe Stunde später war das Pferd eingefangen, geputzt, gesattelt, aufgetrenst und fertig zum Wegreiten. Wie vor einer Woche ging der Schwarze willig durch das Tor und wartete dann, bis ich das Tor geschlossen hatte und wieder aufstieg. Ebenso wie vor einer Woche machte er ruhig kehrt und ging den Pfad entlang. Ich meinerseits fühlte mich sofort wieder wohl auf seinem Rücken, und ich denke, er wusste es.

Kaum hatte ich mich wieder in den Sattel geschwungen, als wir auch schon in einem schönen, lebhaften Schritt unterwegs waren, jedenfalls bis wir vom Stallbereich außer Sicht waren, was infolge der Windungen des Pfades und der Bäume nach einigen Hundert Metern Richtung Osten der Fall war. Dann kam ein kurzes Stück Weg, das gerade, eben und weich war, und obwohl mir der alte Mann gesagt hatte »nicht mehr als das, was wir letztes Mal gemacht haben«, musste ich den Schwarzen einfach zu einem kleinen Jog-Trab auffordern.

Sehr zu meiner Überraschung trabte der Wallach beinahe im gleichen Moment an, in dem ich daran gedacht hatte, ich musste ihn überhaupt nicht antreiben, wie sonst bei all den anderen Pferden, die ich bisher geritten hatte. Das Gleiche geschah, als wir das Ende der geraden Strecke erreichten: Ich *dachte* nur daran, langsamer zu werden, und der Schwarze fiel sofort wieder in Schritt. Im Rückblick finde ich es komisch – wenn mir jemand, *bevor* ich ihn an diesem Tag ritt, gesagt hätte, was passieren würde, hätte es mich wahrscheinlich überrascht, dass es tatsächlich passierte. Aber als es einfach so *geschah*, war daran überhaupt nichts Überraschendes mehr. Es war fast, als ob es einfach so geschehen *musste*.

Zehn Minuten später kamen wir wieder an eine vielleicht fünfzig Meter lange gerade Wegstrecke. Wieder dachte ich ans Antraben, und wieder trabte der Schwarze sofort an. Als es Zeit wurde, langsamer zu werden, wurde er ebenso selbstverständlich langsamer. Keine Probleme, keine Rückfragen – er machte es einfach.

Wir ritten fünf Minuten oder so weiter und kamen zu einem sehr langen Stück Weg, das flach und gerade war. In der Mitte allerdings war eine kleine Anhöhe, und der Weg bog sanft nach rechts ab. Nach der Biegung kam wieder eine lange gerade Strecke, bevor der Pfad sich zwischen Bäumen durch zurück in Richtung Stall wand.

Als wir an diesen Punkt kamen, ließ ich den Schwarzen wieder antraben, was er auch anstandslos tat. Diesmal spürte ich jedoch, dass er nach etwa zwanzig Metern vermehrt nach vorn drängte. Erst war mir dies nicht geheuer, denn wie gesagt war es mit meinen reiterlichen Fähigkeiten damals noch nicht weit her und ich war nur einige wenige Male überhaupt galoppiert. Aber je weiter wir kamen, desto mehr Lust verspürte ich selbst, schneller zu werden, und am Ende ließ ich ihn einfach gehen.

Der Schwarze ging vom Trab in einen der bequemsten Lopes über, die ich je, vorher wie nachher, erlebt habe. Als wir uns der Biegung nach rechts näherten, gab er mir durch die Zügel irgendwie zu verstehen, dass er gern schneller gehen würde. Nicht, dass er gepullt hätte. Es war mehr ein Gefühl wie bei einer Anfrage. Ich wusste zwar nicht genau, wie ich mit solch einem Gefühl umgehen sollte, aber da der Ritt bisher so gut verlaufen war, ließ ich ihn einfach machen, wozu er Lust hatte.

Zuerst wurde der Lope einfach schneller und kraftvoller, was sich für mich wirklich gut anfühlte. Nach ein paar weiteren Galoppsprüngen wurde das Tempo noch etwas schneller, die Sprünge wurden noch etwas kraftvoller. Als wir an die Biegung kamen, hatte ich das Gefühl, dieser Ritt könnte der schnellste Ritt meines bisherigen Lebens werden, und als wir die Biegung hinter uns hatten, wusste ich, dass es so war. Der Schwarze galoppierte jetzt so rasant, dass ich mich über seinen Hals beugen musste, um nicht heruntergeweht zu werden. Seine Mähne schlug mir ins Gesicht, und meine Augen tränten vom Gegenwind. Auf halbem Weg zu den Bäumen waren wir so schnell, dass ich weder fühlen noch hören konnte, wie seine Hufe auf den Boden trommelten. Wir waren so weit von dem Geräusch entfernt, dass es in meinen Ohren nicht mehr ankam! »Whahuuuu«, hörte ich mich selbst brüllen, als ob ich die Hauptrolle in einem B-Western oder etwas Ähnlichem spielte.

Die Bäume kamen ganz schön schnell näher. Gleich unter den Bäumen bog der Pfad scharf nach links ab und lief eine kleine Böschung hinunter. Bei unserem Tempo hatte ich meine Zweifel, ob wir die Kurve kriegen würden. Oder besser gesagt: ob ich die Kurve kriegen würde. (Der Schwarze würde sie wohl auf jeden Fall kriegen).

Ungefähr hier beschloss ich, wir sollten jetzt besser etwas langsamer werden. Und noch bevor ich etwas mit den Zügeln machen konnte, nahm der Schwarze, als ob er meine Gedanken lesen könnte, von selbst das Tempo immer mehr zurück. So weit, dass wir, als wir an den Bäumen ankamen, nur noch trabten. Die scharfe Kurve in den Bäumen nahmen wir schon wieder im Schritt.

Wir wanderten noch ein bisschen weiter unter die Bäume, bevor ich ihn anhielt. Er stand brav still, und ich fiel ihm voller Begeisterung von oben um den Hals und klopfte ihn ab.

Zu Hause in der Scheune war ich gerade beim Absatteln, als der alte Mann zu uns herkam.

»Bisschen ins Schwitzen gekommen«, sagte er und klopfte dem Wallach die schweißfeuchte Brust. »Probleme gehabt da draußen?«

»Nein, Sir«, sagte ich und zog dem Schwarzen den Sattel vom Rücken, wobei ein großer nasser Fleck zum Vorschein kam.

»Er ist im Schritt so warm geworden?«, erkundigte sich der alte Mann.

»Na ja«, sagte ich dämlich, denn es war klar, dass er die Antwort schon wusste, bevor er gefragt hatte. »Nö … ein paar Mal sind wir auch ein bisschen schneller als Schritt gegangen.«

»Aha.« Er holte tief Luft. »Wie viel schneller?«

»Wir sind getrabt.« Ich hielt inne, um seine Reaktion abzuwarten. Er war offensichtlich nicht damit zufrieden. »Und dann sind wir galoppiert … ein bisschen.«

»Ein bisschen?«

»Äh, na ja, ich glaube, wir sind auch ein bisschen schneller galoppiert.«

»Wie viel schneller?«

»Ziemlich schnell.«

Es gab eine lange Pause. Der alte Mann sah auf den Schwarzen, zurück zu mir, dann wieder auf den Schwarzen. »Wie hast du ihn wieder angehalten?«

»Ich weiß nicht«, sagte ich und wusste es wirklich nicht. »Er hat einfach angehalten. Als ich schneller gehen wollte, hat er es gemacht, und als ich langsamer werden wollte, hat er es auch gemacht.«

»Hast du gewusst, dass die beiden Jungs Probleme hatten, ihn aus dem Lope heraus anzuhalten?«, fragte er.

»Nein«, sagte ich.

»Nun, sie hatten«, fuhr er fort. »Das ist einer der Gründe, warum Leute ihn ausprobiert, aber nicht genommen haben. Sie können ihn nicht zurücknehmen oder anhalten, wenn er erst einmal im Lope ist.«

»Oh«, sagte ich, weil mir sonst nichts einfiel.

Wieder machte der alte Mann eine lange Pause. Das war ungewöhnlich, denn es war fast, als wüsste er nicht, was er sagen sollte, und ich hatte noch nie erlebt, dass er um Worte verlegen gewesen wäre. »Warum machst du nicht weiter mit dem Abbürsten und bringst ihn dann weg«, sagte er schließlich. »Wir haben noch mehr zu tun.« Und damit drehte er sich um und ging weg, wobei er sich eine Zigarette anzündete.

Ich brachte meinen Sattel in die Sattelkammer und striegelte und bürstete den Schwarzen gründlich ab. Die meiste Zeit stand er mit gesenktem Kopf und geschlossenen Augen da, und als ich ihn losbinden wollte, drehte er langsam den Kopf und legte ihn mir auf den Arm. Sanft streichelte ich ihm die Stirn.

Als ich den Schwarzen zurück auf die Koppel führte, fühlte sich auf einmal alles viel friedlicher an als zuvor. Als wir am Tor ankamen, stieß der Schwarze einen langen, tiefen Seufzer aus.

Und ich tat es ihm nach.

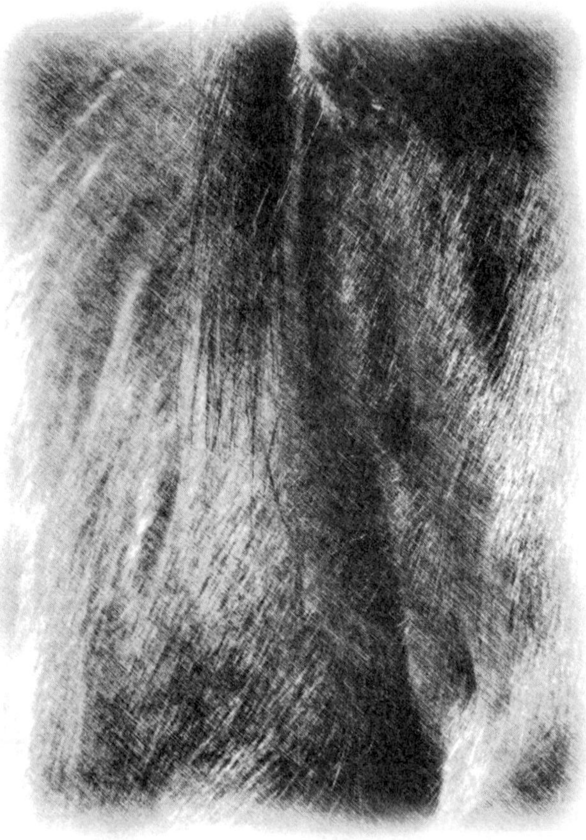

»Als wir am Tor ankamen, stieß der Schwarze einen langen, tiefen Seufzer aus.«

Weichheit

In den letzten zehn Minuten war das Feuer langsam am Erlöschen. Die blaue Flamme, die ich beobachtet hatte, war zuerst klein gewesen, dann größer und wieder kleiner geworden und schließlich in dem kleinen Stück Holz verschwunden, aus dem sie gekommen war. Anscheinend kommt immer, wenn Menschen nachts um ein Lagerfeuer herumsitzen, der Zeitpunkt, wo man nicht genau weiß, ob man noch ein Scheit Holz nachlegen oder das Feuer einfach ausgehen lassen und ins Bett gehen soll.

Wenn man sich entschließt, Holz nachzulegen, ist eine weitere Entscheidung fällig. Legt man ein dickes Scheit nach, eines, das einen noch eine Stunde oder so am Feuer festhält? Ein mittleres, das vielleicht eine halbe Stunde brennt? Oder ein kleines, das allen gerade genug Zeit lässt, ihre Gespräche zu beenden, bevor es erlischt?

Gerade wollte ich von meinem Baumstumpf aufstehen und schlafen gehen, als jemand beschloss, es wäre Zeit für ein weiteres Scheit. Es war ein großes. Es knackte und knisterte wie ein ganzes Symphonieorchester, als das Feuer die kleinen Saftkammern im Holz erreichte und dann anfing, die Borke zu verzehren. Tausende leuchtend orangefarbene Ascheflocken tanzten in den Hitzewellen über dem Feuer und wurden hoch in die Luft gewirbelt. Manche erloschen schon ein paar Meter über dem Feuer. Andere flogen weit in die Höhe und wurden von der leichten Brise dort oben davongetragen, bis auch sie allmählich ausbrannten.

Ich war müde genug, um mich nach meinem Bett zu sehnen, fand es aber auch gemütlich genug, um noch ein wenig länger zu verweilen. Ich setzte mich wieder auf meinem Baumstumpf zurecht, mit dem mein Hinterteil sich inzwischen angefreundet hatte, und hörte weiter den diversen Unterhaltungen um mich herum zu. Den ganzen Abend über war ich ziemlich still gewesen, und abgesehen von ein paar Fragen, die letztendlich von jemand anderem beantwortet worden waren, hatte man mich in Ruhe am Feuer sitzen lassen, und damit war ich in jener Nacht mehr als zufrieden.

Seit Jahren hatte ich nicht mehr an den Schwarzen gedacht, aber aus irgendeinem Grund fiel er mir jetzt, als ich nur still am Feuer saß, wieder ein. Im Rückblick war ich plötzlich sehr dankbar dafür, dass ich ihm so früh in meinem Reiterleben begegnet war. Denn je länger ich mit Pferden arbeite, umso mehr verstehe ich, wie recht der alte

»Schließlich war der Reiter so weit hinter der Bewegung, dass der Wallach ihn regelrecht über die Hindernisse hinüberzog.«

Mann hatte. Was dieses Pferd mir gegeben hatte, erlebt man nicht alle Tage.

Dankbar war ich auch allen, die mich in jener Nacht unterbrochen hatten. Hätte ich die Zeit aufgewendet, die Fragen, die mir gestellt wurden, zu beantworten, wäre wahrscheinlich sehr viel Zeit mit Reden draufgegangen. So aber hatte ich still dabeisitzen dürfen und hatte Zeit gefunden, ein wenig über eine der vielleicht wichtigsten Erfahrungen meines Lebens, sicher aber meines Reiterlebens, nachzudenken.

Aus dem, was ich mit dem Schwarzen vor so vielen Jahren erlebt hatte, war meine Idee erwachsen, was Einklang, das Gefühl von *softness*, Weichheit zwischen Reiter und Pferd, bedeuten konnte. Komisch ist nur, dass ich zwar die Idee hatte, aber erst in dieser Nacht am Lagerfeuer verstand, wo dieser Glaube eigentlich herkam. Nun allerdings wusste ich es.

Weichheit zwischen Reiter und Pferd kann sich für viele Menschen ganz verschieden anfühlen. Was ein Profi-Cowboy als weich empfindet, mag ein Dressurreiter vielleicht schrecklich finden. Ebenso mag das, was ein Dressurreiter als weich empfindet, einem Cowboy vielleicht schrecklich vorkommen. Einklang kann sich für einen Springreiter vollständig anders anfühlen als für jemanden, der für Trailritte im Gelände schwärmt, und umgekehrt. Das Gefühl des weichen Einvernehmens, das einem Jagdreiter auf der Fuchsjagd von seinem Pferd vermittelt wird, kann vollständig verschieden sein von dem eines Jagdreiters auf der Elchjagd.

Für mich allerdings ist die Definition von Weichheit ganz einfach: Weichheit ist, wenn das ganze Pferd jederzeit willig zur Verfügung steht, unabhängig von den Umständen, der Tageszeit, dem Ort, der Reitsportdisziplin oder der Pferderasse. Hier sollte ich darauf hinweisen, dass die Schlüsselworte *willig zur Verfügung* sind – nicht nur *zur Verfügung*. Im Laufe der Jahre habe ich eine Riesenmenge Pferde geritten, die *zur Verfügung* standen. Von denen, die *willig zur Verfügung* standen, gab es erheblich weniger.

Mir ist klar, dass der Unterschied zwischen einem Pferd, das einfach *zur Verfügung* steht, und einem, das *willig zur Verfügung* steht, für manche Menschen vielleicht schwer zu verstehen ist. Eines aber weiß ich sicher: Wer den Unterschied ein Mal *gefühlt* hat, wird ihn schwerlich wieder vergessen. Wahre Weichheit ist mühelos, und ein wirklich weiches Pferd präsentiert sich mit uns auf dem Rücken so leichtfüßig und mühelos wie ohne Reiter auf der Weide – genau wie der Schwarze damals mit mir.

Einer der Gründe, warum manche Menschen sich des Unterschieds zwischen einem Pferd, das *willig zur Verfügung* steht und einem, das einfach *zur Verfügung* steht, nicht sicher sind, besteht darin, dass heutzutage ganz viele Pferde zwar leicht, aber nicht unbedingt weich sind. Deshalb haben viele Leute vielleicht das eine oder andere Mal ein Pferd geritten, das leicht, im Sinne von leichtrittig war, und gedacht, es sei weich, wo doch in Wirklichkeit (in meinen Augen) ein erheblicher Unterschied zwischen beidem besteht.

Für mich ist der Unterschied, dass Leichtigkeit vorwiegend äußerlich ist und auf Technik beruht, während Weichheit aus dem Innern des Pferdes kommt, und eine Mischung ist aus Technik, Vertrauen, Überzeugung und Gefühl, die ausgetauscht wird zwischen Reiter und Pferd und vom Pferd wieder zurück zum Reiter. Weichheit ist Gespräch und eher eine Art zu *sein*, als etwas, das man tut.

Meiner Meinung nach wird Leichtigkeit gewöhnlich erreicht durch immer wiederholter Trainingseinheiten, oft viel mehr, als das Pferd braucht, um das Konzept, das es zu erlernen gilt, zu verstehen. Infolgedessen verliert das Pferd häufig die Verbindung zu sich selbst, auch wenn es die Technik verstanden zu haben scheint.

Ein gutes Beispiel dafür ist seitliche Biegung – das Pferd unzählige Male über längere Zeit, manchmal über Jahre, nach der einen und nach der anderen Seite zu biegen. In vielen Fällen sieht es dann so aus, als sei der Kopf des Pferdes nicht mehr mit dem Körper verbunden. Sicher, das Pferd biegt den Kopf herum, manchmal bis zum Stiefel seines Reiters. Aber in der Bewegung biegt es den Körper nicht im gleichen Maße mit. Die Folge davon ist, dass der Reiter das Pferd nicht mehr steuern oder bremsen kann, und dies umso weniger, je schneller sie sich vorwärtsbewegen. Mit anderen Worten, das Pferd scheint zur Verfügung zu stehen, weil es auf leichte Berührung reagiert, aber es versteht nicht wirklich, was der Reiter will, und führt deshalb die Aufgabe nicht *willig* aus.

Ein weiteres Nebenprodukt von Leichtigkeit ist, dass sie normalerweise so lange anhält, wie das Pferd mit seiner Aufgabe und seiner Umgebung im Einklang ist. Steht das Pferd aber vor etwas Neuem oder auch nur ein wenig Ungewöhnlichem, ist es aus mit der Leichtigkeit. Viele Reiter haben uns erzählt, dass ihr Pferd zu Hause gut geht, sie in einer fremden Umgebung jedoch wirklich zu kämpfen haben.

Einer der Gründe, warum Pferde im Endeffekt leicht anstatt weich werden, ist vermutlich, dass manche Ausbilder so auf das Endergebnis fixiert sind, dass sie darüber oft das Pferd vergessen. Sie erzielen dann eine Art mechanisiertes Pferd, eines, das alles richtig macht, aber ohne Herz. Außerdem ist ein leichtrittiges Pferd meist eher überempfindlich, und die Leichtigkeit geht oft verloren, sobald das Pferd unter Stress gerät, sei es seelisch oder körperlich. Und auch wenn es der Reiter ist, der irgendwie unter Stress gerät, geht die Leichtigkeit nur zu gern verloren.

Weichheit dagegen ist etwas anderes. Ich bin davon überzeugt, dass wahre Weichheit, ob bei einem Pferd oder einem Menschen, selten bis nie das Ergebnis von Technik allein sein kann. Wahre Weichheit geht auf mehr zurück. Technik ist sicher ein Teil davon, aber es sind die Unwägbarkeiten, die wir in die Situation einbringen, und die Unwägbarkeiten, die das Pferd einbringt, die den Unterschied ausmachen.

Für mich beginnen diese Unwägbarkeiten mit Beständigkeit, und dabei spreche ich nicht davon, dieselbe Technik die ganze Zeit zu wiederholen, obwohl auch dies nicht unwichtig ist. Wichtiger sind jedoch die Interaktionen mit dem Pferd auf der alltäglichen Basis. Einer der Gründe, warum (zum Beispiel) viele Profi-Cowboys mit ihren Pferden so viel Erfolg haben, besteht darin, dass ihr Verhalten von einem Tag zum anderen so beständig ist. Unabhängig vom Ort, vom Wetter oder von was auch immer können Ranchpferde sich darauf verlassen, dass ihr Cowboy sie jeden Tag, den ganzen Tag, Tag für Tag gleich behandelt.

Allgemein gesprochen: Wenn Cowboys an einem Tag herumbrüllen und mit harter Hand reiten, brüllen und reiten sie so an jedem Tag. Wenn sie an einem Tag ruhig und weich sind, sind sie immer ruhig und weich. Was für sie heute okay ist, wird auch morgen für sie okay sein. Was heute für sie nicht okay ist, wird auch morgen für sie nicht okay sein und so weiter. Kann sein, dass sich die Begeisterung der Pferde für die Art, wie der Reiter mit ihnen umgeht, in solchen Fällen mehr oder weniger in Grenzen hält, aber wenigstens können sie sich darauf verlassen, dass er beständig ist. Weil der Reiter beständig ist, kann das Pferd anfangen, beständig zu sein, was für mich der erste Schritt zur Entwicklung von Weichheit ist.

Dagegen gibt es Reiter, die ihre Pferde auf dem Reitplatz auf eine Art reiten, im Gelände auf eine andere Art, wieder anders beim Abreiten vor einem Turnier und ganz anders während einer Show oder einer Prüfung. Fehlt es beim Reiter, der Reiterin an Beständigkeit, kann das Pferd sich nicht auf ihn oder sie verlassen. Können sie sich nicht auf ihre Reiter verlassen, fehlt den Pferden das Vertrauen, und sie können mit Sicherheit nicht das Beste anbieten, was in ihnen steckt.

Das gilt auch für gelegentliche Ausfälle. Ich habe nicht wenige Menschen gesehen, die zu Hause, wenn alles gut ging, sehr liebevoll, nett und ruhig mit ihren Pferden umgingen. Waren sie mit dem Pferd jedoch irgendwo anders und das Pferd spielte sich plötzlich auf, verloren sie total den Kopf! Auch hier von Beständigkeit keine Spur.

Natürlich will ich damit nicht behaupten, dass das Pferd jedes Profi-Cowboys weich ist und jedes andere Pferd nicht, denn dies stimmt mit Sicherheit nicht. Ich versuche nur deutlich zu machen, dass es für unsere Pferde umso einfacher ist, sich auf uns zu verlassen. Je beständiger wir sind, desto einfacher wird es für sie, uns zu vertrauen. Vertrauen sie uns erst einmal, verstehen sie auch unsere Interaktionen mit ihnen immer besser, bis sie schlussendlich weich werden können – wenn es das ist, was wir erreichen wollen.

Nun gibt es für ein Pferd hauptsächlich zwei Arten, weich zu sein. Das Pferd kann körperlich weich sein, wenn es unsere Hilfen voll und ganz versteht und alle Aufgaben, die wir ihm stellen, willig und mit Leichtigkeit ausführt. Es gibt aber auch eine emotionale Weichheit, bei der das Pferd ohne Ansehen der jeweiligen Umstände niemals aufhört zu *denken*, niemals in die urtümliche Kampf-oder-Flucht-Reaktion verfällt, wenn ihm etwas Ungewöhnliches begegnet.

Verglichen mit der emotionalen Weichheit ist äußere Weichheit verhältnismäßig einfach zu erreichen. Dazu genügt gewöhnlich Beständigkeit bei der Hilfengebung und der Kommunikation im Training. Um emotionale Weichheit zuzulassen, müssen wir als Reiter oder Halter in der Lage sein, in unserem gesamten Verhalten Beständigkeit zu zeigen, damit das Pferd uns nicht nur als zuverlässig betrachtet, sondern auch unserem Urteil vertraut und in unserer Gegenwart in so ruhiger Gemütsverfassung ist, dass es uns willig sein Innerstes darbietet. Damit es dazu kommt, müssen natürlich auch wir in der Lage sein, unser Bestes darzubieten, was manchmal schwierig sein kann, wenn wir nicht einmal selbst wissen, woraus der beste Teil von uns besteht.

Interessanterweise kann ein *Leicht-Reiter* – einer, der sich nur auf Technik verlässt und vom Äußeren her arbeitet – für ein Pferd, selbst wenn es weich ist und willig sein Inneres anbietet, um jedwede Aufgabe, die ihm gestellt wird, auszuführen, zum Problem werden.

Vor nicht allzu langer Zeit hatten unser Tierarzt und seine Frau Crissi und mich zu einem Springturnier auf unserem heimischen Rodeo-Platz eingeladen. Es ging um den Großen Preis, und nach ungefähr der Hälfte der Teilnehmer kam ein Reiter auf einem sehr gut gerittenen braunen Wallach in den Parcours. Der Braune beherrschte nicht nur seinen Job, er schien ihn auch wirklich zu mögen. Er flog über die ersten beiden Sprünge und gab jedes Mal sichtlich sein Bestes. Sein Reiter jedoch, offensichtlich bemüht, sich an eine bestimmte Reittechnik zu halten, ging nicht wirklich mit und geriet im Verlauf des Parcours mehr und mehr hinter die Bewegung des Pferdes.

»Jedes Pferd, das dieser Bursche ritt, war innen und außen so weich wie das nächste – und der Reiter war ebenso weich.«

Etwa in der Mitte des Parcours war der Reiter schließlich so weit hinter der Bewegung, dass der Wallach ihn regelrecht über die Hindernisse hinüberzog. Der Reiter war sichtlich in Bedrängnis, er versuchte, sich zwischen den Sprüngen energisch einzusetzen. Vermutlich im Versuch, das Pferd so weit abzubremsen, dass sie beide wieder zueinanderfinden konnten, fing er an, vor jedem Hindernis heftig an den Zügeln zu ziehen. Dies verschlimmerte aber das Problem nur noch, und bald widersetzte sich das Pferd, warf den Kopf hoch und ging stark gegen das Gebiss.

Am sechsten Hindernis kämpfte das Pferd, das die ersten Sprünge so mühelos bewältigt hatte, wirklich gegen seinen Reiter und begann, Hindernisstangen abzuwerfen. Am achten Hindernis war der Reiter derartig aus dem Gleichgewicht, dass er dem Pferd das Springen unmöglich machte. Der Wallach verweigerte vor dem achten und dem neunten Sprung, und das Paar wurde disqualifiziert.

Es gab auch Reiter, die, nachdem sie die ersten Sprünge fehlerlos genommen hatten, aus für mich unerfindlichen Gründen ihrem Pferd beim Absprung einen Gertenhieb verpassten. Wohlgemerkt: Die Pferde waren bereits abgesprungen, wenn die Reiter zuschlugen, was meiner Meinung nach leicht zu Missverständnissen führen konnte. Vielleicht dachten die Pferde, sie hätten etwas falsch gemacht und sollten gar nicht springen. Interessanterweise verweigerten alle diese Pferde jeweils am nachfolgenden Sprung.

Bei diesem selben Großen Preis war ein Teilnehmer mit drei verschiedenen Pferden am Start, und jedes Pferd, das dieser Bursche ritt, war innen und außen so weich wie das nächste – und ebenso weich war der Reiter. Seine Pferde galoppierten mühelos ihre Runden und sprangen so leicht und flüssig, als sei der Reiter auf ihrem Rücken gar nicht vorhanden. Es war kein Wunder, dass er die Prüfung mit einem Pferd gewann und mit den anderen beiden platziert war. Zwischen ihm und seinen Pferden bestand ganz augenscheinlich so viel Beständigkeit, Vertrauen und Weichheit, dass sich seine Ritte mit denen der Mehrzahl der übrigen Reiter-/Pferdpaare an diesem Abend überhaupt nicht vergleichen ließen.

Für mich waren sie ein großartiges Beispiel dafür, was Pferd und Reiter, in Weichheit vereint, zusammen erreichen können. Der Reiter war sicher und besaß Selbstvertrauen. Er setzte seine Energie niemals falsch ein, er gab wo nötig klare Anweisungen und vertraute dann seinen Pferden, ihre Aufgabe, die sie kannten, gut zu erledigen. Deshalb waren auch seine Pferde ruhig und voller Selbstvertrauen und absolvierten ihren Kurs mit derselben Leichtigkeit, die sie wohl auch ganz ohne Reiter gezeigt hätten. Das Ergebnis waren schnelle, mühe- und fehlerlose – und vor allem weiche – Runden voller Harmonie.

Das Holzscheit, das aufs Feuer gelegt worden war, musste ziemlich trocken gewesen sein, denn es hielt bei Weitem nicht so lange vor, wie ich gedacht hatte – weniger als eine halbe Stunde, schätze ich. Im schwachen Schein des nun wieder verlöschenden Feuers sah ich auf meine Armbanduhr und stellte fest, dass es kurz vor zehn Uhr war, viel später, als ich eigentlich hatte aufbleiben wollen.

Jemand brachte eine Flasche Wein und schenkte ihn in Pappbechern aus. Ein anderer warf ohne größere Umstände ein weiteres Scheit auf die glühenden Kohlen. Für einige schien die Nacht gerade erst zu beginnen, aber nicht für mich.

»Ich glaube, für mich ist jetzt Zeit, Gute Nacht zu sagen.« Langsam stand ich von dem Baumstumpf, auf dem ich die letzten paar Stunden zu Hause gewesen war, auf. Plötzlich erhob sich eine schwache Brise, die in meine Richtung blies und mir den Rauch des wieder auflebenden Feuers in die Augen trieb. Ich machte einen Schritt zur Seite und wedelte mit der Hand vor dem Gesicht herum. »Schlaft alle gut, wir sehen uns morgen früh.«

»Gute Nacht«, schallte es im Chor rund um das Lagerfeuer, als ich in den Schatten zurücktrat.

»Gute Nacht«, sagte ich noch einmal. »Danke für das Feuer.«

»Bis morgen früh«, sagte jemand von jenseits des Feuers. »Gute Nacht.«

»Gleichfalls«, sagte ich, schon auf dem schmalen Weg, der sich durch das Wäldchen wand und zu meinem Wohnwagen führte. Am Lagerfeuer war mir schön warm gewesen, aber kaum hatte ich den Kreis verlassen, als mich ein Schwall wesentlich kühlerer Nachtluft traf.

Der Weg durch das Wäldchen war nicht sehr lang, vielleicht fünfzig Meter oder so. Hinter mir war der Weg vom Lagerfeuer beleuchtet, und ich konnte das Gelächter der Menschen hören, die ich gerade verlassen hatte. Vor mir wurde der Pfad immer dunkler, und je weiter ich kam, desto vorsichtiger musste ich mich bewegen. Ich konnte mich erinnern, dass ich nicht mit Baumstümpfen oder umgefallenen Bäumen rechnen musste, wohl aber mit ein paar kleinen Windungen und Krümmungen, die ich nicht außer Acht lassen durfte. Ich schaffte es ohne Komplikationen, aber als ich aus dem Wald herauskam, ließ mich ein kalter Lufthauch wieder zusammenschaudern, und ich ging schneller, um sobald wie möglich in meinen warmen Wohnwagen zu kommen. Plötzlich kam ich durch eine Art warmer Luftblase. Als Kinder waren wir, wenn wir nachts noch draußen spielten, immer wieder in solche Blasen gelaufen. Sie sind nicht sehr groß, und wenn man sich zu schnell bewegt, merkt man sie vielleicht gar nicht. Wenn man aber Glück hat und sie spürt, kann man zurückgehen und sie eine Weile genießen, bis sie verschwinden.

Es war lange her, dass ich nachts in eine solche Warmluftblase gelaufen war, und obwohl ich sie bereits durchquert hatte, beschloss ich, wie in Kindertagen zurückzugehen und zu versuchen, sie wiederzufinden. Langsam ging ich zurück. Nach ungefähr zehn Schritten traf ich sie wieder. Sie schien ungefähr vier Meter lang und einen Meter breit zu sein. Wie als Kind hob ich den Kopf und sah hinauf zu den Sternen.

Aus meiner Kleidung stieg der Geruch nach Holzrauch auf – etwas, was man nicht bemerkt, solange man am Feuer sitzt, wohl aber, wenn man sich davon entfernt. Als ich so dastand und den Abend genoss, hörte ich plötzlich etwas, das sich anhörte wie eine Stimme, die aus den Bäumen hinter mir kam.

»Wollte dir nur sagen«, kam die Stimme des alten Mannes, »morgen früh kommt jemand, der sich den Schwarzen ansehen will.« Es klang so real, dass ich mich tatsächlich umdrehen musste, um zu sehen, ob jemand da war. Da war niemand. »Kannst du morgen herkommen?«, fragte die Stimme.

Plötzlich war ich wieder auf dem Anwesen des alten Mannes. Es war Spätsommer, und in einer Woche würde die Schule wieder beginnen.

»Nein«, antwortete ich. »Ich muss den Rasen mähen. Das Gras ist wirklich lang geworden von dem letzten Regen, und mein Dad lässt mich nicht gehen, bevor es gemäht ist.«

»Schon gut«, sagte er und drückte seine Zigarette am Stiefelabsatz aus und wandte sich zum gehen. »Ich dachte nur, du hättest es vielleicht gern gewusst.«

Es war seltsam, dass sich der alte Mann die Zeit nahm, es mir zu sagen. Das hatte er noch nie gemacht. Wenn er im Begriff war, ein Pferd zu verkaufen, war ich gewöhnlich der Letzte, der davon erfuhr. Wenn ich am Freitag ging, waren die Pferde da. Wenn ich Montag früh wieder kam, waren ein paar weg. Selten bis nie sprachen wir davon, dass sie verkauft oder wohin sie etwa gegangen waren. Sie waren einfach nicht mehr da.

Seit unserem Ausritt hatte ich den Schwarzen fast jeden Tag geritten – auf dem Platz, im Gelände, auf der Koppel –, und es war jedes Mal noch besser gelaufen. Wir hatten einen Punkt erreicht, wo ich buchstäblich nur an etwas zu denken brauchte, und schon tat es der Schwarze. Er stand am Tor, wenn ich ihn holen kam, und er blieb noch lange bei mir stehen, wenn ich ihn nach der Arbeit zurückgebracht und losgelassen hatte.

Seinetwegen war mein Selbstvertrauen im Sattel gewachsen, und seit ich mit dem Schwarzen arbeitete, hatte mich der alte Mann auch viele seiner anderen Pferde reiten lassen, nicht nur die alten oder scheintoten. Auch mit ihnen schien ich ziemlich gut zurechtzukommen. Ein paar hatten versucht, mit mir durchzugehen, und eines hatte ein bisschen gebuckelt, ohne dass ich heruntergefallen wäre. Ich weiß nicht, was der alte Mann davon hielt, aber ich hatte ein gutes Gefühl dabei.

Jedenfalls kam und ging das Wochenende, und früh genug war es Montagmorgen und ich radelte die Auffahrt zu dem alten Mann hinauf. Ein schneller Blick auf die Koppel zeigte mir, dass der Schwarze noch da war. Es war komisch, denn das Wochenende über hatte ich nicht viel an den Schwarzen gedacht, außer dass ich wusste, dass ihn sich jemand ansehen wollte. Erst als ich an diesem Morgen auf dem Weg zum Stall war, hatte mich die Aussicht, dass er vielleicht wirklich weg sein könnte, ein bisschen traurig gemacht. Als er noch da war, fühlte ich mich gleich besser.

Der alte Mann kam herüber, als ich mein Rad an der Sattelkammer abstellte.

»Der Schwarze ist noch da«, sagte ich aufgeregter, als ich eigentlich hatte klingen wollen.

»Nicht mehr lange«, sagte er und drückte mir ein Halfter in die Hand. »Am besten gehst du hin und holst ihn. Seine neuen Besitzer werden gleich da sein.«

»Jemand hat ihn gekauft?« Ein unerwartet flaues Gefühl traf mich wie ein Schlag in die Magengrube.

»Jep«, nickte er. »Ein Mädchen, vielleicht ein bisschen älter als du.«

Mein Herz schlug ein wenig schneller und härter. Ich stand da und schaute auf den alten Mann, Zorn im Herzen, weil er ihn tatsächlich verkauft hatte. Ich hatte nicht erwartet, dass ich so reagieren würde, wusste nicht einmal, warum es so war.

»Nun geh schon«, nickte er in Richtung Koppel. »Von selbst wird er nicht kommen.«

Ein bisschen langsamer als sonst ging ich zur Koppel, und wie immer wartete der Schwarze am Tor auf mich. Ich streifte ihm das Halfter über und führte ihn zur Scheune, wieder ein bisschen langsamer als sonst. Der Schwarze hatte sich in der Nacht in einem Schlammloch neben dem Tor gewälzt und hatte nun Streifen von getrocknetem Schmutz auf der linken Seite und am Bauch. Ich band ihn vor der Scheune an, holte das Putzzeug aus der Sattelkammer und fing an, ihn zu putzen.

Den Bauch hatte ich schon einigermaßen sauber und fing an, die Schmutzbrocken von seiner linken Seite zu kratzen, als der alte Mann aus der Scheune herauskam, die allgegenwärtige Zigarette wie immer zwischen den Lippen. »Hat sich gewälzt, was?« Ein Stückchen Asche fiel von der Zigarette ab, als er sprach. Ich wusste, ich hätte ihm wahrscheinlich antworten müssen, aber ich hatte keine Lust. Ich hatte gerade überhaupt wenig Lust, mit ihm zu sprechen.

Ein paar Minuten stand der alte Mann nur da, und keiner von uns sagte etwas. Er nahm die Zigarette aus dem Mund, stieß eine Rauchwolke aus und ging in Richtung Sattelkammer. Nach ein paar Schritten blieb er stehen und kam zurück. »Tut's dir leid, dass das Pferd weggeht?«

»Vermutlich.« Ich wusste, ich hätte wahrscheinlich mehr sagen sollen, aber ich hatte immer noch keine Lust.

»Also«, fing der alte Mann an, etwas leiser als sonst. »Du weißt, dass er nicht hergekommen ist, damit wir ihn behalten, stimmt's?« Er machte eine Pause. »So läuft das bei uns nicht.«

Ich antwortete nicht. Ich wechselte nur vom Striegel zur Bürste und putzte weiter an dem Schwarzen herum. Nach einer langen Pause nahm mir der alte Mann sanft die Bürste aus der Hand und bürstete den Schwarzen selbst weiter. »Nichts dagegen einzuwenden, dass du dich schlecht fühlst«, sagte er, ohne mich anzusehen. »Du und dieses Pferd, ihr seid zusammen in sehr kurzer Zeit sehr weit gekommen.« Er schnippte Asche von seiner Zigarette. »Ist noch nicht lange her, da hattet ihr beide ziemlich Angst voreinander … und jetzt nicht mehr. Das ist gut.«

Unten an der Straße bog ein Kombi mit einem oben offenen, rostfarbenen Anhänger zum Tor ein.

»Ich sag' dir jetzt was, was du nicht vergessen sollst.« Er gab mir die Bürste zurück und hustete schwach. »Was du und das Pferd zusammen erreicht habt, ist keine Kleinigkeit. Die Wahrheit ist, dass ihr beide etwas ganz Spezielles erlebt habt.«

Der Kombi hatte das Tor passiert, und der Fahrer stieg aus, um es hinter sich zu schließen.

»Wenn ich raten sollte«, fuhr der alte Mann fort, »würde ich sagen, der Grund, warum du dich jetzt schlecht fühlst, ist, dass du hingegangen bist und mit dem Pferd etwas gemacht hast, was nur wenige Leute jemals machen. Du hast ihm dein Herz geschenkt.«

Der Kombi fuhr langsam die Auffahrt hoch.

»Dafür hat dir das Pferd sich selbst gegeben … und das passiert nicht sehr oft. Er hat es bei mir nicht gemacht, und er hat es bei den Jungs nicht gemacht. Aber bei dir hat er es gemacht.«

Der alte Mann legte mir die Hand auf die Schulter und sah mir gerade in die Augen. Es fiel mir nicht leicht, seinen Blick zu erwidern, aber ich versuchte es.

»Es ist also okay, wenn du dich schlecht fühlst«, sagte er. »Aber was *mir* ein schlechtes Gefühl geben würde, wäre, wenn ich glauben müsste, dass es nie wieder passiert.«

Der Kombi fuhr auf den Hof.

»Dieses Pferd wird es gut haben, und damit hast du etwas zu tun.« Der alte Mann nahm die Hand von meiner Schulter, ließ die Zigarette zu Boden fallen und trat sie mit der Stiefelspitze aus.

»Du hast deinen Job gemacht. Jetzt musst du ihn seinen machen lassen.«

Der alte Mann ging auf den Kombi zu, blieb dann stehen und drehte sich zu mir um.

»Das ganze Herz, das ganze Pferd.« Er nickte mir kurz zu. »Und das ist etwas.«

Damit drehte sich der alte Mann um und begrüßte die Leute, die an diesem Tag den Schwarzen abholen wollten in sein neues Zuhause.

Die warme Luftblase, in der ich stand, begann sich aufzulösen. Unwillkürlich musste ich lächeln, als ich an das schwarze Pferd dachte, das mich an diesem Abend beschäftigt hatte. Es war eine gute Erinnerung, eine, die mich in meiner langjährigen Überzeugung bestärkte, dass Weichheit zuerst aus dem Innern des Reiters kommen muss, bevor sie aus dem Innern des Pferdes kommen kann. Es war auch eine Erinnerung daran, dass die großen Veränderungen im Leben selten aus heiterem Himmel geschehen. Viel öfter geschehen über längere Zeit immer wieder kleinere Veränderungen, bis sie zum Schluss in einer großen Veränderung kulminieren. Es erinnerte mich daran, dass es oft dauern mag, bis man einen Weg findet, sein ganzes Herz hinzugeben, und dass es auch oft dauern mag, bis man das ganze Pferd dafür bekommt.

Einem Pferd unser ganzes Herz anzubieten, um damit das ganze Pferd zu erreichen, ist schlussendlich aber ein Weg, den zu verfolgen sich lohnt. Dann wenn das ganze Pferd erst zum Vorschein kommt, dann, wie der alte Mann vor langer Zeit sagte, dann ist das *wirklich* was.

Service

Über den Autor

Mark Rashid ist ein international anerkannter Pferdeausbilder, bekannt für seine Fähigkeit, eine Situation mit den Augen des Pferdes zu sehen. Er lebt mit seiner Familie auf einer Ranch in Estes Park, Colorado.

Mark Rashid hat mit Pferden gearbeitet, seit er zehn war, und hatte das besondere Glück, in der Jugend einem weisen »alten Mann« (Walter Pruitt) zu begegnen, von dem er lernte, bei der Arbeit mit Pferden auf Kommunikation zu setzen anstatt auf Gewalt. Seitdem bemüht er sich, auch die schwierigsten Probleme im Umgang mit Pferden auf eine ruhige, aber effektive Weise zu lösen.

Rashid gibt jedes Jahr Dutzende Kurse sowie Privatstunden. Seine Art des Unterrichts – je ein Reiter auf ein und demselben Pferd – hat ihm Legionen von Anhängern rund um die Welt eingebracht.

Zusätzlich zu seinen Kursen kamen Auftritte in der National American Humane Horse Abuse School, der Colorado Horse Fair und der Equitana USA. Zudem war er Gast bei *The Horse Show* des NPR (National Public Radio), und der TV-Sender PBS (Public Broadcasting Service) brachte innerhalb der *Nature*-Reihe ein Porträt über ihn.

Artikel von Mark Rashid sind u.a. in den amerikanischen Zeitschriften *Western Horseman* und *Western Horse* veröffentlicht worden.

Mehr Informationen zu Mark Rashid finden Sie auf der Website markrashid.com

Zum Weiterlesen

Aguilar, Alfonso: **Professionelle Ausbildung am Boden,** ... für jedes Alter, für jede Rasse; Edition WuWei bei KOSMOS 2014
Für Alfonso Aguilar ist die Bodenarbeit ein wichtiger Teil in der Pferdeausbildung. Sein schrittweise aufgebautes Buch zeigt Übungen für jedes Pferdealter – vom ersten Aufhalftern bis zu anspruchsvollen Lektionen an der Doppellonge. Eine »Roadmap« hilft, den eigenen Trainingsstand zu bestimmen und die individuellen Ausbildungsschritte mit dem eigenen Pferd zu gehen.

Bender, Ingolf: **Pferdehaltung und Fütterung**; KOSMOS 2015
Ein Muss für alle Reiter und Pferdehalter: Die Standardwerke vom Experten für artgerechte Pferdehaltung, Ingolf Bender, jetzt erstmals im Doppelband! Vollständig aktualisiert und überarbeitet beantwortet dieses Kompendium alle Fragen der modernen Pferdehaltung und beinhaltet langjährig erprobte und umsetzbare Vorschläge für die Praxis. Mit vielen Übersichten, Tabellen, Rationsplaner und einem Lexikon der Fachbegriffe.

Eschbach, Andrea und Markus: **Freie Bodenarbeit mit dem Pferd**, Kommunikation und Körpersprache; KOSMOS 2016
Die Pferdeexperten Andrea und Markus Eschbach erklären, wie Pferdesprache und Kommunikation funktionieren. Bei der Bodenarbeit finden Mensch und Pferd am besten zueinander. Gut verständlich und mit vielen Fotos erläutern sie das Training im Round Pen.
Auch als E-Book erhältlich.

Müller, Karin: **HippoSophia**, Warum Pferd und Mensch sich gut tun; KOSMOS 2016
Wer schon einmal in einem Pferdestall war und die friedliche Atmosphäre spüren konnte, weiß: Pferde und ihr Umfeld tun uns gut. Wir stärken und entwickeln uns durch die Pferde, doch wir können ihnen auch viel geben, sodass ein gegenseitiges Fördern und Wachsen entsteht. Wie der Stall ein Ort der Heilung werden kann und welche Rolle Mensch und Pferd dabei spielen, wird in diesem Buch erstmals tiefgehend beschrieben und wissenschaftlich belegt.

Rashid, Mark: **Pferde sanft führen**, So wird deine Idee zur Idee des Pferdes; KOSMOS 2016
Mark Rashid beschreibt seinen Weg zu einem neuen, sanften Umgang mit Pferden. Begegnungen mit zahlreichen beeindruckenden Pferdepersönlichkeiten haben ihn als Trainer zum Umdenken angeregt. Er zeigt wie es gelingt , eine von Einfühlung, Gelassenheit und Sanftheit getragene Beziehung zum Tier aufzubauen.
Auch als E-Book erhältlich.

Umschlaggestaltung von Jorge Schmidt unter Verwendung von einem Farbfoto von Adrian Bozai (Umschlagvorderseite) und Sonja Bucher (Umschlagrückseite).

Doppelband aus den beiden Titeln »Der von den Pferden lernt« und »Dein Pferd – dein Partner«.

Teil I: »Der von den Pferden lernt«
Aus dem Amerikanischen übersetzt von Sigrid Eicher.
Titel der Originalausgabe: »Life Lessons from a Ranch Horse« erschienen bei Skyhorse Publishing, New York, USA.

Teil II: »Dein Pferd – dein Partner«
Aus dem Amerikanischen übersetzt von Sigrid Eicher.
Titel der Originalausgabe: »Whole Heart, Whole Horse« erschienen bei Skyhorse Publishing, New York, USA.

Mit 20 Farbfotos (privat) und einer Zeichnung von Greg Miles.

Gedruckt auf chlorfrei gebleichtem Papier

ISBN 978-3-440-15096-2
Redaktion: Katja Pauls
Produktion: Claudia Frank
Druck und Bindung: Těšínská tiskárna
Printed in The Czech Republic / Imprimé en République Tchèque